21世纪高等学校网络空间安全专业系列教材

信息安全基础

第2版

胡 卫 主 编

李拴保 秦艳琳 杨智超 副主编

清華大學出版社

北 京

内 容 简 介

信息安全是一门涉及通信工程、计算机科学与技术、电子信息工程、数学、物理学、管理学、法学等的新兴交叉学科。本书深入浅出地阐述了信息安全基础各分支的基本概念、基本理论和基本方法。

本书共7章，围绕信息安全基础、系统安全、网络安全和安全管理四个主题展开，主要包括信息安全概述、信息安全数学基础、密码学基础、密码技术应用、信息系统安全、网络安全和信息安全管理。

本书可作为应用型本科、独立学院和高职高专院校计算机科学与技术、信息安全、网络工程、计算机网络技术等专业的必修课教材，也可作为软件工程、电子信息工程、电子商务、信息管理与信息系统等专业的选修课教材。

图书在版编目(CIP)数据

信息安全基础/胡卫主编. —2版. —北京：清华大学出版社，2023.10
21世纪高等学校网络空间安全专业系列教材
ISBN 978-7-302-64349-4

Ⅰ. ①信… Ⅱ. ①胡… Ⅲ. ①信息安全－高等学校－教材 Ⅳ. ①TP309

中国国家版本馆CIP数据核字(2023)第144626号

责任编辑：贾　斌
封面设计：刘　键
责任校对：郝美丽
责任印制：刘海龙

出版发行：清华大学出版社
　　网　　址：http://www.tup.com.cn，http://www.wqbook.com
　　地　　址：北京清华大学学研大厦A座　　**邮　　编**：100084
　　社 总 机：010-83470000　　**邮　　购**：010-62786544
　　投稿与读者服务：010-62776969，c-service@tup.tsinghua.edu.cn
　　质量反馈：010-62772015，zhiliang@tup.tsinghua.edu.cn
　　课件下载：http://www.tup.com.cn，010-83470236
印 装 者：三河市君旺印务有限公司
经　　销：全国新华书店
开　　本：185mm×260mm　　**印　张**：16　　**字　　数**：388千字
版　　次：2014年9月第1版　2023年10月第2版　　**印　　次**：2023年10月第1次印刷
印　　数：1～1500
定　　价：59.00元

产品编号：096849-01

第2版前言

随着中央网络安全和信息化领导小组的成立和《国家网络空间安全战略》的实施，信息安全进入公众的视野，它关系到国防军事等重大战略问题和国计民生等新兴战略产业的发展。目前，我国的信息安全普及教学比较薄弱，缺乏系统性介绍信息安全基础内容的入门级教材。作者撰写本书的初衷是为计算机类等相关专业的学生提供一本内容全面、脉络清晰的信息安全基础教材。

本书编写遵循的基本思路：人类认识事物的基本规律，从简单到复杂、从具体到抽象、从特殊到一般，以实践为基础；认识信息安全的基本规律、网络空间面临的威胁、防范威胁的主要技术，硬件设备的安全和操作系统的安全是信息安全的基础，密码技术、网络安全技术是关键技术。内容编排遵循这一主线，论述密码技术、网络安全、操作系统安全、数据库安全的主要防御机制。

本书以面向应用的信息安全层次型结构为主线，围绕信息安全基础、系统安全、网络安全和安全管理四部分展开。全书共7章：第1章信息安全概述；第2章信息安全数学基础；第3章密码学基础；第4章密码技术应用；第5章信息系统安全；第6章网络安全；第7章信息安全管理。全书授课学时数为48～64学时。书中所有软件实训方案均在Windows Server 2008真实验证，所有硬件实训方案均在DCN网络设备实现。网络安全实训教学，可以采用模拟器Packet Tracer进行。

本书面向的主要对象包括学习信息安全相关课程的应用型本科、独立学院和高职高专院校信息安全类、计算机类、电子商务类和信息管理与信息系统类专业学生，以及从事信息安全管理的工程技术人员。

本书的预修课程主要包括数据结构、计算机原理、操作系统、数据库和计算机网络。对于信息安全专业的本科生，先修课程还应包括信息安全数学基础和密码学。

本书第1、6章由胡卫编写；第5、7章由李拴保编写；第2、3章由秦艳琳编写；第4章由杨智超编写；全书由胡卫统稿。

愿本书的写作能为我国信息安全的教学和普及起到一点抛砖引玉的作用。由于作者水平和学识有限，不足之处在所难免，在此衷心恳请广大读者、同行专家批评指正。

作　者

2023年5月

目录

第1章 信息安全概述

信息作为一种重要的战略资源，信息的获取、处理和安全保障能力成为一个国家综合国力的重要组成部分。信息安全事关国家安全和社会稳定，信息安全问题已威胁到国家的政治、经济、文化和意识形态等领域，成为社会稳定安全的必要前提条件。本章介绍信息安全问题的产生所必须理解和掌握的一些基本概念，并重点介绍网络空间的黑客攻击、信息安全的基本内涵、信息安全的发展历程、信息安全威胁、信息安全技术和信息安全管理。

1.1 网络空间的黑客攻击

随着计算机网络、移动互联网、物联网和云计算在商业领域的普及应用，社会对网络空间的信息共享资源依赖性越来越强。企业和个人利用移动通信网络感知、处理、传递和存储一些机密数据，使其免受未经授权人员的窃取、伪造、篡改和破坏等极端行为的威胁。

近年来，"黑客"攻击已成为危害计算机网络、移动智能终端、云计算服务和信息安全的多发性事件，下面列出一些经典的真实案例。

2009年12月，某国武装分子使用标价仅为25.95美元的黑客软件，成功侵入美国中央情报局的"捕食者"无人机攻击系统。单价2000万美元的"捕食者"无人机上搭载有"地狱火"导弹，经常在伊拉克、阿富汗以及巴基斯坦境内对武装分子发动攻击。

2010年9月，名为Stuxnet的蠕虫病毒入侵伊朗布什尔核电站电网和工业控制计算机系统，远程控制一些核心计算机信息系统，造成核电站大规模运行故障。

2014年1月，我国免费DNSPON解析服务器遭受不明来源的流量攻击，导致全国出现大范围DNS故障，包括baidu.com、qq.com、sina.com等使用顶级域名的网站解析出现异常，域名访问请求被跳转到几个没有响应的美国IP上，不同省份的用户均遇到不同程度的网络故障。

以上只是少数案例，实际上还有更多案例未被报道。信息安全的威胁，总体上可以分为两类。

1. 自然因素

自然因素是指地震、水灾、火灾、飓风、雷电等人类不可抗拒力量导致信息本身或访问通道遭到破坏。例如，在数据传输的过程中，闪电、鼠灾、电气设备老化等会造成传输时的信号干扰、衰减与数据完整性改变等问题。

2. 人为因素

人为因素是指黑客企图攻破信息系统的安全访问控制，从中获取不当的利益。特别是由于云计算的移动性、共享性和服务性，用户在享受互联网带来的无穷乐趣的同时，黑客利用掌握的专业知识不断探测云计算系统的漏洞,非法盗取计算机资源,破坏计算机系统的正常运行机制。信息安全的主要目的是保护所有信息系统内的资源,包括机密数据、计算机软件资源、计算机硬件资源及网络通信设备。计算机系统的长期运行,会造成物理硬件的疲劳和损坏,致使存储系统重要数据丢失和运算错误。因此,经常性保养硬件系统安全,是信息安全管理的重要课题。

1.2 信息安全的基本内涵

从信息安全的发展过程来看,在计算机出现以前,通信安全以保密为主,密码学是信息安全的基础和核心;随着计算机的出现,计算机系统安全保密成为现代信息安全的重要内容;网络普及和云计算的出现,使得分布式跨平台的信息系统的安全保密成为信息安全的主要内容。

信息安全之所以引起人们的普遍关注,是由于信息安全问题目前已经涉及人们日常生活学习工作的各方面。以电子商务网络交易为例,2009年11月11日,淘宝网销售额为0.5亿元;2010年,销售额提高到9亿元;2011年,销售额已跃升到33亿元;2012年,交易额实现飞速增长,达到191亿元;2013年,总交易额突破350亿元;2021年,总交易额达到5403亿元,再创历史新高。漂亮的数字背后,电子商务交易必须遵循客观事实:交易双方都是谁?信息在传输过程中是否被篡改(信息的完整性)?信息在传送途中是否会被外人看到(信息的保密性)?网上支付后,对方是否会不认账(不可抵赖性)?因此,商家、银行、个人对电子交易安全的担忧是必然的,电子商务的安全问题已经成为阻碍现代服务业发展的瓶颈。推动信息安全技术不断发展和普及,是信息服务产业的重要使命。

信息安全涉及的领域相当广泛,人们对信息财产的使用主要通过计算机网络来实现,信息的处理在计算机和网络上是以数据的形式进行的。从这个角度来说,信息就是数据,信息安全可以分为数据安全和系统安全。因此,信息安全可以从两个层次来看。

从消息的层次,包括信息的完整性(integrity),即保证消息的来源、去向、内容真实无误;保密性(confidentiality),即保证消息不会被非法泄露扩散;不可否认性(non-repudiation),也称为不可抵赖性,即保证消息的发送者和接收者无法否认自己所做过的操作行为等。从网络层次,包括可用性(availability),即保证网络和信息系随时可用,运行过程中不出现故障,若遇意外打击尽可能减少损失并尽快恢复正常;可控性(controllability),即对网络信息的传播及内容具有控制能力的特性。信息安全的基本属性主要表现在以下五方面。

1. 完整性

完整性是指未经授权不能修改数据的内容,保证数据的一致性。在网络传输和存储过程中,系统必须保证数据不被篡改、破坏和丢失。因此,网络系统有必要采用某种安全机制确认数据在此过程中没有被修改。

2. 保密性

保密性是指由于网络系统无法确认是否有未经授权的用户截取数据或非法使用数据,因此需要使用某种手段对数据进行保密处理。对机密敏感的数据使用加密技术,将明文转化为密文,只有经过授权的合法用户才能利用密钥将密文还原成明文;反之,未经授权的合法用户和非法用户无法获得数据。这就是数据的保密性。

3. 可用性

可用性是指信息可被授权者访问并按需求使用的特性,即保证合法用户对信息和资源的使用不会被不合理地拒绝。对可用性的攻击就是阻断信息的合理使用,例如,破坏系统的正常运行就属于这种类型的攻击。

4. 不可否认性

不可否认性是指建立有效的责任机制,防止网络系统中合法用户否认其行为,这一点在电子商务中是极其重要的。抗否认包含两方面:数据来源的抗否认,为数据接收者B提供数据的来源证据,使发送者A不能否认其发送过这些数据或不能否认发送数据的内容;数据接收的抗否认,为数据的发送者A提供数据的交付证据,使接收者B不能否认其接收过这些数据或不能否认接收数据的内容。

5. 可控性

可控性是指对信息的传播及内容具有控制能力的特性。授权机构可以随时控制信息的机密性,能够对信息实施安全监控。

1.3　信息安全的发展历程

信息安全自古以来就受到人们的持续关注,但在不同的发展时期,信息安全的侧重点和控制方式是不同的。需要全面理解信息安全的发展历程,粗略地讲,可把信息安全分成三个基本阶段。

1. 通信安全

早期,所有的资产是物理的,重要的信息也是物理的,如古代把文字刻在骨头上即甲骨文,到后来把文字写在纸上。信息传递通常由信使完成,如果信使被敌人武力劫持,报文的信息就会被敌人知悉,因此就产生了通信安全的问题,可见物理安全是存在缺陷的。

第二次世界大战期间,德国人发明了一种称为Enigma的机器来加密报文(图1-1),用于军队,当时他们认为Enigma是不可破译的。确实如此,如果使用恰当,要破译它非常困难,但后来由于某些操作员的使用差错,Enigma被破译了。

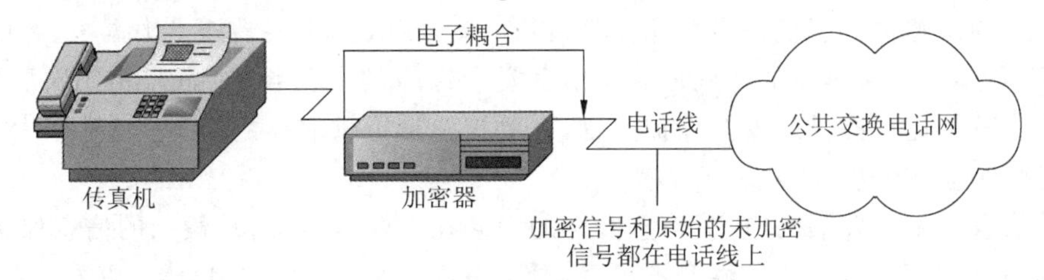

图1-1　Enigma加密报文

军事通信也使用编码技术,将每个字编码后放入报文传输。在第二次世界大战期间,日本人曾用编码后的字通信,即使美国人截获了这些编码也难以识别该报文。在准备中途岛战役时,日本人曾传送编码后的报文,使日美在编码和破译之间展开了一场有关通信安全的对抗。

2. 计算机安全

1938年,德国人康拉德·楚泽(Konrad Zuse)发明了运行二进制数据的计算机;1985

年,美国微软公司开发出了 Windows 操作系统。从此,计算机系统以指数的速度发展,互联网普及率迅速提升,大部分信息资产以电子形式移植到计算机上,人们用交互会话的方式访问计算机系统。

20 世纪 70 年代,大卫·贝尔(David Bell)和莱纳德·拉帕杜拉(Leonard La Padula)开发了一个安全计算机的操作模型,该模型基于政府概念的各种级别分类信息(一般、秘密、机密、绝密)和各种许可级别。如果主体的许可级别高于文件(客体)的分类级别,则主体能访问客体;如果主体的许可级别低于文件(客体)的分类级别,则主体不能访问客体。这个模型的概念进一步发展,1983 年,美国国防部发布了可信计算机系统评估准则(Trusted Computing System Evaluation Criteria,TCSEC),即橘皮书。

TCSEC 共分为四类七级:①D 级,安全保护欠缺级;②C1 级,自主安全保护级;③C2 级,受控存取保护级;④B1 级,标记安全保护级;⑤B2 级,结构化保护级;⑥B3 级,安全域保护级;⑦A1 级,验证设计级。

橘皮书对每一级定义了功能要求和保证要求,也就是说要符合某一安全级要求,必须既满足功能要求,又满足保证要求。为了使计算机系统达到相应的安全要求,计算机厂商要花费很长时间和很多资金。有时当产品通过级别论证时,该产品已经过时了。计算机技术发展迅速,旧版本系统取得安全认证之前新版的操作系统和硬件已经出现。

1999 年,我国发布了计算机信息系统安全保护等级划分准则(Classified Criteria for Security Protection of Computer Information System)的国家标准,序号为 GB 17859—1999,评估准则的制定为我们评估、开发、研究计算机系统的安全提供了指导准则。

3. 信息安全保障

通信安全解决的是远距离点到点长途通信的安全。随着 Internet 的发展及其普及应用,如何解决开放网络环境下局域网、城域网的安全问题便成为迫切需要解决的问题。

橘皮书不解决联网计算机的安全问题。为此,1987 年,美国国防部制定了 TCSEC 的可信网络解释 TNI,又称红皮书。除了满足橘皮书的要求外,红皮书还企图解决计算机的联网环境的安全问题。红皮书主要说明联网环境的安全功能要求,较少阐述保障要求。

通信安全的主要目的是解决数据传输的安全问题,主要的措施是密码技术。计算机安全的主要目的是解决计算机信息载体及其运行的安全问题,主要措施是根据主、客体的安全级别,正确实施主体对客体的访问控制。信息安全保障的主要目的是解决分布网络环境中对信息载体及其运行提供的安全保护问题,主要措施是提供完整的信息安全保障体系,包括防护、检测、响应、恢复。

随着信息技术的发展与应用,信息安全的内涵在不断地延伸,从最初的信息保密性发展到信息的完整性、可用性、可控性和不可否认性,进而又发展为"攻(攻击)、防(防范)、测(检测)、控(控制)、管(管理)、评(评估)"等多方面的基础理论和实施技术。信息安全逐渐演变成一个综合、交叉的学科领域,不局限于对传统意义上的网络和计算机技术进行研究,必须要综合利用数学、物理、通信、计算机以及经济学等诸多学科的长期知识积累和最新发展成果,进行自主创新研究,并提出系统的、完整的、协同的解决方案。例如,防电磁辐射、密码技术、数字签名、信息安全成本和收益等方面的研究都分别涉及并综合了计算机、物理学、数学以及经济学上的一些原理。信息安全保障体系,就是由信息系统、信息安全技术、人、管理、操作等元素有机结合,能够对信息系统进行综合防护,保障信息系统安全可靠运行、保障信息的“保密性、完整性、可用性、可控性、抗抵赖性”的具有 WPDRR(Warning、Protection、Detection、Reaction、Restore)能力的综合性信息系统防护体系。1995 年,美国国防部提出了“保护—监测—响应”的动态模型,即 PDR 模型,后来增加了恢复,成为 PDR2(Protection、Detection、Reaction、Restore)模型,再后来又增加了策略(Policy),即 P2DR2,如图 1-2 所示。

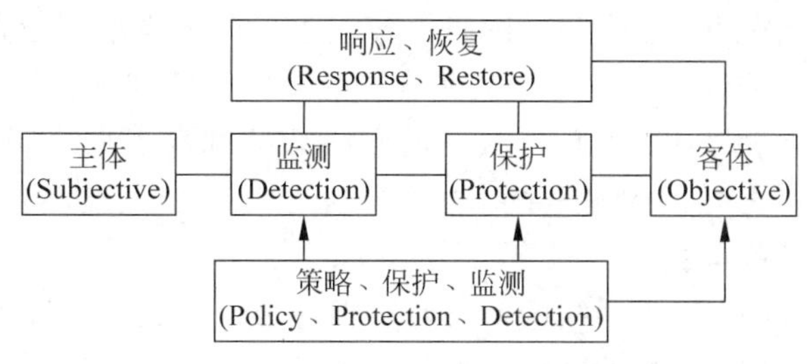

图 1-2 P2DR2 动态安全模型

1.4 信息安全威胁

熟悉了信息安全的发展历史,为进一步全面系统认识信息系统的安全分析打下了基础,首先了解信息安全的威胁以及产生威胁的根源。信息安全威胁是指某个人、物、事件或概念对信息资源的保密性、完整性、可用性或合法使用的危害。攻击是对安全威胁的具体体现,根本原因就是利用网络的脆弱性,入侵系统的有价值信息资产。

网络脆弱性(network vulnerability)主要体现在以下三方面。

(1) 开放的网络环境:互联网是一个无中心的、地位对等的自由网络,人与人之间可以互相连接。

(2) 协议本身的缺陷:网络传输离不开 TCP/IP 通信协议栈,每一层都有不同的漏洞,针对协议漏洞的攻击非常多。

(3) 操作系统的漏洞:Windows、Linux、UNIX 等多种类型网络操作系统都不可避免地存在诸多安全隐患,如非法存取、远程控制、缓冲区溢出以及系统后门等称为操作系统漏洞。微软报告显示,2013 年 Windows XP、Windows 7 和 Windows 8 的漏洞为 350 多个,Windows 7 的漏洞为 102 个,Windows XP 的漏洞 99 个,Windows 8 的漏洞则高达 156 个,这一数字相较 2012 年翻了一番。2012 年 Windows 7 的漏洞为 50 个,Windows XP 的漏洞为 49 个。

利用开放的网络环境、协议缺陷和操作系统漏洞,许多人为因素和非人为因素可以对信息系统构成威胁,但是精心设计的人为攻击威胁最大。针对信息系统,常见的威胁有以下几类。

(1) 物理安全威胁:是指对系统所用设备的威胁。物理设备安全是信息系统安全的首要问题。物理安全威胁主要有自然灾害(地震、水灾、火灾等)造成整个系统毁灭;电源故障造成设备断电以致操作系统引导失败或数据库信息丢失;设备被盗、被毁造成数据丢失或信息泄露。计算机存储的数据价值远远超过计算机本身,必须采取严格的防范措施以确保不会被入侵者窃取。

(2) 通信链路安全威胁:网络入侵者可能在传输线路上安装窃听装置,窃听网上传输的信号,再通过一些技术手段读出数据信息,造成信息泄露;或对通信链路进行干扰,破坏数据的完整性。

(3) 操作系统安全威胁:操作系统安全是信息系统安全的基础。系统平台最危险的是在系统软件或硬件芯片中植入威胁,如“木马”或“陷阱门”。操作系统的安全漏洞通常是由开发者有意设置的,这样他们就能在用户失去了对系统的所有访问权后仍能进入系统。

(4) 应用系统安全威胁:是指对于网络服务或用户业务系统安全的威胁。应用系统对应用安全的需求有足够的保障能力。应用系统也受到“木马”和“陷阱门”的威胁。

(5) 管理系统安全威胁:不管是什么样的网络系统都离不开人员的管理,必须从人员管理上杜绝安全漏洞。再先进的安全技术也不能完全防范由人员不慎造成的信息泄露,管理安全是信息安全有效的前提。

(6) 网络安全威胁:计算机网络的使用对数据造成了新的安全威胁。由于网络上存在电子窃听,而分布式计算机的特征是各个独立的计算机通过一些媒介相互通信,因此,当内部网络和国际互联网相接时,互联网的开放性、国际性和无安全关联性会对内部网络形成严重的安全威胁。

目前还没有统一的方法对各种威胁进行分类,也没有统一的方法对各种威胁加以区分。信息安全所面临的威胁与环境密切相关,不同威胁的存在及重要性是随环境的变化而变化的。

1.5 信息安全技术

信息安全学科是研究信息获取、信息存储、信息传输和信息处理领域中信息安全保障问题的一门新兴学科。信息安全学科是计算机、电子、通信、数学、物理、生物、管理、法律和教育等学科交叉融合而形成的一门新型学科。它与这些学科既有紧密的联系,又有本质的不同。信息安全学科已经形成了自己的内涵、理论、技术和应用,并服务于信息社会,从而构成一门独立的学科。信息安全学科包含五大研究方向,分别为密码学、网络安全、信息系统安全、信息内容安全和信息对抗。

密码学由密码编码学和密码分析学组成,其中密码编码学主要研究对信息进行编码以实现信息隐蔽,而密码分析学主要研究通过密文获取对应的明文信息;密码学研究密码理论、密码算法、密码协议、密码技术和密码应用等。

网络安全的基本思想是在网络的各个层次和范围内采取防护措施,以便能对各种网络安全威胁进行检测和发现,并采取相应的响应措施,确保网络环境的信息安全;网络安全研究网络安全威胁、网络安全理论、网络安全技术和网络安全应用等。

信息系统是信息的载体,是直接面对用户的服务系统。信息系统安全的特点是从系统级的整体上考虑安全威胁与防护;它研究信息系统的安全威胁、信息系统安全的理论、信息系统安全技术和应用。

信息内容安全是信息安全在政治、法律、道德层次上的要求;我们要求信息内容是安全的,就是要求信息内容在政治上是健康的,在法律上是符合国家法律法规的,在道德上是符合中华民族优良的道德规范的。

信息对抗是为削弱、破坏对方电子信息设备和信息的使用效能,保障己方电子信息设备和信息正常发挥效能而采取的综合技术措施,其实质是斗争双方利用电磁波和信息的作用来争夺电磁频谱和信息的有效使用和控制权；信息对抗研究信息对抗的理论、信息对抗技术和应用。

信息安全技术涉及信息传输的安全、信息存储的安全以及对网络传输信息内容的审计三方面。为保障数据传输的安全，需要采用数据传输加密技术、数据完整性鉴别技术；为保证信息存储的安全，需要进行数据备份以及灾难恢复和保证终端安全；信息内容审计则是实时地对进出内部网络的信息进行内部审计，以保证防止或追查可能的泄密行为。

1.5.1 信息保密技术

信息保密技术包括信息加密技术和信息隐藏技术。

信息加密是指使有用的信息变为看上去似为无用的乱码，使攻击者无法读懂信息的内容从而保护信息。信息加密是保障信息安全的最基本、最核心的技术理论措施和理论基础，它也是现代密码学的主要组成部分。信息加密过程由形形色色的加密算法来具体实施，它以很小的代价提供很大的安全保护。截至目前，据不完全统计，已经公开发表的各种加密算法多达数百种。如果按照首发双方密钥是否相同来分类，则可以将这些加密算法分为单钥密码算法和公钥密码算法。

当然，在实际应用中，单钥密码和公钥密码结合在一起使用，例如利用高级加密标准(AES)来加密信息，采用RSA算法来传递会话密钥。如果按照每次加密所处理的比特数来分类，那么可以将加密算法分为序列密码和分组密码。序列密码每次只加密一比特，而分组密码则先将信息序列分组，每次处理一个组。

加密是网络安全的核心技术。加密技术不仅应用于数据的存储和传输，而且应用于程序的执行。

网络中的数据加密与选择的加密算法密切相关。加密算法可分为对称密钥算法和非对称密钥算法，对称密钥属于私钥体制，即加密密钥和解密密钥相同，典型算法有DES、AES；非对称密钥属于公钥体制，有两把密钥(公钥加密、私钥解密)，典型算法有RSA，它解决了网络环境中密钥的分发问题，简化了密钥管理。

数据加密主要与选择的加密方式有关，链路层点对点加密、网络层主机对主机加密、传输层进程对进程加密和应用层内容加密。加密算法除了提供信息的保密性之外，与其他技术结合，如单向哈希(Hash)函数，保证数据的完整性。

随着计算机网络通信技术的飞速发展，信息隐藏技术作为新一代的信息安全技术也很快地发展起来。加密虽然隐藏了消息内容，但同时也暗示了攻击者所截获的信息是重要信息，从而引起攻击者的兴趣，攻击者在破译失败的情况下将信息破坏掉；而信息隐藏是将有用的信息隐藏在其他信息中，使攻击者无法发现，不仅能够保护信息，也能够保护通信本身，因此信息隐藏不仅隐藏了消息内容而且隐藏了消息本身。虽然至今，信息加密仍是保障信息安全的最基本的手段，但信息隐藏作为信息安全领域的一个新的方向，对其的研究越来越受到人们的重视。

1.5.2 信息认证技术

在信息系统中，安全目标的实现除了保密技术外，还有一个重要方面就是认证技术。认证技术主要用于防治对手对系统进行的主动攻击，如伪装、窜扰等，这对于开放环境中的各种信息系统的安全性尤为重要。认证的目的有两方面：一是验证信息的发送者是合法而不是冒充的，即实体认证，包括信源、信宿的认证和识别；二是验证的消息的完整性，验证数据在传输和存储过程中是否被篡改、重放或延迟等。

数字签名在身份认证、数据完整性以及不可否认性等方面有重要作用，是实现信息认证的重要工具。数字签名与日常的手写签名效果一样，可以为仲裁者提供发信者对消息签名的证据，而且能使消息消息接收者确认消息是否来自合法方。签名过程是利用签名者的私有信息作为密钥，或对数据单元进行加密，或产生该数据单元的密码校验值；验证过程是利用公开的规程和信息来确定签名是否利用该签名者的私有信息产生的，但并不能推出签名者的私有信息。

数据完整性保护用于防止非法篡改，利用密码理论的完整性保护能够很好地对付非法篡改。完整性的另一作用是提供不可抵赖服务，当消息源的完整性可以被验证却无法模仿时，收到信息的一方可以认定信息的发送者，数字签名就可以提供这种手段。数据完整性有两方面：数据单元的完整性和数据单元序列的完整性。数据单元的完整性是指组成一个单元的一段数据不被破坏或篡改。保证单元数据完整性的一般做法是发送方在有数据签名的文件上用哈希函数产生一个标记，接收方在收到文件后，也用相同的哈希函数进行处理。如果接收方与发送方生成的标记相同，就可以确定在传输过程中数据没有被修改过，即数据的完整性得以保持。数据单元序列的完整性是指发送方在发送数据前，应将数据分割为按序列号编排的许多数据单元，待数据传输到接收方时还能按照原有的序列，保持序列号的连续性和时间标记的正确性。这样，就可以防止丢失、重复、乱序或假冒数据单元等情况发生。

数据签名机制是对加密机制和数据完整性机制的重要补充，也是解决网络通信安全问题的有效方法。数字签名机制解决了下列问题：①否认，发送方事后否认自己曾发送过某文件，接收方否认自己曾接收过某文件；②伪造，接收方伪造一份文件，声称文件来自发送方；③冒充，某用户在网上冒充别人的身份收发信息；④篡改，接收方私自更改发送方发出的信息内容。数据签名机制保证数据来源的真实性、通信实体的真实性、抗否认性、数据完整性和不可重用性。

鉴别交换机制通过互相交换信息的方式来确认彼此的身份。鉴别交换技术有多种，常见方法有以下3类：①口令鉴别，发送方提供口令(Password)以证明自己的身份，接收方根据口令来检测对方的身份；②数据加密鉴别，将交换的数据加密后进行传送，只有合法用户才能通过自己掌握的密钥解密，得出明文并确认发送方是掌握另一个密钥的人，通常，数据加密与握手协议、数字签名和PKI等结合使用，使得身份鉴别更加可靠；③实物属性鉴别，利用通信双方的固有特征或所拥有的实物属性进行身份鉴别，例如指纹、声谱识别、身份卡识别。

身份认证是一门新兴的理论，是现代密码学发展的重要分支。身份认证是信息安全的基本机制，通信的双方之间应相互认证对方的身份，以保证赋予正确的操作权限和数据的存取控制。网络也必须认证用户的身份，以保证合法的用户进行正确的操作并进行正确的审计。通常有三种方法验证主体身份：一是只有该主体了解的秘密，如口令、密钥；二是主体携带的物品，如智能卡和令牌卡；三是只有该主体具有的独一无二的特征和能力，如指纹、声音、视网膜或签字等。

1.5.3　访问控制技术

访问控制是网络安全防范和保护的重要手段，是信息安全的一个重要组成部分。访问控制涉及主体、客体和访问策略，三者之间关系的实现构成了不同的访问模型，访问控制模型是探讨访问控制实现的基础，针对不同的访问控制模型会有不同的访问控制策略，访问控制策略的制定应该符合安全原则。访问控制机制是按事先确定的规则防止未经授权的用户或用户组非法使用系统资源。当一个用户企图非法访问未经授权的资源时，系统访问控制机制将拒绝这一企图，并向审计系统报告，审计系统发出警报并形成部分追踪审计日志。

访问控制的主体能够访问与使用客体的信息资源的前提是主体必须获得授权，授权与访问控制密不可分。访问控制可分为自主访问控制和强制访问控制两类。自主访问控制，是指由用户有权对自身所创建的访问对象（文件、数据表等）进行访问，并可将对这些对象的访问权授予其他用户和从授予权限的用户收回其访问权限；强制访问控制，是指由系统（通过专门设置的系统安全员）对用户所创建的对象进行统一的强制性控制，按照规定的规则决定哪些用户可以对哪些对象进行什么样的操作系统类型访问，即使是创建者用户，在创建一个对象后，也可能无权访问该对象。

审计是访问控制的重要内容与补充，可以对用户使用何种信息资源、使用的时间以及如何使用进行记录与监控。审计的意义在于课题对其自身安全的监控，便于查漏补缺，追踪异常事件，从而达到威慑和追踪不法使用者的目的。访问控制的最终目的是通过访问控制策略显式地准许或限制主体的访问能力及范围，从而有效地限制和管理合法用户对关键资源的访问，防止和追踪非法用户的侵入以及合法用户的不慎操作等行为对权威机构所造成的破坏。

1.5.4　信息安全监测

入侵检测技术作为一种网络信息安全新技术，对网络进行检测，提供对内部攻击、外部攻击和误操作的实时监测以及采取相应的防护手段，如记录证据用于跟踪、恢复和断开网络连接。

入侵检测系统（Intrusion Detection System，IDS）是从计算机网络系统中的若干关键点收集信息并对其进行分析，检查网络中是否有违反安全策略的行为和遭到袭击的迹象。将收集完成入侵检测功能的软件和硬件进行组合便是入侵检测系统。与其他安全产品不同的是，入侵监测系统需要更多的智能，它必须可以对得到的数据进行分析，并得出有用的结果。一个合格的入侵检测系统能大大地简化管理员的工作，保证网络安全地运行。

随着入侵检测技术的发展，到目前为止出现了很多入侵检测系统，不同的检测系统具有不同的特征。根据不同的分类标准，入侵检测系统可以分为不同的类别。按照信息源划分入侵检测系统是目前最常用的方法。入侵检测系统主要分为两类，基于网络的 IDS 和基于主机的 IDS。

入侵检测技术是主动保护自己免受攻击的一种网络安全技术，能够帮助系统对付网络攻击，扩展系统管理员的安全管理能力（包括安全审计、监视、攻击识别和响应），提高信息安全基础结构的完整性。IDS 的主要功能：监控、分析用户和系统的活动；系统构造及其安全漏洞的审计；识别入侵的活动模式并向网络管理员报警；对异常活动的统计分析；操作系统的审计跟踪管理,识别违反安全策略的用户行为;评估关键或重要系统及其数据文件的完整性。

1.5.5 信息内容安全

信息内容安全主要是信息安全在政治、法律、道德层面上的要求。我们要求信息内容安全是安全的,就是要求信息内容在政治上是健康的,在法律上是符合国家法律法规的,在道德上是符合中华民族优良的道德规范的。

信息内容安全是指对信息在网络内流动中的选择性阻断,以保证信息流动的可控能力。在此,被阻断的对象可以是通过内容判断出来的可对系统造成威胁的脚本病毒;因无限制扩散而导致消耗用户资源的垃圾类邮件;导致社会不稳定的有害信息等。信息内容安全主要涉及信息的机密性、真实性、可控性、可用性、完整性、可靠性等;所面对的难题包括信息不可识别(因加密)、信息不可更改、信息不可阻断、信息不可替换、信息不可选择、系统不可控等;主要的处置手段是密文解析或形态解析、流动信息的裁剪、信息的阻断、信息的替换、信息的过滤、系统的控制等。

1.6 信息安全管理

信息系统的安全管理目标是管好信息资源安全,信息安全管理是信息系统安全的重要组成部分,管理是保障信息安全的重要环节,是不可或缺的。信息安全管理主要涉及人事管理、设备管理、场地管理、存储媒体管理、软件管理、网络管理、密码和密钥管理几方面。信息安全管理应遵循的原则为规范原则、预防原则、立足国内原则、选用成熟技术原则、系统化原则、均衡防护原则、分权制衡原则、应急原则和灾难恢复原则。信息安全管理贯穿于信息系统规划、设计、建设、运行、维护等各个阶段,内容十分广泛。

信息系统的安全管理目标是管好信息资源安全,信息安全管理是信息系统安全的重要组成部分,是保障信息安全的重要环节。20世纪90年代,信息安全管理步入了标准化与系统化管理时代。2000年,国际化标准组织公布了全球第一个信息安全管理国际标准——ISO/IEC 7799标准。2004年,我国启动了全国信息安全标准化技术委员会,启动了信息安全管理工作组(WG7),已发布了一些信息安全管理国家标准。近年来,我国围绕信息安全等级保护、信息安全管理体系标准族、信息安全应急与灾难备份、信息安全服务管理四方面开展工作,并取得了一些成果。

信息安全管理体系(Information Security Management System,ISMS)是1998年前后从英国发展起来的信息安全领域中的一个新概念,是管理体系(Management System,MS)思想和方法在信息安全领域的应用。近年来,伴随着ISMS国际标准的修订,ISMS迅速被全球接受和认可,成为世界各国、各种类型、各种规模的组织解决信息安全问题的一个有效方法。ISMS认证随之成为组织向社会及其相关方证明其信息安全水平和能力的一种有效途径。

信息安全管理体系是组织机构单位按照信息安全管理体系相关标准的要求,制定信息安全管理方针和策略,采用风险管理的方法进行信息安全管理计划、实施、评审、检查、改进的信息安全管理执行的工作体系。信息安全管理体系是按照ISO/IEC 27001标准的要求建立的,ISO/IEC 27001标准是由BS7799—2标准发展而来的。

信息安全管理体系(ISMS)是建立和维持信息安全管理体系的标准,标准要求组织通过确定信息安全管理体系范围、制定信息安全方针、明确管理职责、以风险评估为基础选择控制目标与控制方式等活动建立信息安全管理体系;体系一旦建立组织应按体系规定的要求进行运作,保持体系运作的有效性;信息安全管理体系应形成一定的文件,即组织应建立并保持一个文件化的信息安全管理体系,其中应阐述被保护的资产、组织风险管理的方法、控制目标及控制方式和需要的保证程度。

作为目前国际上具有代表性的信息安全管理体系标准,ISO 27001已在世界各地的政府机构、银行、证券、保险公司、电信运营商、网络公司及许多跨国公司得到了广泛应用,该标准重新定义了对信息安全管理体系的要求,旨在帮助企业确保有足够并具有针对性的安全控制选择。通过信息安全管理体系的建立、运行和改进,可以进一步规范企业相关的信息管理工作,从而确保企业云计算服务的安全问题。

此外,开展ISO 27001的培训也是十分必要的,而且要从不同的层面开展针对性的培训。首先,需要开展管理层的培训,让管理者对信息安全管理体系有初步的了解,使其了解信息安全管理体系的理念和作用,因为信息安全体系架构的实施和运行,会跨越不同的部门,在部门与部门的协调上,就需要上层领导的协调了。此外,让各部门主要信息安全专员参与标准的内审培训,从而让内审员知道信息安全体系应该做哪些工作,哪些是重点工作,并且在培训中进行讨论,形成统一的认识。

通过实施ISO 27001信息安全管理体系,可以为企业带来多方面的益处:证明企业内部控制具备独立保障,并满足公司信息管理和业务连续性要求;独立证明已遵守各项适用法律法规;通过满足合同要求以提供竞争优势,并向客户展示其云计算安全已受到保护;在使信息安全流程、程序和文件材料正式化的同时,能够独立地证明客户的云服务相关风险已得到妥善识别、评估和管理;证明高级管理层对其信息安全的承诺;定期的评估流程有助于不断监控企业的绩效并最终得到改善。

1.7 实　训

实训1 查阅资料,图1-3中SSL的作用是什么?

图1-3 邮箱登录界面

实训 2 查阅资料,图 1-4 中小锁的作用是什么?

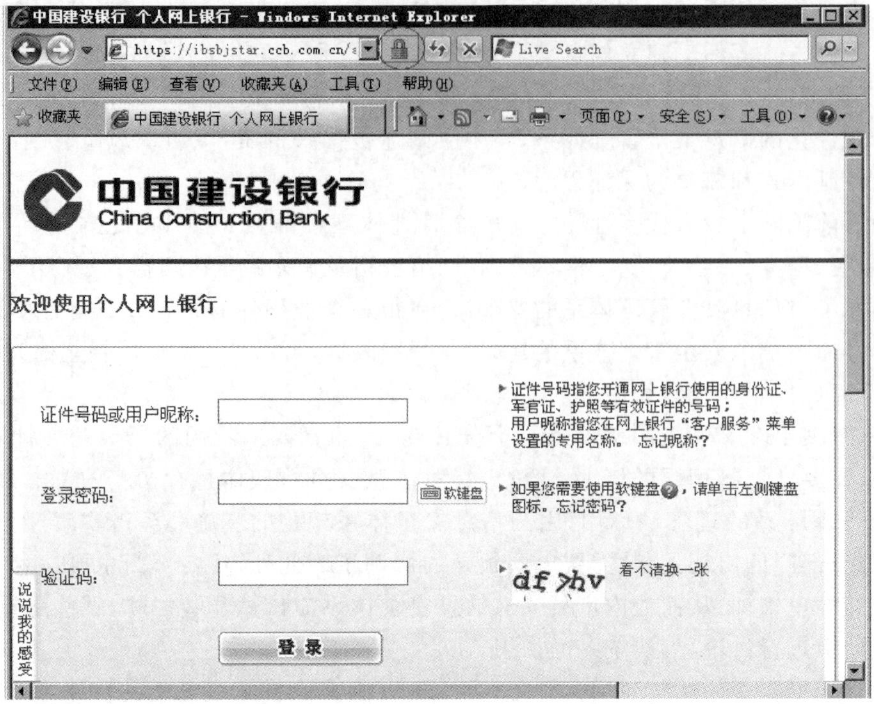

中国建设银行 个人网上银行 - Windows Internet Explorer
https://ibsbjstar.ccb.com.cn/
Live Search
文件(F) 编辑(E) 查看(V) 收藏夹(A) 工具(T) 帮助(H)
收藏夹 中国建设银行 个人网上银行
页面(P) 安全(S) 工具(O)
中国建设银行
China Construction Bank
欢迎使用个人网上银行
证件号码或用户昵称:
证件号码指您开通网上银行使用的身份证、军官证、护照等有效证件的号码;
用户昵称指您在网上银行“客户服务”菜单设置的专用名称。 忘记昵称?
登录密码:
软键盘
如果您需要使用软键盘,请单击左侧键盘图标。忘记密码?
验证码:
df>hv 看不清换一张
登录
说说我的感受

图 1-4 中国建设银行网络银行登录界面

第2章 信息安全数学基础

本章主要介绍网络与信息安全所涉及的数学基础知识，主要包括与密码学中“三大数学难题”密切相关的初等数论、群环域理论等。

2.1 初 等 数 论

2.1.1 素数和合数

素数是数论中最基础、最重要的概念，在古希腊，人们已经有了素数的概念，对素数的研究也略有所得。素数常用于公钥密码学中，公钥就是在编码时将素数加入想要传递的信息中，编码之后传送给收信人，任何人收到此信息后，若没有此收信人所拥有的密钥，则在解密的过程中（实为寻找素数的过程）会因为找素数的过程（分解质因数）过久，使取得的信息失去意义。

1. 素数和合数的定义

定义 2.1.1 对于整数 a 和 b，如果存在整数 q，使得 $a=bq$，则称 b 整除 a，记为 $b|a$，a 叫作 b 的倍数，b 叫作 a 的一个因子。

例如，有 $3|27$，则 27 是 3 的倍数，3 是 27 的一个因子；再有 $5|100$，则 100 是 5 的倍数，5 是 100 的一个因子。

定义 2.1.2 对于整数 $p>1$，如果因子仅为 ±1 和 $\pm p$，则称 p 为素数；否则称为合数。1 既不是素数也不是合数。在只考虑非负整数的情况下，素数是只能被 1 和其自身整除的正整数。

例如，17、19 是素数，存在 $323=17\times19$，则 323 是合数。

2. 素数检测

素数有无限多个，但目前还没有一个规律能确定所有的素数。目前，有一些检测不太大的整数为素数的方法和对于大的整数的近似检测算法。

定义 2.1.3 如果整数 $a>1$，则 a 的大于 1 的最小因子一定是素数。

合数 a 的大于 1 的最小因子不超过 $\sqrt{a}$。

设 n 是一个大于 1 的正整数，如果对所有小于或等于 $\sqrt{n}$ 的素数 p，都有 $p\nmid n$，则 n 一定是素数。

1） Eratosthenes 筛选法

例 2.1.1 求所有不超过 100 的素数。

解 因为 $\sqrt{100}=10$，小于或等于 10 的素数有 2、3、5、7，则可以按如下算法求出所有不超过100的素数。

(1) 输出2、3、5、7,$i=8$;

(2) 输出$2|i$,则i不是素数,转到步骤(7);

(3) 输出$3|i$,则i不是素数,转到步骤(7);

(4) 输出$5|i$,则i不是素数,转到步骤(7);

(5) 输出$7|i$,则i不是素数,转到步骤(7);

(6) 输出i的值;

(7) $i=i+1$;

(8) 如果$i>100$,则程序结束;

(9) 否则,返回到步骤(2)。

输出的结果为2、3、5、7、11、13、17、19、23、29、31、37、41、43、47、53、59、61、67、71、73、79、83、89、97。

对于一般n,Eratosthenes筛选法可表述如下:

(1) 找出$\leqslant\sqrt{n}$的全部素数$p_1,p_2,\cdots,p_m$;

(2) 在$1\sim n$中分别删去$p_1,p_2,\cdots,p_m$的全部倍数(本身除外)。

在以上两步完成后剩下的数(不包括1)就是不超过n的全部素数。

2) 费马(Fermat)定理检测法

费马定理中整数n为素数的必要条件如下:

对任意的整数a,如果满足$\gcd(a,n)=1$,则$a^{n-1}\equiv 1 \pmod n$。

也就是说,如果存在与n互素的整数a,不满足$a^{n-1}\equiv 1 \pmod n$,则说明n肯定不是素数。

例2.1.2 341、561、645、1105等都满足$2^{n-1}\equiv 1 \pmod n$,但它们都是合数,是基数为2的伪素数。

3. 整数的因子分解

对一个整数进行因式分解就是找出这个数的**素数因子**。例如,$6=2\times 3$,$60=2\times 2\times 3\times 5$,$252601=41\times 61\times 101$。

当一个整数分解成素数的乘积时,其中有些素数可以重复出现。例如$24=2\times 2\times 2\times 3$,在分解式$2\times 2\times 2\times 3$中,2出现了三次。分解式中相同的素数的积可以写成幂的形式,把大于1的正整数a写成$a=p_1^{a_1}p_2^{a_2}\cdots p_k^{a_k}$,此式称为$a$的标准分解式。这样,算术基本定理也可以描述为大于1的整数的标准分解式是唯一的(不考虑乘积的先后顺序)。

定理2.1.1(算术基本定理) 任何大于1的整数都可以分解为素数的乘积,且在不计顺序的情况下,分解式是唯一的。

如果n是素数,则定理自然成立;如果n是合数,根据合数的最小因子是素数,可以将合数逐层分解为素数之积。

例2.1.3 900可以分解为$900=2\times 2\times 3\times 3\times 5\times 5=2^2\times 3^2\times 5^2$。

把分解式中相同的素数写成幂的形式,则得到如下标准式:

$$n=p_1^{n_1}\times p_2^{n_2}\times\cdots\times p_t^{n_t}$$

其中$p_1<p_2<\cdots<p_t$为素数,$n_1,n_2,\cdots,n_t$为正整数。

因式分解是数论中最古老的问题之一，分解一个小整数很容易，但分解一个大整数很难，而且很费时间。目前大整数的分解最好的因子分解算法为数域筛法(NFS)，密码学中的RSA公钥密码算法的安全性就是基于大整数因子分解难题。

4. 同余运算

同余的概念是高斯(Gauss)在1800年左右给出的，是数论中最基本的概念，同余理论是初等数论的重要组成部分，是研究整数问题的重要工具之一。同余式性质的应用非常广泛，在处理某些整除性、进位制、对整数分类、解不定方程等方面的问题中有着不可替代的功能，与之密切相关的数论定理有欧拉定理、费尔马定理和中国剩余定理。

定义 2.1.4 设两个整数 a、b，若它们除以大于1的正整数 m 所得的余数相等，则称 a 与 b 对于模 m **同余或** a 同余于 b 模 m，记作 $a\equiv b(\bmod m)$。

当 $0\leqslant b<m$ 时，$a\equiv b(\bmod m)$，则称 b 是 a 对模 m 的最小非负剩余。

由带余除法可知，a 和 b 对模 m 同余的充要条件是 a 与 b 被 m 除得的余数相同。对于固定的模 m，模 m 的同余式与通常的等式有许多类似的结论。

定理 2.1.2 $a\equiv b(\bmod m)$的充要条件是 $a=b+mt$，$t\in \mathbf{Z}$，即 $m\mid(a-b)$。

注：$m\mid(a-b)$表示 m 整除 $a-b$。

例如，$26\equiv 2(\bmod 12)$，因 $12\mid(26-2)$。

定理 2.1.3 同余关系满足以下性质：

(1) (反身性)$a\equiv a(\bmod n)$；

(2) (对称性)若 $a\equiv b(\bmod n)$，则 $b\equiv a(\bmod n)$；

(3) (传递性)若 $a\equiv b(\bmod n)$，$b\equiv c(\bmod n)$，则 $a\equiv c(\bmod n)$；

(4) (同余式相加)若 $a\equiv b(\bmod n)$，$c\equiv d(\bmod n)$，则 $a\pm c\equiv b\pm d(\bmod n)$；

(5) (同余式相乘)若 $a\equiv b(\bmod n)$，$c\equiv d(\bmod n)$，则 $ac\equiv bd(\bmod n)$。

定理 2.1.4 若 $a\equiv b(\bmod n)$，c 为自然数，则 $ac\equiv bc(\bmod n)$。

但此定理的逆命题却不一定成立，即同余不满足消去律。

定理 2.1.5 若 $ac\equiv bc(\bmod n)$，$d=(c,n)$，则 $a\equiv b(\bmod n/d)$。

推论 2.1.1(同余消去律) 若 $ac\equiv bc(\bmod n)$，$(c,n)=1$，则 $a\equiv b(\bmod n)$。

例如，$4\equiv 1(\bmod 3)$，则 $4\times 2\equiv 1\times 2(\bmod 3)$；

$4\times 2\equiv 1\times 2(\bmod 3)$，因$(2,3)=1$，则 $4\equiv 1(\bmod 3)$；

$4\times 2\equiv 1\times 2(\bmod 6)$，因$(2,6)=2\neq 1$，所以 $4\equiv 1(\bmod 6)$不成立，而 $4\equiv 1(\bmod 6/2)$成立。

定理 2.1.6 若 $ac\equiv bd(\bmod n)$，$c\equiv d(\bmod n)$，$(c,n)=1$，则 $a\equiv b(\bmod n)$。

注意：若此定理中$(c,n)\neq 1$(c 与 n 不互素)，则此定理结论不成立。

例如，若 $4\times 5\equiv 1\times 2(\bmod 3)$，$5\equiv 2(\bmod 3)$，因$(5,3)=1$，从而 $4\equiv 1(\bmod 3)$成立；若 $3\times 6\equiv 1\times 2(\bmod 4)$，$6\equiv 2(\bmod 4)$，因$(6,4)=2\neq 1$，从而 $3\equiv 1(\bmod 4)$不成立。

例 2.1.4 求正整数 a 是9的倍数的充要条件。

解 设 $a=a_n 10^n+a_{n-1}10^{n-1}+\cdots+a_0$，

因为 $10\equiv 1(\bmod 9)$，

所以 $10^k\equiv 1(\bmod 9)$，$k=0,1,2,\cdots,n$，

所以 $a_k 10^k\equiv a_k(\bmod 9)$，$k=0,1,2,\cdots,n$，

所以 $a=a_n10^n+a_{n-1}10^{n-1}+\cdots+a_0\equiv a_n+a_{n-1}+\cdots+a_0 \pmod 9$,

所以 $9|a$ 的充要条件是 $9|(a_n+a_{n-1}+\cdots+a_0)$。

即正整数 a 是 9 的倍数的充要条件是 a 的各位数字之和是 9 的倍数。

例 2.1.5 今天是星期五,那么 10^{2015} 天后的那天是星期几?

解 因为 $7|1001, 7|98$,

所以 $10^3\equiv -1 \pmod 7$, $10^2\equiv 2 \pmod 7$,

所以 $10^{2015}=10^{3\times 671+2}=(10^3)^{671}\times 10^2\equiv(-1)^{671}\times 2 \pmod 7\equiv -2 \pmod 7\equiv 5 \pmod 7$,

所以 $10^{2015}+5\equiv -2+5 \pmod 7\equiv 3 \pmod 7$,

所以 10^{2015} 天后的那天是星期三。

2.1.2 最大公因子与辗转相除

辗转相除法又叫作欧几里得算法,是公元前 300 年左右的希腊数学家欧几里得在他的著作《几何原本》中提出的。利用这个方法,可以较快地求出有限个不全为零的整数的最大公因子,同时还可以求出最大公因子用这些整数表示的线性系数。辗转相除法在密码学中也有多种应用,特别是破译或分析某些密码算法。

定义 2.1.5 设 $a_1,a_2,\cdots,a_n$ 是有限个($n\geqslant 2$)不全为零的整数,这 n 个数公共约数中最大的一个叫作这 n 个数的**最大公因子**(设为 d),也称**最大公约数或最大公因数**。记作 $(a_1,a_2,\cdots,a_n)$。即最大公因子 d 满足:

(1) $d|a_i, i=1,2,\cdots,n$;

(2) 若 d_1 是 $a_1,a_2,\cdots,a_n$ 的公因子,则 $d_1|d$(或 $d_1\leqslant d$)。

任意的整数 $a_1,a_2,\cdots,a_n$ 一定有公约数,如果它们不全为 0,则易知这些公约数只有有限个,所以它们的最大公约数一定存在且唯一。显然,最大公约数 d 一定为正整数。另外,

(1) $(a,0)=a$;

(2) 若 $(a_1,a_2,\cdots,a_n)=1$,则称 $a_1,a_2,\cdots,a_n$ 是互素的,若 $a_1,a_2,\cdots,a_n$ 中任意两个都是互素的,则称 $a_1,a_2,\cdots,a_n$ 两两互素。

定理 2.1.7 对任意整数 a、b 且 $b\neq 0$,存在唯一的数对 q,r,使 $a=bq+r$,其中 $0\leqslant r<|b|$。这个方法称为**带余除法或欧几里得除法**。

这个定理是整除理论的基础,是初等数论的基本结论。其中,整数 q 称为 a 被 b 除的商,整数 r 称为 a 被 b 除的余数。

定理 2.1.8 设给定的正整数 $a\geqslant 2$,那么任一正整数 n 必可唯一地表示成 $n=r_ka^k+r_{k-1}a^{k-1}+\cdots+r_1a+r_0$。其中整数 $k\geqslant 0, 0\leqslant a_i\leqslant a-1(0\leqslant i\leqslant k), r_k\neq 0$。

定理 2.1.9 设 a、b、c 为 3 个正整数,且 $a=bq+c$,其中 q 为整数,则 $(a,b)=(b,c)$。

最大公约数的相关性质:

(1) $\forall x\in \mathbf{Z}$,有 $(a_1,a_2)=(a_1,a_2+a_1x)$;

(2) 设 $m>0$,则 $m(a_1,a_2,\cdots,a_n)=(ma_1,ma_2,\cdots,ma_n)$;

(3) 若 $\left(\frac{a_1}{(a_1,a_2)},\frac{a_2}{(a_1,a_2)}\right)=1$,则 $\left(\frac{a_1}{(a_1,a_2,\cdots,a_k)},\frac{a_2}{(a_1,a_2,\cdots,a_k)},\cdots,\frac{a_k}{(a_1,a_2,\cdots,a_k)}\right)=1$;

(4) 设 $a_1,a_2,\cdots,a_n$ 为不全为 0 的整数,则存在整数 $x_1,x_2,\cdots x_n$,使得

$$x_1a_1+x_2a_2+\cdots+x_na_n=(a_1,a_2,\cdots,a_n)$$

特别地，若$(a_1,a_2,\cdots,a_n)=1$，则存在整数$x_1,x_2,\cdots x_n$，使得

$$x_1a_1+x_2a_2+\cdots+x_na_n=1$$

(5) 若$(a,m)=(b,m)=1$，则$(ab,m)=1$；

(6) 若$c|a$，且$(c,b)=1$，则$c|a$。

对任意整数a、b，利用上述性质和带余除法定理，可以求出a、b的最大公约数(a,b)，这个方法称为辗转相除法或欧几里得算法。具体步骤如下：

令$r_0=b,r_1=a,a\leqslant b$；

用r_1除r_0，$r_0=r_1q_1+r_2,0\leqslant r_2\leqslant r_1$；

用r_2除r_1，$r_1=r_2q_2+r_3,0\leqslant r_3\leqslant r_2$；

……

用r_{m-1}除r_{m-2}，$r_{m-2}=r_{m-1}q_{m-1}+r_m,0\leqslant r_m\leqslant r_{m-1}$；

用r_m除r_{m-1}，$r_{m-1}=r_mq_m$；

其中，$r_0\geqslant r_1>\cdots>r_{m-1}>r_m\geqslant 0$，$r_m=(r_m,0)=(r_{m-1},r_m)=\cdots=(r_1,r_2)=(r_0,r_1)=(a,b)$。

由算法的倒数第二个式子得$(a,b)=r_m=r_{m-2}-r_{m-1}q_{m-1}$，即$(a,b)$表示为$r_{m-1}$和$r_{m-2}$的线性组合；由倒数第三个式子得到的$r_{m-1}=r_{m-3}-r_{m-2}q_{m-2}$代入上式得$(a,b)=(1+q_{m-1}q_{m-2})r_{m-2}-q_{m-1}r_{m-3}$，即$(a,b)$表示为$r_{m-2}$和$r_{m-3}$的线性组合；以此类推，就可以得到$(a,b)$的线性组合$(a,b)=sa+tb$。

令$p_m=1,p_{m-1}=q_{m-1},p_{m-2}=q_{m-2}q_{m-1}+q_m$，则可以得到$(a,b)=r_m=p_1a+p_2b$（可以用数学归纳法证明该结论）。这个方法具体可以通过例 2.1.6 来说明。

例 2.1.6　求(319,377)，并把它表示成 319 和 377 的整系数线性组合形式。

解　因为 377＝319×1＋58，

所以(377,319)＝(319,58)，

因为 319＝58×5＋29，

所以(319,58)＝(58,29)，

因为 58＝29×2，

所以(58,29)＝29，

所以(319,377)＝(319,58)＝(58,29)＝29。

因为(319,377)＝29＝319－58×5，58＝377－319×1，后式代入前式得到(319,377)＝29＝319－(377－319)×5＝319×6－377×5，

所以(319,377)＝6×319＋(－5)×377。

令$r_0=377,r_1=319,p_m=1,p_{m-1}=q_{m-1},p_{m-2}=q_{m-2}q_{m-1}+q_m$，上述方法可以用如表 2-1 所示的形式给出。

表 2-1　辗转相除法

k	0	1	2	3
$r_{k+1}q_{k+1}$	－319	－290		
r_k	377	319	58	29
q_k		－1	－5	
p_k		6	－5	1

所以$(319,377)=17=6\times319+(-5)\times377$。

表2-1还可以简化为如表2-2所示的形式。

表2-2 辗转相除简表

−319	−290		
377	319	58	29
	−1	−5	
	6	−5	1

这个简化的计算最大公约数的方法是最常用的辗转相除求法。

用辗转相除可以高效地计算出任意两个整数的最大公约数,所以在密码学中也有应用,例如,在公钥加密算法RSA中常常用其来高效地计算私钥。

2.1.3 模运算与欧拉定理

"模"是Mod的音译,Mod的含义为求余。模运算在数论和程序设计中都有着广泛的应用,从奇偶数的判别到素数的判别,从模幂运算到最大公约数的求法,从孙子问题到恺撒密码问题,无不充斥着模运算的身影。在密码学中,几乎所有的加密算法(即对称算法和非对称算法)都基于有限个元素的运算,而我们常见的绝大多数数集都是无穷的,如自然数集或实数集,模运算可以将数字的加法、乘法的结果限制在一定的范围内,所以,在密码算法中通常会用到模运算。在数论中,欧拉定理(也称费马-欧拉定理)是一个关于同余的性质,是公钥加密算法RSA设计的理论基础。下面将介绍模运算、乘法逆元和欧拉定理等知识。

1. 模运算

模运算的具体含义为求两个整数相除后结果的余数,记作mod。例如$7 \bmod 3=1$,因为7除以3商2余1。余数1即执行模运算后的结果。

给定一个正整数p,任意一个整数n,由带余除法定理知,一定存在等式$n=kp+r$,其中k、r是整数,且$0\leqslant r<p$,称k为n除以p的商,r为n除以p的余数。

定义2.1.6 对于正整数p和整数a,$a \bmod p$表示a除以p的余数,该运算定义为**模运算**。

与模运算相关的一些运算如下:

(1) 模p加法:$(a+b)\bmod p$,其结果是$a+b$算术和除以p的余数,也就是说,$(a+b)=kp+r$,则$(a+b)\bmod p=r$。

(2) 模p减法:$(a-b)\bmod p$,其结果是$a-b$算术差除以p的余数。

(3) 模p乘法:$(a\times b)\bmod p$,其结果是$a\times b$算术乘法除以p的余数。

由模运算的定义可以得到模运算的以下**性质**:

(1) $(a+b)\bmod p=(a \bmod p+b \bmod p)\bmod p$。

(2) $(a-b)\bmod p=(a \bmod p-b \bmod p)\bmod p$。

(3) $(a\times b)\bmod p=(a \bmod p\times b \bmod p)\bmod p$。

由模运算的定义和性质知,模p运算和普通的四则运算有很多类似的规律——模运算的运算律。

1) 结合律

(1) $((a+b)\bmod p+c)\bmod p=(a+(b+c)\bmod p)\bmod p$。

(2) $((a\times b) \bmod p\times c) \bmod p=(a\times(b\times c) \bmod p) \bmod p$。

2) 交换律

(1) $(a+b) \bmod p=(b+a) \bmod p$。

(2) $(a\times b) \bmod p=(b\times a) \bmod p$。

3) 分配律

(1) $((a+b) \bmod p\times c) \bmod p=((a\times c) \bmod p+(b\times c) \bmod p) \bmod p$。

(2) $(a\times b) \bmod c=(a \bmod c\times b \bmod c) \bmod c$。

(3) $(a+b) \bmod c=(a \bmod c+b \bmod c) \bmod c$。

(4) $(a-b) \bmod c=(a \bmod c-b \bmod c) \bmod c$。

简单证明结合律的第一个公式：$((a+b) \bmod p+c) \bmod p=(a+(b+c) \bmod p) \bmod p$。

假设 $a=k_1\times p+r_1, b=k_2\times p+r_2, c=k_3\times p+r_3, a+b=(k_1+k_2)p+(r_1+r_2)$，如果$(r_1+r_2)\geqslant p$，则$(a+b) \bmod p=(r_1+r_2)-p$，否则$(a+b) \bmod p=(r_1+r_2)$，再和 c 进行模 p 和运算，得到结果为 $r_1+r_2+r_3$ 的算术和除以 p 的余数。对右侧进行计算可以得到同样的结果，得证。

2. 乘法逆元

由同余的概念，可以在模 m 中把所有的整数分成 m 个不同的剩余类。

定义 2.1.7 设 $M_r=\{x\mid x\in\mathbf{Z}, x\equiv r(\bmod m)\}, r=0,1,2,\cdots,m-1$，每一个这样的类为模 m 的**同余类**或**剩余类**，记作$[r]$，即$[r]=M_r=\{x\mid x\in\mathbf{Z}, x\equiv r(\bmod m)\}, r=0,1,2,\cdots,m-1$。

由此定义，$\forall m\in\mathbf{Z}^+$，则 $\mathbf{Z}=[0]\cup[1]\cup[2]\cup\cdots\cup[m-1]$。

若每个剩余类中取一个数为代表，组成一个集合，则这个集合称为模 m 的完全剩余系，记为 $\mathbf{Z}_m$，即$\{0,1,2,\cdots,m-1\}$为模 m 的一个完全剩余系。模 m 的完全剩余系并不唯一，把$\{0,1,2,\cdots,m-1\}$叫作最小非负完全剩余系。

例如，取 $m=7$，则 $\mathbf{Z}=[0]\cup[1]\cup[2]\cup[3]\cup[4]\cup[5]\cup[6]$，$\{0,1,2,3,4,5,6\}$是模 7 的一个完全剩余系，$\{7,15,30,10,18,40,-1\}$也是模 7 的一个完全剩余系。其中，$\{0,1,2,3,4,5,6\}$是模 7 的最小非负完全剩余系。

在模 m 的完全剩余系中，将所有与 m 互素的数组成一个集合，则这个集合称为模 m 的既约剩余系或简化剩余系。

例如，$\{1,5\}$是模 6 的既约剩余系，$\{1,2,3,4,5,6\}$是模 7 的既约剩余系，$\{1,2,4,5,7,8\}$是模 9 的既约剩余系。

定义 2.1.8 设 $ab\equiv1(\bmod m)$，b 为 a 在模 m 的**乘法逆元**，记作 a^{-1}，即 $b=a^{-1}$。

例如，$2\times4\equiv1(\bmod 7)$，则 4 为 2 在模 7 的乘法逆元；$2\times5\equiv1(\bmod 9)$，则 5 为 2 在模 9 的乘法逆元；但 3 在模 9 的乘法逆元不存在，因为 3 乘以任何数都不会与 1 对于模 9 同余。

定理 2.1.10 若$(a,m)=1$，则唯一存在 $b\in\mathbf{Z}, 0\leqslant b<m$ 且$(b,m)=1$，使得 $ab\equiv1(\bmod m)$。

例如，由于$(4,9)=1$，则在$[0,9)$内，唯一存在整数 7 且$(7,9)=1$，使得 $4\times7\equiv1(\bmod 9)$；由于$(3,9)=3\neq1$，则在$[0,9)$内，不存在任何整数满足 $3x\equiv1(\bmod 9)$。

由定理 2.1.10 知，一个数关于某一个模的乘法逆元不一定存在。当 a 与 m 不互素时，

a 在模 m 的乘法逆元不存在；只有当 a 与 m 互素时，a 在模 m 的乘法逆元才存在，而且在模 m 的最小非负完全剩余系中，a 在模 m 的乘法逆元唯一。以模 10 为例，模 10 的最小非负完全剩余系每一个数的乘法逆元情况，如表 2-3 所示。

表 2-3　最小非负完全剩余系中满足 $ax\equiv 1 \pmod 9$ 的解

a	0	1	2	3	4	5	6	7	8
x	不存在	1	5	不存在	7	2	不存在	4	8

乘法逆元在密码学中的作用也很重要，RSA 算法就用到了乘法逆元。求乘法逆元可以用欧几里得算法得到。

例 2.1.7　求 $13^{-1} \pmod 9$。

解　因为 $(13,9)=1$，

所以由欧几里得算法，列简表如下：

-9	-8		
13	9	4	1
	-1	-2	
	3	-2	1

所以 $(13,9)=1=9\times 3+13\times(-2)$，

即 $13\times(-2)\equiv 1 \pmod 9$，

所以 $13^{-1}\equiv -2 \pmod 9 \equiv 7 \pmod 9$。

3. 欧拉定理

欧拉(Euler)函数是数论中很重要的一个函数，而且在密码学中用 RSA 算法进行加密通信时，欧拉定理能够保证收方正确地实施解密。

定义 2.1.9　对于正整数 m，小于 m 且与 m 互质的正整数的个数记作 $\varphi(m)$，即 $\varphi(m)$ 是模 m 的既约剩余系中的元素个数，$\varphi(m)$ 称为**欧拉函数**。

其中定义 $\varphi(1)=1$。显然，对于素数 p，$\varphi(p)=p-1$。

定理 2.1.11　对于两个不相等的素数 p、q，若 $n=pq$，则 $\varphi(n)=(p-1)(q-1)$。

例如，因为 $6=2\times 3$，2 和 3 都是素数，所以 $\varphi(6)=(2-1)(3-1)=2$，易验证小于 6 且与 6 互质的正整数只有 1 和 5；因为 $39=3\times 13$，3 和 13 都是素数，所以 $\varphi(39)=(3-1)(13-1)=24$。虽然 $4=2\times 2$，由于素数 $2=2$，所以 $\varphi(4)\neq(2-1)(2-1)=1$，而小于 4 且与 4 互质的正整数只有 1 和 3，从而 $\varphi(4)=2$。

定理 2.1.12　对于 $\forall m\in \mathbf{Z}^{+}$，$\varphi(m)=m\cdot \prod\limits_{\substack{p\mid m\\ p\text{为质数}}}\left(1-\frac{1}{p}\right)$。

例如，因为 $6=2\times 3$，2 和 3 都是素数，所以 $\varphi(6)=6\times\left(1-\frac{1}{2}\right)\left(1-\frac{1}{3}\right)=2$；因为 $39=3\times 13$，3 和 13 都是素数，所以 $\varphi(39)=39\times\left(1-\frac{1}{3}\right)\left(1-\frac{1}{13}\right)=24$；因为 $4=2\times 2$，由于 2 是 4 的唯一素因数，所以 $\varphi(4)=4\times\left(1-\frac{1}{2}\right)=2$。

定理 2.1.13(欧拉定理)　若 $(a,m)=1$，则 $a^{\varphi(m)}=1 \pmod m$。

例如，因为$(5,6)=1$，则$5^{\varphi(6)}=5^2=25\equiv1 \pmod 6$。运用欧拉定理可以得到$7^4=7^{\varphi(8)}\equiv1 \pmod 8$，$7^4=7^{\varphi(5)}=7^{5-1}\equiv1 \pmod 5$，其中$(7,5)=1$，且5是素数，从而得出另一个很重要的定理——费马定理。

定理 2.1.14（费马定理） 若p为素数，且$(a,p)=1$，则$a^{p-1}\equiv1 \pmod p$。

利用欧拉定理可以找到一个求乘法逆元的方法：

若$(a,m)=1$，则$a\cdot a^{\varphi(m)-1}=a^{\varphi(m)}\equiv1 \pmod m$，即$a^{-1}\equiv a^{\varphi(m)-1} \pmod m$。

2.1.4 不定方程

不定方程是数论中最古老的分支之一，它有着悠久的历史与丰富的内容。不定方程是指解的范围为整数、正整数、有理数或代数整数的方程或方程组，其未知数的个数通常多于方程的个数。

被誉为代数鼻祖的古希腊数学家丢番图于3世纪初就研究过若干这类方程，所以不定方程又称丢番图方程。1969年，莫德尔较系统地总结了这方面的研究成果，形成专著《丢番图方程》。不定方程是数论的重要分支学科，也是历史上最活跃的数学领域之一。它的内容十分丰富，与代数数论、几何数论、集合数论等都有较为密切的联系。近年来，不定方程有了更进一步的发展，在有限群论和最优设计中常常提出不定方程的问题，而且，在密码学中也有一些应用，例如基于背包体制的密码算法的设计。

研究不定方程要解决三个问题：①判断何时有解；②有解时决定解的个数；③求出所有的解。

中国是研究不定方程最早的国家，公元初的五家共井问题就是一个不定方程组问题；公元5世纪的《张丘建算经》中的百鸡问题标志着中国对不定方程理论有了系统研究。秦九韶的大衍求一术将不定方程与同余理论联系起来。百鸡问题说："鸡翁一，值钱五，鸡母一，值钱三，鸡雏三，值钱一。百钱买百鸡，问鸡翁、母、雏各几何?"设x、y、z分别表示鸡翁、母、雏的个数，则此问题可转换成求不定方程组$\begin{cases}x+y+z=100\\5x+3y+\dfrac{z}{3}=100\end{cases}$的非负整数解$x,y,z$，是一个三元不定方程组问题。

1. 一次不定方程（组）

不定方程中最简单的是一次不定方程，二元一次方程是最简单的一次不定方程，下面以二元一次方程为例讨论一次不定方程的相关结论。

定理 2.1.15 设$a,b,n\in\mathbf{Z}$，且$ab\neq0$，不定方程

$$ax+by=n \tag{2-1}$$

有整数解的充要条件是$(a,b)\mid n$。若$(a,b)\mid n$，$\begin{cases}x=x_0\\y=y_0\end{cases}$是式(2-1)的一组特解，设$(a,b)=d$，$a=a_1d$，$b=b_1d$，$n=n_1d$，则$\begin{cases}x=x_0+b_1t\\y=y_0-a_1t\end{cases}$，$(t\in\mathbf{Z})$是式(2-1)的通解。

注意： 定理中的特解求法用辗转相除法得到。

例 2.1.8 求不定方程$256x+378y=100$的整数解。

解 利用辗转相除法，列简表如下：

−256	−244	−120		
378	256	122	12	2
	−1	−2	−10	
	−31	21	−10	1

所以 $256\times(-31)+378\times21=2$,

因为 $2\mid100$, $n_1=\dfrac{n}{d}=\dfrac{100}{2}=50$,

所以原不定方程的特解为

$$\begin{cases}x_0=-31\times50=-1550\\ y_0=21\times50=1050\end{cases}$$

则原不定方程的通解为

$$\begin{cases}x=-1550+378t\\ y=1050-256t\end{cases}$$

推论 2.1.2 设 $a_1,a_2,\cdots,a_k\in\mathbf{Z}$,且 $a_1a_2\cdots a_k\neq0$,不定方程

$$a_1x_1+a_2x_2+\cdots+a_kx_k=n$$

有整数解的充要条件是 $(a_1,a_2,\cdots,a_k)\mid n$。

特别地,若 $k=3$,设 $(a,b,c)=1$,若 $\begin{cases}x=x_0\\ y=y_0\\ z=z_0\end{cases}$ 是不定方程 $ax+by+cz=n$ 的一组特解,

设 $(a,b)=d$, $a=a_1d$, $b=b_1d$,则该不定方程的通解为

$$\begin{cases}x=x_0+b_1t_1-u_1ct_2\\ y=y_0-a_1t_1-u_2ct_2,\quad t_1,t_2\in\mathbf{Z}\\ z=z_0+dt_2\end{cases}$$

例 2.1.9 求百鸡问题中的不定方程组 $\begin{cases}x+y+z=100\\ 5x+3y+\dfrac{z}{3}=100\end{cases}$ 的非负整数解。

解 把原不定方程组化简为不定方程

$$7x+4y=100$$

利用辗转相除法,列简表如下:

−8		
7	4	−1
	−2	
	−2	1

所以 $7\times1+4\times(-2)=-1$,

即 $7\times(-100)+4\times200=100$,

所以不定方程 $7x+4y=100$ 的特解为

$$\begin{cases}x_0=-100\\ y_0=200\end{cases}$$

则原不定方程组的通解为

$$\begin{cases} x = -100 + 4t \\ y = 200 - 7t \\ z = 3t \end{cases}, \quad t \in \mathbf{Z}$$

因为百鸡问题中的 x、y、z 分别表示鸡翁、母、雏的个数，即 $x,y,z \in \mathbf{N}$，

所以由 $\begin{cases} x = -100 + 4t \geqslant 0 \\ y = 200 - 7t \geqslant 0 \end{cases}$，$(t \in \mathbf{Z})$知，通解中 t 的取值只能是 25、26、27、28，

所以百鸡问题中的所列的不定方程组的解为

$$\begin{cases} x = 0 \\ y = 25, \\ z = 75 \end{cases} \quad \begin{cases} x = 4 \\ y = 18, \\ z = 78 \end{cases} \quad \begin{cases} x = 8 \\ y = 11, \\ z = 81 \end{cases} \quad \begin{cases} x = 12 \\ y = 4 \\ z = 84 \end{cases}$$

注：如例 2.1.9，大多数不定方程组需要化简为不定方程来求解。

2. 高次不定方程(组)

目前解不定方程没有固定的方法，解一次不定方程还可以遵从辗转相除的相关结论，而解高次不定方程常用的方法与技巧可以归纳如下。

(1) 配方法：对方程进行配方，方程一边配成平方和，另一边是零或非零常数，从而求得方程的整数解或判断方程无解，其中若非零常数是个平方数，则利用勾股数(也叫勾股数法)，该方法是不定方程中基本的方法之一。

(2) 因式分解法：对方程的一边进行因式分解，另一边作质因式分解，然后对比两边，转而求解若干方程组，该方法是不定方程中基本的方法之一，其理论基础是整数的唯一分解定理。

(3) 同余法：同余的关键是选择适当的模，它需要经过多次尝试，该方法主要用于证明方程无解或导出有解的必要条件，常伴有奇偶分析，为进一步求解或求证作准备。

(4) 不等式估计法：主要针对方程有整数解，则必然有实数解，当方程的实数解为一个有界集，则着眼于一个有限范围内的整数解至多有有限个，逐一检验，求出全部解；若方程的实数解是无界的，则着眼于整数，利用整数的各种性质产生适用的不等式。

(5) 构造法(无限递降法)：论证的核心是设法构造出方程的新解，使得它比已选择的解"严格地小"，由此产生矛盾。

除此之外，费尔马针对特定模型 $x^n + y^n = z^n$ 给出了一个结论，这就是费尔马大定理。

定理 2.1.16(费尔马大定理)　当整数 $n > 2$ 时，关于 x,y,z 的不定方程 $x^n + y^n = z^n$ 无正整数解。

例 2.1.10　求不定方程 $x^2 - 4xy + 5y^2 = 169$ 的整数解。

解　利用配方法中的勾股数法，原不定方程配方为

$$(x - 2y)^2 + y^2 = 13^2$$

在勾股数中最大为 13 的只有一组 5、12、13，所以原不定方程的解等价为以下方程组的解：

$$\begin{cases} x - 2y = 5 \\ y = 12 \end{cases}, \quad \begin{cases} x - 2y = 12 \\ y = 5 \end{cases},$$

$$\begin{cases} x - 2y = -5 \\ y = 12 \end{cases}, \quad \begin{cases} x - 2y = 12 \\ y = -5 \end{cases},$$

$$\begin{cases}x-2y=5\\y=-12\end{cases},\quad\begin{cases}x-2y=-12\\y=5\end{cases},$$

$$\begin{cases}x-2y=-5\\y=-12\end{cases},\quad\begin{cases}x-2y=-12\\y=-5\end{cases}$$

解之得原不定方程的解为

$$\begin{cases}x_1=29\\y_1=12\end{cases},\quad\begin{cases}x_2=22\\y_2=5\end{cases},\quad\begin{cases}x_3=19\\y_3=12\end{cases},\quad\begin{cases}x_4=2\\y_4=-5\end{cases},$$

$$\begin{cases}x_5=-19\\y_5=-12\end{cases},\quad\begin{cases}x_6=-2\\y_6=5\end{cases},\quad\begin{cases}x_7=-29\\y_7=-12\end{cases},\quad\begin{cases}x_8=-22\\y_8=-5\end{cases}$$

例 2.1.11 满足不定方程 $x^2+y^2=x^3$ 的正整数解对(x,y)的个数是(　　)。

(A) 0　　(B) 1　　(C) 2　　(D) 无限个　　(E) 上述结论都不对

解 利用因式分解法,原不定方程化为

$$y^2=x^2(x-1)$$

因为 $x,y\in\mathbf{N}^*$,

所以 $x-1=k^2(k\in\mathbf{N})$,

则原不定方程的通解为

$$\begin{cases}x=k^2+1\\y=k(k^2+1)\end{cases},\quad k\in\mathbf{N}^*$$

所以满足不定方程 $x^2+y^2=x^3$ 的正整数解对(x,y)有无限个,即答案选 D。

例 2.1.12 求证:若 x 是一个正整数,则方程 $x^3-3xy^2+y^3=2891$ 不可能有整数解。

证 利用同余法,因为 $2891\equiv2(\bmod 3)$,$3xy^2\equiv0(\bmod 3)$,

所以 $x^3+y^3\equiv2(\bmod 3)$有两种可能:

(1) $\begin{cases}x\equiv0(\bmod 3)\\y\equiv2(\bmod 3)\end{cases}$ 或 $\begin{cases}x\equiv2(\bmod 3)\\y\equiv0(\bmod 3)\end{cases}$,

则 $x^3+y^3\equiv8(\bmod 9)$,$3xy^2\equiv0(\bmod 9)$,

所以 $x^3-3xy^2+y^3\equiv8(\bmod 9)$,与 $2891\equiv2(\bmod 9)$矛盾,此种可能无解。

(2) $x\equiv y\equiv1(\bmod 3)$,则 $x^3+y^3\equiv2(\bmod 9)$,$3xy^2\equiv3(\bmod 9)$,

所以 $x^3-3xy^2+y^3\equiv2-3\equiv8(\bmod 9)$,与 $2891\equiv2(\bmod 9)$矛盾,此种可能无解。

综上,方程 $x^3-3xy^2+y^3=2891$ 不可能有整数解。

近年来,这个领域虽然有重要进展,但从整体上来说,对于高于二次的多元不定方程,人们知道得不多。另外,不定方程与数学的其他分支如代数数论、代数几何、组合数学等有着紧密的联系,在有限群论和最优设计中也常常提出不定方程的问题,这就使得不定方程这一古老的分支继续吸引着许多数学家的注意,成为数论中重要的研究课题之一。

2.1.5 线性同余方程

在数论中,线性同余方程是最基本的同余方程,“线性”表示方程的未知数次数是一次。

1. 线性同余方程概念

定义 2.1.10　设两个整数 a、b 及正整数 n，把形如：

$$ax \equiv b \bmod n$$

的方程称为**线性同余方程**，其中 x 为变量。

下面讨论线性同余方程 $ax \equiv b \bmod n$ 是否有解。若有解，是否唯一，能否求出所有的解？

定理 2.1.17　$ax \equiv b \bmod n$，其中 a、b、n 是整数，$n>0$，且 $(a,n)=d$。

(1) 若 d 不是 b 的因子，则 $ax \equiv b \bmod n$ 无解；

(2) 若 $d|b$，则 $ax \equiv b \bmod n$ 恰好有 d 个模 n 不同余的解。

这个定理只是说明方程是否有解，以及若有解时解的个数，下面介绍有解时解的求法。

解线性同余方程 $ax \equiv b \bmod n$ 的具体步骤：

(1) 利用辗转相除求出 $(a,b)=d$，若 d 不是 b 的因子，则 $ax \equiv b \bmod n$ 无解；

(2) 若 $d|b$，设 $a=a_1d$，$b=b_1d$，$n=n_1d$，则 $a_1x_1 \equiv b_1 \bmod n_1$ 有唯一解（因为 $(a_1,b_1)=1$），该方程的解可以由欧几里得算法求出 $x_1 \equiv a_1^{-1}b_1 \pmod{n_1}$，显然，$x_1$ 也是方程 $ax \equiv b \bmod n$ 的解，令 $x_0=x_1$，则 $x=x_0+\left(\frac{n}{d}\right)t \pmod n$，$t=0,1,2,\cdots,d-1$ 为方程 $ax \equiv b \bmod n$ 的 d 个模 n 不同余的解。

例 2.1.13　求解同余方程 $3x \equiv 5 \pmod 7$。

解　方法一：

因为 $(3,7)=1$，

所以该同余方程有唯一解，利用欧几里得算法求 3^{-1}：

−6		
7	3	1
	−2	
	−2	1

所以同余方程 $3x \equiv 5 \pmod 7$ 的解为 $x \equiv -2\times 5 \equiv -10 \equiv 4 \pmod 7$。

方法二（该方法根据同余的定义得来）：

因为 $(3,7)=1$，

所以该同余方程有唯一解，解为

$$x \equiv \frac{5}{3} \equiv \frac{5+7}{3} \equiv 4 \pmod 7$$

例 2.1.14　求解同余方程 $16x \equiv 20 \pmod{36}$。

解　因为 $(16,36)=4$，$4|20$，

所以该同余方程恰好有 4 个模 28 不同余的解，

所以 $4x \equiv 5 \pmod 9$ 有唯一解，解为

$$x \equiv \frac{5}{4} \equiv \frac{5+9}{4} \equiv \frac{7}{2} \equiv \frac{7-9}{2} \equiv -1 \pmod 9$$

所以原同余方程的特解为 $x_0 \equiv -1 \pmod{36}$，

所以原同余方程的解为 $x \equiv -1+9t \pmod{36}$，$t=0,1,2,3$。

2. 中国剩余定理

若干线性同余方程构成线性同余方程组,中国剩余定理可以求解一些线性同余方程组。

秦朝末年,楚汉相争。一次,韩信率1500名将士与楚王大将李锋交战,苦战一场,楚军不敌,败退回营,汉军也死伤四五百人,于是韩信整顿兵马也返回大本营。当行至一山坡,忽有后军来报,说有楚军骑兵追来,只见远方尘土飞扬,杀声震天。汉军本来已十分疲惫,这时队伍大哗,韩信兵马到坡顶,见来敌不足五百骑,便急速点兵迎敌。他命令士兵3人一排,结果多出2名;接着命令士兵5人一排,结果多出3名;他又命令士兵7人一排,结果又多出2名。韩信马上向将士们宣布:我军有1073名勇士,敌人不足五百,我们居高临下,以众击寡,一定能打败敌人。汉军本来就信服自己的统帅,这一来更相信韩信是"神仙下凡""神机妙算",于是士气大振,一时间旌旗摇动,鼓声喧天,汉军步步紧逼,楚军乱作一团,交战不久,楚军大败而逃。

"韩信点兵"的故事其实就是线性同余方程组的求解问题。这其实就是我国古代数学名著《孙子算经》中载有的一道数学问题:"今有物不知其数,三三数之剩二,五五数之剩三,七七数之剩二。问物几何?"翻译成数学语言就是:求正整数x,使x除以3余2,除以5余3,除以7余2,即求同余方程组$x=2 \bmod 3$,$x=3 \bmod 5$,$x=2 \bmod 7$的正整数解。

如何求符合上述条件的正整数x呢?《孙子算经》也给出了一个非常有效的巧妙解法:"三、三数之剩二,置一百四十;五、五数之剩三,置六十三;七、七数之剩二,置三十,并之,得二百三十三。以二百一十减之,即得。凡三、三数之剩一,则置七十;五、五数之剩一,则置二十一;七、七数之剩一,则置十五。一百六以上,一百五减之,即得。"过了一千多年,到了16世纪,数学家程大位在他所著的《算法统宗》中把这个问题的解法用一首诗的形式表述出来:"三人同行七十稀,五树梅花廿一枝,七子团圆正月半,除百零五便得之。"

这首诗的前三句给出了三组数,后一句给出了一个数:

$$\begin{array}{cc} 3 & 70 \\ 5 & 21 \\ 7 & 15 \\ \multicolumn{2}{c}{105} \end{array}$$

三组数的共同特征是:70除以3余1,除以5、7余0;21除以5余1,除以3、7余0;15除以7余1,除以3、5余0。

首先程大位把不同的余数问题统一化为标准的余数问题。然后,他把复杂难解的问题化解为三个易解的问题,而70、21、15分别是满足以上三个特征的最小正整数。从而有2×70满足"三、三数之剩二"的条件,且被5、7整除;3×21满足"五、五数之剩三"的条件,且被3、7整除;2×15满足"七、七数之剩二"的条件,且被3、5整除。

统统相加得和$x=2\times70+3\times21+2\times15=233$,则$x$必然满足原题所有三个余数条件,但$x$不一定是最小的,这首诗的最后一句"除百零五便得知",意为从233中减去3、5、7的最小公倍数105的倍数便得到23,这个23就是问题的最小解。这最后一句也可以理解为x除以105的余数就是问题的最小解。

中国古代数学有一个传统,总是以具体的数量关系表示一般的规律。这个算法给出了这类问题的一般解法,非常简捷,具有非凡的数学思想,并对数论、代数产生了重要影响,中国称此算法为"孙子定理",国际上称此为"中国剩余定理"。这是中国数学对世界数学重要的贡献之一。中国剩余定理除本身的重要性之外，它还提示人们，要解决较复杂的问题，最好把它分解为几个易解的子问题；把问题各不相同的条件化成标准的条件，然后用标准的、统一的方法处理。这是两个重要的数学思想。

把中国剩余定理译成数论术语就是：

设 n_1、n_2、n_3 是两两互素的正整数，对任意给定的整数 a_1、a_2、a_3，必存在整数 x，满足同余方程组 $x=a_1 \bmod n_1$，$x=a_2 \bmod n_2$，$x=a_3 \bmod n_3$。设 $N=n_1n_2n_3$，则在区间$[0,N-1]$中满足该方程组的解是存在且唯一。

令 $c_i\equiv 1 \bmod n_i$，且 $n_j|c_i$，$j\neq i$，$i=1,2,3$，则

$$x\equiv c_1a_1+c_2a_2+c_3a_3 \pmod N$$

显然，$\left.\frac{N}{n_i}\right|c_i$，所以存在整数 y_i，满足 $c_i=\frac{N}{n_i}y_i$，即同余方程组的解还可以表示为

$$x\equiv \frac{N}{n_1}y_1a_1+c\,\frac{N}{n_2}y_2a_2+\frac{N}{n_3}y_3a_3 \pmod N$$

上面结论的表述是为了方便或忠于《孙子算经》，我们只写出含三个余数的情形，其实，这个定理对 k 个余数是通用的。

定理 2.1.18（中国剩余定理） 设 $n_1,n_2,\cdots,n_k$ 是两两互素的正整数，对任意给定的整数 $a_1,a_2,\cdots,a_k$，必存在整数 x，满足同余方程组 $x=a_1 \bmod n_1$，$x=a_2 \bmod n_2$，$\cdots$，$x=a_k \bmod n_k$。设 $N=n_1n_2\cdots n_k$，则在区间$[0,N-1]$中满足该方程组的解是存在且唯一。

令 $c_i=1 \bmod n_i$，且 $n_j|c_i$，$j\neq i$，$i=1,2,\cdots,k$，则

$$x\equiv c_1a_1+c_2a_2+\cdots+c_ka_k \pmod N$$

显然，$\left.\frac{N}{n_i}\right|c_i$，所以存在整数 y_i，满足 $c_i=\frac{N}{n_i}y_i$，即同余方程组的解还可以表示为

$$x\equiv \frac{N}{n_1}y_1a_1+c\,\frac{N}{n_2}y_2a_2+\cdots+\frac{N}{n_k}y_ka_k \pmod N$$

例 2.1.15 求满足同余方程组 $x\equiv 1 \bmod 5$，$x\equiv -1 \bmod 6$，$x\equiv 4 \bmod 7$，$x\equiv -1 \bmod 11$ 的解。

解 因为 5、6、7、11 是两两互素的正整数，

所以 $N=5\times 6\times 7\times 11=2310$，$c_i=\frac{N}{n_i}y_i=1 \bmod n_i$，$i=1,2,3,4$，

所以 $c_1=462\times 3=1386$，$c_2=385\times 1=385$，$c_3=330\times 1=330$，$c_4=210\times 1=210$，

所以 $x\equiv 1386\times 1+385\times(-1)+330\times 4+210\times(-1)\equiv 2111 \pmod{2321}$。

即在区间中满足该同余方程组的解为 2111，是存在且唯一。

2.2 群 论

2.2.1 群和子群

在给出群的定义之前，我们先考虑整数集合和其上定义的加法运算构成的系统$(\mathbf{Z},+)$，满足以下特性：任意两个整数相加，运算结果仍为整数；整数的加法满足结合律；整数集合中存在特殊的元素 0，与任意整数相加，结果仍为该整数本身；对于任意整数 a，都

存在$-a$，使得$a+(-a)=0$。$(\mathbf{Z},+)$就构成了一个群的结构，将$(\mathbf{Z},+)$进行抽象化，进而得到群的通用定义。首先给出一些基本的概念。

定义 2.2.1 设S是一个非空集合，那么$S\times S$到S的映射叫作S的结合法或(代数)运算；对于这个映射，元素对(a,b)的像叫作a与b的乘积，记为$a\otimes b$，为方便起见，该乘积简记为ab，这个结合法叫作乘法。

我们常常也把这个结合法叫作加法，元素对(a,b)的像叫作a与b的和，记成$a\oplus b$或$a+b$。

设S是一个具有结合法的非空集合，如果对S中的任意元素a,b,c，都有

$$(ab)c=a(bc)$$

则称该结合法满足结合律。

设S是一个具有结合法的非空集合，如果对S中的任意元素a,b，都有

$$ba=ab$$

则称该结合法满足交换律。

设S是一个具有结合法的非空集合。如果S中有一个元素e使得

$$ea=ae=a$$

对S中所有元素a都成立，则称该元素e为S中的单位元。

当S的结合法写作加法时，这个e叫作S中的零元，通常记作0。

设S是一个具有结合法的单位元的非空集合，$a\in S$，如果S中存在一个元素a'使得

$$aa'=a'a=e$$

则称该元素a为S中的可逆元，a'称为a的逆元。

当S的结合法叫作加法时，这个a'叫作元素a的负元。

a的逆元通常记为a^{-1}，a的负元通常记为$-a$。

定义 2.2.2 设G是一个具有结合法的非空集合，如果这个结合法满足如下三个条件：

(1) 结合律，即对任意的$a,b,c\in G$，都有

$$(ab)c=a(bc)$$

(2) 单位元，即存在一个元素$e\in G$，使得对任意的$a\in G$，都有

$$ae=ea=a$$

(3) 可逆性，即对任意的$a\in G$，都存在$a'\in G$，使得

$$aa'=a'a=e$$

那么，G叫作一个群。

特别地，当G的结合法写作乘法时，G叫作乘群；当G的结合法写作加法时，G叫作加群。

群G的元素个数叫作群G的阶，记为$|G|$。当$|G|$为有限数时，G叫作有限群，否则，G叫作无限群。

如果群G中的结合法还满足交换律，那么，G叫作一个交换群或阿贝尔(Abel)群。

例 2.2.1 自然数集$\mathbf{N}=\{0,1,2,\cdots,n,\cdots\}$对于通常意义下的加法有结合律，但没有零元和逆元；而对于通常意义下的乘法，有结合律和单位元$e=1$，但没有可逆元。

例 2.2.2 整数集$\mathbf{Z}=\{\cdots,-n,\cdots,-2,-1,0,1,2,\cdots,n,\cdots\}$对于通常意义下的加法，有结合律、交换律和零元0，并且每个元素a有负元$-a$。因此，$\mathbf{Z}$是一个交换加群，非零整

数集 $\mathbf{Z}^*=\mathbf{Z}\backslash\{0\}$ 对于通常意义下的乘法，有结合律、交换律和单位 1，但不是每个元素 a 都有逆元，因此 $\mathbf{Z}^*$ 不是一个群。

例 2.2.3　有理数集 $\mathbf{Q}$、实数集 $\mathbf{R}$ 和复数集 $\mathbf{C}$ 对于通常意义下的加法有结合律、交换律和零元 0，并且每个元素 a 有负元 $-a$，因此，$\mathbf{Q}$、$\mathbf{R}$ 和 $\mathbf{C}$ 都是交换加群，非零有理数集 $\mathbf{Q}^*=\mathbf{Q}\backslash\{0\}$，非零实数集 $\mathbf{R}^*=\mathbf{R}\backslash\{0\}$ 和非零复数集 $\mathbf{C}^*=\mathbf{C}\backslash\{0\}$ 对于通常意义下的乘法有结合律、交换律和单位 1，并且每个元素 a 都有逆元 $a^{-1}=\dfrac{1}{a}$，因此，$\mathbf{Q}^*$、$\mathbf{R}^*$ 和 $\mathbf{C}^*$ 都是交换乘群。

例 2.2.4　设 D 是一个非平方整数，则集合

$$\mathbf{Z}(\sqrt{D})=\{a+b\sqrt{D}\mid a,b\in\mathbf{Z}\}$$

对于加法运算

$$(a+b\sqrt{D})\oplus(c+d\sqrt{D})=(a+c)+(b+d)\sqrt{D}$$

构成一个交换加群，但对于乘法运算

$$(a+b\sqrt{D})\otimes(c+d\sqrt{D})=(ac+bdD)+(bc+ad)\sqrt{D}$$

不构成一个乘群。

例 2.2.5　设 n 是一个正整数，设 $\mathbf{Z}/n\mathbf{Z}=\{0,1,2,\cdots,n-1\}$，则集合 $\mathbf{Z}/n\mathbf{Z}$ 对于加法

$$a\oplus b=(a+b(\text{mod }n))$$

构成一个交换加群，其中 $a(\text{mod }n)$ 是整数 a 模 n 的最小非负剩余。

零元是 0，a 的负元是 $(n-a)\text{mod }n$。

例 2.2.6　设 p 是一个素数，$F_p=\mathbf{Z}/p\mathbf{Z}$ 是模 p 的最小非负完全剩余，设 $F_p^*=F_p\backslash\{0\}$，则集合 F_p^* 对于乘法

$$a\otimes b=(a\cdot b(\text{mod }p))$$

构成一个交换乘群。

单位元是 1，a 的逆元是 $(a^{-1}(\text{mod }p))$。

例 2.2.7　设 S 是一个非空集合，G 是 S 到自身的所有一一对应的映射组成的集合，则对于映射的复合运算，G 构成一个群，叫作对称群。恒等映射是单位元。G 中的元素叫作 S 的一个置换。

当 S 是 n 元有限集时，G 叫作 n 元对称群，记作 S_n。

设 $a_1,a_2,\cdots,a_{n-1},a_n$ 是群 G 中的 n 个元素，通常归纳地定义这 n 个元素的乘积为

$$a_1a_2\cdots a_{n-1}a_n=(a_1a_2\cdots a_{n-1})a_n$$

当 G 的结合法叫作加法时，通常归纳地定义这 n 个元素的和为

$$a_1+a_2+\cdots+a_{n-1}+a_n=(a_1+a_2+\cdots+a_{n-1})+a_n$$

设 n 是正整数，如果 $a_1=a_2=\cdots=a_n=a$，则记 $a_1a_2\cdots a_n=a^n$，称之为 a 的 n 次幂，特别地，定义 $a^0=e$ 为单位元，$a^{-n}=(a^{-1})^n$ 为逆元 a^{-1} 的 n 次幂。

性质 2.2.1　设 a 是群 G 中的任意元，则对任意的整数 m,n 有

$$a^ma^n=a^{m+n},\quad (a^m)^n=a^{mn}$$

下面引入元素的阶的概念。

定义 2.2.3　设 $a\in$ 群 G，e 是 G 的单位元，若 $\forall k\in\mathbf{N}, a^k\neq e$，则称 a 的阶为无穷大，记

作$|a|=\infty$,若$\exists k\in\mathbf{N}$使得$a^k=e$,则称$\min\{k|k\in N,a^k=e\}$为a的阶。若a的阶是n,则记作$|a|=n$。

定义 2.2.4 设H是群G的一个非空子集合,如果对于群G的结合法,H成为一个群,那么H叫作群G的子群,记作$H\leqslant G$。

$H=\{e\}$和$H=G$都是群G的子群,叫作群G的平凡子群,如果H不是群G的平凡子群,则H叫作群G的真子群。

例 2.2.8 设n是一个正整数,则$n\mathbf{Z}=\{nk|k\in\mathbf{Z}\}$是$\mathbf{Z}$的子群。

我们可以按照群的定义来判定一个群的子集合是否构成一个子群,下面给出一个较为简单的判定定理。

定理 2.2.1 设H是群G的一个非空子集合,则H是群G的子群的充要条件是:对任意的$a,b\in H$,有$ab^{-1}\in H$。

证 必要性是显然的,我们来证充分性。

因为H非空,所以H中有元素a,根据假设,有$e=aa^{-1}\in H$。因此,H中有单位元,对于$e\in H$及任意a,再应用假设,有$a^{-1}=ea^{-1}\in H$,即H中每个元素a在H中有逆元。对任意$a,b\in H$,由$ab=a(b^{-1})^{-1}\in H$,知H对乘法运算封闭,因此,H是群G的子群,证毕。

下面讨论子群的生成。

定理 2.2.2 设G是一个群,$\{H_i\}_{i\in I}$是G的一族子群,则$\bigcap_{i\in I}H_i$是G的一个子群。

证 对任意的$a,b\in\bigcap_{i\in I}H_i$,有$a,b\in H_i,i\in I$。因为$H_i$是$G$的子群,根据定理2.2.1,有$ab^{-1}\in H_i,i\in I$。进而,$ab^{-1}\in\bigcap_{i\in I}H_i$,根据定理2.2.1,$\bigcap_{i\in I}H_i$是$G$的一个子群。

定义 2.2.5 设G是一个群,X是G的子集,设$\{H_i\}_{i\in I}$是G的包含X的所有子群,则$\bigcap_{i\in I}H_i$叫作G的由X生成的子群,记为$<X>$。

X的元素称为子群$<X>$的生成元,如果$X=\{a_1,a_2,\cdots,a_n\}$,则记$<X>$为$<a_1,a_2,\cdots,a_n>$,如果$G=<a_1,a_2,\cdots,a_n>$,则称G为有限生成的,特别地,如果$G=<a>$,则称G为a生成的循环群。

定理 2.2.3 设G是一个群,X是G的非空子集,并且其中任意两元a_i,a_j都能够交换(即$a_ia_j=a_ja_i$)。则由X生成的子群为

$$<X>=\{a_1^{n_1}\cdots a_t^{n_t}\mid a_i\in X,n_j\in\mathbf{Z},1\leqslant i\leqslant n,1\leqslant j\leqslant t\}$$

特别地,对任意的$a\in G$,有

$$<a>=\{a^n\mid n\in\mathbf{Z}\}$$

证 令$T=\{a_1^{n_1}\cdots a_t^{n_t}|a_i\in X,n_j\in\mathbf{Z},1\leqslant i\leqslant n,1\leqslant j\leqslant t\}$

下面要证$<X>=T$,

先证$T\leqslant G$。

因为$X\neq\varnothing,X\subseteq T$,所以$\varnothing\neq T\subseteq G$。

$\forall x,y\in T$,显然$xy^{-1}\in T$,则$T\leqslant G$。

由$X\subseteq T$,故$<X>\subseteq T$。

另一方面$\forall x\in T,x=a_1^{n_1}\cdots a_t^{n_t},a_i\in X$,

因为有 $a_i \in <X>$，所以 $x = a_1^{n_1} \cdots a_t^{n_t} \in <X>$，故 $T \subseteq <X>$，这就证明了 $T = <X>$。

2.2.2　同态和同构

本节讨论群与群之间两种特殊的映射。

定义 2.2.6　设 G, G' 是两个群，f 是 G 到 G' 的一个映射，如果对任意的 $a, b \in G$，都有

$$f(ab) = f(a)f(b)$$

那么，f 叫作 G 到 G' 的一个同态。

如果 f 是一对一的，则称 f 为单同态；如果 f 是满的，则称 f 为满同态，如果 f 是一一对应的，则称 f 为同构。

当 $G = G'$ 时，同态 f 叫作自同态，同构 f 叫作自同构。

定义 2.2.7　设 G, G' 是两个群，我们称 G 到 G' 同构，如果存在一个 G 到 G' 的同构，记作 $G \cong G'$。

定理 2.2.4　设 f 是群 G 到群 G' 的一个同态，则

(1) $f(e) = e'$，即同态将单位元映到单位元。

(2) 对任意 $a \in G$，$f(a^{-1}) = f(a)^{-1}$。

(3) $\ker f = \{a \mid a \in G, f(e) = e'\}$ 是 G 的子群，且 f 是单同态的充要条件是 $\ker f = e$。

(4) 设 H' 是群 G' 的子集 $f(a)$，则集合 $f^{-1}(H') = \{ a \in G \mid f(a) \in G' \}$ 是 G 的子群。

证　(1) 因为 $f(e)^2 = f(e^2) = f(e)$，此式两端同乘以 $f(e)^{-1}$，得到 $f(e) = e'$。

(2) 因为 $f(a^{-1})f(a) = f(a^{-1}a) = f(e) = e'$，$f(a)f(a^{-1}) = f(a\,a^{-1}) = e'$，所以 $f(a^{-1}) = f(a)^{-1}$。

(3) 因为 $f(e) = e'$，故 $e \in \ker f$，即 $\ker f \neq \Phi$，对任意 $a, b \in \ker f$，有 $f(a) = e'$，$f(b) = e'$，从而

$$f(ab^{-1}) = f(a)f(b)^{-1} = f(a)f(b)^{-1} = e'$$

因此，$ab^{-1} \in \ker f$。根据定理 2.2.1，$\ker f$ 是 G 的子群。

若 f 是单同态，则满足 $f(a) = e' = f(e)$ 的元素只有 $a = e$，因此，$\ker f = \{e\}$。

反过来，设 $\ker f = \{e\}$，则对任意的 $a, b \in G$ 使得 $f(a) = f(b)$，有

$$f(ab^{-1}) = f(a)f(b^{-1}) = f(a)f(b)^{-1} = e'$$

这说明，$ab^{-1} \in \ker f = \{e\}$ 或 $a = b$，因此，f 是单同态。

(4) 对任意 $a, b \in f^{-1}(H')$，根据(2)及 H' 为子群，有

$$f(ab^{-1}) = f(a)f(b^{-1}) = f(a)f(b)^{-1} \in H'$$

因此，$ab^{-1} \in f^{-1}(H')$，$f^{-1}(H')$ 是 G 的子群，证毕。

$\ker f$ 叫作同态 f 的核子群，$f(G)$ 叫作像子群。

例 2.2.9　加群 $\mathbf{Z}$ 到乘群 $G = <g> = \{g^n \mid n \in \mathbf{Z}\}$ 的映射 $f: n \to g^n$ 是 $\mathbf{Z}$ 到 $<g>$ 的一个同态。

因为对任意的 $a, b \in \mathbf{Z}$，我们有 $f(a+b) = g^{a+b} = g^a g^b = f(a)f(b)$。

2.2.3　正规子群和商群

首先介绍陪集的概念。

定义 2.2.8　设 H 是群 G 的子群，a 是 G 中任意元，那么集合 $aH = \{ah \mid h \in H\}$(对应

地 $Ha=\{ha \mid h\in H\}$)叫作 G 中 H 的左(右)陪集。aH(对应地 Ha)中的元素叫作 aH(对应地 Ha)的代表元。如果 $aH=Ha$,aH 叫作 G 中 H 的陪集。

例 2.2.10 设 $n>1$ 是整数,则 $H=n\mathbf{Z}$ 是 $\mathbf{Z}$ 的子群,子集

$$a+n\mathbf{Z}=\{a+nk \mid k\in\mathbf{Z}\}$$

就是 $n\mathbf{Z}$ 的陪集,这个陪集就是模 n 的剩余类。

下面的定理给出了陪集的基本性质。

定理 2.2.5 设 H 是群 G 的子群,则

(1) 对任意 $a\in G$,有 $aH=\{c \mid c\in G, c^{-1}a\in H\}$(对应地 $Ha=\{c \mid c\in G, ac^{-1}\in H\}$)。

(2) 对任意 $a,b\in G$,$aH=bH$ 的充要条件是 $b^{-1}a\in H$(对应地 $Ha=Hb$ 的充要条件是 $ab^{-1}\in H$)。

(3) 对任意 $a,b\in G$,$aH\cap bH=\Phi$ 的充要条件是 $b^{-1}a\notin H$(对应地 $Ha\cap Hb=\Phi$ 的充要条件是 $ab^{-1}\notin H$)。

(4) 对任意 $a\in H$,有 $aH=H=Ha$。

推论 2.2.1 设 H 是群 G 的子群,则群 G 可以表示为不相交的左(对应右)陪集的并集。

定义 2.2.9 设 $H\leqslant G$,把 H 在 G 中不同左(或右)陪集的个数叫作 H 在 G 中的指标,记为$[G:H]$。

定理 2.2.6(拉格朗日定理) 设 $H\leqslant G$,则

$$|G|=[G:H]\,|H|$$

更进一步,如果 K,H 是群 G 的子群,且 $K\leqslant H$,则

$$[G:K]=[G:H][H:K]$$

如果其中两个指标是有限的,则第三个指标也是有限的。

具体证明省略,请读者参考相关书籍。

定义 2.2.10 设 $H\leqslant G$,若对任意 $h\in H$,任意 $g\in G$,有 $g^{-1}hg\in H$,则称 H 是 G 的正规子群。

定理 2.2.7 设 $H\leqslant G$,则下列条件是等价的。

(1) $\forall g\in G, h\in H, g^{-1}hg\in H$。

(2) $\forall g\in G$,有 $g^{-1}Hg\subseteq H$。

(3) $\forall g\in G$,有 $g^{-1}Hg=H$。

(4) $\forall g\in G, gH=Hg$。

下面给出商群的概念。

定理 2.2.8 设 N 是群 G 的正规子群,G/N 是由 N 在 G 中的所有(左)陪集组成的集合,则对于结合法

$$(aN)(bN)=(ab)N$$

G/N 构成一个群。

证 首先证明上述定义是一个结合法,即 $aN=a'N$,$bN=b'N$ 时,有 $(ab)N=(a'b')N$(注意,若 $(ab)N\neq(a'b')N$,上述定义就不是结合法)。

事实上,$(a'b')N=a'(b'N)=a'(Nb')=a'(Nb)=(a'N)b=(aN)b=a(Nb)=a(bN)=(ab)N$ 余下按照群的定义证明即可。

其中，$eN=N$ 是单位元，事实上，对任意 $a\in G$，有

$$(aN)(eN)=(ae)N=aN,\quad (eN)(aN)=(ea)N=aN$$

aN 的逆元是 $a^{-1}N$，事实上

$$(aN)(a^{-1}N)=(aa^{-1})N=eN,(a^{-1}N)(aN)=(a^{-1}a)N=eN$$

定理 2.2.8 中的群叫作群 G 对于正规子群 N 的商群，如果群 G 的运算写作加法，则 G/N 中的运算写作 $(a+N)+(b+N)=(a+b)+N$。

定理 2.2.9　设 f 是群 G 到群 G' 的同态，则 f 的核 $\ker(f)$ 是 G 的正规子群，反过来，如果 N 是群 G 的正规子群，则映射

$$s: G\rightarrow G/N$$
$$a\rightarrow aN$$

是核为 N 的同态。

证　对任意 $a\in G, b\in \ker f$，有 $f(aba^{-1})=f(a)f(b)f(a^{-1})=f(a)e'f(a)^{-1}=e'$。这说明 $aba^{-1}\in \ker f$，根据定理 2.2.7，$\ker(f)$ 是 G 的正规子群。

反过来，设 N 是群 G 的正规子群，则 G 到 G/N 的映射 s 满足：

$$s(ab)=(ab)N=(aN)(bN)=s(a)a(b)$$

同时，$s(a)=N$ 的充分必要条件是 $a\in N$。因此，s 是核为 N 的同态，证毕。

映射 $s: G\rightarrow G/N$ 称为 G 到 G/N 的自然同态。

下面不加证明地给出群同态的基本定理。

定理 2.2.10　设 f 是群 G 到群 G' 的同态，则存在唯一的 $G/\ker(f)$ 到像子群 $f(G)$ 的同构 $\bar{f}$：$a\ker(f)\rightarrow f(a)$ 使得 $f=i\circ\bar{f}\circ s$，其中 s 是群 G 到商群 $G/\ker(f)$ 的自然同态，$i: c\rightarrow c$ 是 $f(G)$ 到 G' 的恒等同态，如图 2-1 所示。

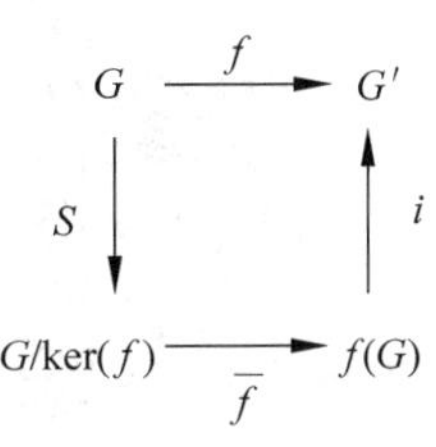

图 2-1　群同态交换图

2.2.4　循环群

本节着重讨论在 2.2.1 节中提到的循环群 $G=\langle a\rangle=\{a^n \mid n\in \mathbf{Z}\}$。

定理 2.2.11　加群 $\mathbf{Z}$ 的每个子群 H 是循环群，并且有 $H=\langle 0\rangle$ 或 $H=\langle m\rangle=m\mathbf{Z}$，其中 m 是 H 中最小正整数，如果 $H\neq\langle 0\rangle$，则 H 是无限的。

证　如果 H 是零子群$\{0\}$，结论显然成立，如果 H 是非零子群，则存在非零整数 $a\in H$。因为 H 是子群，所以 $-a\in H$。这说明 H 中有正整数。设 H 中的最小正整数为 m，则一定有 $H=\langle m\rangle=m\mathbf{Z}$。事实上，对任意的 $a\in H$。根据欧几里得除法，存在整数 q,r 使得

$$a=qm+r,\quad 0\leqslant r<m$$

如果 $r\neq 0$，则 $r=a-qm\in H$，这与 m 的最小性矛盾。因此，$r=0, a=qm\in m\mathbf{Z}$。故 $H\subseteq m\mathbf{Z}$，显然有 $m\mathbf{Z}\subseteq H$，因此，$H=m\mathbf{Z}$，证毕。

定理 2.2.12　每个无限循环群同构于加群 $\mathbf{Z}$。每个阶为 m 的有限循环群同构于加群 $\mathbf{Z}/m\mathbf{Z}$。

证　设循环群 $G=\langle a\rangle=\{a^n \mid n\in \mathbf{Z}\}$，考虑映射

$$f: \mathbf{Z}\rightarrow G$$
$$n\rightarrow a^n$$

因为 $f(n+m)=a^{n+m}=a^n a^m=f(n)f(m)$，所以 f 是 $\mathbf{Z}$ 到 G 的同态，而且是满的。根据定理 2.2.10，群 G 同构于 $\mathbf{Z}/\ker(f)$，根据定理 2.2.11，$\ker(f)=<0>$或 $\ker(f)=m\mathbf{Z}$，前者对应于无限循环群 $\mathbf{Z}$，后者对应于 m 阶有限循环群 $\mathbf{Z}/m\mathbf{Z}$，证毕。

此定理说明，循环群的构造完全取决于它的阶，当循环群的阶是无限大时，它们互相同构且都与$(\mathbf{Z},+)$同构。当循环群的阶是 m 时，它们互相同构且都与$(\mathbf{Z}/m\mathbf{Z},\oplus)$同构。因此从同构的观点看，循环群只有整数加群和模 m 的剩余类加群。

接下来我们给出无限循环群和有限循环群的具体构造及性质。

定理 2.2.13 设 G 是一个群，$a\in G$。如果 a 是无限阶，则

(1) $a^k=e$ 当且仅当 $k=0$。

(2) 元素 $a^k(k\in\mathbf{Z})$两两不同。

如果 a 是有限阶 $m>0$，则

(3) m 是使得 $a^m=e$ 的最小正整数。

(4) $a^k=e$ 当且仅当 $m|k$。

(5) $a^r=a^k$ 当且仅当 $r\equiv k(\bmod m)$。

(6) 元素 $a^k(k\in\mathbf{Z}/m\mathbf{Z})$两两不同。

(7) $<a>=\{a,a^2,a^{m-1},a^m=e\}$。

(8) 对任意整数 $1\leqslant d\leqslant m$，有 $|a^d|=\dfrac{m}{(m,d)}$。

证 考虑映射 $\mathbf{Z}$ 到群 G 的映射 f：

$$f: n\rightarrow a^n$$

f 是同态映射，根据定理 2.2.10，有

$$\mathbf{Z}/\ker f\cong\langle a\rangle$$

因为 a 是无限阶元等价于 $\ker f=<0>$，后者说明 f 是一对一的。因此，(1)和(2)成立。

再由循环子群的阶来给出群元素阶的等价定义。

定义 2.2.11 设 G 是一个群，$a\in G$，则子群$< a >$的阶称为元素 a 的阶，记为$|a|$。

定理 2.2.14 设 G 是循环群，$G=<a>$，如果 G 是无限的，则 G 的生成元为 a 和 a^{-1}，如果 G 是有限阶 m，则 a^k 是 G 的生成元当且仅当$(k,m)=1$。

证 考虑映射 $\mathbf{Z}$ 到循环群 G 的映射 f：

$$f: n\rightarrow a^n$$

f 是同态映射，根据定理 2.2.10 有

$$\mathbf{Z}/\ker f\cong G$$

因为 G 中的生成元对应于 $\mathbf{Z}/\ker f$ 中的生成元，但 $\ker f=<0>$时，$\mathbf{Z}/\ker f$ 的生成元是 1 和 -1；$\ker f=m\mathbf{Z}$，$m>0$ 时，$\mathbf{Z}/\ker f$ 的生成元是 k，$(k,m)=1$，因此，结论成立，证毕。

2.3 环与域

2.2 节讨论了群这一代数系统，本节将介绍另外两个代数系统——环与域。与群不同的是，环有两个代数运算，环的结构更为复杂(域是一种特殊的环)，因此环论中有一些特殊的性质。

2.3.1 环的定义与基本性质

定义 2.3.1 设 R 是非空集合，$+$、$\cdot$ 是 R 的两个代数运算，如果

(1) $(R,+)$是交换群；

(2) $(R,\cdot)$是半群；

(3) $\forall a,b,c\in R$，

$a\cdot(b+c)=(a\cdot b)+(a\cdot c)$ （左分配律），

$(a+b)c=(a\cdot c)+(b\cdot c)$ （右分配律）。

则 R 叫作环。

若对 $\forall a,b\in R$，有 $ab=ba$，则 R 叫作交换环，若 $\forall a\in R$，存在 1_R，使得 $a1_R=1_Ra=a$，则 R 叫作有单位元环(含幺环)。环具有下列基本性质。

定理 2.3.1 设 R 是一个环，则

(1) 对任意 $a\in R$，有 $0a=a0=0$；

(2) 对任意 $a,b\in R$，有$(-a)b=a(-b)=-ab$；

(3) 对任意 $a,b\in R$，有$(-a)(-b)=ab$；

(4) 对任意 $n\in\mathbf{Z}$，任意 $a,b\in R$，有$(na)b=a(nb)=nab$；

(5) 对任意 $a_i,b_i\in R$，有

$$\left(\sum_{i=1}^{n}a_i\right)\left(\sum_{j=1}^{m}b_j\right)=\left(\sum_{i=1}^{n}\sum_{j=1}^{m}a_ib_j\right)$$

证 (1)因为 $0a=(0+0)a=0a+0a$，所以 $0a=0$，同样，$a0=0$。

(2)因为$(-a)b+ab=((-a)+a)b=0a=0$，$a(-b)+ab=a((-b)+b)=a0=0$，所以$(-a)b=a(-b)=-ab$。

(3)、(4)和(5)可由(1)和(2)得到。

例 2.3.1 整数环 $\mathbf{Z}$。

$\mathbf{Z}$ 对于普通加法 $a+b$ 构成一个交换加群，零元为 0，a 的负元为 $-a$。$\mathbf{Z}$ 对于普通乘法 $a\cdot b$，满足结合律和交换律，有单位元 1，并且有分配律，因此，$\mathbf{Z}$ 是有单位元的交换环。类似地，有理数集、实数集、复数集、偶数集在相应的运算下，也构成环。

例 2.3.2 多项式环 $\mathbf{R}[X]$。

设 $\mathbf{R}$ 为实数环，以 $\mathbf{R}[X]$表示系数属于 $\mathbf{R}$ 的多项式所构成的集合，当 $f(x)=a_nx^n+\cdots+a_1x+a_0$，$g(x)=b_nx^n+\cdots+b^1x+b_0\in\mathbf{R}[X]$时。在 $\mathbf{R}[X]$上定义加法：

$$(f+g)(x)=(a_n+b_n)x^n+\cdots+(a_1+b_1)x+(a_0+b_0)$$

则 $\mathbf{R}[X]$对于该加法构成一个交换加群。

零元为 0，$f(x)$的负元为$(-f)(x)=(-a_n)x^n+\cdots+(-a_1)x+(-a_0)$。

设 $f(x)=a_nx^n+\cdots+a_1x+a_0$，$a_n\neq0$，$g(x)=b_mx^m+\cdots+b^1x+b_0$，$b_m\neq0$。

在 $\mathbf{R}[X]$上定义乘法：

$$(f\cdot g)(x)=c_{n+m}x^{n+m}+\cdots+c_1x+c_0$$

其中 $c_k=\sum\limits_{i+j=k}a_ib_j$，$0\leqslant k\leqslant n+m$，即

$$c_{n+m}=a_nb_m,c_{n+m-1}=a_nb_{m-1}+a_{n-1}b_m,\cdots,c_0=a_0b_0$$

$\mathbf{R}[X]$对于该乘法,满足结合律和交换律,有单位元1,并且有分配律。

因此,$\mathbf{R}[X]$是有单位元的交换环。

例 2.3.3 $(\mathbf{Z}/n\mathbf{Z},\oplus,\otimes)$构成模 n 的剩余类环(证明留给读者)。

定义 2.3.2 若存在环 R 中的非零元 $a,b\in R$,使得 $ab=0$ 则称环 R 有零因子环。

例 2.3.4 $\mathbf{Z}/6\mathbf{Z}=\{\bar{0},\bar{1},\bar{2},\bar{3},\bar{4},\bar{5}\}$是一个有零因子环,因为 $\bar{2}\cdot\bar{3}=0$。

定义 2.3.3 设 R 是一个交换环,我们称 R 为整环,如果 R 中有单位元,但没有零因子。

2.3.2 域和特征

定义 2.3.4 设 R 为一个至少含 2 个元素的环,如果 R 中有单位元,且每个非零元都是可逆元,即 R 对于加法构成一个交换群,$R^*=R\backslash\{0\}$对于乘法构成一个群,则称 R 是一个除环。

交换除环称为域。

下面介绍一种特殊形式的域——分式域。

设 A 是一个整环,令 $E=A\times A^*$,在 E 上定义关系R:$(a,b)R(c,d)$,如果 $ad=bc$,则 R 是 E 上的等价关系,即有

(1) 自反性:对任意$(a,b)\in E$,有$(a,b)R(a,b)$。

(2) 对称性:如果$(a,b)R(c,d)$,则$(c,d)R(a,b)$。

(3) 传递性:如果$(a,b)R(c,d)$和$(c,d)R(e,f)$,则$(a,b)R(e,f)$。

记$\dfrac{a}{b}=C_{(a,b)}=\{(e,f)\in E\mid(a,b)R(e,f)\}$为$(a,b)$的等价类。

我们在商集 E/R 上定义加法和乘法如下:

$$\frac{a}{b}+\frac{c}{d}=\frac{ad+bc}{bd}$$

$$\frac{a}{b}\cdot\frac{c}{d}=\frac{ac}{bd}$$

则 E/R 关于加法构成一个交换群,零元为$\dfrac{0}{b}$,$\dfrac{a}{b}$的负元为$\dfrac{-a}{b}$。

$(E/R)^*=E/R\left\backslash\left\{\dfrac{0}{b}\right\}\right.$关于乘法构成一个交换群,单位元为$\dfrac{b}{b}$,$\dfrac{a}{b}$的逆元为$\dfrac{b}{a}$。

因此,E/R 构成一个域,叫作 A 的分式域。

定理 2.3.2 交换环 A 有分式域的充要条件是 A 为整环。

例 2.3.5 取 $A=\mathbf{Z}$,则 $\mathbf{Z}$ 是一个整环,从而有分式域,叫作 $\mathbf{Z}$ 的有理数域,记为 $\mathbf{Q}$。

例 2.3.6 取 $A=\mathbf{Z}/p\mathbf{Z}$,其中 p 为素数,则 A 是一个整环,从而有分式域,叫作 $\mathbf{Z}/p\mathbf{Z}$ 的 p-元域,记为 Fp 或$GF(p)$。

例 2.3.7 设 K 是一个域,则 $A=K[X]$是一个整环,从而有分式域,叫作 $K[X]$的多项式分式域,记为 $K(X)$,即

$$K(X)=\left\{\frac{f(X)}{g(X)}\mid f(X),g(X)\in K(X),g(X)\neq 0\right\}$$

定义 2.3.5 设 R 是一个环,如果存在一个最小正整数 n 使得对任意 $a\in R$,都有 $na=$

0,则称环 R 的特征为 n,如果不存在这样的正整数,则称环 R 的特征为 0。

定理 2.3.3　如果域 K 的特征不为零,则其特征为素数。

证　设域 K 的特征为 n。如果 n 不是素数,则存在整数 $1<n_1,n_2<n$,使得 $n=n_1n_2$。从而,$(n_1 1_K)(n_2 1_K)=(n_1n_2)1_K=0$。因为域 K 无零因子,所以 $(n_1 1_K)=0$ 或 $(n_2 1_K)=0$ 与特征 n 的最小性矛盾,证毕。

2.3.3　理想

首先引入子环的概念。

定义 2.3.6　设 S 是环 R 的非空子集,如果 S 关于环 R 的加法和乘法构成环,则称 S 是 R 的子环。

关于子环,有如下判定定理。

定理 2.3.4　设 S 是环 R 的非空子集,则 S 是 R 的子环的充要条件是:$\forall a,b\in S$,有 $a-b,ab\in S$。

证　必要性。若 S 是 R 的子环,则 S 是环,$\forall a,b\in S$,必有 $a-b,ab\in S$。

充分性。S 是环$(R,+,\cdot)$的非空子集,$\forall a,b\in S,a-b\in S$,则$(S,+)\leqslant(R,+)$,并且$(S,+)$是交换群,由 $ab\in S$ 知$(S,\cdot)$是$(R,\cdot)$的子半群。

R 中乘法对加法满足左、右分配律,S 是 R 的子集,且运算与 R 相同,因而 S 中乘法对加法也满足左、右分配律,S 构成环,是 R 的子环。

定义 2.3.7　设 R 是一个环,I 是 R 的子环,I 称为 R 的左理想,如果对任意的 $r\in R$ 和对任意的 $a\in I$,都有 $ra\in I$;I 称为 R 的右理想,如果对任意的 $r\in R$ 和对任意的 $a\in I$,都有 $ar\in I$,I 称为 R 的理想,如果 R 同时为左理想和右理想。

例 2.3.8　$\{0\}$和 R 都是 R 的理想,称为 R 的平凡理想。

例 2.3.9　设 R 是环,

$$C=\{a\in R\mid ax=xa,\forall x\in R\}$$

则 C 是 R 的子环,但 C 不一定是理想。

证　$\forall x\in R,0x=0=x0,0\in C,C\neq\varnothing$,

$\forall a,b\in C,ax=xa,bx=xb$,

$(a-b)x=ax-bx=xa-xb=x(a-b)$,

$(ab)x=a(bx)=(ax)b=x(ab)$,

所以,$a-b,ab\in C$,C 是 R 的子环,

$\forall r\in R,a\in C,x\in R$,

$(ra)x=r(ax)=r(xa)=(rx)a$,但一般 $rx\neq xr$,故一般不能推出 $(ra)x=x(ra)$,所以 C 不一定是 R 的理想。

注:(1) 例 2.3.9 中的 R 的子环 C 称为环 R 的中心。

(2) 理想在环论中所处的地位与正规子群在群论中所处的地位相当。但是,我们不能把群论中有关正规子群的结论完全照搬到理想。例如群论中"群 G 的中心是 G 的正规子群",但环 R 的中心却不一定是 R 的理想。

除了定义外,我们还可以给出下面的理想判定定理。

定理 2.3.5　环 R 的非空子集 I 是左(对应地,右)理想的充要条件是:

(1) 对任意的 $a,b\in I$,都有 $a-b\in I$;

(2) 对任意的 $r\in R$ 和任意的 $a\in I$,都有 $ra\in I$(对应地,$ar\in I$)。

证 必要性是显然的,我们证明充分性,由(1)和(2)立即知道 I 是 R 的子环。

推论 2.3.1 设 $\{A_i\}_{i\in I}$ 是环 R 中的一族(左)理想,则 $\bigcap_{i\in I}A_i$ 也是一个(左)理想。

2.3.4 域的扩张

前面几节我们对环的理论作了初步的介绍,下面将对域作进一步讨论。

我们知道,实数域是在它的子域有理数域上通过添加所有无理数而得到的,复数域是在它的子域实域上通过添加复数 $\mathrm{i}(\mathrm{i}^2=-1)$ 而得到的。一般地,研究域的方法也是从一个给定的域出发,通过添加若干元到这个给定的域,获得一个包含这个给定域的域,再来研究这样得到的域的结构。首先,我们引入以下定义。

定义 2.3.8 设 F 是一个域,如果 K 是 F 的子域,则称 F 为 K 的扩域。

一个域称为素域,若它不含真子域。

如果 F 是 K 的扩域,则 $1_F=1_K$。而且,F 可作为 K 上的线性空间,我们用 $[F:K]$ 表示 F 在 K 上线性空间的维数。如果 $[F:K]$ 是有限或无限的,则称 F 为 K 的有限扩张或无限扩张。

定理 2.3.6 设 E 是 F 的扩域,F 是 K 的扩域,则

$$[E:K]=[E:F][F:K]$$

如果 $\{\alpha_i\}_{i\in I}$ 是 F 在 K 上的基底,$\{\beta_i\}_{i\in I}$ 是 E 在 F 上的基底,则 $\{\alpha_i\beta_i\}_{i\in I,j\in J}$ 是 E 在 K 上的基底。

推论 2.3.2 E 是 K 的有限扩域的充要条件是 E 是 F 的有限扩域且 F 是 K 的有限扩域。

例 2.3.10 实数域 $\mathbf{R}$ 是有理数域 $\mathbf{Q}$ 的扩域,复数域 $\mathbf{C}$ 是实数域 $\mathbf{R}$ 的扩域。

例 2.3.11 有理数域 $\mathbf{Q}(\sqrt{2})$ 是 $\mathbf{Q}$ 的有限扩张,且 $[\mathbf{Q}\sqrt{2}:\mathbf{Q}]=2$。

设 F 是一个域,$X\subset F$,则包含 X 的所有子域(对应地,子环)的交集仍是包含 X 的子域,叫作由 X 生成的子域(对应地,子环),如果 F 是 K 的扩域及 $X\subset F$,则由 $K\cup X$ 生成的子域(对应地,子环)叫作 X 在 K 上生成的子域(对应地,子环),记为 $K(X)$(对应地,$K[X]$),注意到 $K[X]$ 是一个整环。

如果 $X=\{u_1,u_2,\cdots,u_n\}$,则 F 的子域 $K(X)$(对应地,子环 $K[X]$)记为 $K=(u_1,u_2,\cdots,u_n)$(对应地,$K=[u_1,u_2,\cdots,u_n]$),域 $K=(u_1,u_2,\cdots,u_n)$ 叫作 K 的有限扩张,如果 $X=\{u\}$,则 $K(u)$ 称为 K 的单扩张。

定理 2.3.7 设 F 是域 K 的扩域,$u_1,u_2,\cdots,u_n\in F$,以及 $X\subset F$,则

(1) 子环 $K[u]$ 由形为 $f(u)$ 的元素组成,其中 f 是系数在 K 的多项式(就是 $f\in K[x]$)。

(2) 子环 $K[u_1,u_2,\cdots,u_n]$ 由形为 $f(u_1,u_2,\cdots,u_n)$ 的元素组成,其中 f 是系数在 K 上的 n 元多项式(就是 $f\in K(u_1,u_2,\cdots,u_n)$)。

(3) 子环 $K[X]$ 由形为 $f(u_1,u_2,\cdots,u_n)$ 的元素组成。其中 $n\in\mathbf{N},u_1,u_2,\cdots,u_n\in X$,$f\in K[u_1,u_2,\cdots,u_n]$。

(4) 子域 $K(u)$ 由形为 $\dfrac{f(u)}{g(u)}$ 的元素组成。其中,$f,g\in K[x]$,$g(u)\neq 0$。

(5) 子域 $K(u_1,u_2,\cdots,u_n)$ 由形为 $\dfrac{f(u_1,u_2,\cdots,u_n)}{g(u_1,u_2,\cdots,u_n)}$ 的元素组成，其中 $f,g\in K[u_1,u_2,\cdots,u_n]$，$g(u_1,u_2,\cdots,u_n)\neq 0$。

(6) 子域 $K(X)$ 由形为 $\dfrac{f(u_1,u_2,\cdots,u_n)}{g(u_1,u_2,\cdots,u_n)}$ 的元素组成，其中 $n\in\mathbf{N}$，$f,g\in K[u_1,u_2,\cdots,u_n]$，$u_1,u_2,\cdots,u_n\in X$，$g(u_1,u_2,\cdots,u_n)\neq 0$。

(7) 对每个 $v\in K(X)$（对应地，$K[X]$），存在一个有限子集 $X'\subset X$，使得 $v\in K(X')$（对应地，$K[X']$）。

定义 2.3.9 设 F 是 K 的一个扩域，如果存在一个非零多项式 $f\in K[X]$ 使得 $f(u)=0$，则 F 中元素 u 称为 K 上的代数数。如果不存在任何非零多项式 $f\in K[x]$ 使得 $f(u)=0$，则 F 的元素 u 称为 K 上的超越数。如果 F 的每个元素都是 K 上的代数数，F 称为 K 的代数扩张。如果 F 中至少有一个元素是 K 上的超越数，F 称为 K 上的超越扩张。

如果 $u\in K$，则 u 是 $x-u\in K[x]$ 的根，因此，u 是 K 上的代数数。

定理 2.3.8 如果 F 是 K 的扩域，$u\in F$ 是 K 上的超越数，则存在一个在 K 上为恒等映射的域同构 $K(u)\cong K(x)$。

证 由于 u 是 K 上的超越数，所以对任意非零多项式 $g(x)$，有 $g(u)\neq 0$，考虑 $K(x)$ 到 $K(u)$ 的映射

$$\sigma:\frac{F(x)}{g(x)}\rightarrow\frac{F(u)}{g(u)}$$

易知：σ 是同态，且 σ 是一一对应的，故 σ 是同构，证毕。

定义 2.3.10 设 F 是域 K 的扩域，$a_1,a_2\cdots,a_n$ 是 F 的 n 个元素，$a_1,a_2\cdots,a_n$ 叫作在 K 上代数相关，如果存在一个非零多项式，$f\in K[u_1,u_2,\cdots,u_n]$ 使得

$$f(a_1,a_2\cdots,a_n)=0$$

$a_1,a_2\cdots,a_n$ 叫作代数无关，如果 $a_1,a_2\cdots,a_n$ 不是代数相关。

注　所谓 $a_1,a_2\cdots,a_n$ 代数无关，如果有多项式 $f\in K=\{u_1,u_2,\cdots,u_n\}$ 使得

$$f(a_1,a_2\cdots,a_n)=0$$

则 $f=0$。

例 2.3.12 圆周率 π 在 $\mathbf{Q}$ 上代数无关，自然对数底 e 在 $\mathbf{Q}$ 上也代数无关。

定理 2.3.9 设 F 是域 K 的有限生成扩域，则 F 是 K 的代数扩张或者存在代数无关元 $\theta_1,\theta_2,\cdots,\theta_t$ 使得 F 是 $K(\theta_1,\theta_2,\cdots,\theta_t)$ 的代数扩张。

证 设 F 在域 K 的有限生成元为 $S=\{a_1,a_2\cdots,a_n\}$。

如果 S 中的每个元素在 K 上代数相关，则 F 是 K 的代数扩张。否则，S 中有元素在 K 上代数无关，设为 θ_1，我们用 $K(\theta_1)$ 代替 K 进行讨论。

如果 S 中的每个元素在 $K(\theta_1)$ 上代数相关，则 F 是 $K(\theta_1)$ 的代数扩张。

否则，如果 S 中有元素在 $K(\theta_1)$ 上代数无关，设为 θ_2，这时，θ_1,θ_2 代数无关。如此继续下去，可找到代数无关元 $\theta_1,\theta_2,\cdots,\theta_t$ 使得 F 是 $K(\theta_1,\theta_2,\cdots,\theta_t)$ 的代数扩张，证毕。

下面介绍一个在单代数扩域中十分重要的概念——不可约多项式，首先我们来证明。

引理 设 F 是域 K 的扩域，$u\in F$ 是 K 上的代数数，则存在唯一的 K 上的首一不可约多项式 $f(x)$ 使得 $f(u)=0$。

证 因为$u\in F$是K上的代数数,所以存在K中的多项式$f(x)$使得$f(u)=0$,在这些多项式中,有一个次数最小的唯一的首一多项式,仍记为$f(x)$,它还是不可约的,这是由于若令$f(x)=g(x)h(x)$,其中$g(x)$和$h(x)$的次数都小于$f(x)$的次数,则有$f(u)=g(u)h(u)=0$,而$g(u)$和$h(u)$都是$K(u)$中元,而域无零因子,于是有$g(u)=0$或$h(u)=0$,这与$f(u)$定义中次数最小矛盾,故$f(x)$在K上是不可约的。因此,$f(x)$就是所求的多项式,证毕。

定义 2.3.11 设F是域K的扩域,$u\in F$是K上的代数数,引理中的首一不可约多项式称为u的不可约多项式(或极小多项式或定义多项式),u在K上的次数是$\deg f$,u的极小多项式的其他根叫作u的共轭根。

定理 2.3.10 设F是域K的扩域,$u\in F$是K上的代数数,则

(1) $K(u)=K[u]$。

(2) $K(u)\cong K[x]/(f)$,其中$f\in K[x]$是满足$f(u)=0$的次数为n的唯一的首一不可约多项式。

(3) $[K(u):K]=n$。

(4) $\{1,u,u^2,\cdots,u^{n-1}\}$是$K$上向量空间$K(u)$的基底。

(5) $K(u)$的每个元素可唯一地表示为$a_0+a_1u+\cdots+a_{n-1}u^{n-1},a_i\in K$。

例 2.3.13 多项式x^2+x-1是Q上的不可约多项式。

例 2.3.14 多项式x^3+3x-1是Q上的不可约多项式。

定理 2.3.11 设$\sigma: K\to L$是域同构,设u是K的某一扩域中的元素,v是L的某一扩域中的元素,假设。

(1) u是K上的超越元,v是L上的超越元,或者

(2) u是不可约多项式$f\in K[x]$的根,v是不可约多项式$\sigma f\in L[x]$的根。

则σ可扩充为域同构$K(u)\cong K[x]$,并将u映射到v。

证 对于$g(x)=b_mx^m+\cdots+b_1x+b_0\in K[x]$,记

$$\sigma g(x)=\sigma(b_m)x^m+\cdots+\sigma(b_1)x+\sigma(b_0)\in L[x]$$

考虑$K(u)$到$L(v)$的映射

$$\varphi: \frac{h(u)}{g(u)}\to\frac{\sigma h(u)}{\sigma g(u)}$$

这个φ是$K(u)$到$L(v)$的同构,且满足$\varphi|_k=\sigma,\sigma(u)=v$,证毕。

定理 2.3.12 设E和F都是域K的扩域,$u\in E$以及$v\in F$,则u和v是同一不可约多项式$f\in K[x]$的根当且仅当存在一个K的同构$K(u)\cong K[v]$,其将u映射到v。

证 取$\sigma=id_k$为K上的恒等变换,σ是K到自身的同构,且$\sigma f=f$,应用定理2.3.11即得到定理2.3.12,证毕。

定理 2.3.13 设K是一个域,$f\in K[x]$是次数为n的多项式,则存在K的单扩域$F=K(u)$使得

(1) $u\in F$是f的根。

(2) $[K(u):K]\leqslant n$,等式成立当且仅当f是$K[x]$中的不可约多项式。

推论 2.3.3 设K是一个域,$f\in K[x]$是次数为n的不可约多项式,设α是$f(x)$的根,则α在K上生成的域为$F=K(\alpha)$,且$[K(\alpha):K]=n$。

下面给出代数闭包的概念。

设E是域F的扩域，令A是E中F的所有代数元组成的集合，可以证明，A是E的子域且$F\subseteq A\subseteq E$，则A称为F在E中的代数闭包，特别地，当$F=A$时，就说F在E中是代数闭的。一个域K称为代数闭域，若$K[x]$中每个次数大于零的多次式在K内有一个根，于是代数闭包一定是代数闭域，但反之不然。例如，$\mathbf{Q}$在$\mathbf{C}$中的代数闭包就是代数数的全体，即代数数域，而$\mathbf{C}$是代数闭域，即$\mathbf{C}$上的代数元必在$\mathbf{C}$中，但$\mathbf{C}$不是代数闭包，因为$\mathbf{C}$含有超越元。可以证明，在同构的意义下，每个域有且仅有一个代数闭包，这说明每个域F都存在一个最大的代数扩域L使得L的代数扩域就是它自身。

下面介绍一类重要的代数扩域。

定义 2.3.12 设K是一个域，$f\in K[x]$是次数大于或等于1的多项式，K的一个扩域F叫作多项式f在K上的分裂域，如果f在$F[x]$中可分解，且$F=K(u_1,u_2,\cdots,u_n)$，其中$u_1,u_2,\cdots,u_n$是f在F中的根。

设S是$K[x]$中一些次数大于或等于1的多项式组成的集合，K的一个扩域F叫作多项式集合S在K上的分裂域，如果S中的每个多项式f在$F[x]$中可分解，且F由S中的所有多项式的根在K上生成。

定理 2.3.14 设K是一个域，$f\in K[x]$的次数为$n\geqslant 1$，则存在f一个分裂域F具有$[F:K]\leqslant n!$。

证 对$n=\deg f$作数学归纳法。如果$n=1$或f在K上可分解，则$F=K$是分裂域。如果$n>1$，f在K上不能分解，设$g\in K[x]$是f的次数大于1的不可约因式。则由定理2.3.13存在K的一个单扩域$K(u)$使得u是g的根，且$[K(u):K]=\deg g>1$。因此，在$K(u)[x]$中有分解式$f(x)=(x-u)h(x)$，其中$\deg h=n-1$。由归纳假设，存在一个h在$K(u)$上的维数小于或等于$(n-1)!$的分裂域F。易知，F在K上的次数$[F:K]=[F:K(u)][K(u:K)](n-1)!\ n=n!$，证毕。

2.3.5 有限域的构造

只含有限个元素的域称为有限域，它在实验设计和编码理论等学科中有重要应用。有限域的构造也特别简单，本节将对有限域给出具体的构造方法。

设F_q是q元有限域，其特征p为素数，则F_q包含素域$F_p=\mathbf{Z}/p\mathbf{Z}$，是$F_p$上的有限维线性空间，设$n=[F_q:F_p]$，则$q=p^n$，即$q$是其特征$p$的幂。

要证明$F_q^*=F_q\backslash\{0\}$是$q-1$阶循环乘群，为此，我们先讨论F_q^*的一些性质。

定理 2.3.15 F_q^*的任意元a的阶整除$q-1$。

证 设$F_q^*=\{a_1,a_2\cdots,a_{q-1}\}$，则$aa_1,aa_2,\cdots,aa_{q-1}$是$a_1,a_2,\cdots,a_{q-1}$的一个排列，因此

$$(aa_1)(aa_2)\cdots(aa_{q-1})=a_1a_2\cdots a_{q-1}\text{ 或 }a^{q-1}(a_1a_2\cdots a_{q-1})=a_1a_2\cdots a_{q-1}$$

两端右乘$(a_1a_2\cdots a_{q-1})^{-1}$，得到$a^{q-1}=1$。易证$\mathrm{ord}(a)|q-1$。

定义 2.3.13 有限域F_q的元素g叫作生成元，如果它是F_q^*的生成元，即阶为$q-1$的元素。

当g是F_q的生成元时，有$F_q=\{0,g^0=1,g,\cdots,g^{q-2}\}$。

定理 2.3.16 每个有限域都有生成元。如果 g 是 F_q 的生成元,则 g^d 是 F_q 的生成元当且仅当 d 和 $q-1$ 的最大公因数 $(d,q-1)=1$,特别地,F_q 有 $\varphi(q-1)$ 个生成元。

证 设 a 是阶为 d 的元素,则 d 个数 $a^0=1,a,\cdots,a^{d-1}$ 两两不等,且是方程 $x^d-1=0$ 的所有根(因为其根都是单根)。根据定理 2.3.15,$d\mid q-1$,用 $F(d)$ 表示域 F_q 中阶为 d 的元素个数,有

$$\sum_{d\mid q-1} F(d)=q-1$$

因为阶为 d 的元素 b 满足方程 $x^d-1=0$,所以 b 为 a 的幂,即 $b=a^i$,$1\leqslant i\leqslant d$。根据定理 2.2.14,a^i 的阶为 d 的充要条件是 $(i,d)=1$,故 $F(d)=\varphi(d)$。如果 F_q 中没有阶为 d 的元素,则 $F(d)=0$,总之,有

$$F(d)\leqslant\varphi(d)$$

又有

$$\sum_{d\mid q-1} F(d)=q-1$$

这样

$$\sum_{d\mid q-1}(\varphi(d)-F(d))=0$$

因此,对所有正整数 $d\mid q-1$,有

$$F(d)=\varphi(d)$$

特别地,有

$$F(q-1)=\varphi(q-1)$$

这说明 F_q 中存在阶为 $q-1$ 的元素,且这样的元素有 $\varphi(q-1)$ 个,即 F_q 中有生成元存在,证毕。

推论 2.3.4 设 $q=p^n$,p 为素数,$d\mid q-1$,则有限域 F_q 中有阶为 d 的元素。

推论 2.3.5 设 p 为素数,则存在整数 g 遍历模 p 的简化剩余系,即存在模 p 原根。

定理 2.3.17 如果 F_q 是 $q=p^n$ 元域,则其每个元素满足方程 $x^q-x=0$。更确切地说,F_q 是这个方程的根集合。反过来,对每个素数幂 $q=p^n$,多项式 x^q-x 在 F_q 上的分裂域是 q 元域。

定理 2.3.18 设 F_q 是 $q=p^n$ 元有限域,设 σ 是 F_q 到自身的映射,$\sigma: a\to a^p$,则 σ 是 F_q 的自同构,且 F_q 中在 σ 下的不动元是素域 F_p 的元素,而 σ 的 n 次幂是恒等映射。

定理 2.3.18 中的映射 σ 叫作 Frobenius 自同态。

定理 2.3.19 设 F_q 是 $q=p^n$ 元有限域,设 σ 是 F_q 到自身的映射,$\sigma: a\to a^p$,如果 σ 是 F_q 的任意元,则 σ 在 F_p 上的共轭元素是 $\sigma^j(a)=a^{p^j}$。

有限域的具体构造 我们可以具体构造素域 F_p 上的 d 次代数扩张,取 $p(x)$ 为 $F_p[X]$ 的 d 次首一不可约多项式,在商环 $F_p[X]/(p(x))$ 上定义加法,其中 $(p(x))=\{f(x)\mid p(x)\mid f(x)\}$:

$$f(x)+g(x)=((f+g)(x)(\bmod p(x))$$

和乘法:

$$f(x)g(x)=(fg)(x)(\bmod p(x))$$

则 $F_p[X]/(p(x))$,对于上述运算法则构成一个域。根据定理 2.3.7,这个域在 F_p 上是 d

次扩张。我们记这个域为 F_q 或 $GF(q)$，其中 $q=p^d$。

例 2.3.15 证明 x^4+x+1 是 $F_2[x]$ 中的不可约多项式，从而 $F_2[x]/(x^4+x+1)$ 是一个 F_{2^4} 域。

证 由于 $F_2[x]$ 中的所有次数小于或等于 2 的不可约多项式为 $x, x+1, x^2+x+1$，且 $x^4+x+1=x(x^3+1)+1$，$x^4+x+1=(x+1)(x^3+x^2+x)+1$，$x^4+x+1=(x^2+x+1)(x^2+x)+1$，所以 x^4+x+1 不能被 x，$(x+1)$，(x^2+x+1) 整除，即 x^4+x+1 是 $F_2[x]$ 中的不可约多项式，因此，$F_2[x]/(x^4+x+1)$ 是一个 F_{2^4} 域。

例 2.3.16 求 $F_{2^4}=F_2[x]/(x^4+x+1)$ 中的生成元 $g(x)$，并计算 $g(x)^t, t=0, 1, \cdots, 14$ 和所有生成元。

解 因为 $|F_{2^4}^*|=15=3\times 5$，由定理 2.3.15，$F_{2^4}^*$ 中非单位元的阶只可能是 3，5 或 15，当 $g(x)$ 的阶不是 3，5 时，必是 15，它就是生成元，所以满足 $g(x)^3\not\equiv 1 \pmod{x^4+x+1}$，$g(x)^5\not\equiv 1 \pmod{x^4+x+1}$ 的元素 $g(x)$ 都是生成元。

对于 $g(x)\equiv x$，有 $x^3\equiv x^3\not\equiv 1 \pmod{x^4+x+1}$，$x^5\equiv x^2+x\not\equiv 1 \pmod{x^4+x+1}$，

所以 $g(x)=x$ 是 $F_2[x]/(x^4+x+1)$ 的生成元。

对于 $t=0,1,2,\cdots,14$，计算 $g(x)^t \pmod{x^4+x+1}$：

$g(x)^0\equiv 1$， $g(x)^1\equiv x$， $g(x)^2\equiv x^2$，

$g(x)^3\equiv x^3$， $g(x)^4\equiv x+1$， $g(x)^5\equiv x^2+x$，

$g(x)^6\equiv x^3+x^2$， $g(x)^7\equiv x^3+x+1$， $g(x)^8\equiv x^2+1$，

$g(x)^9\equiv x^3+x$， $g(x)^{10}\equiv x^2+x+1$， $g(x)^{11}\equiv x^3+x^2+x$，

$g(x)^{12}\equiv x^3+x^2+x+1$， $g(x)^{13}\equiv x^3+x^2+1$， $g(x)^{14}\equiv x^3+1$。

所有生成元为 $g(x)^t$，$(t,\varphi(15))=1$：

$g(x)^1=x$， $g(x)^2=x^2$， $g(x)^4=x+1$， $g(x)^7=x^3+x+1$，

$g(x)^8=x^2+1$， $g(x)^{11}=x^3+x^2+x$， $g(x)^{13}=x^3+x^2+1$， $g(x)^{14}=x^3+1$。

第3章 密码学基础

密码术一词最早起源于希腊语,其含义包含“隐藏”和“书写”两方面的内容。使用密码的目的是把信息转换成一种隐藏的方式并阻止其他人得到它。密码学是信息安全的一个重要基础和分支,是一门古老的学科。它的发展可分为三个阶段:古典密码阶段(古代至1949年)、近代密码学阶段(1949—1975年)、现代密码学阶段(1976年至今)。

古典密码阶段,密码学都是停留在应用于军事政治等领域的实践技术。近代密码学阶段,1949年Shannon发表《保密系统的通信理论》后,密码学才有了理论基础指导从而上升为学科;这一阶段,密码学研究的突破并不大,而且应用方面仍然只局限于特殊领域。现代密码学阶段,以1976年Diffie与Hellman发表的论文《密码学发展的新方向》以及1977年美国发布的数据加密标准(DES)算法为标志,密码学进入了现代密码学阶段。伴随着相关理论的完善,以及由集成电路和因特网推动的信息化工业浪潮,密码学进入全新爆发的时代,成为与数学、计算机科学、通信工程等多学科密切相关的交叉学科,同时,各种密码产品也走进寻常百姓家,从原来具有局限性的特殊领域进入人们的生产、生活中。

3.1 密码学的基本概念

3.1.1 密码学概述

密码学(cryptology)的基本目标是解决信息安全中的三个基本安全需求,即信息的机密性、信息的真实性认证和承诺的不可否认性。

信息的机密性是指信息的内容不被非授权者获取。提供机密性的方法包括物理保护、信息隐藏和加密保护等。加密保护属于密码学的范畴,它是利用加密算法改变信息数据的原形,从而使非授权者从变形后的结果中获取原始信息的内容。

信息的真实性认证包括实体身份(例如通信双方的身份、一个设备的身份等)的认证,所传送信息的来源、目的地、产生日期、传送时间等的认证,以及信息的完整性认证。信息的完整性认证是指检测信息在传送或存储过程中是否遭到有意或无意的篡改。信息认证的目的不是避免不真实信息的出现,而是要保证不真实的信息能以很大的概率被检测出来。

承诺的不可否认性是指防止否认以前的承诺或行为。例如,一方对自己曾经签署过的命令或商业合同的否认等。在涉及不可否认性的密码方案中,必须有一个用于仲裁的可信第三方。

密码学主要包括三个分支,即密码编码学(cryptography)、密码分析学(cryptanalysis)和密钥管理学(key management)。其中,密码编码学和密码分析学是密码学的两个基本分支，密钥管理学是随着密码学研究和应用领域的不断拓展而独立出来的一个分支。

密码编码学(cryptography)主要研究如何对信息进行编码从而起到对信息的保护作用，包括保护其机密性、认证性、完整性等；而密码分析学(cryptanalysis)则相反，它是通过对编码信息的分析来去除或者削弱由编码带给信息的保护，例如，破译消息、篡改消息、伪造消息等。

密码分析学中的攻击方法根据攻击手段不同可分为穷举攻击、统计分析攻击和数学分析攻击。穷举攻击，又称为蛮力攻击，是指密码分析者用尝试所有取值的方法来破译密码；统计分析攻击，是指密码分析者通过分析密文和明文的统计规律来破译密码；数学分析攻击，是指密码分析者针对加密算法的数学依据，通过数学求解的方法来破译密码。

而根据攻击者获取的信息程度不同，攻击方法又分为唯密文攻击、已知明文攻击、选择明文攻击、选择密文攻击以及选择密钥攻击。唯密文攻击，是指仅根据密文进行的密码攻击；已知明文攻击，是指根据一些相应的明文、密文对进行的密码攻击；选择明文攻击，是指攻击者可以选择一些明文，并获取相应的密文，这是密码分析者最理想的情形；选择密文攻击，是指密码分析者能选择不同的被加密的密文，并可得到对应的解密的明文，密码分析者的任务是推出密钥；选择密钥攻击，这种攻击并不表示密码分析者能够选择密钥，它只表示密码分析者具有不同密钥之间关系的有关知识。

密码编码学和密码分析学之间既是矛盾的，又是相辅相成的。只有对它们有着足够的认识，才能设计出安全的编码方法，反之亦然。正是两者之间的不断制约与反制约，才推动了现代密码学的不断进步。

图 3-1 给出了密码学的一个通用模型。其中发送者是消息的产生源，是消息的起点，也就是信源。接收者是消息的目的地，是消息的终点，也就是信宿。信道是用于传输信息的通道，如常见的因特网、移动通信网等都是信道。攻击者则通过控制信道，对信道中传输的消息进行窃听、删除、篡改、重播等非法操作，并对获取的消息进行密码分析来获取非法的利益。明文(plaintext)是没有经过加密的消息本身；密文(ciphertext)则是明文经过加密操作后得到的结果。加密算法(encryption algorithm)就是一系列的消息加密变化的规则；解密算法(decryption algorithm)则规定了一系列与加密相对应的解密变化规则。加密密钥(encryption key)是用于控制加密操作的关键数据；解密密钥(decryption key)则是用于控制解密操作的关键数据。密钥管理的目的是让发送者和接收者安全地分别获取一对加/解密密钥。通常，将(M,C,K,E,D)这个五元组称为一个密码体制，其中$K=(k_e,k_d)$。而在现代密码体制中，要求密码体制的安全不能建立在算法保密的基础上，而是仅仅依赖于密钥的保密来保证密码体制的安全。这样要求的原因有三点：①真正的算法保密是很难办得到的，内部组织人员可能向外泄露，并且现在的逆向工程可以根据设备获取算法的具体信息；②算法公开可以保证算法经过了充分的分析和攻击的考验，从而更能保证其安全性；③重新设计一个算法的代价比重新换一个密钥的代价要大得多。假如一个密码体制的安全性是基于算法保密的，一旦该算法泄露，就不得不采用新的算法。这样做的代价很大，因为算法设计本身比较复杂，而且原来的设备将不得不更换。而如果一个密码体制的安全性是基于密钥保密的，一旦旧的密钥泄露，只需要更换一个新的密钥就可以了，这样付出的代价要小得多。

发送者想要将消息发送给接收者时，假设攻击者可能已经控制了整个通信信道，为了保

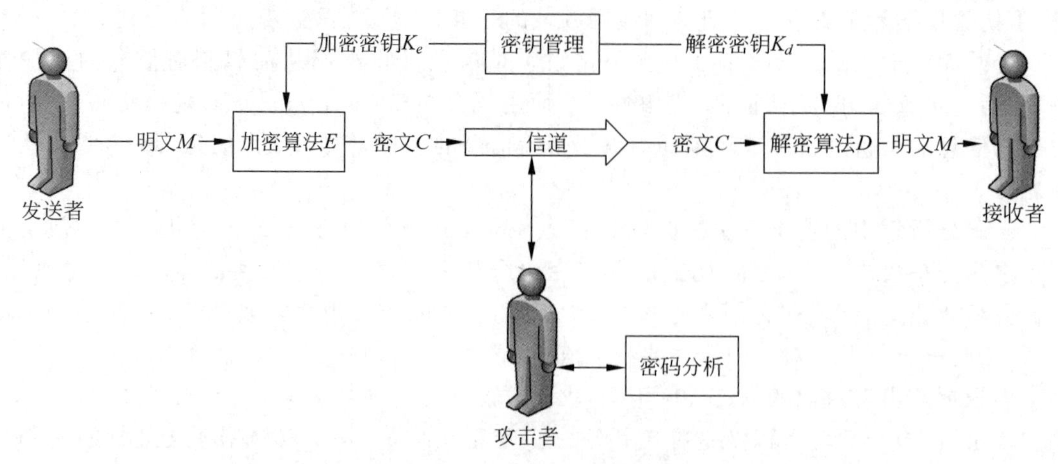

图 3-1 密码学的通用模型

证传输消息的安全,发送者首先和接收者通过密钥管理分别获得一个加密密钥和解密密钥;然后,发送者通过加密密钥 k_e 和加密算法 E 将明文 M 加密为密文 $C(C=E_{k_e}(M))$,并通过信道传输给接收者;接收者接收到密文 C 后,使用解密密钥 k_d 和解密算法 D 对密文 C 进行解密,得到明文消息 $M(M=D_{k_d}(C))$。由于信道上传输的密文 C 经过了加密保护,使得攻击者不能达到其非法目的,因此保证了传输信息的安全。

密码学是伴随着信息保密而产生的,但是随着密码学技术和通信网络技术的不断发展,现代的密码学研究已经远远超越了信息保密的范围,被广泛应用于各种安全和隐私保护应用中。密码学是一门古老的学科,又是一门新兴的交叉学科,在今后人类社会的发展历程中必将发挥越来越重要的作用。

密码技术的基本思想是伪装信息,伪装就是对数据施加一种可逆的数学变换。伪装前的数据称为明文,伪装后的数据称为密文。伪装的过程称为加密。加密在加密密钥的控制下进行。用于对数据加密的一组数学变换称为加密算法。发信者将明文数据加密成密文,然后将密文数据送入网络传输或存入计算机文件,而且只给合法收信者分配密钥。合法收信者收到密文后,施行与加密变换相逆的变换,去掉密文的伪装恢复出明文,这一过程称为解密。解密在解密密钥的控制下进行。用于对数据解密的一组数学变换称为解密算法,解密算法是加密算法的逆。因为数据以密文形式在网络中传输或存入计算机文件,而且只给合法用户分配密钥,这样,即使密文被非法窃取,因为未授权者没有密钥而不能得到明文,所以未授权者也不能理解它的真实含义,从而达到确保数据秘密性的目的。同样,因为未授权者没有密钥也不能伪造出合理的明密文,因而篡改数据必然被发现,从而达到确保数据真实性的目的。与能够检测发现篡改数据的道理相同,如果密文数据中出现了错误或毁坏也能够通过检测发现,从而达到确保数据完整性的目的。

3.1.2 密码编码学

一个密码系统,通常简称为密码体制(cryptosystem),由五部分组成。

(1) 明文空间 M,它是全体明文的集合。

(2) 密文空间 C,它是全体密文的集合。

(3) 密钥空间 K,它是全体密钥的集合。其中每一个密钥 K 由加密密钥 k_e 和解密密

钥 k_d 组成，即 $K=(k_e, k_d)$。

(4) 加密算法 E，它是一族由 M 到 C 的加密变换。

(5) 解密算法 D，它是一族由 C 到 M 的解密变换。

对于每一个确定的密钥，加密算法将确定一个具体的加密变换，解密算法将确定一个具体的解密变换，而且解密变换是加密变换的逆变换。由于明文空间 M 中的每一个明文 M，加密算法 E 在密钥 k_e 的控制下将明文 M 加密成密文 C：

$$C=E(M, k_e)$$

而加密算法 D 在密钥 k_d 的控制下将密文 C 解密成同一明文 M：

$$M=D(C, k_d)=D(E(M, k_e), k_d)$$

如果一个密码体制的 $k_e=k_d$，或由其中一个很容易推出另一个，则称为单密钥密码体制或对称密码体制；否则，称为双密钥密码体制。进而，如果在计算上 k_d 不能由 k_e 推出，将 k_e 公开也不会损害 k_d 的安全，于是便可将 k_e 公开，这样双密钥密码体制也称为公钥密码体制。

根据明密文的划分和密钥使用不同，可将对称密码体制分为分组密码体制和流密码体制。

设 M 为明文，分组密码将 M 划分为一系列的明文块 M_i，每块包含若干位，并且对每一块 M_i 都用同一个密钥 k_e 进行加密。即

$$M=(M_1, M_2, \cdots, M_n)$$

$$C=(C_1, C_2, \cdots, C_n)$$

其中

$$C_i=E(M_i, k_e), \quad i=1,2,3,\cdots,n$$

序列密码将明文和密钥都划分为位(b)的序列，并且对于明文序列中的每一位都用密钥序列中的对应分量来加密。即

$$M=(m_1, m_2, \cdots, m_n)$$

$$K_e=(k_{e_1}, k_{e_2}, \cdots, k_{e_n})$$

$$C=(C_1, C_2, \cdots, C_n)$$

其中

$$C_i=E(m_i, k_{e_i}), \quad i=1,2,3,\cdots,n$$

分组密码每一次加密一个明文块，序列密码每一次加密一位。

3.1.3 密码分析学

如果能够根据密文系统地确定出明文或密钥，或者能够根据明文-密文对系统地确定出密钥，则称这个密码是可破译的。研究密码破译的科学称为密码分析学。密码破译也称为密码分析。

密码分析者攻击密码的主要方法有以下三种。

(1) 穷举攻击。密码分析者采用依次试遍所有可能的密钥对所获得的密文进行解密，直至得到正确的明文；或者用一个确定的密钥对所有可能的明文进行加密，直至得到所获得的密文。

(2) 统计分析攻击。密码分析者通过分析密文和明文的统计规律来破译密码。许多古典密码都可以通过分析密文字母和字母组的概率及其他统计参数而破译。

(3) 数学分析攻击。密码分析者针对加解密算法的数学基础和某些密码学特性,利用数学求解的方法破译密码。

根据攻击者可利用的数据资源来分类,可将攻击密码的类型分为以下四种。

(1) 仅知密文攻击(ciphertext-only attack)。密码分析者仅根据截获的密文来破译密码。因为密码分析者所能利用的数据资源仅为密文,因此这是对密码分析者最不利的情况。

(2) 已知明文攻击(known-plaintext attack)。密码分析者根据已经知道的某些明文-密文对来破译密码。例如,密码分析者可能知道从用户终端发送到计算机的密文数据是从一个词 login 开头。

(3) 选择明文攻击(chosen-plaintext attack)。密码分析者能够选择明文并获得相应的密文。例如,计算机系统文件和数据库系统特别容易受到这种攻击,这是因为用户可以随意选择明文,并获得相应的密文文件和密文数据库。

(4) 选择密文攻击(chosen-ciphertext attack)。密码分析者能够选择密文并获得相应的明文。这也是对密码分析者十分有利的情况,这种攻击主要攻击公钥密码体制,特别是攻击数字签名。

3.2 古典密码

编制密码的基本原理和基本方法称为密码法。基本的密码法主要有置换、代替和加减三种。这些古典密码编制方法是现代密码算法的基石,研究这些密码的设计原理和分析方法对于理解和设计现代密码十分有益。

3.2.1 置换密码

把明文中的字母重新排列,字母本身不变,但其位置改变了,这样编成的密码称为置换密码。最简单的置换密码是把明文中的字母顺序倒过来,然后截成固定长度的字母组作为密文。

例 3.2.1 明文:明晨5点发动反攻。

MING CHEN WU DIAN FA DONG FAN GONG

密文:GNOGN AFGNO DAFNA IDUWN EHCGN IM

另一种置换密码是把明文按某一顺序排成一个矩阵,其中不足部分用 Φ 填充,而 Φ 是明文中不会出现的一个符号。然后按另一种顺序选出矩阵中的字母以形成密文,最后截成固定长度的字母组作为密文。

例 3.2.2 明文:MING CHEN WU DIAN FA DONG FAN GONG

矩阵:MINGCH

ENWUDI

ANFADO

NGFANG

ONGΦΦΦ

密文：MEANO INNGN NWFFG GUAAΦ CDDNΦ HIOGΦ

例 3.2.3　明文：wewillmeet

置换规则：

密文字符位置	1	2	3	4	5
明文字符位置	2	5	4	1	3

在加密时，首先按 5 个字母为一组将明文分为 wewil 和 lmeet 两组，然后逐组执行移位变换，得到密文 eliww mtele。

在解密时，接收方按照上述移位规则求出相应的解密规则：

明文字符位置	1	2	3	4	5
密文字符位置	4	1	5	3	2

对密文进行解密，得到相应的明文。

3.2.2　代替密码

构造一个或多个密文字母表，然后用密文字母表中的字母或字母组来代替明文字母或字母组，各字母或字母组的相对位置不变，但其本身变了。这样编制的密码称为代替密码。

1. 单表代替密码

单表代替密码只使用一个密文字母表，并且用密文字母表中的一个字母来代替一个明文字母表中的一个字母。

例 3.2.4　一个加密用的代替表为

明文数字	0	1	2	3	4	5	6	7	8	9
密文数字	5	4	8	2	1	0	9	7	3	6

明文为 1931 4669 2167 5560 1505，则密文为 4624 1996 8497 0095 4050。

那么，解密用的代替表为

密文数字	0	1	2	3	4	5	6	7	8	9
明文数字	5	4	3	8	1	0	9	7	2	6

密文为 4624 1996 8497 0095 4050，则明文为 1931 4669 2167 5560 1505。

单表代替密码的优点是明文字母的原形得到了隐藏。其缺点是明文字符相同，则密文字符也相同；一个密文字符在密文中出现的频次，就是它对应的明文字符在明文中的出现频次；明文字符之间的跟随关系直接反映在密文中。

2. 多表代替密码

多表代替密码使用多个密文字母表，使明文中的每一个字母都有多种可能的字母来代替。

例如，弗吉尼亚密码是一个经典的多表代替密码，基本原理如图 3-2 所示。图中明文是 MESSAGE FROM…，密钥是 WHITE，对应的密文是 ILALECL NKSI…。明文第一个字母为 M，在表格中找到 M 列；密钥第一个字母为 W，在表格中找到 W 行，W 行与 M 列交叉处字母为 I，即密文为 I。解密方法，在表格 W 行找到密文 I，对应的列为 M，即明文为 M。

```
ABCDEFGHIJKLMNOPQRSTUVWXYZ  plaintext alphabet
ABCDEFGHIJKLMNOPQRSTUVWXYZ
BCDEFGHIJKLMNOPQRSTUVWXYZA
CDEFGHIJKLMNOPQRSTUVWXYZAB
DEFGHIJKLMNOPQRSTUVWXYZABC  Vigenère square
EFGHIJKLMNOPQRSTUVWXYZABCD
FGHIJKLMNOPQRSTUVWXYZABCDE
GHIJKLMNOPQRSTUVWXYZABCDEF
HIJKLMNOPQRSTUVWXYZABCDEFG  Key: WHITE
IJKLMNOPQRSTUVWXYZABCDEFGH
JKLMNOPQRSTUVWXYZABCDEFGHI
KLMNOPQRSTUVWXYZABCDEFGHIJ
LMNOPQRSTUVWXYZABCDEFGHIJK  MESSAGE FROM …
MNOPQRSTUVWXYZABCDEFGHIJKL  WHITEWH ITEW
NOPQRSTUVWXYZABCDEFGHIJKLM  ILALECL NKSI …
OPQRSTUVWXYZABCDEFGHIJKLMN
PQRSTUVWXYZABCDEFGHIJKLMNO
QRSTUVWXYZABCDEFGHIJKLMNOP
RSTUVWXYZABCDEFGHIJKLMNOPQ
STUVWXYZABCDEFGHIJKLMNOPQR
TUVWXYZABCDEFGHIJKLMNOPQRS
UVWXYZABCDEFGHIJKLMNOPQRST
VWXYZABCDEFGHIJKLMNOPQRSTU
WXYZABCDEFGHIJKLMNOPQRSTUV
XYZABCDEFGHIJKLMNOPQRSTUVW
YZABCDEFGHIJKLMNOPQRSTUVWX
ZABCDEFGHIJKLMNOPQRSTUVWXY
```

图 3-2 弗吉尼亚密码基本原理

古典密码的基本思想可以概括为"扩散"和"混淆",这种思想仍然是现代密码编制的基石。所谓扩散,就是将每一位明文和密钥字符的影响扩散到尽可能多的密文字符中。换句话说,密文的每一位都是明文和密钥的每一位的函数。所谓混淆,就是使密文和密钥之间的关系复杂化。密文和密钥之间的关系越复杂,则密文和明文之间、密文和密钥之间的统计相关性就越小,从而使统计分析不能奏效。

3.3 分组密码

3.3.1 分组密码概述

分组密码是将明文消息编码表示后的数字序列按固定长度进行分组,然后在同一密钥控制下用同一算法逐组进行加密,从而将各个明文分组变换成一个长度固定的密文分组的密码。

在分组密码中,二进制明文分组的长度称为分组密码的分组长度,二进制密钥的长度称为分组密码的密钥长度。通常情况下,分组长度与密钥长度相同。

分组密码就是将二元消息序列 $x_1x_2\cdots$ 按固定长度进行分组,不妨将二元消息序列 $x_1x_2\cdots$ 划分成长度为 n 的分组 $m_1,m_2,\cdots$,即

$$x_1x_2\cdots x_nx_{n+1}x_{n+2}\cdots x_{2n}\cdots$$

$$m_1=x_1x_2\cdots x_n,\quad m_2=x_{n+1}x_{n+2}\cdots x_{2n},\cdots$$

各个分组分别在密钥 $k=(k_1k_2\cdots k_n)$ 的控制下,按固定的算法 E 进行加密,加密后输出长度为 n 的密文分组 $c_1,c_2,\cdots$,即

$$c_1=E_k(m_1)=E_k(x_1x_2\cdots x_n)=y_1y_2\cdots y_n,$$

$$c_2=E_k(m_2)=E_k(x_{n+1}x_{n+2}\cdots x_{2n})=y_{n+1}y_{n+2}\cdots y_{2n},\cdots$$

具体如图 3-3 所示。

上述过程为加密过程,解密过程是其逆过程,加密过程与解密过程使用相同的密钥。如

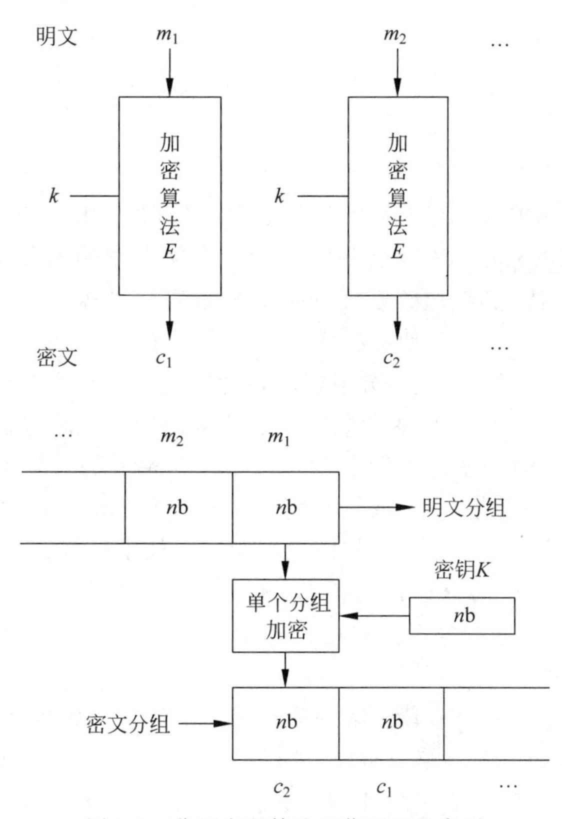

图 3-3　分组密码算法工作原理示意图

图 3-4 所示，发送方 Alice 利用加密算法 E 将明文 m 和密钥 k 加密为密文 c，即 $c=E(k,m)$。接收方 Bob 利用解密算法 D 将密文 c 和密钥 k 解密为明文 m，即 $m=D(k,c)$。因此，对于明文 m，有 $D(k,E(k,m))=m$。

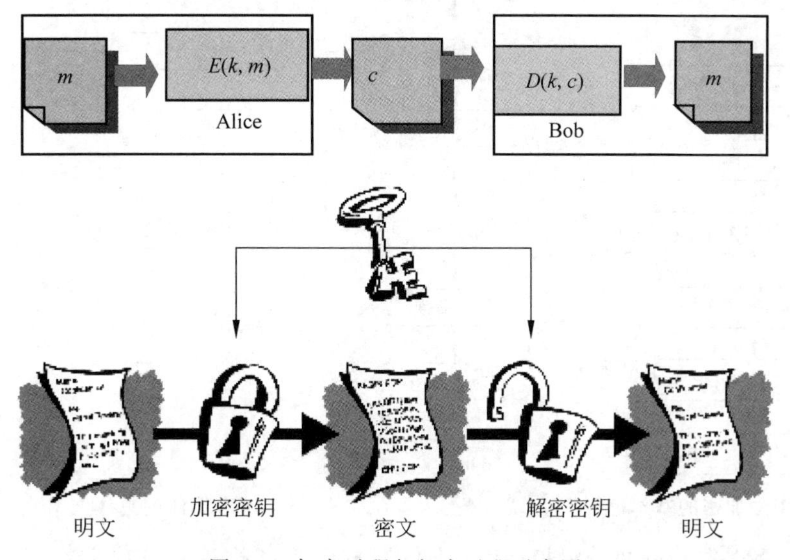

图 3-4　加密过程与解密过程示意图

经典的分组密码算法，主要有 64b 的 DES 算法以及 AES 算法，分组长度可为 128b、192b 和 256b。分组密码算法具有安全强度高、易于软硬件实现、可模块化程度高等优点，广泛应用于各种安全系统中。

3.3.2 数据加密标准

美国政府于1977年颁布了数据加密标准(Data Encryption Standard,DES)。DES的设计目标是,用于加密保护静态存储和传输信道中的数据。DES综合运用了置换、代替、代数等多种密码技术。DES是一种分组密码,明文、密文和密钥的分组长度都是64b。DES是面向二进制的密码算法,能够加解密任何形式的计算机数据。DES是一对合运算,因而加密和解密用的是同一算法,从而使工程实现工作量减半。

数据加密标准(DES)属于迭代型分组密码,加密算法 E 和解密算法 D 使用相同的密钥 k。迭代型分组密码算法有几个基本参数:分组长度、密钥长度、迭代次数和子密钥长度。DES算法的分组长度为64b,密钥长度为64b(每个密钥字节的最后1b用于奇偶校验,有效密钥长度为56b),迭代次数为16,子密钥长度为48b。DES算法的加密、解密运算用的是同一算法,两者唯一不同之处是子密钥的使用次序相反。加密运算、解密运算在64b初始密钥的作用下,对64b的输入数据分组进行操作,经16轮迭代后产生64b的输出数据分组。DES算法的安全性依赖于密钥的保密程度。

1. DES的加密过程

DES的加密过程分为三个阶段:第一阶段,明文经过初始置换(Initial Permutation,IP),将64b明文分组重新排列;第二阶段,进行相同功能的16轮迭代,第16轮迭代的输出分左右两半,并被交换次序;第三阶段,经过逆初始置换(IP^{-1}),产生最终的64b密文。DES算法加密的基本过程如图3-5所示,总体框图如图3-6所示。

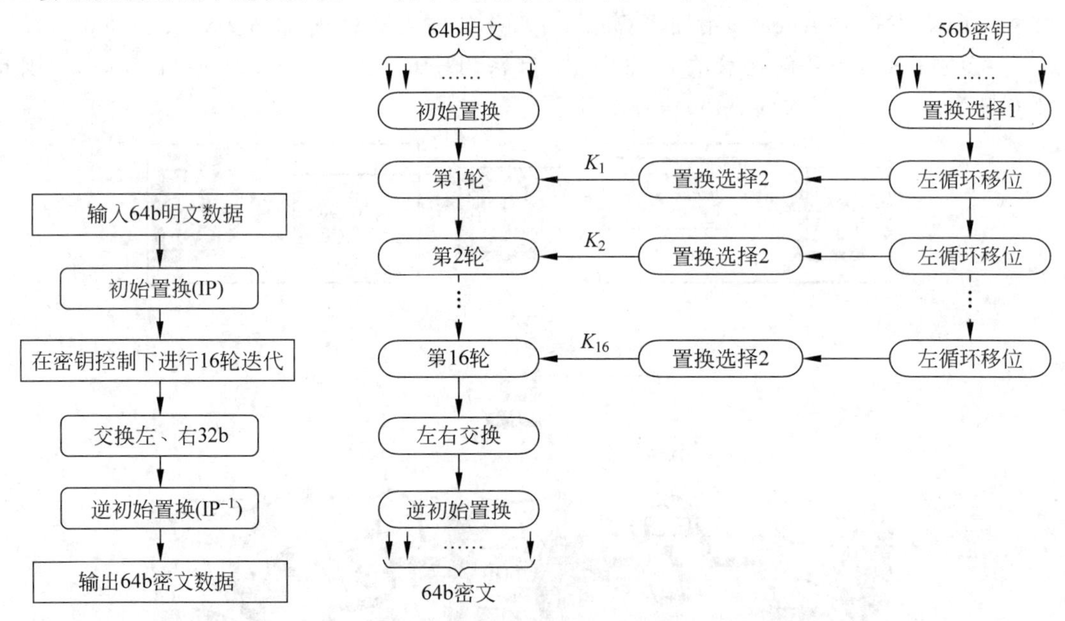

图3-5 DES算法加密的基本过程

图3-6 DES算法的总体框图

(1) 64b明文先经过初始置换(IP),将数据打乱重新排列并分成左右两半。左32b构成 L_0,右32b构成 R_0。初始置换的置换矩阵如表3-1所示。其置换矩阵说明:置换后64b数据的1,2,…,64位依次是原明文数据的58,50,…,57,49,…,15,7。

表 3-1 初始置换(IP)

58	50	42	34	26	18	10	2
60	52	44	36	28	20	12	4
62	54	46	38	30	22	14	6
64	56	48	40	32	24	16	8
57	49	41	33	25	17	9	1
59	51	43	35	27	19	11	3
61	53	45	37	29	21	13	5
63	55	47	39	31	23	15	7

(2) 16 轮加密迭代,每一轮变换的顺序如图 3-6 所示。第 1 轮以(L_0,R_0,K_1)作为输入进行操作,输出(L_1,R_1);第 2 轮以(L_1,R_1,K_2)作为输入进行操作,输出(L_2,R_2);以此类推,第 16 轮以(L_{15},R_{15},K_{16})作为输入进行操作,输出(L_{16},R_{16})。

其中,L_i、R_i 为 32b,K_i 为 48b,$i=1,2,\cdots,16$。

(3) 第 16 轮加密迭代结束后,产生一个 64b 数据组。以其左边 32b 作为 R_{16},以其右边 32b 作为 L_{16}。

(4) 逆初始置换(IP^{-1})是 IP 的逆置换,将第 16 轮加密迭代的 64b 数据组打乱重排,形成 64b 密文。逆初始置换的置换矩阵如表 3-2 所示。IP 的主要作用是把输入数据打乱重排,以打乱原始数据的原有格式。IP 和 IP^{-1} 没有密钥参与,而且在其置换矩阵公开的情况下,很容易求出另一个。使用了 IP,必须使用 IP^{-1},以确保 DES 算法的可逆性和对合性。

表 3-2 逆初始置换(IP^{-1})

40	8	48	16	56	24	64	32
39	7	47	15	55	23	63	31
38	6	46	14	54	22	62	30
37	5	45	13	53	21	61	29
36	4	44	12	52	20	60	28
35	3	43	11	51	19	59	27
34	2	42	10	50	18	58	26
33	1	41	9	49	17	57	25

2. 每一轮加密迭代的计算方法

每一轮迭代的轮结构如图 3-7 所示,加密函数 F 实现对 R_{i-1} 和 K_i 的加密,结果为 32b 的数据组 $F(R_{i-1},K_i)$。$F(R_{i-1},K_i)$再与 L_{i-1} 模 2 相加,又得到一个 32b 的数据组 $L_{i-1}\oplus F(R_{i-1},K_i)$。每一轮加密迭代算法相同,唯一的区别是子密钥 K_i 不同。

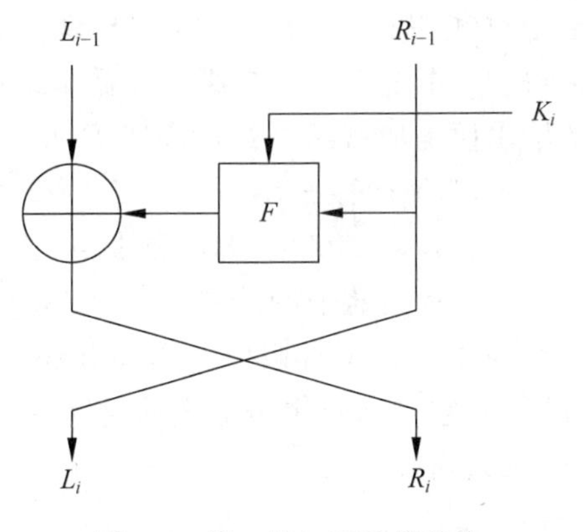

图 3-7 第 i 轮加密迭代结构

第 i 轮的加密迭代计算:$L_i=R_{i-1}$,$R_i=L_{i-1}\oplus F(R_{i-1},K_i)$,$i=1,2,\cdots,16$。

DES 算法的核心是加密函数 F,它的作用是在第 i 次加密迭代中用 K_i 对 R_{i-1} 进行加密,但是 R_{i-1} 和 K_i 长度不同。F 的结构包含三部分,选择

运算 E(Expansion/permutation)、代替函数组 S(Substation/choice)和置换运算 P(Permutation),其结构如图 3-8 所示。

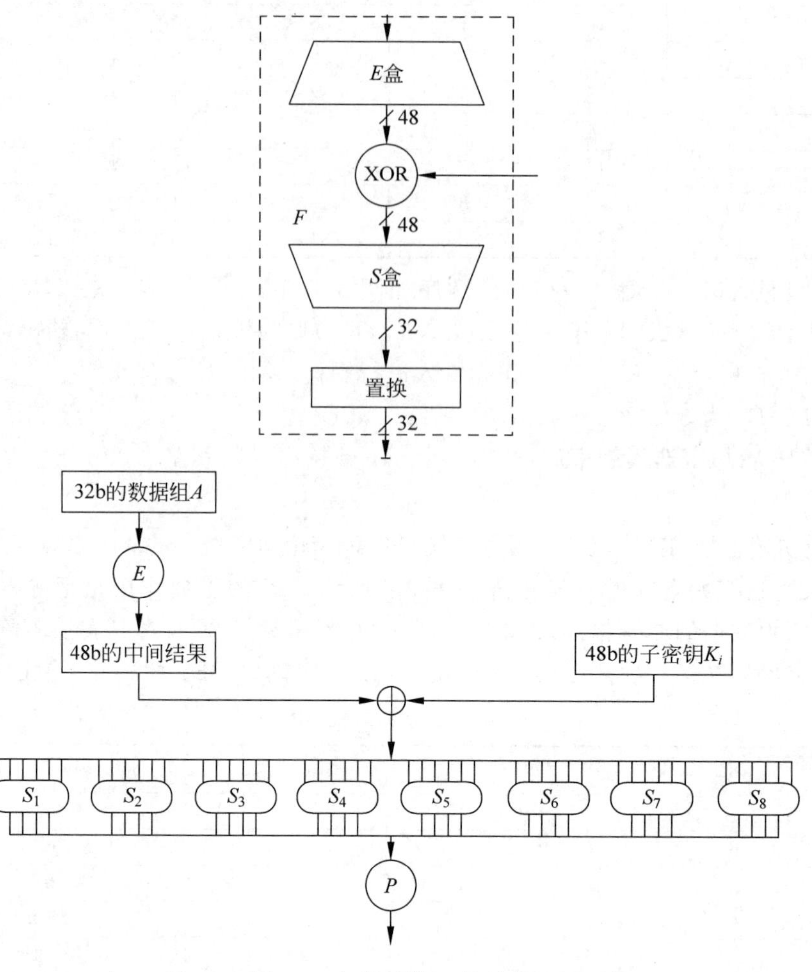

图 3-8 加密函数 F 的结构

在第 i 轮的迭代加密中选择运算 E 对 32b 的 R_{i-1} 的各位进行选择和排列,产生一个 48b 的结果。此结果与子密钥 K_i 模 2 相加,然后送入代替函数组 S。代替函数组由 8 个代替函数(也称 S 盒)组成,每个 S 盒有 6 位输入,产生 4 位的输出。8 个 S 盒的输出合并,结果得到一个 32b 的数据组。此数据组再经过置换运算 P,将其各位打乱重排。置换运算 P 的输出便是加密函数 F 的输出 $F(R_{i-1},K_i)$。

1) 选择运算 E

选择运算 E 对 32b 的数据组 A 的各位进行选择和排列,产生一个 48b 的结果,如图 3-8 所示。这说明选择运算 E 是一种扩展运算,它将 32b 的数据扩展为 48b 的数据,以便与 48b 的子密钥模 2 相加并满足代替函数组 S 对数据长度的要求。由选择运算矩阵可知,它是通过重复选择某些数据位来达到数据扩展的目的。选择运算 E 的矩阵如表 3-3 所示。

表 3-3 选择运算 E

32	1	2	3	4	5
4	5	6	7	8	9
8	9	10	11	12	13
12	13	14	15	16	17
16	17	18	19	20	21
20	21	22	23	24	25
24	25	26	27	28	29
28	29	30	31	32	1

2）代替函数组 S

代替函数组由 8 个 S 盒组成，8 个 S 盒分别记为 $S_1,S_2,S_3,S_4,S_5,S_6,S_7,S_8$。代替函数组的输入是 48b 的数据，从 1b 到 48b 依次加到 8 个 S 盒的输入端（如图 3-8 所示）。每个 S 盒有一个选择矩阵，规定了其输出与输入的选择规则（如图 3-9 所示）。选择矩阵有 4 行 16 列，每行都是 0～15，但每行的数字排列都不同，而且 8 个选择矩阵彼此也不同。每个 S 盒有 6 位输入，产生 4 位的输出。

		0	1	2	3	4	5	6	7	8	9	10	11	12	13	14	15
S_1	0	14	4	13	1	2	15	11	8	3	10	6	12	5	9	0	7
	1	0	15	7	4	14	2	13	1	10	6	12	11	9	5	3	8
	2	4	1	14	8	13	6	2	11	15	12	9	7	3	10	5	0
	3	15	12	8	2	4	9	1	7	5	11	3	14	10	0	6	13
S_2	0	15	1	8	14	6	11	3	4	9	7	2	13	12	0	5	10
	1	3	13	4	7	15	2	8	14	12	0	1	10	6	9	11	5
	2	0	14	7	11	10	4	13	1	5	8	12	6	9	3	2	15
	3	13	8	10	1	3	15	4	2	11	6	7	12	0	5	14	9
S_3	0	10	0	9	14	6	3	15	5	1	13	12	7	11	4	2	8
	1	13	7	0	9	3	4	6	10	2	8	5	14	12	11	15	1
	2	13	6	4	9	8	15	3	0	11	1	2	12	5	10	14	7
	3	1	10	13	0	6	9	8	7	4	15	14	3	11	5	2	12
S_4	0	7	13	14	3	0	6	9	10	1	2	8	5	11	12	4	15
	1	13	8	11	5	6	15	0	3	4	7	2	12	1	10	14	9
	2	10	6	9	0	12	11	7	13	15	1	3	14	5	2	8	4
	3	3	15	0	6	10	1	13	8	9	4	5	11	12	7	2	14
S_5	0	2	12	4	1	7	10	11	6	8	5	3	15	13	0	14	9
	1	14	11	2	12	4	7	13	1	5	0	15	10	3	9	8	6
	2	4	2	1	11	10	13	7	8	15	9	12	5	6	3	0	14
	3	11	8	12	7	1	14	2	13	6	15	0	9	10	4	5	3
S_6	0	12	1	10	15	9	2	6	8	0	13	3	4	14	7	5	11
	1	10	15	4	2	7	12	9	5	6	1	13	14	0	11	3	8
	2	9	14	15	5	2	8	12	3	7	0	4	10	1	13	11	6
	3	4	3	2	12	9	5	15	10	11	14	1	7	6	0	8	13
S_7	0	4	11	2	14	15	0	8	13	3	12	9	7	5	10	6	1
	1	13	0	11	7	4	9	1	10	14	3	5	12	2	15	8	6
	2	1	4	11	13	12	3	7	14	10	15	6	8	0	5	9	2
	3	6	11	13	8	1	4	10	7	9	5	0	15	14	2	3	12
S_8	0	13	2	8	4	6	15	11	1	10	9	3	14	5	0	12	7
	1	1	15	13	8	10	3	7	4	12	5	6	11	0	14	9	2
	2	7	11	4	1	9	12	14	2	0	6	10	13	15	3	5	8
	3	2	1	14	7	4	10	8	13	15	12	9	0	3	5	6	11

图 3-9 代替函数组 S 示意图

选择规则如下：S 盒的 6 位输入中的第 1 位和第 6 位数字组成的二进制数值代表选中的行号，其余 4 位数字所组成的二进制数值代表选中的列号，而处在被选中的行号和列号交点处的数字便是 S 盒的输出。以 S_1 为例,设输入为 101011,第 1 位和第 6 位数字组成的二进制数为 $11=(3)_{10}$,表示选中 S_1 的行号为 3 的那一行,其余 4 位数字所组成的二进制数为 $0101=(5)_{10}$,表示选中 S_1 的列号为 5 的那一列。交点处的数字是 9,则 S_1 的输出为 1001。S 盒的选择矩阵 $S_1 \sim S_8$ 由图 3-9 给出。

S 盒是 DES 保密性的关键所在。它是一种非线性变换,也是 DES 中唯一的非线性运算。如果没有它,整个 DES 将成为一种线性变换,这将是不安全的。

3) 置换运算 *P*

置换运算 *P* 把 S 盒输出的 32b 数据打乱重排,得到 32b 的加密函数输出。用置换 *P* 来提供扩散,把 S 盒的混淆作用扩散开来。正是置换 *P* 与 S 盒的互相配合提高了 DES 的安全性。置换运算 *P* 如表 3-4 所示。

表 3-4 置换运算 *P*

16	7	20	21
29	12	28	17
1	15	23	26
5	18	31	10
2	8	24	14
32	27	3	9
19	13	30	6
22	11	4	25

3. 子密钥的产生

64b 密钥经过置换选择 1、循环左移、置换选择 2 等变换,产生出 16 个 48b 的子密钥。子密钥的产生过程如图 3-10 所示,其中产生每一个子密钥所需的循环左移位数在表 3-5 中给出。

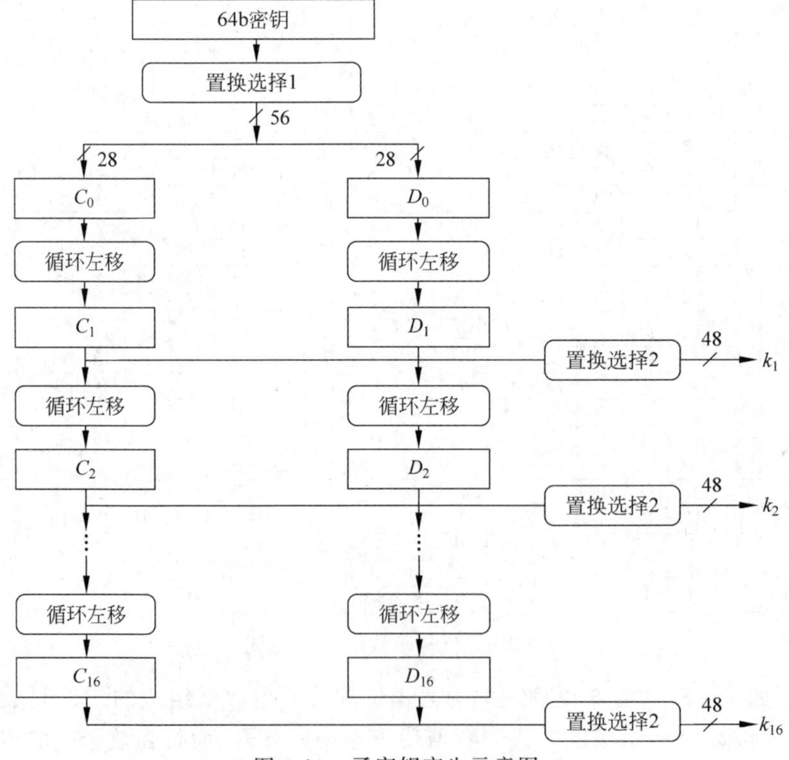

图 3-10 子密钥产生示意图

表 3-5　循环左移位

1	2	3	4	5	6	7	8	9	10	11	12	13	14	15	16
1	1	2	2	2	2	2	2	1	2	2	2	2	2	2	1

1）置换选择 1

64b 的密钥分为 8 字节。每字节的前 7b 是真正的密钥位，第 8b 是奇偶校验位。奇偶校验位可以从前 7b 密钥位计算出，不是随机的，因而无法起到密钥的作用。奇偶校验位的作用在于可检测密钥中是否有错误，确保密钥的完整性。置换选择 1 的作用有两个：一是从 64b 密钥中去掉 8 个奇偶校验位；二是把其余 56b 密钥位打乱重排，且将前 28 位作为 C_0，后 28 位作为 D_0。置换选择 1 规定：C_0 的各位依次为原密钥中的 57，49，…，1，…，44，36；D_0 的各位依次为原密钥中的 63，55，…，7，…，12，4。置换选择 1 的矩阵如表 3-6 所示。

表 3-6　置换选择 1

57	49	41	33	25	17	9
1	58	50	42	34	26	18
10	2	59	51	43	35	27
19	11	3	60	52	44	36
63	55	47	39	31	23	15
7	62	54	46	38	30	22
14	6	61	53	45	37	29
21	13	6	28	20	12	4

2）置换选择 2

将 C_i 和 D_i 合并成一个 56b 的中间数据，置换选择 2 从中选择出一个 48b 的子密钥 K_i。置换选择 2 的矩阵如表 3-7 所示。其中规定：子密钥 K_i 中的 1，2，…，48b 依次是这个 56b 中间数据中的 14，17，…，5，3，…，29，32 位。

表 3-7　置换选择 2

14	17	11	24	1	5
3	28	15	6	21	10
23	19	12	4	26	8
16	7	27	20	13	2
41	52	31	37	47	55
30	40	51	45	33	48
44	49	39	56	34	53
46	42	50	36	29	32

打开 DES 算法软件工具，DES Tool 演示加密、解密效果如图 3-11 所示。

4. DES 的解密过程

DES 的运算是对合运算，所以加密、解密可共用同一个运算，只是子密钥使用的顺序相反。

把 64b 密文作为明文输入，而且第 1 次解密迭代使用子密钥 K_{16}，第 2 次解密迭代使用子密钥 K_{15}，以此类推，第 16 次解密迭代使用子密钥 K_1，最后的输出便是 64 比特明文，如图 3-12 所示。

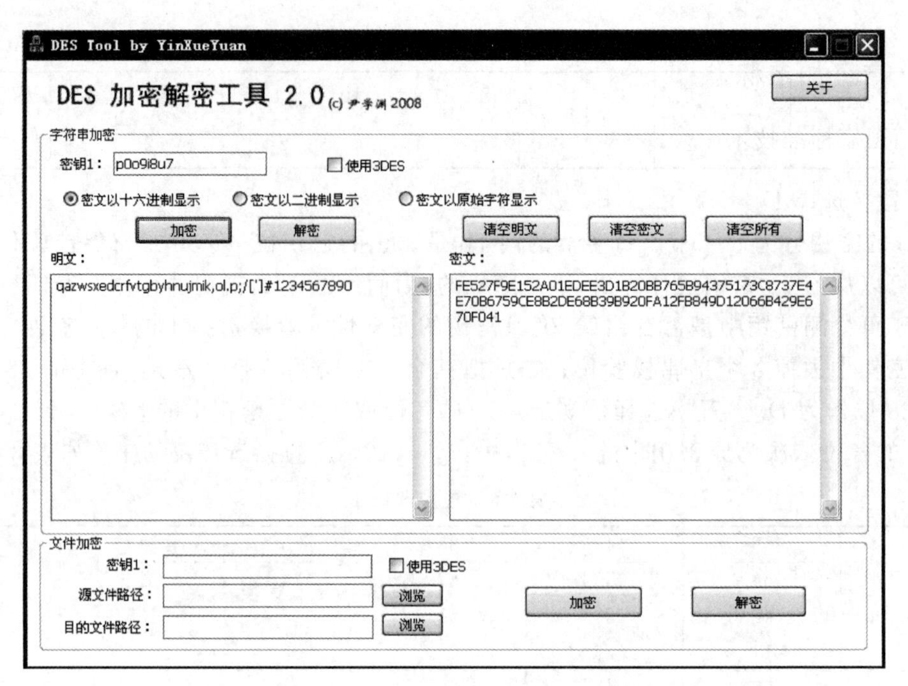

图 3-11　DES Tool 加密、解密示意图

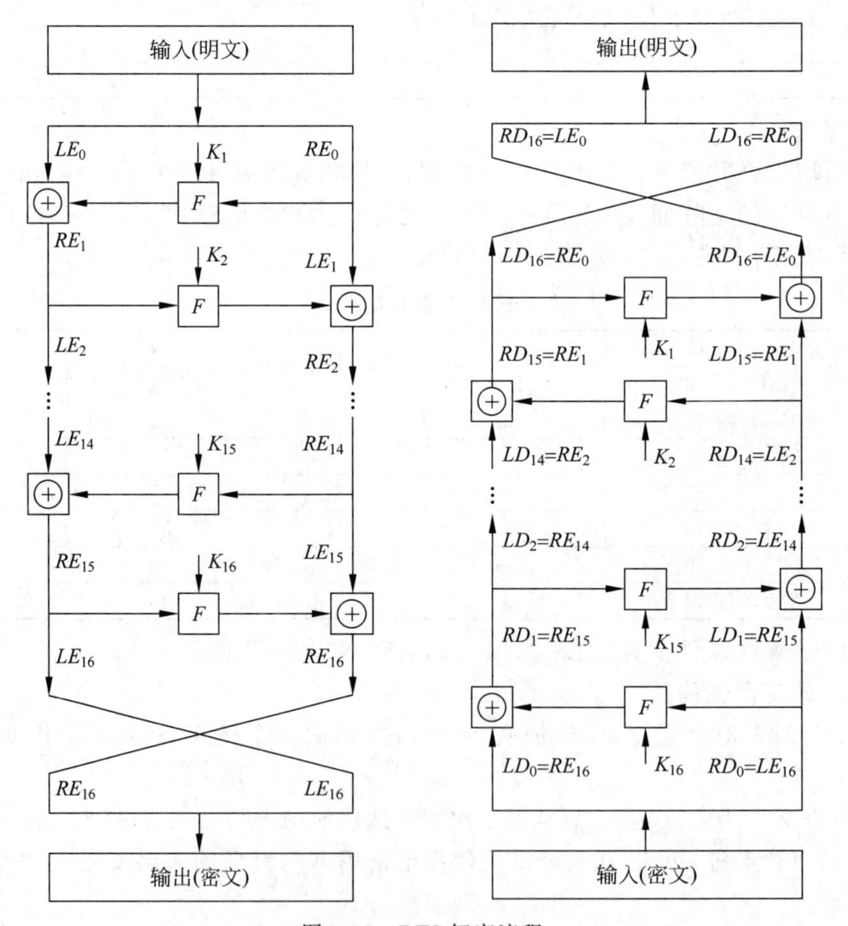

图 3-12　DES 解密流程

3.3.3 高级加密标准

美国国家标准技术研究所于2001年发布了Rijndael分组密码算法作为高级加密标准(Advanced Encryption Standard,AES),旨在取代DES成为广泛使用的标准。AES是采用对称密钥密码实现的分组密码算法,数据分组长度为128b,密钥长度为128b/192b/256b。

1. Rijndael算法的数学基础

AES中的运算是按字节或4字节的字定义的,一字节为8b,一个4字节的字为32b。一字节可看作有限域GF(2^8)中的一个元素,而有限域中的元素有多种表示方法。AES选择了传统的多项式表示法,即将一字节看作系数在GF(2)中的次数小于8的多项式;一个4字节的字看作系数在GF(2^8)中的次数小于4的多项式。面向字节的运算可通过有限域GF(2^8)上的运算来定义,面向4字节的字的运算可通过系数在有限域GF(2^8)中的次数小于4的多项式的运算来定义。

1) 有限域GF(2^8)

有限域中的元素可以用多种不同的表示方法,这些不同的表示方法之间是同构的。AES选择了传统的多项式表示法,即将一个字节$b_7b_6b_5b_4b_3b_2b_1b_0$看作二元域GF(2)上的次数小于8的多项式$b_7x^7 \oplus b_6x^6 \oplus b_5x^5 \oplus b_4x^4 \oplus b_3x^3 \oplus b_2x^2 \oplus b_1x \oplus b_0$。

例3.3.1 用十六进制表示的一个字节57(二进制表示为01010111)可看作二元域GF(2)上的多项式

$$x^6 \oplus x^4 \oplus x^2 \oplus x \oplus 1$$

简记为

$$57_{16} = 01010111 \leftrightarrow x^6 \oplus x^4 \oplus x^2 \oplus x \oplus 1$$

其中57_{16}表示57是十六进制数,01010111表示01010111是二进制数,↔表示"对应于"。

AES的理论基础定义在GF(2^8),基本运算有三种,分别为加法、乘法和乘以x。

在多项式表示中,有限域GF(2^8)的两个元素相加,和是一个多项式,其系数是两个元素对应系数的模2加。字节加法定义:两个字节相加,其和为两个字节按比特异或(或逐位模2加)的结果。用符号⊕表示。

例3.3.2 下述三种表示方法:

$$(x^6 \oplus x^4 \oplus x^2 \oplus x \oplus 1) \oplus (x^7 \oplus x \oplus 1) = x^7 \oplus x^6 \oplus x^4 \oplus x^2$$

$$01010111 \oplus 10000011 = 11010100$$

$$57_{16} \oplus 83_{16} = \mathrm{d}4_{16}$$

是等价的。

在多项式表示中,有限域GF(2^8)中的乘法为模二元域GF(2)上的一个8次不可约多项式的多项式乘法。一个多项式不可约是指该多项式除了1和自身外没有其他的因子。对于AES,这一8次不可约多项式选为

$$m(x) = x^8 \oplus x^4 \oplus x^3 \oplus x \oplus 1$$

字节乘法定义:两个字节相乘,其积为对应多项式的乘积模上二元域GF(2)上的8次不可约多项式

$$m(x) = x^8 \oplus x^4 \oplus x^3 \oplus x \oplus 1$$

后的结果所对应的字母,用符号·表示。

例 3.3.3 $57_{16} \cdot 83_{16} = 01010111 \cdot 10000011$

$$\leftrightarrow (x^6 \oplus x^4 \oplus x^2 \oplus x \oplus 1) \cdot (x^7 \oplus x \oplus 1) \mod m(x)$$
$$= x^{13} \oplus x^{11} \oplus x^9 \oplus x^8 \oplus x^6 \oplus x^5 \oplus x^4 \oplus x^3 \oplus 1 \mod m(x)$$
$$= x^7 \oplus x^6 \oplus 1$$
$$\leftrightarrow 11000001$$
$$= C1_{16}$$

用 x 乘以多项式

$$b(x) = b_7x^7 \oplus b_6x^6 \oplus b_5x^5 \oplus b_4x^4 \oplus b_3x^3 \oplus b_2x^2 \oplus b_1x \oplus b_0$$

得

$$x \cdot b(x) = b_7x^8 \oplus b_6x^7 \oplus b_5x^6 \oplus b_4x^5 \oplus b_3x^4 \oplus b_2x^3 \oplus b_1x^2 \oplus b_0x \mod m(x)$$
$$= b_6x^7 \oplus b_5x^6 \oplus b_4x^5 \oplus b_3x^4 \oplus b_2x^3 \oplus b_1x^2 \oplus b_0x \quad (\text{若 } b_7 = 0)$$
$$= b_6x^7 \oplus b_5x^6 \oplus b_4x^5 \oplus b_3x^4 \oplus b_2x^3 \oplus b_1x^2 \oplus b_0x \oplus (x^4 \oplus x^3 \oplus x \oplus 1) \quad (\text{若 } b_7 = 1)$$

于是

$$02_{16} \cdot \underline{b_7}\,\underline{b_6}\,\underline{b_5}\,\underline{b_4}\ \underline{b_3}\,\underline{b_2}\,\underline{b_1}\,\underline{b_0}_{16}$$
$$= 00000010 \cdot b_7b_6b_5b_4b_3b_2b_1b_0$$
$$\leftrightarrow x \cdot b(x)$$
$$= b_6x^7 \oplus b_5x^6 \oplus b_4x^5 \oplus b_3x^4 \oplus b_2x^3 \oplus b_1x^2 \oplus b_0x \quad (\text{若 } b_7 = 0)$$
$$= b_6x^7 \oplus b_5x^6 \oplus b_4x^5 \oplus b_3x^4 \oplus b_2x^3 \oplus b_1x^2 \oplus b_0x \oplus (x^4 \oplus x^3 \oplus x \oplus 1) \quad (\text{若 } b_7 = 1)$$
$$\leftrightarrow b_6b_5b_4b_3b_2b_1b_00 \quad (\text{若 } b_7 = 0)$$
$$\leftrightarrow b_6b_5b_4b_3b_2b_1b_00 \oplus 00011011 \quad (\text{若 } b_7 = 1)$$

其中下画线表示它上面的数据是一位十六进制数。

例 3.3.4 计算 $57_{16} \cdot 83_{16}$。

解 因为

$$57_{16} \cdot 02_{16} = x\ \text{time}(57_{16}) = ae_{16}$$
$$57_{16} \cdot 04_{16} = x\ \text{time}(ae_{16}) = 47_{16}$$
$$57_{16} \cdot 08_{16} = x\ \text{time}(47_{16}) = 8e_{16}$$
$$57_{16} \cdot 10_{16} = x\ \text{time}(8e_{16}) = 07_{16}$$
$$57_{16} \cdot 20_{16} = x\ \text{time}(07_{16}) = 0e_{16}$$
$$57_{16} \cdot 40_{16} = x\ \text{time}(0e_{16}) = 1c_{16}$$
$$57_{16} \cdot 80_{16} = x\ \text{time}(1c_{16}) = 38_{16}$$

故

$$57_{16} \cdot 83_{16} = 57_{16} \cdot (01_{16} \oplus 02_{16} \oplus 80_{16}) = 57_{16} \oplus ae_{16} \oplus 38_{16} = C1_{16}$$

2）系数在 GF(2^8)中的多项式

多项式的系数可以定义为GF(2^8)中的元素。通过这一方法，一个4字节的字可以看作系数在GF(2^8)中的次数小于4的多项式。即将32b数据 $b_{31}b_{30}\cdots b_{16}b_{15}\cdots b_1b_0$ 构成4字节的字

$$a_3a_2a_1a_0(a_i=b_{8i+7}b_{8i+6}b_{8i+5}b_{8i+4}b_{8i+3}b_{8i+2}b_{8i+1}b_{8i},i=0,1,2,3)$$

看作系数在GF(2^8)上的次数小于4的多项式

$$a_3x^3\oplus a_2x^2\oplus a_1x\oplus a_0$$

两个字相加对应于两个多项式相加，而两个多项式相加就是将相应的系数简单相加。由于GF(2^8)中的加法按比特异或，因此两个字的加法也是按比特异或。即两个字相加，其和为两个字按比特异或的结果，用符号⊕表示。

设 $a(x)=a_3x^3\oplus a_2x^2\oplus a_1x\oplus a_0$，$b(x)=b_3x^3\oplus b_2x^2\oplus b_1x\oplus b_0$ 为GF(2^8)上的两个次数小于4的多项式，它们的乘积为

$$c(x)=c_6x^6\oplus c_5x^5\oplus c_4x^4\oplus c_3x^3\oplus c_2x^2\oplus c_1x\oplus c_0$$

其中，$c_0=a_0\cdot b_0$，$c_1=a_1\cdot b_0\oplus a_0\cdot b_1$，$c_2=a_2\cdot b_0\oplus a_1\cdot b_1\oplus a_0\cdot b_2$，$c_3=a_3\cdot b_0\oplus a_2\cdot b_1\oplus a_1\cdot b_2\oplus a_0\cdot b_3$，$c_4=a_3\cdot b_1\oplus a_2\cdot b_2\oplus a_1\cdot b_3$，$c_5=a_3\cdot b_2\oplus a_2\cdot b_3$，$c_6=a_3\cdot b_3$。

显然，$c(x)$不再可以表示为一个字。通过对 $c(x)$模一个4次多项式求余，可以得到一个次数小于4的多项式，进而对应一个字。对于AES，这一模多项式取为 $M(x)=x^4\oplus 1$。即在AES中，两个GF(2^8)上的两个次数小于4的多项式的乘法定义为模 $M(x)$乘法。字乘法定义：两个字相乘，其积为对应多项式的乘积模上系数在GF(2^8)上的4次多项式 $M(x)=x^4\oplus 1$ 后的结果所对应的字，用符号⊗表示。

用 x 乘以多项式

$$b(x)=b_3x^3\oplus b_2x^2\oplus b_1x\oplus b_0$$

得

$$\begin{aligned} x\otimes b(x)&=b_3x^4\oplus b_2x^3\oplus b_1x^2\oplus b_0x \quad \bmod M(x)\\ &=b_2x^3\oplus b_1x^2\oplus b_0x\oplus b_3 \end{aligned}$$

令 $c(x)=x\otimes b(x)=c_3x^3\oplus c_2x^2\oplus c_1x\oplus c_0$，则可用矩阵形式表示为

$$\begin{bmatrix} c_0\\ c_1\\ c_2\\ c_3 \end{bmatrix}=\begin{bmatrix} 00 & 00 & 00 & 01\\ 01 & 00 & 00 & 00\\ 00 & 01 & 00 & 00\\ 00 & 00 & 01 & 00 \end{bmatrix}\begin{bmatrix} b_0\\ b_1\\ b_2\\ b_3 \end{bmatrix}$$

2. Rijndael 算法细节

Rijndael是一个迭代型分组密码，其分组长度和密钥长度都可变，各自可以独立地指定为128b、192b、256b。

1）状态、种子密钥和轮数

类似于明文分组和密文分组，算法的中间结果也需分组，称算法中间结果的分组为状态，所有的操作都在状态上进行。状态可以用以字节为元素的矩阵阵列表示，该阵列有4行，列数记为 N_b，N_b 等于分组长度除以32。

种子密钥类似地用一个字节为元素的矩阵阵列表示，该阵列有4行，列数记为 N_k，N_k

等于分组长度除以32。表3-8是$N_b=6$的状态和$N_k=4$的种子密钥的矩阵阵列表示。

表3-8　$N_b=6$的状态和$N_k=4$的种子密钥

a_{00}	a_{01}	a_{02}	a_{03}	a_{04}	a_{05}
a_{10}	a_{11}	a_{12}	a_{13}	a_{14}	a_{15}
a_{20}	a_{21}	a_{22}	a_{23}	a_{24}	a_{25}
a_{30}	a_{31}	a_{32}	a_{33}	a_{34}	a_{35}

k_{00}	k_{01}	k_{02}	k_{03}
k_{10}	k_{11}	k_{12}	k_{13}
k_{20}	k_{21}	k_{22}	k_{23}
k_{30}	k_{31}	k_{32}	k_{33}

有时可将这些分组当作一维数组,其每一元素是上述阵列表示中的4字节元素构成的列向量,数组长度可为4、6、8,数组元素下标的范围分别是0～3、0～5和0～7。4字节元素构成的列向量有时也称为字。

算法的输入和输出被看作由8b字节构成的一维数组,其元素下标的范围是$0\sim(4N_b-1)$,因此输入和输出以字节为单位的分组长度分别是16、24和32,其元素下标的范围分别是0～15、0～23和0～31。输入的种子密钥也看作由8b字节构成的一维数组,其元素下标的范围是$0\sim(4N_k-1)$,因此种子密钥以字节为单位的分组长度也分别是16、24和32,其元素下标的范围是0～15、0～23和0～31。

算法的输入(包括最初的明文输入和中间过程的轮输入)以字节为单位按$a_{00}a_{10}a_{20}a_{30}a_{01}a_{11}a_{21}a_{31}\cdots$的顺序放置到状态阵列中。同理,种子密钥以字节为单位按$k_{00}k_{10}k_{20}k_{30}k_{01}k_{11}k_{21}\ k_{31}\cdots$的顺序放置到种子密钥阵列中。而输出(包括中间过程的轮输出和最后的密文输出)也是以字节为单位按相同的顺序从状态阵列中取出。若输入(或输出)分组中第n个元素对应于状态阵列的第(i,j)位置上的元素,则n和(i,j)有以下关系:

$$i=n \bmod 4;\quad j=[n/4];\quad n=i+4j$$

迭代的轮数记为N_r,N_r与N_b和N_k有关,表3-9给出了N_r与N_b和N_k的关系。

表3-9　迭代轮数N_r为N_b和N_k的函数

N_r	$N_b=4$	$N_b=6$	$N_b=8$
$N_k=4$	10	12	14
$N_k=6$	12	12	14
$N_k=8$	14	14	14

2) 轮函数

Rijndael的轮函数由4个不同的计算部件组成,分别是字节代换(SubByte)、行移位(ShiftRow)、列混合(MixColumn)、密钥加(AddRoundKey)。整体结构如图3-13所示。

(1) 字节代换(SubByte)。

字节代换是非线性变换,独立地对状态的每个字节进行。代换表(即S盒)是可逆的,由以下两个变换的合成得到。

首先,将字节看作$GF(2^8)$上的元素,映射到自己的乘法逆元,'00'映射到自己。

其次,对字节做如下的(GF(2)上的,可逆的)仿射变换:

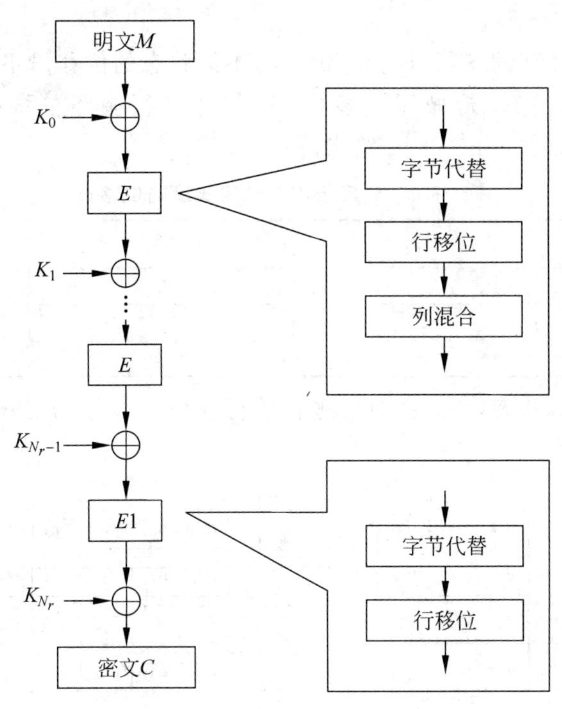

图 3-13 Rijndael 加密整体结构

$$
\begin{pmatrix} y_0 \\ y_1 \\ y_2 \\ y_3 \\ y_4 \\ y_5 \\ y_6 \\ y_7 \end{pmatrix}
=
\begin{pmatrix}
1 & 0 & 0 & 0 & 1 & 1 & 1 & 1 \\
1 & 1 & 0 & 0 & 0 & 1 & 1 & 1 \\
1 & 1 & 1 & 0 & 0 & 0 & 1 & 1 \\
1 & 1 & 1 & 1 & 0 & 0 & 0 & 1 \\
1 & 1 & 1 & 1 & 1 & 0 & 0 & 0 \\
0 & 1 & 1 & 1 & 1 & 1 & 0 & 0 \\
0 & 0 & 1 & 1 & 1 & 1 & 1 & 0 \\
0 & 0 & 0 & 1 & 1 & 1 & 1 & 1
\end{pmatrix}
\begin{pmatrix} x_0 \\ x_1 \\ x_2 \\ x_3 \\ x_4 \\ x_5 \\ x_6 \\ x_7 \end{pmatrix}
+
\begin{pmatrix} 1 \\ 1 \\ 0 \\ 0 \\ 0 \\ 1 \\ 1 \\ 0 \end{pmatrix}
$$

上述 S 盒对状态(State)的所有字节所做的变换记为 SubByte(State),图 3-14 是字节代换示意图。

a_{00}	a_{01}	a_{02}	a_{03}	a_{04}	a_{05}
a_{10}	a_{11}	a_{12}	a_{ij}	a_{14}	a_{15}
a_{20}	a_{21}	a_{22}	a_{22}	a_{24}	a_{25}
a_{30}	a_{31}	a_{32}	a_{33}	a_{34}	a_{35}

S盒

b_{00}	b_{01}	b_{02}	b_{03}	b_{04}	b_{05}
b_{10}	b_{11}	b_{ij}	b_{13}	b_{14}	b_{15}
b_{20}	b_{21}	b_{22}	b_{22}	b_{24}	b_{25}
b_{30}	b_{31}	b_{32}	b_{33}	b_{34}	b_{35}

图 3-14 字节代换示意图

SubByte 的逆变换由代换表的逆表做字节代换,可通过如下两步实现:首先进行仿射变换的逆变换,再求每一字节在 GF(2^8)上的逆元。

(2) 行移位(ShiftRow)。

行移位是将状态阵列的各行进行循环移位,不同状态的位移量不同。第 0 行不移动,第 1 行循环左移 C_1 字节,第 2 行循环左移 C_2 字节,第 3 行循环左移 C_3 字节。位移量 C_1、C_2、C_3 的取值与 N_b 有关,由表 3-10 给出。

表 3-10　对应于不同分组长度的位移量

N_b	C_1	C_2	C_3
4	1	2	3
6	1	2	3
8	1	3	4

按指定的位移量对状态(State)的行进行的行移位运算记为 ShiftRow(State),图 3-15 是行移位示意图。

a_{00}	a_{01}	a_{02}	a_{03}	a_{04}	a_{05}
a_{10}	a_{11}	a_{12}	a_{13}	a_{14}	a_{15}
a_{20}	a_{21}	a_{22}	a_{23}	a_{24}	a_{25}
a_{30}	a_{31}	a_{32}	a_{33}	a_{34}	a_{35}

左移0位

左移1位

左移2位

左移3位

a_{00}	a_{01}	a_{02}	a_{03}	a_{04}	a_{05}
a_{11}	a_{12}	a_{13}	a_{14}	a_{15}	a_{10}
a_{22}	a_{23}	a_{24}	a_{25}	a_{20}	a_{21}
a_{30}	a_{31}	a_{32}	a_{33}	a_{34}	a_{35}

图 3-15　行移位示意图

ShiftRow 的逆变换是对状态阵列的后 3 列分别以位移量 N_b-C_1、N_b-C_2、N_b-C_3 进行循环移位,使得第 i 行第 j 列的字节移位到 $(j+N_b-C_i) \bmod N_b$。

(3) 列混合(MixColumn)。

在列混合变换中,将状态阵列的每个列视为 $GF(2^8)$ 上的多项式,再与一个固定的多项式 $c(x)$ 进行模 x^4+1 乘法。当然要求 $c(x)$ 是模 x^4+1 可逆的多项式,否则列混合变换就是不可逆的,因而会使不同的输入分组对应的输出分组可能相同。Rijndael 的设计者给出的 $c(x)$ 为(系数用十六进制数表示)

$$c(x) = \text{'03'}x^3 + \text{'01'}x^2 + \text{'01'}x + \text{'02'}$$

$c(x)$ 是与 x^4+1 互素的,因此是模 x^4+1 可逆的。列混合运算也可写为矩阵乘法。设 $b(x)=c(x) \otimes a(x)$,则

$$\begin{bmatrix} b_0 \\ b_1 \\ b_2 \\ b_3 \end{bmatrix} = \begin{bmatrix} 02 & 03 & 01 & 01 \\ 01 & 02 & 03 & 01 \\ 01 & 01 & 02 & 03 \\ 03 & 01 & 01 & 02 \end{bmatrix} \begin{bmatrix} a_0 \\ a_1 \\ a_2 \\ a_3 \end{bmatrix}$$

这个运算需要做 $GF(2^8)$ 上的乘法,但由于所乘的因子是 3 个固定的元素 02、03、01,所以这些乘法运算仍然是比较简单的。对状态(State)的所有列所做的列混合运算记为 MixColumn(State)。

图 3-16 是列混合运算示意图。

列混合运算的逆运算是类似的,即每列都用一个特定的多项式 $d(x)$ 相乘。$d(x)$ 满足:

$$(\text{'03'}x^3 + \text{'01'}x^2 + \text{'01'}x + \text{'02'}) \otimes d(x) = \text{'01'}$$

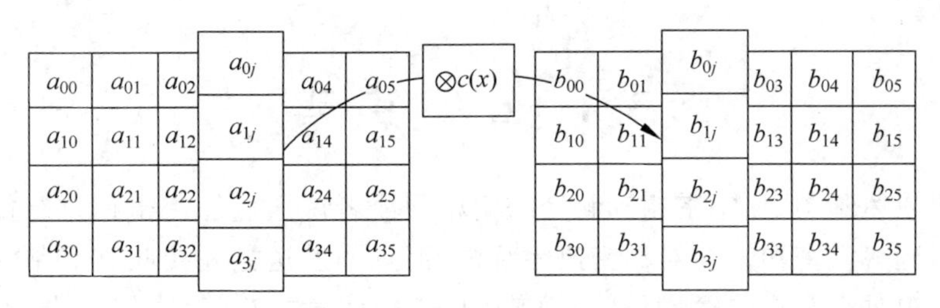

图 3-16 列混合运算示意图

由此可得

$$d(x)=\text{'0B'}x^3+\text{'0D'}x^2+\text{'09'}x+\text{'0E'}$$

(4) 密钥加(AddRoundKey)。

密钥加是将轮密钥简单地与状态进行逐比特异或。轮密钥由种子密钥通过密钥编排算法得到,轮密钥长度等于分组长度 N_b。状态(State)与轮密钥 RoundKey 的密钥加运算表示为 AddRoundKey(State,RoundKey)。

图 3-17 是密钥加运算示意图。

a_{00}	a_{01}	a_{02}	a_{03}	a_{04}	a_{05}
a_{10}	a_{11}	a_{12}	a_{13}	a_{14}	a_{15}
a_{20}	a_{21}	a_{22}	a_{23}	a_{24}	a_{25}
a_{30}	a_{31}	a_{32}	a_{33}	a_{34}	a_{35}

$\oplus$

k_{00}	k_{01}	k_{02}	k_{03}	k_{04}	k_{05}
k_{10}	k_{11}	k_{12}	k_{13}	k_{14}	k_{15}
k_{20}	k_{21}	k_{22}	k_{23}	k_{24}	k_{25}
k_{30}	k_{31}	k_{32}	k_{33}	k_{34}	k_{35}

=

b_{00}	b_{01}	b_{02}	b_{03}	b_{04}	b_{05}
b_{10}	b_{11}	b_{12}	b_{13}	b_{14}	b_{15}
b_{20}	b_{21}	b_{22}	b_{23}	b_{24}	b_{25}
b_{30}	b_{31}	b_{32}	b_{33}	b_{34}	b_{35}

图 3-17 密钥加运算示意图

3) 解密算法

Rijndael 算法不是对合结构,加密和解密过程不完全相同,但是具有结构上的相似性,解密过程如图 3-18 所示,其中 $IC(K_i)$对密钥 K_i 进行逆列混合运算。

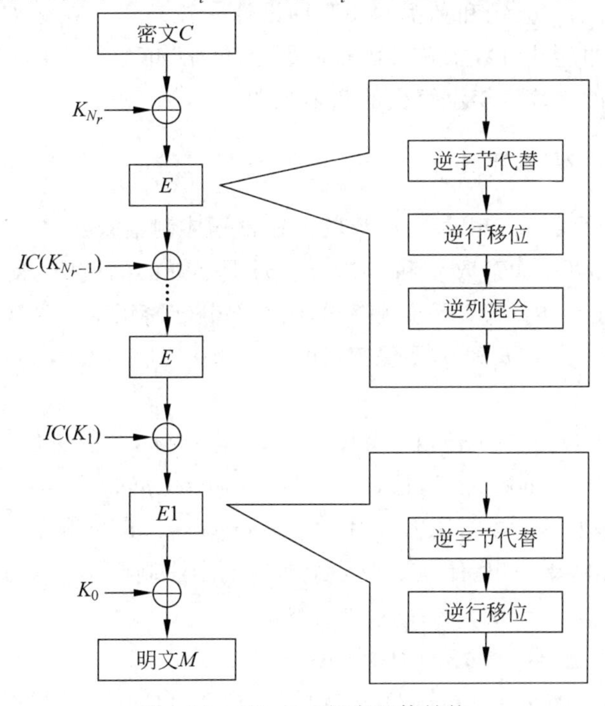

图 3-18 Rijndael 解密整体结构

3.4 公钥密码

在对称密码体制中,加密密钥和解密密钥相同或者说通过加密密钥进行简单的推导和运算后能够得到解密密钥。在对称密码系统中,消息的发送方和接收方必须在密文传输之前通过安全隧道进行密钥传输,但是由于实际的传输信道的安全性并不理想,所以密钥在传输的过程中可能会暴露,于是提出了公钥密码体制。

在公钥密码体制中,每一个用户都拥有一对个人密钥 $k=(\mathrm{pk},\mathrm{sk})$,其中 pk 是公开的,任何用户都可以知道,sk 是保密的,只有拥有者本人知道。假如 Alice 要把消息 m 保密地发送给 Bob,则 Alice 利用 Bob 的公钥 pk 加密明文 m,得到密文 $c=E(\mathrm{pk},m)$,并把密文传送给 Bob。Bob 得到 Alice 传过来的 c 后,利用自己的私钥 sk 解密密文 c 得到明文 $m=D(\mathrm{sk},c)$,如图 3-19 所示。

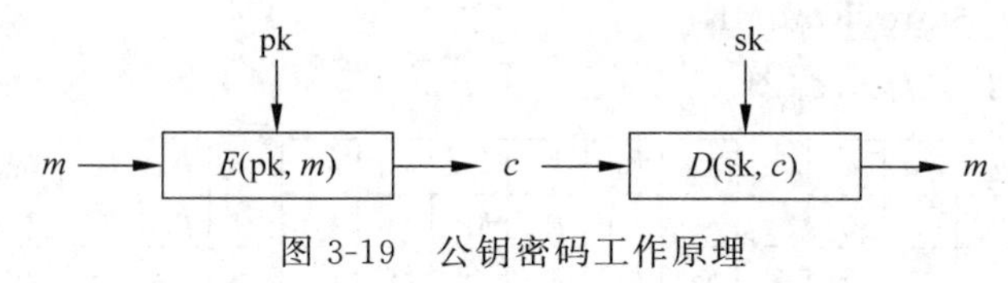

图 3-19 公钥密码工作原理

公钥密码体制与对称密码体制的主要区别是前者的加密密钥和解密密钥是不同的。这个不同导致了:①在公钥密码系统中,密钥维护总量大大减少;②在公钥密码系统中可以很容易实现抗否认性。

在公钥体制中,用户的公钥 pk 和私钥 sk 是紧密关联的,否则加密后的数据是不可能解密的。但在安全的体制中,这种关联也是敌手无法利用的,即想通过公钥获取私钥或部分私钥在计算上是不可行的。公钥和私钥的关联性设计一般是建立在诸如大整数分解、离散对数求解、椭圆曲线上的离散对数求解等困难问题上的,假如敌手能通过公钥想办法获取私钥信息,则敌手应该能解决数千年没解决的数学难题。

3.4.1 RSA 公钥密码体制

RSA 密码体制是世界上应用最为广泛的公钥密码体制。RSA 体制的安全性基于大整数分解的困难性,即已知两个大素数 p 和 q,求 $n=pq$ 是容易的,而由 n 求 p 和 q 则是困难的。

RSA 算法包括密钥生成算法和加解密算法两部分。密钥生成算法如下:

(1) 选择不同的大素数 p 和 q,要保密,计算 $n=p\cdot q$,将 n 公开,$\varphi(n)=(p-1)(q-1)$,$\varphi(n)$要保密。

(2) 选择 e,满足 $1<e<\varphi(n)$,且 $\gcd(\varphi(n),e)=1$,(n,e)作为公钥,将 e 公开。

(3) 通过计算 $ed\equiv 1 \bmod \varphi(n)$,且 $e\neq d$,$d\equiv e^{-1} \bmod \varphi(n)$,$(n,d)$作为私钥,$d$ 要保密。

RSA 加解密算法如下:RSA 加密运算 $c\equiv m^e \pmod n$,RSA 解密运算 $m\equiv c^d \pmod n$。加密时首先对明文比特串分组,使得每个分组对应的十进制数小于 n,即分组长度小于 n。

例 3.4.1 取素数 $p=101$,$q=113$,则

$$n=p*q=101\times 113=11\,413$$

$$\varphi(n)=(p-1)(q-1)=100\times 112=11\,200$$

选择 $e=3533$，验证

$$\gcd(e,\varphi(n))=\gcd(3533,11\,200)=1$$

则

$$d\equiv e^{-1}\bmod\varphi(n)=3533^{-1}\bmod\varphi(n)=6597$$

公钥

$$(n,e)=(11\,413,3533)$$

私钥

$$(n,d)=(11\,413,6597)$$

加入要加密的明文为 $m=9276$，则密文为

$$c\equiv m^e(\bmod n)=9276^{3533}(\bmod 11\,413)=5761$$

接收方用私钥解密明文得

$$m\equiv c^d(\bmod n)=5761^{6597}(\bmod 11\,413)=9726$$

基于安全考虑，目前 RSA 密码体制使用的大素数至少为 512b。由于要进行大数的计算，RSA 运算速度较慢，其软件实现大概要比 DES 慢 100 倍。读者可以对有关 RSA 算法的安全性作进一步分析，也可参阅其他文献。除了 RSA 以外，著名的公钥密码算法还有 Rabin 算法(1979)、ElGamal 算法(1985)、椭圆曲线算法 ECC(1985)、基于格的 NTRU 算法(1996)和基于 6 次扩域上的离散对数 XTR 算法(2000)等。

3.4.2　RSA 软件工具

流行的经典 RSA 软件工具很多，RSA Tool 演示加密、解密效果如图 3-20 所示。

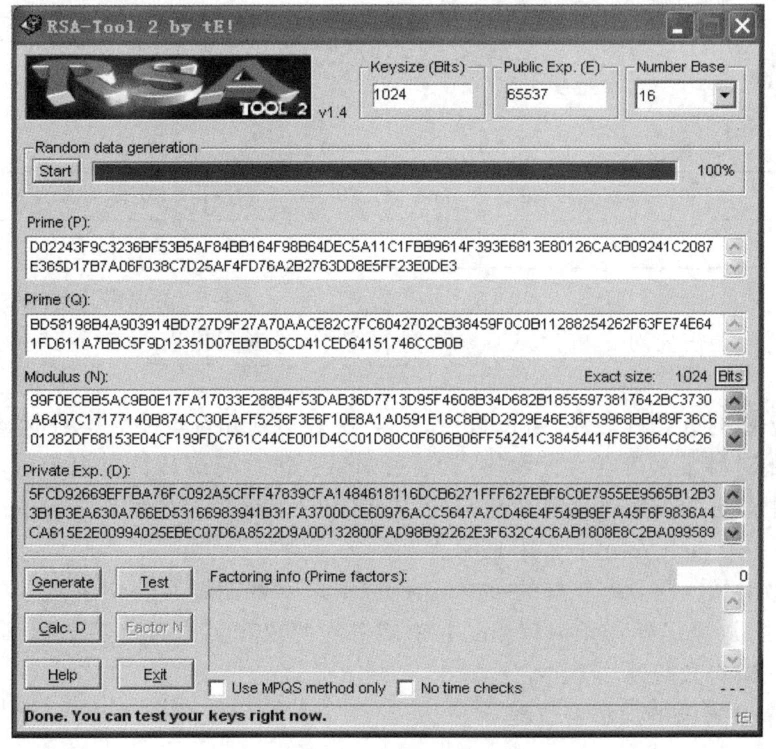

图 3-20　RSA 加密、解密效果

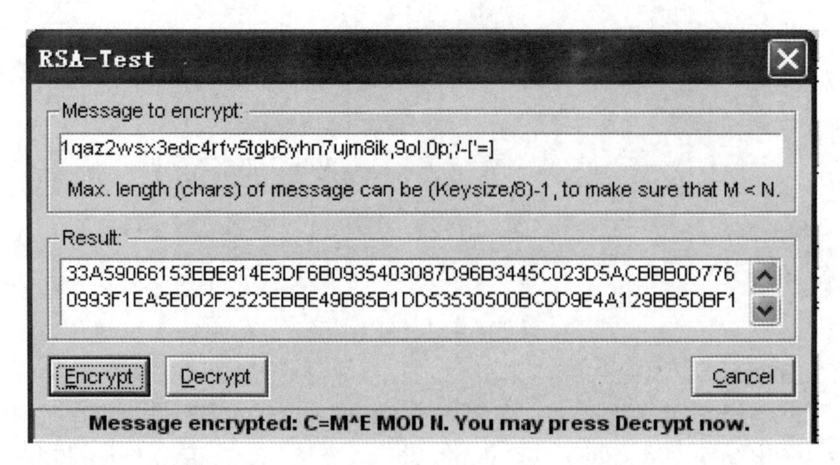

图 3-20 (续)

3.4.3 ElGamal 公钥密码算法

ElGamal 密码是除了 RSA 密码之外最有代表性的公开密钥密码。RSA 密码建立在大整数因子分解的困难性之上,而 ElGamal 密码建立在离散对数的困难性之上。ElGamal 改进了 Diffie 和 Hellman 的基于离散对数的密钥协商协议,提出了基于离散对数的公开密钥密码和数字签名体制。下面介绍首先介绍离散对数问题。

1. 离散对数问题

我们知道对数是指数函数 $y=a^x(a>0,a\neq 1)$的反函数,即 $x=\log_a y$,离散对数就是离散化的对数。我们考虑在有限域 Z_p 上的离散对数问题。

例 3.4.2 在 $Z_{11}=(0,1,2,\cdots,10)$上,选取本原元 $g=2$,计算 $y=g^x(\bmod p)$的值如表 3-11 所示。

表 3-11 $y=g^x(\bmod p)$的值

x	0	1	2	3	4	5	6	7	8	9	10
y	1	2	4	8	5	10	9	7	3	6	1

反过来,在 $Z_{11}=(0,1,2,\cdots,10)$上,如果已知 $y=9,g=2$,求离散对数 x,怎么求?

解决上述问题需要对 x 的值从 0~10 进行穷举,或者列出表 3-11 得到 $x=6$,计算过程比较复杂。

例 3.4.2 中的 p 值比较小,可以设想,当素数 p 达到几百位的大整数时,已知 y,g,p,求出整数 x 的计算复杂度会大大增加,就连目前最先进的超级计算机也无法求出。这就是现代密码学中著名的离散对数困难性问题,它是指对于比较大的整数 y,g,p,求出一个整数 x 满足 $y=g^x(\bmod p)$是非常困难的。

由于离散对数问题具有较好的单向性,所以离散对数问题在公钥密码学中得到广泛应用,除了 ElGamal 密码外,Diffie-Hellman 密钥分配协议和美国数字签名标准算法 DSA 等也是建立在离散对数问题之上的。

2. ElGamal 算法的加解密过程

系统参数:设 p 是一素数,满足 Z_p 中离散对数问题是难解的,a 是 Z_p^* 中的本原元,选

取 $d\in[0,p-1]$，计算 $y=a^d \pmod p$，则

私有密钥：$k_2=d$。

公开密钥：$k_1=(a,y,p)$。

加密算法：对于待加密消息，随机选取数 $k\in[0,p-1]$，则密文为 $E_{k1}(m,k)=(y_1,y_2)$，其中，$y_1=a^k$，$y_2=my^k \pmod p$。

解密算法：消息接收者收到密文 (y_1,y_2) 后，解密得明文为 $m=(y_1,y_2)=y_2(y_1^d)^{-1} \pmod p$。

解密的正确性可证明如下：$y_2(y_1^d)^{-1}=my^k(a^{-kd})=ma^{kd}a^{-kd}=m \pmod p$。

例 3.4.3　设 $p=2579$，取 $a=2$，密钥 $d=765$，计算公开钥 $y=2^{765} \bmod 2579=949$。再取明文 $M=1299$，随机数 $k=853$，则 $y_1=2^{853} \bmod 2579=435$，$y_2=1299\times 949^{853} \bmod 2579=2369$。所以密文为 $(y_1,y_2)=(435,2396)$。解密时计算 $M=2396\times(435^{765})^{-1} \bmod 2579=1299$，从而还原出明文。

3. ElGamal 算法的安全性及参数要求

由于 ElGamal 密码安全性建立在 GF(p)离散对数的困难之上，而目前尚无求解 GF(p)离散对数的有效算法，所以在 p 足够大时 ElGamal 密码是安全的，为了安全，p 应为 150 位以上的十进制数，$p-1$ 应有大素因子。

此外，为了安全加密和签名所使用的 k 必须是一次性的。这是因为，如果使用的 k 不是一次性的，时间长了就可能被攻击获得。又因 y 是公开密钥，攻击者自然知道。于是攻击者就可以计算出 y^k，进而利用 Euclid 算法求出 y^{-k}。又因为攻击者可以获得密文 y_2，于是可通过计算 $y^{-k}y_2$ 得到明文 m。另外，设用同一个 k 加密两个不同的明文 m 和 m'，相应的密文为 (y_1,y_2) 和 (y_1',y_2')。因为 $y_2/y_2'=m/m'$，如果攻击者知道 m，则很容易求出 m'。

由于 ElGamal 密码的安全性得到世界公认，所以得到了广泛的应用。著名的美国数字签名标准 DSS，是采用 ElGamal 密码的一种变形。

第4章 密码技术应用

4.1 密钥管理技术

在采用密码技术保护的现代通信系统中，密码算法通常是公开的，因此其安全性就取决于对密钥的保护。密钥生成算法的强度、密钥的长度、密钥的保密和安全管理是保证系统安全的重要因素。密钥管理的任务就是管理密钥的产生到销毁全过程，包括系统初始化，以及密钥的产生、存储、备份、恢复、装入、分配、保护、更新、控制、丢失、吊销和销毁等。所有密钥都有生命周期，这是因为拥有大量的密文有助于密码分析。如果一个密钥使用时间太长，则会为攻击者收集大量密文提供机会。破译一个密钥需要时间，限制密钥的使用时间也就限制了密钥的破译时间，降低了密钥被破译的可能性。从网络应用来看，密钥一般分为基本密钥、会话密钥、密钥加密密钥和主机密钥等。

基本密钥又称主密钥，由用户选定或由系统分配，可在较长时间内由一对用户专门使用的秘密密钥，也称用户密钥；基本密钥既要安全，又要便于更换。会话密钥即两个通信终端用户在一次通话或交换数据时所用的密钥，会话密钥一般采用对称密钥体制。密钥加密密钥是对传送的会话或文件密钥进行加密时采用的密钥，也称为次主密钥、辅助密钥或密钥传送密钥。每个节点都分配了一个这类密钥，为了安全，各节点的密钥加密密钥应该互不相同。主机密钥是对密钥加密密钥进行加密的密钥，存于主机处理器中。密钥长度的选择与具体的应用有关，密钥长度和每秒可实现的搜索密钥数决定了密码体制的安全性。目前，长度在128位以上的密钥才是安全的。

密钥的产生必须考虑具体密码体制的公认的限制。在网络系统中加密需要大量的密钥，以分配给各主机、节点和用户。可以用手工的方法，也可以用密钥产生器产生密钥。基本密钥是控制和产生其他加密密钥的密钥，要做到长度适合其安全性，需要保证其完全随机性、不可重复性和不可预测性。基本密钥量小，可以用掷硬币等方法产生。密钥加密密钥可以用伪随机数产生器、安全算法等产生。会话密钥、数据加密密钥可在密钥加密密钥控制下通过安全算法产生。

4.1.1 密钥的分配

在对称密钥体制中，需要通信双方共享一把密钥，而且为了防止攻击者得到密钥，还必须时常更新密钥。相关密钥的产生和分发办法不外乎三种：①一方产生，然后安全地传给另一方；②两方协商产生；③通过可信赖第三方的参与产生。

第一种办法的使用在现实生活中是很普遍的。很多机构的内部网络在投入使用时，其初始的对称密钥往往是员工的身份证号码。当然，这种密钥传送方式的安全性是值得商榷的。物理手段亲自递送、通过挂号信或电子邮件传送密钥等方法也属于这种类型。第二种方法也是可以实现的，即便是参与的双方处在不安全的网络环境下。第三种方法 Diffie-Hellman 密钥协商协议提供了第一个实用的解决办法，该协议能使互不认识的双方通过公共信道建立一个共享的密钥。

Diffie-Hellman 密钥协商协议：假设 p 是一个大素数，g 是 $GF(p)$ 中的本原元，p 和 g 是公开的。Alice 和 Bob 可以通过执行下面的协议建立一个共享密钥。

(1) Alice 随机选择 a，满足 $1\leqslant a\leqslant p-1$，计算 $c=g^a$ 并把 c 传送给 Bob。

(2) Bob 随机选择 b，满足 $1\leqslant b\leqslant p-1$，计算 $d=g^b$ 并把 d 传送给 Alice。

(3) Alice 计算共享密钥 $k=d^a=g^{ab}$。

(4) Bob 计算共享密钥 $k=c^b=g^{ab}$。

Diffie-Hellman 密钥协商是一种指数密钥交换，其安全性基于循环群 Z_p^* 中离散对数难解问题。

例 4.1.1　Diffie-Hellman 密钥协商示例。

设 Alice 和 Bob 确定了两个素数 $p=47, g=3$。

(1) Alice 随机选择 $a=8$，计算 $c=g^a=3^8 \bmod 47=28$，并把 $c=28$ 传送给 Bob。

(2) Bob 随机选择 $b=10$，计算 $d=g^b=3^{10} \bmod 47=17$，并把 $d=17$ 传送给 Alice。

(3) Alice 计算共享密钥 $k=d^a=17^8 \bmod 47=4$。

(4) Bob 计算共享密钥 $k=c^b=28^{10} \bmod 47=4$。

当然，上述示例中选取的 p 太小，无法抗击穷举攻击。在实际应用中，p 应大于 512b。

Diffie-Hellman 密钥协商协议能够抗击被动攻击，但假如一个主动攻击者 Eve 处在 Alice 和 Bob 之间，截获 Alice 发给 Bob 的消息然后扮演 Bob，而同样又对 Bob 扮演 Alice，则 Eve 能成功实施所谓的“中间人攻击”。因此，在实际应用中，Diffie-Hellman 密钥协商必须结合认证技术使用。

上述第三种方法的实施，需要通信双方均与可信赖第三方有一个安全的通信信道。如下是利用可信赖第三方构建共享密钥的一个实例。

例 4.1.2　如图 4-1 所示，假如可信赖第三方为 KDC，提供密钥的产生、鉴别、分发等服务。用户 A、B 分别与密钥分配中心 KDC 有一个共享密钥 K_A 和 K_B，A 希望与 B 建立一个共享密钥，可通过以下几步来完成。

(1) A 向 KDC 发出请求。表示请求的消息由两个数据项组成，第一项是 A 和 B 的身份，第二项是这次业务的唯一识别符 N_1，N_1 为一个随机数。每次请求所用的 N_1 都应不同，以防止假冒。

(2) KDC 为 A 的请求发出应答。应答是由 K_A 加密的消息，消息中包括 A 希望得到的与 B 的共享密钥 K_S 和 A 在图 4-1(1)中发出的请求。因此只有 A 才能成功地解密这一消息，并且 A 可相信这一消息的确是由 KDC 发出的，而且 A 还能根据一次性随机数相信自己收到的应答不是重放的过去的应答。

(3) A 存储密钥 K_S，并向 B 转发 $E_{K_B}[K_S \parallel ID_A]$。因为转发的是由 K_B 加密后的密文，所以转发过程不会被窃听。B 收到后，可得会话密钥 K_S，并从 ID_A 可知另一方是 A，而且还可知道 K_S 的确来自 KDC。

(4) B 用共享密钥 K_S 加密另一个一次性随机数 N_2，并将加密结果发送给 A。

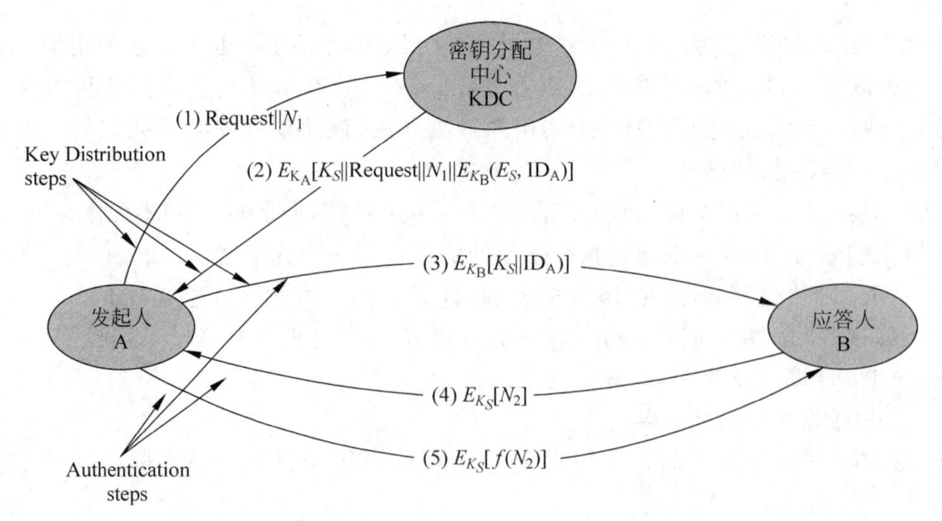

图 4-1　通过可信赖第三方 KDC 建立会话密钥

(5) A 以 $f(N_2)$作为对 B 的应答,其中 f 是对 N_2 进行某种变换的函数,并将应答用密钥 K_S 加密后发送给 B。

上述协议中,第(3)步完成后,共享密钥 K_S 就已经安全地分配给了 A 和 B,第(4)、(5)两步结合第(3)步执行的其实是认证功能,目的是使 B 相信第(3)步收到的消息不是一个重放。

4.1.2　数字证书与 PKI

1. 数字证书

在使用公钥体制的环境中,如何保证验证者得到的公钥是真实的?一个切实可行的办法是使用数字证书。《现代汉语词典(第 6 版)》解释,"证书是由机关、学校、团体等颁发的证明资格或权力的文件"。在生活中证明一个人真实身份的办法是查验由公安机关为其颁发的身份证。数字证书也称公钥证书,是由可信机构颁发的、证明公钥持有者身份的电子凭据。如图 4-2 所示,可信机构在详细核实用户身份后,利用自己的私钥对核实的内容 m 进行签名生成 S,(m,S)为持有者的数字证书。

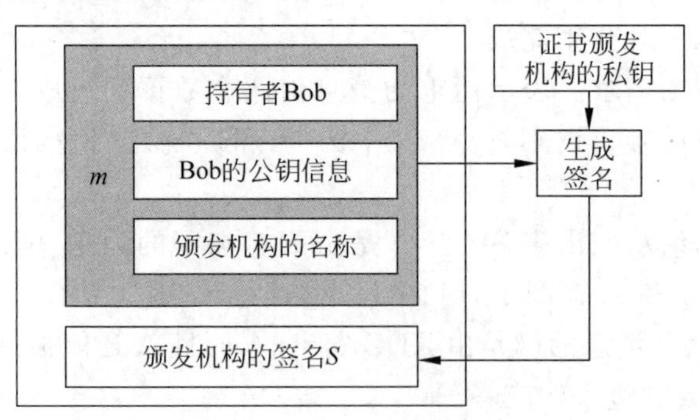

图 4-2　数字证书颁发示意图

证书中 m 的内容一般包含持有者、持有者公钥、签发者、签发者使用的签名算法标识、证书序列号、有效期限等,目前广泛采用的是 X.509 标准。图 4-3 是一个典型的数字证书样式。

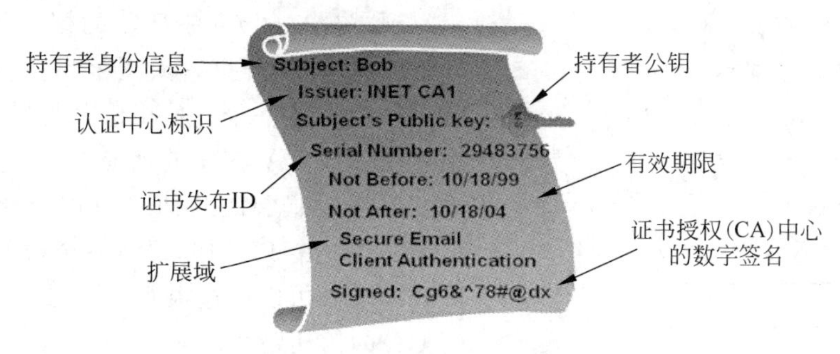

图 4-3 X.509 数字证书示意图

X.509 公钥证书原始的含义非常简单，即证明持有者公钥的真实性。但是，人们很快发现，在许多应用领域，例如电子政务、电子商务应用中，需要的信息远不止身份信息，尤其是当交易双方以前彼此没有过任何关系的时候。在这种情况下，关于一个人的权限或者属性信息远比其身份信息更重要。为了使附加信息能够保存在证书中，X.509 v4 引入了公钥证书扩展项，这种证书扩展项可以保存任何类型的附加数据，以满足应用的需求。

数字证书与用户的公钥是紧密绑定的。由于用户密钥的使用是有期限的，因此，用户的数字证书必须要随用户密钥的变更而变更，图 4-4 说明了这种变更关系。

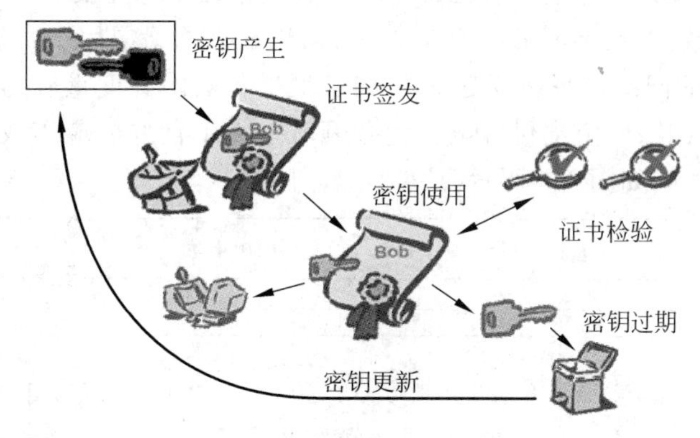

图 4-4 数字证书更新示意图

2. 公钥基础设施 PKI

若上述数字证书能在网络环境下广泛使用，必须解决如下问题。

(1) 证书颁发机构必须是可信的，其公钥也必须被大家所熟知或能够被查证。

(2) 必须提供统一的接口，使用户能方便地使用基于数字证书的加密、签名等安全服务。

(3) 一个证书颁发机构所支持的用户数量是有限的，多个证书颁发机构需要解决相互之间的承认与信任等问题。

(4) 用户数字证书中公钥所对应的私钥有可能被泄露或过期，因而必须要有一套数字证书作废管理办法，避免已经泄露私钥的数字证书再被使用。

公钥基础设施(Public Key Infrastructure，PKI)，是基于公钥理论和技术解决上述问题的一整套方案。PKI 的构建和实施主要围绕证书授权(CA)、证书和证书库、密钥备份及恢复系统、证书作废处理系统、证书历史档案系统和多 PKI 间的互操作性来进行。

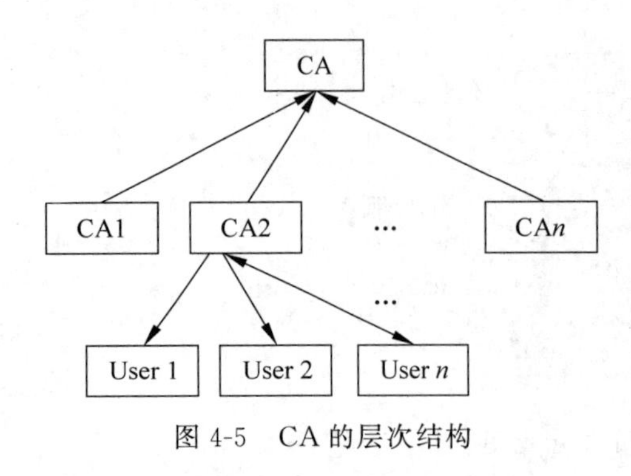

图 4-5　CA 的层次结构

证书授权(CA)是 PKI 的核心,负责发放、更新、撤销和验证证书。大型公钥基础设施往往包含多个 CA,当一个 CA 相信其他的公钥证书时,也就信任该 CA 签发的所有证书。多数 PKI 中的 CA 是按照层次结构组织在一起的,如图 4-5 所示。在一个 PKI 中,只有一个根 CA,通过这种方式用户总可以通过根 CA 找到一条连接任意一个 CA 的信任路径。

不同的 PKI 体系之间还存在互操作性问题。交叉认证的目的就是在多个 PKI 域之间实现互操作。交叉认证实现的方法有多种：一种方法是桥接 CA,即用一个第三方 CA 作为桥,将多个 CA 连接起来,成为一个可信任的统一体；另一种方法是多个 CA 的根 CA(RCA)互相签发根证书,这样当不同 PKI 域中的终端用户沿着不同的认证链检验认证到根时,就能达到互相信任的目的。

3. 国家网络信任体系建设

诚信是市场经济的基石,是社会文明的象征。诚信体系建设包括组织管理、法规标准、技术保障、基础设施等方面。世界各国都十分重视诚信体系的建设。

在网络空间领域,以数字证书和 PKI 为基础,以解决网络应用中身份认证、授权管理和责任认定等为目的的网络信任体系建设得到了世界各国的高度重视,并且已经在报税、报关、网络银行、网上证券、网上支付等电子商务领域取得了良好的应用效果。我国电子政务外网信任体系总体框架如图 4-6 所示。

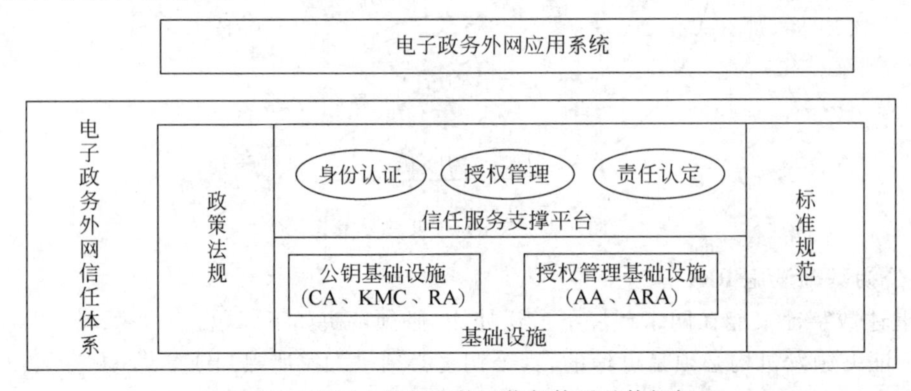

图 4-6　我国电子政务外网信任体系总体框架

从图 4-6 不难看出,建立国家或行业范围内的大型 PKI 基础设施是一个非常庞大的工程,它不仅涉及技术,还涉及政策、法规和标准等方面的问题。目前我国 CA 的运营尚处在各自为政、自成体系的状态,没有统一的证书分类、分级规范和方法,各电子认证机构间不能互连互通,缺乏统一技术、应用、服务标准,国内跨区域、跨行业的各 CA 机构之间不能实现交叉认证。因此,推动基于数字证书和 PKI 的全国网络信任体系建设,有效打击网络犯罪,还有很长的路要走。

4.1.3 秘密分享

在导弹控制发射、重要场所通行检验等情况下,通常必须由两人或多人同时参与才能生效，这时都需要将密钥分给多人掌管，并且必须有一定的掌管部分密钥的人同时到场才能恢复这一密钥。

秘密分享(secret sharing)是信息安全和数据保密中的一项重要技术，它在重要信息和秘密数据的安全保存、传输及合法利用中起着非常关键的作用。秘密分享的概念最早由Shamir和Blakey独立提出。基本的秘密分享方案由秘密份额的分配算法和秘密的恢复算法构成。在执行秘密份额的分配算法时，分发者(dealer)将被秘密分割成若干份额(share或piece，或shadow)在一组参与者(shareholder或participant)中进行分配，使得每一个参与者都得到关于该秘密的一个秘密份额；秘密的恢复算法保证只有参与者的一些特定子集(称为合格子集或接入结构，qualified set或access structure)才能正确恢复秘密，而其他子集不能恢复秘密，甚至无法得到关于秘密的任何有用信息，此时称该秘密分享体制是完美的。

1. 门限秘密分享与Shamir门限方案

在秘密分享系统中最常见的是门限体制。已提出的门限体制有多种，其中Shamir的Lagrange内插多项式体制、Blakey的矢量体制、Asmuth等人的同余类体制及Karnin等人的矩阵法体制是主要代表，并已得到广泛的应用。下面分别介绍门限体制和Shamir门限方案。

若在一个秘密分享方案中，秘密 s 被分成 n 个部分信息，每一部分信息由一个参与者持有，使得由 k 个或多于 k 个参与者所持有的部分信息可重构 s，而由少于 k 个参与者所持有的部分信息无法重构 s，则这种方案称为 (k,n) 秘密分享门限方案，k 称为方案的门限值。

Shamir门限方案：设 $\{(x_1,y_1),\cdots,(x_k,y_k)\}$ 是平面上 k 个点构成的点集，其中 $x_i(i=1,2,\cdots,k)$ 均不相同，那么在平面上存在一个唯一的 $k-1$ 次多项式 $f(x)$ 通过这 k 个点。若把密钥 s 取作 $f(0)$，n 个子密钥取作 $f(x_i)(i=1,2,\cdots,n)$，那么利用其中的任意 k 个子密钥可重构 $f(x)$，从而可得密钥 s。

这种门限方案也可按如下更一般的方式来构造。

设 $\mathrm{GF}(q)$ 是一有限域，其中 q 是一大素数，满足 $q\geqslant n+1$，秘密 s 是在 $\mathrm{GF}(q)\backslash\{0\}$ 上均匀选取的一个随机数，表示为 $s\in\mathrm{GF}(q)\backslash\{0\}$。$k-1$ 个系数 $a_1,a_2,\cdots,a_{k-1}$ 的选取也满足 $a_i\in\mathrm{GF}(q)\backslash\{0\}(i=1,2,\cdots,k-1)$。在 $\mathrm{GF}(q)$ 上构造一个 $k-1$ 次多项式 $f(x)=a_0+a_1x+\cdots+a_{k-1}x^{k-1}$。

n 个参与者记为 $P_1,P_2,\cdots,P_n$，P_i 分配到的子密钥为 $f(i)$。如果任意 k 个参与者想得到秘密 s，可使用 $\{(i_l,f(i_l))\mid l=1,\cdots,k\}$ 构造如下的线性方程组：

$$
\begin{cases}
a_0+a_1(i_1)+\cdots+a_{k-1}(i_1)^{k-1}=f(i_1)\\
a_0+a_1(i_2)+\cdots+a_{k-1}(i_2)^{k-1}=f(i_2)\\
\vdots\\
a_0+a_1(i_k)+\cdots+a_{k-1}(i_k)^{k-1}=f(i_k)
\end{cases}
$$

因为 $i_l(1\leqslant l\leqslant k)$ 均不相同，所以可由Lagrange插值公式构造如下的多项式：

$$
f(x)=\sum_{j=1}^{k}f(i_j)\prod_{\substack{i=1\\i\neq j}}^{k}\frac{i_l}{i_j-i_l}\pmod q
$$

从而可得秘密 $s=f(0)$。

其实,参与者仅需知道 $f(x)$ 的常数项 $f(0)$,而不需要知道整个多项式 $f(x)$,所以仅需以下表达式就可求出 s:

$$s=(-1)^{k-1}\sum_{j=1}^{k}f(i_j)\prod_{\substack{i=1\\ i\neq j}}^{k}\frac{i_l}{i_j-i_l}(\bmod q)$$

$k-1$ 个参与者是无法恢复出密钥 s 的,读者可以自己进行验证。

例 4.1.3 设 $k=3,n=5,q=19,s=11$,多项式为 $f(x)=(7x^2+2x+11)\bmod 19$。

分别计算:

$$f(1)=(7+2+11)\bmod 19=20 \bmod 19=1$$
$$f(2)=(28+4+11)\bmod 19=43 \bmod 19=5$$
$$f(3)=(63+6+11)\bmod 19=80 \bmod 19=4$$
$$f(4)=(112+8+11)\bmod 19=131 \bmod 19=17$$
$$f(5)=(175+10+11)\bmod 19=196 \bmod 19=6$$

得5个子密钥。

如果知道其中的3个子密钥 $f(2)=5,f(3)=4,f(5)=6$,就可按以下方式重构 $f(x)$:

$$\begin{aligned}5\frac{(x-3)(x-5)}{(2-3)(2-5)}&=5\frac{(x-3)(x-5)}{(-1)(-3)}=5\frac{(x-3)(x-5)}{3}\\&=5\cdot(3^{-1}\bmod 19)\cdot(x-3)(x-5)\\&=5\cdot 13\cdot(x-3)(x-5)=65(x-3)(x-5)\end{aligned}$$

$$\begin{aligned}4\frac{(x-2)(x-5)}{(3-2)(3-5)}&=4\frac{(x-2)(x-5)}{(1)(-2)}=4\frac{(x-2)(x-5)}{-2}\\&=4\cdot((-2)^{-1}\bmod 19)\cdot(x-2)(x-5)\\&=4\cdot 9\cdot(x-2)(x-5)=36(x-2)(x-5)\end{aligned}$$

$$\begin{aligned}6\frac{(x-2)(x-3)}{(5-2)(5-3)}&=6\frac{(x-2)(x-3)}{(3)(2)}=6\frac{(x-2)(x-3)}{6}\\&=6\cdot(6^{-1}\bmod 19)\cdot(x-2)(x-3)\\&=6\cdot 16\cdot(x-2)(x-3)=96(x-2)(x-3)\end{aligned}$$

所以

$$\begin{aligned}f(x)&=[65(x-3)(x-5)+36(x-2)(x-5)+96(x-2)(x-3)]\bmod 19\\&=[8(x-3)(x-5)+17(x-2)(x-5)+(x-2)(x-3)]\bmod 19\\&=(26x^2-188x+296)\bmod 19\\&=7x^2+2x+11\end{aligned}$$

从而得秘密为 $s=11$。

2. 秘密分享研究

秘密分享系统理论中有两个重要问题:一个是参与者的接入结构;另一个是给予参与者分享的秘密份额大小。任何体制的安全性都归结为必须保密的信息量。显然,若每个参与者所分享的秘密太大,分配算法就变得无效。秘密共享方案的一个基本问题是分配给参与者分享的份额的界。这可用系统接入结构的信息速率表示,它定义为采用最佳分配算法时分给任一参与者最大可能的秘密份额值。信息速率上、下界是秘密分享体制研究中的一个重要课题。目前已得到多个上、下界，但这些上、下界之间的间隙还相当大。

门限秘密分享方案只有在所有分享者具有完全平等的地位、可靠性和安全性的情况下才是有意义的，因此对一般接入结构的秘密分享的研究具有广泛的现实意义。在已有的一般接入结构的秘密分享方案中，属于多个最小合格子集的参与者需持有同一个秘密的多个秘密份额，这给参与者带来了不便，特别是在有多个秘密需要在同一组参与者中分享时，这一缺点显得尤为突出，故实用性较差。Ito、Saito 和 Nishizeki 证明了在任意接入结构上的完美秘密分享方案。

基本的秘密分享模型中存在两个主要的安全问题：一是不能很好地抵抗分享者行骗，即有的分享者在恢复秘密时会提供假的份额，而使一些合格子集的成员不能恢复出正确的秘密；二是不能有效地防止分发者行骗，即分发者在分发秘密份额时可能会给某些分享者分发假的份额。Chor 等在 1985 年提出了可验证秘密分享(Verifiable Secret Sharing，VSS)用以解决分发者欺骗问题，每个成员能够在不重构秘密的情况下证实所得的秘密份额是否有效。可验证秘密分享值得深入研究。

4.2 认证技术

认证技术主要用于防止对手对系统进行的主动攻击，如伪装、窜扰等，这对于开放环境中各种信息系统的安全性尤为重要。认证的目的有两方面：一是验证信息的发送者是合法的，而不是冒充的，即实体认证，包括信源、信宿的认证和识别；二是验证消息的完整性，验证数据在传输和存储的过程中是否被篡改、重放和延迟等。

4.2.1 Hash 函数

1. Hash 函数的概念

在前面的章节中，多次提到 Hash 函数，已经初步了解这是一类单向(计算 $h=H(m)$是容易的，但求逆运算是困难的)函数，本节对这类函数作进一步讨论。Hash 函数 $h=H(m)$也称为散列函数，它将任意长度的报文 m 映射为固定长度的输出 h(摘要)，另外该函数除满足单向性外，还应具备下列两项条件之一：

(1) 抗弱碰撞性。对固定的 m，要找到 m'，使得 $H(m)=H(m')$在计算上是不可行的。

(2) 抗强碰撞性。要找到 m 和 m'，使得 $H(m)=H(m')$在计算上是不可行的。

显然，满足(2)的 Hash 函数的安全性要求更高，这是抗生日攻击的要求。有关 Hash 函数的描述如图 4-7 所示。

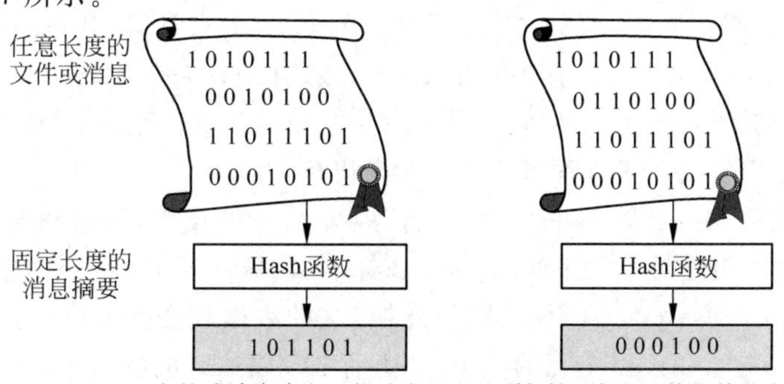

图 4-7 Hash 函数示意图

2. Hash 函数的构造

可以用很多办法构造 Hash 函数,但使用最多的是迭代型结构,著名的 MD-5、SHA-1 等都是基于迭代型的,如图 4-8 所示。

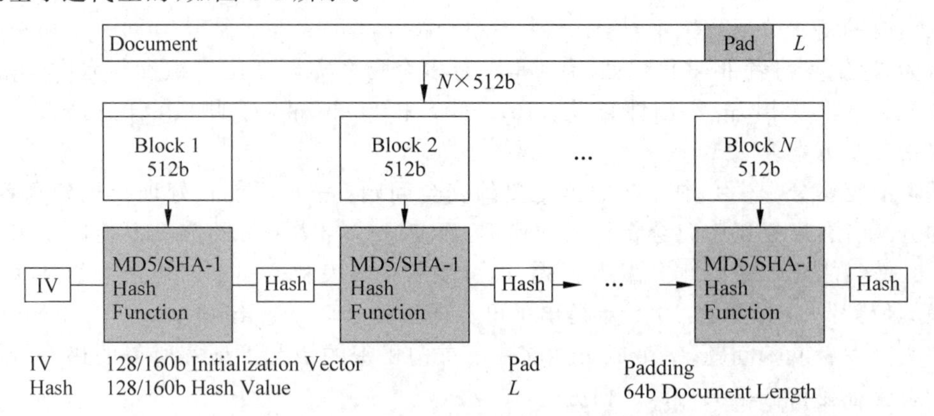

图 4-8 用迭代方法构造 Hash 函数示意图

函数的输入 M 被分为 L 个分组 $Y_0,Y_1,\cdots,Y_{L-1}$,每一个分组的长度为 b 比特,如果最后一个分组的长度不够,则需对其做填充。最后一个分组中还包括整个函数输入的长度值,这样一来,将使得敌手的攻击更为困难,即敌手若想成功地产生假冒消息,就必须保证假冒消息的杂凑值与原消息的杂凑值相同,而且假冒消息的长度也要与原消息的长度相等。

算法中重复使用一压缩函数 f,f 的输入有两项,一项是上一轮(第 $i-1$ 轮)输出,另一项是算法在本轮(第 i 轮)的 b 比特输入分组 Y_i。f 的输出又作为下一轮的输入。算法开始时还需指定一个初值 IV,最后一轮 n 比特输出即为最终产生的杂凑值。通常有 $b>n$,因此称函数 f 为压缩函数。算法的核心就是设计无碰撞的压缩函数 f。

对 Hash 函数的攻击就是想办法找出碰撞,相关攻击方法主要有生日攻击、中途相遇攻击、修正分组攻击和差分分析攻击等。MD-5 和 SHA-1 算法都已经被攻破,中国密码学者王小云在这方面做出了重大贡献。开发人员应该使用更为安全的 SHA-2(SHA-256、SHA-512)算法,研究人员目前已经开始讨论设计更安全的新 Hash 函数 SHA-3,2011 年筛选出了 Blasé、JH、Grostl、Keccak 和 Skein 共 5 个候选算法,年终将决定 SHA-3 算法。

4.2.2 数字签名

1. 数字签名的概念

在 RSA 公钥密码体制中,假如 Alice 用自己的私钥 d 来计算 $S\equiv m^d \pmod n$,然后把 S 连同消息 m 一起发送给 Bob,而 Bob 用 Alice 的公钥(n,e)来计算 $m'\equiv c^e \pmod n$,则有 $m'=m$。这是否意味着 Bob 相信所收到的 s 一定来自 Alice? 上述过程中的 S 是否相当于 Alice 对消息 m 的签名? 上述过程可用图 4-9 来概括。

数字签名是利用密码运算实现"手写签名"效果的一种技术,它通过某种数学变换来实现对数字内容的签名和盖章。在 ISO 7498—2 标准中,数字签名的定义为"附加在数据单元上的一些数据,或是对数据单元所做的密码变换,这种数据或变换允许数据单元的接收者用以确认数据单元的来源和数据单元的完整性,并保护数据,防止被人伪造"。

一个数字签名方案一般由签名算法和验证算法两部分组成。要实现"手写签名"的效

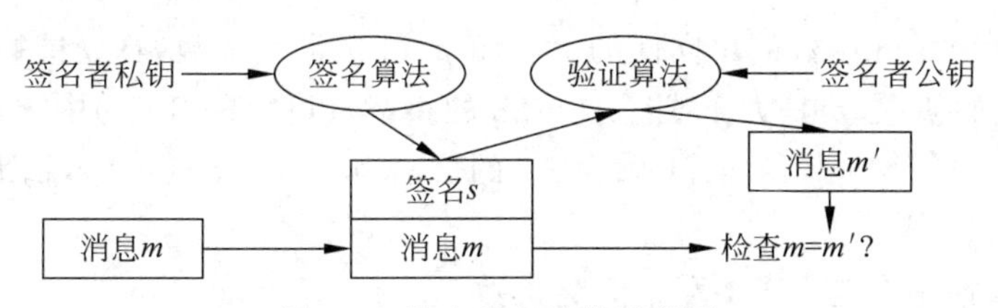

图 4-9　数字签名过程示意图

果，数字签名应具有不可伪造、不可抵赖和可验证的特点。对于数字签名方案的攻击主要是想办法伪造签名。按照方案被攻破的程度，可以分为以下三种类型。

(1) 完全伪造，即攻击者能计算出私钥或者找到一个能产生合法签名的算法，从而可以对任何消息产生合法的签名。

(2) 选择性伪造，即攻击者可以实现对某一些特定的消息构造出合法的签名。

(3) 存在性伪造，即攻击者能够至少伪造出一个消息的签名，但对该消息几乎没有控制力。

2. 基本签名算法

数字签名方案一般利用公钥密码技术来实现，其中私钥用来签名，公钥用来验证签名。比较典型的数字签名方案有 RSA 算法(R. L. Rivest、A. Shamir 和 L. M. Adleman，1978)、ElGamal 签名(T. ElGamal，1985)、Schnorr 签名(C. P. Schnorr，1989)和 DSS 签名(NIST，1991)。这里仅给出 ElGamal 签名方案和 Schnorr 签名方案。

1) ElGamal 签名方案

假设 p 是一个大素数，g 是 GF(p)的生成元。Alice 的公钥为 $y=g^x \bmod p$，g、p 私钥为 x。

签名算法：

Alice 首先选择一个与 $p-1$ 互素的随机数 k；

Alice 计算 $a=g^k \bmod p$；

Alice 对 b 解方程 $M=x\times a+k\times b(\bmod p-1)$；

Alice 对消息 M 的签名为(a,b)。

验证算法：

检查 $y^a a^b \bmod p=g^M \bmod p$ 是否成立。

例如：

$p=11, g=2$，Bob 选 $x=8$ 为私钥；

$y=2^8 \bmod 11=3$；

公钥为 $y=3, g=2, p=11$；

Bob 要对 $M=5$ 进行签名；

选 $k=9(\gcd(9,10)=1)$；

$a=2^9 \bmod 11=6, b=3$。

读者可检查 $y^a a^b \bmod p=g^M \bmod p$ 是否成立。

上述方案的安全性是基于如下离散对数困难性问题的：已知大素数 p、GF(p)的生成元 g 和非零元素 $y\in$ GF(p)，求解唯一的整数 k，$0\leqslant k\leqslant p-2$，使得 $y\equiv g^k(\bmod p)$，k 称为 y 对 g 的离散对数。

2) Schnorr 签名方案

Schnorr 签名方案是一个短签名方案，它是 ElGamal 签名方案的变形，其安全性是基于离散对数困难性和 Hash 函数的单向性的。假设 p 和 q 是大素数，且 q 能被 $p-1$ 整除，q 是大于或等于 160b 的整数，p 是大于或等于 512b 的整数，以保证 GF(p)中求解离散对数困难；g 是 GF(p)中的元素，且 $g^q \equiv 1 \bmod p$；Alice 的公钥为 $y \equiv g^x \pmod p$，私钥为 x，$1<x<q$。

签名算法：

Alice 首先选择一个与 $p-1$ 互素的随机数 k；

Alice 计算 $r=h(M, g^k \bmod P)$；

Alice 计算 $s=k+x^* r \pmod q$。

验证算法：

计算 $g^k \bmod P = g^s y^r \bmod P$；

验证 $r=h(M, g^k \bmod P)$。

Schnorr 签名较短，由 $|q|$ 及 $|H(M)|$ 决定。在 Schnorr 签名中，$r=g^k \bmod p$ 可以预先计算，k 与 M 无关，因而签名只需一次 mod q 乘法及减法。所需计算量少，速度快，适用于智能卡。

3. 特殊签名算法

目前国内外研究重点已经从普通签名转向具有特定功能、能满足特定要求的数字签名。如适用于电子现金和电子钱包的盲签名、适用于多人共同签署文件的多重签名、限制验证人身份的条件签名、保证公平性的同时签名以及门限签名、代理签名、防失败签名等。

盲签名是指签名人不知道所签文件或消息的具体内容，可用于电子现金系统，实现不可追踪性。如下是 D. Chaum 于 1983 年提出的一个盲签名方案。

假设在 RSA 密码系统中，Bob 的公钥为 e，私钥为 d，公共模为 N。Alice 想让 Bob 对消息 M 盲签名，有以下步骤。

(1) Alice 在 1 和 N 之间选择随机数 k 通过下述办法对 M 盲化：$t=Mk^e \bmod N$。

(2) Bob 对 t 签名，$t^d=(Mk^e)^d \bmod N$。

(3) Alice 用下述办法对 t^d 脱盲：$s=t^d/k \bmod N = M^d \bmod N$，$s$ 为消息 M 的签名。

4.2.3 消息认证

1. 消息认证与消息认证码

消息认证是指验证者验证所接收的消息是否确实来自真正的发送方，并且消息在传送中没被修改的过程。消息认证是抗击伪装、内容篡改、序号篡改、计时篡改和信源抵赖的有效方法。

加密技术可用来实现消息认证。假如使用对称加密方法，那么接收方可以肯定发送方创建了相关加密的消息，因为只有收发双方才有对应的密钥，并且如果消息本身具有一定结构、冗余或校验和，那么接收者很容易发现消息在传送中是否被修改。假如使用公钥加密技术，则接收者不能确定消息来源，因为任何人都知道接收者的公钥，但这种技术可以确保只有预定的接收者才能接收信息。

数字签名也可用来实现消息认证。验证者对签名后的数据不仅能确定消息来源，而且可以向第三方证明其真实性，因而还能防止信源抵赖。

消息认证更为简单的实现方法是利用消息认证码。

消息认证码(MAC)也称密码校验和，是指消息被一密钥控制的公开单向函数作用后，

产生的固定长度的数值，即 MAC=CK(M)。如图 4-10 所示，假设通信双方 A 和 B 共享一密钥 K，A 欲发送给 B 的消息是 M，A 首先计算 MAC=CK(M)，其中 CK(·)是密钥控制的公开单向函数，然后向 B 发送 $M \| $ MAC，B 收到后做与 A 相同的计算，求得一新 MAC，并与收到的 MAC 做比较，如果 B 计算得到的 MAC 与接收到的 MAC 一致，则有以下结论。

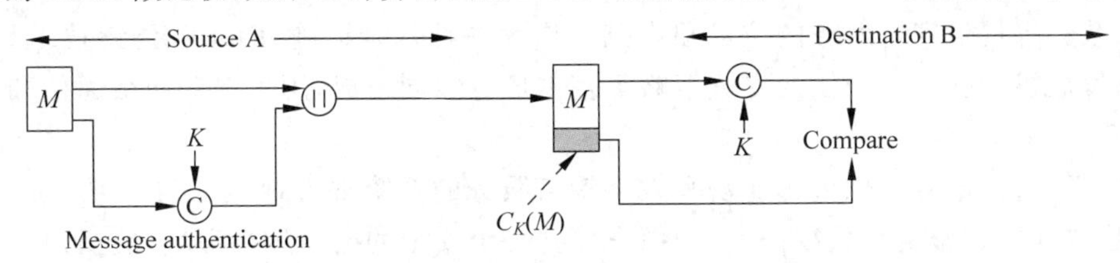

图 4-10 用消息认证码来实现消息认证

(1) 接收方相信发送方发来的消息未被篡改，这是因为攻击者不知道密钥，所以不能在篡改消息后相应地篡改 MAC，而如果仅篡改消息，则接收方计算的新 MAC 将与收到的 MAC 不同。

(2) 接收方相信发送方不是冒充的，这是因为除收发双方外再无其他人知道密钥，因此其他人不可能对自己发送的消息计算出正确的 MAC。

2. 消息认证码的构造

安全的 MAC 函数 MAC=CK(M)不但要求要具有单向性和固定长度的输出，而且应满足以下条件。

(1) 如果敌手得到 M 和 CK(M)，则构造一满足 CK(M')=CK(M)的新消息 M'在计算上是不可行的。

(2) CK(M)均匀分布的条件是：随机选取两个消息 M、M'，Pr[CK(M)=CK(M')]=2−n，其中 n 为 MAC 的长。

(3) 若 M'是 M 的某个变换，即 $M'=f(M)$，例如 f 为插入一个或多个比特，那么 Pr[CK(M)=CK(M')]=2−n。

MAC 的构造方法有多种，但 MAC 函数的上述要求很容易让我们想到 Hash 函数。事实上，基于密码杂凑函数构造 MAC 正是一个重要的研究方向，RFC 2104 推荐的 HMAC 已被用于 IPSec 和其他网络协议。HMAC 的结构如图 4-11 所示。

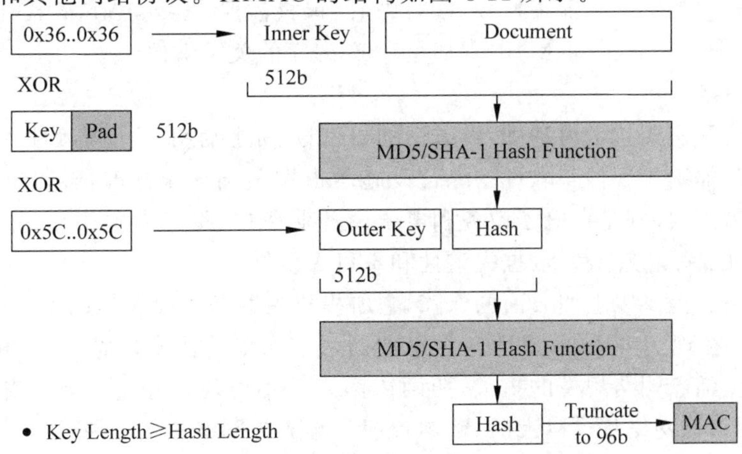

图 4-11 HMAC 的结构

4.3 PKI技术

公钥基础设施(Public Key Infrastructure,PKI)是一套基于公钥加密技术,为电子商务、电子政务等提供安全服务的技术和规范。作为一种基础设施,PKI由公钥技术、数字证书、证书发放机构和关于公钥的安全策略等基本成分共同组成,用于保证网络通信和网上交易的安全。

从广义上讲,所有提供公钥加密和数字签名服务的系统都可称为PKI系统。PKI的主要目的是自动管理密钥和数字证书,为用户建立一个安全的网络运行环境,使用户可以在多种应用环境下方便地使用加密和数字签名技术。

4.3.1 公钥基础设施简介

1. PKI的概念

公钥基础设施(PKI),是利用公钥理论和技术建立的提供信息安全服务的基础设施。公钥体制是目前应用最广泛的一种加密体制,在这一体制中,加密密钥与解密密钥各不相同,发送信息的人利用接收者的公钥发送加密信息,接收者再利用自己专有的私钥进行解密。这种方式保证了信息的机密性、不可抵赖性。公钥体制主要用于CA认证、数字签名和密钥交换等。

PKI是基于公开密钥理论和技术建立起来的安全体系,提供信息安全服务的、具有普适性的安全基础设施;该体系在统一的安全认证标准和规范基础上提供在线身份认证,是CA认证、数字证书、数字签名和相关安全应用组件模块的集合;PKI是认证、完整性、机密性和不可否认性的技术基础,从技术上解决网上身份认证、信息完整性和抗抵赖等安全问题,为网络应用提供可靠的安全保障。PKI的核心是要解决信息网络空间中的信任问题,确定信息网络空间中各种主体身份的唯一性、真实性和合法性,保护信息网络空间中各种主体的安全利益。

PKI是信息安全基础设施的一个重要组成部分,是一种普遍适用的网络安全基础设施;授权管理基础设施、可信时间戳服务系统、安全保密管理系统、统一的安全电子政务平台等的构筑都离不开它的支持。证书授权(CA)中心、审核注册(Registration Authority,RA)中心、密钥管理(Key Manager,KM)中心都是组成PKI的关键组件。

2. PKI的内容

PKI是以公开密钥技术为基础,以数据的机密性、完整性和不可抵赖性为安全目的而构建的认证、授权、加密等硬件与软件的综合设施。根据美国国家标准技术局的描述,在网络通信和网络交易中,特别是在电子政务和电子商务业务中,最需要的安全保证包括四方面:身份标识和认证、保密或隐私、数据完整性和不可否认性。

PKI可以完全提供以上四方面的保障,它所提供的服务主要包括以下三方面。

(1) 认证。在现实生活中,认证方式通常是两个人事前协商,确定一个秘密,依据这个秘密相互认证。随着网络规模的扩大,两两协商几乎不可能;透过一个密钥管理中心来协调困难也会很大,当网络规模巨大时,密钥管理中心成为网络通信的瓶颈。PKI通过证书进行认证,认证时对方知道你就是你,但却无法知道你为什么是你。在这里,证书是一个可信的第三方证明,通过它,通信双方可以安全地进行互相认证,而不用担心对方是假冒的。

(2) 支持密钥管理。通过加密证书,通信双方可以协商一个秘密,而这个秘密可以作为通信加密的密钥。在需要通信时,可以在认证的基础上协商一个密钥。在大规模的网络中,密钥恢复也是密钥管理的一个重要方面。PKI 提供可信的、可管理的密钥恢复机制,PKI 在全社会范围内提供全面的密钥恢复与管理能力,保证网上活动的健康有序发展。

(3) 完整性与不可否认。完整性与不可否认是 PKI 提供的最基本的服务。PKI 提供的完整性是可以通过第三方仲裁的,并且这种由第三方进行仲裁的完整性是通信双方都不可否认的。不可否认是通过 PKI 的数字签名机制来提供服务的,当法律许可时,该"不可否认性"可以作为法律依据。

3. PKI 的体系结构

一个标准的 PKI 系统必须具备以下主要内容。

(1) 证书授权(Certificate Authority,CA)中心,是 PKI 的核心执行机构,是 PKI 的主要组成部分,通常称为认证中心。CA 还包括 RA,它是数字证书的申请注册、证书签发和管理机构。

CA 的主要职责包括验证并标识证书申请者的身份。对证书申请者的信用度、申请证书的目的、身份的真实可靠性等问题进行审查,确保证书与身份绑定的正确性。

确保 CA 用于签名证书的非对称密钥的质量和安全性。为了防止被破译,CA 用于签名的私钥长度必须足够长并且私钥必须由硬件卡产生,私钥不出卡。

管理证书信息资料。管理证书序号和 CA 标识,确保证书主体标识的唯一性,防止证书主体名字的重复。在证书使用中确定并检查证书的有效期,保证不使用过期或已作废的证书,确保网上交易的安全。发布和维护作废证书列表(CRL),因某种原因证书要作废,就必须将其作为"黑名单"发布在证书作废列表中,以供交易时在线查询,防止交易风险。对已签发证书的使用全过程进行监视跟踪,作全程日志记录,以备发生交易争端时,提供公正依据,参与仲裁。

由此可见,CA 是保证电子商务、电子政务、网上银行、网上证券等交易的权威性、可信任性和公正性的第三方机构。

(2) 证书和证书库。证书是数字证书或电子证书的简称,它符合 X.509 标准,是网上实体身份的证明。证书是由具备权威性、可信任性和公正性的第三方机构签发的,因此,它是权威性的电子文档。

证书库是 CA 颁发证书和撤销证书的集中存放地,可供公众进行开放式查询。一般来说,查询的目的有两个:一是得到通信对方的公钥;二是要验证通信对方的证书是否已进入"黑名单"。证书库支持分布式存放,即可以采用数据库镜像技术,将 CA 签发的证书中与本组织有关的证书和证书撤销列表存放到本地,以提高证书的查询效率,减少向总目录查询的瓶颈。

(3) 密钥备份及恢复,是密钥管理的主要内容,如果用户的解密数据的密钥丢失,则会使已被加密的密文无法解开。

为避免这种情况的发生,PKI 提供了密钥备份与密钥恢复机制:当用户证书生成时,加密密钥即被 CA 备份存储;当需要恢复时,用户只需向 CA 提出申请,CA 就会为用户自动进行恢复。

(4) 密钥和证书的更新。一个证书的有效期是有限的,这种规定在理论上是基于当前非对称算法和密钥长度的可破译性分析;在实际应用中是由于长期使用同一个密钥有被破译的危险。因此,证书和密钥必须有一定的更换频度,PKI对已发的证书进行密钥更新或证书更新。

证书更新一般由PKI系统自动完成,不需要用户干预。用户在使用证书的过程中,PKI会自动到目录服务器中检查证书的有效期,在有效期结束之前,PKI/CA会自动生成一个新证书来代替旧证书。

(5) 证书历史档案。从密钥更新的过程不难看出,经过一段时间后,每一个用户都会形成多个旧证书和至少一个当前新证书。这一系列旧证书和相应的私钥就组成了用户密钥和证书的历史档案,记录整个密钥历史是非常重要的。例如,用户几年前用自己的公钥加密的数据无法用现在的私钥解密,那么该用户就必须从他的密钥历史档案中,查找到几年前的私钥来解密数据。

(6) 客户端软件。为方便客户操作,解决PKI的应用问题,在客户端装有软件,以实现数字签名、加密传输数据等功能。

(7) 交叉认证。交叉认证就是多个PKI域之间实现互操作。

4. PKI的相关标准

从整个PKI体系建立与发展的历程来看,与PKI相关的标准主要包括以下三种。

(1) X.509(1993)信息技术之开放系统互联(鉴别框架)。X.509是由国际电信联盟(ITU-T)制定的数字证书标准。在X.500确保用户名称唯一性的基础上,X.509为X.500用户名称提供了通信实体的鉴别机制,并规定了实体鉴别过程中适用的证书语法和数据接口。X.509证书由用户公共密钥和用户标识符组成,此外还包括版本号、证书序列号、CA标识符、签名算法标识、签发者名称、证书有效期等信息。

(2) PKCS系列标准。由RSA实验室制定的PKCS系列标准,是一套针对PKI体系的加解密、签名、密钥交换、分发格式及行为标准,该标准目前已经成为PKI体系中不可缺少的一部分。

(3) OCSP。在线证书状态协议(Online Certificate Status Protocol,OCSP)是IETF颁布的用于检查数字证书在某一交易时刻是否仍然有效的标准。该标准提供给PKI用户一条方便快捷的数字证书状态查询通道,使PKI体系能够更有效、更安全地在各领域中被广泛应用。

5. PKI的应用

(1) 虚拟专用网络(Virtual Private Network,VPN),是将物理分布在不同地点的网络通过Internet连接而成的逻辑上的虚拟子网。通常,VPN利用PKI与PMI和访问控制技术来提高其安全性,一个现代VPN需要认证、机密、完整、不可否认等更加完善的安全技术。PKI技术已经成为架构VPN的基础,为路由器之间、PKI与PMI之间或路由器和PKI与PMI之间提供经过加密和认证的通信。

(2) 安全电子邮件,已经成为一种标准信息交换工具,其安全需求是完整、认证和不可否认。利用PKI技术,用户可以对自己所发的邮件进行数字签名。

安全电子邮件协议S/MIME(The Secure Multipurpose Internet Mail Extension),是一个加密和签名邮件的协议,它的实现依赖于PKI技术。

(3) Web安全。Web上的交易的安全问题包括诈骗、泄露、篡改、攻击。解决Web安全问题,入手点是浏览器。现在,IE和Firefox都支持SSL(The Secure Sockets Layer)协议。SSL是一个在传输层和应用层之间的安全通信层。利用PKI技术,SSL协议允许在浏览器和服务器之间进行加密通信。

4.3.2 证书授权

证书授权(CA)是构建在PKI基础之上的产生和确定数字证书的第三方可信机构(trusted third party),主要进行身份证书的发放,管理电子证书的正常使用。CA具有权威性、可信赖性及公正性,承担公钥体系中公钥的合法性检验。CA为每个使用公开密钥的用户发放一个数字证书,证书的作用是证明证书中列出的用户合法拥有证书中列出的公开密钥。CA的数字签名使得攻击者不能伪造和篡改证书,CA还负责吊销证书并发布证书吊销列表(CRL),并负责产生、分配和管理网上实体所需的数字证书。

1. CA的功能和组成

(1) CA认证体系的组成。

CA认证体系包括如下几部分:一是CA,负责产生和确定用户实体的数字证书;二是审核注册(RA)中心,负责对证书的申请者进行资格审查,并决定是否同意给申请者发放证书,同时,承担因审核错误而引起的、为不满足资格的人发放了证书而引起的一切后果,它应由能够承担这些责任的机构担任;三是证书操作部门(CP)负责为已被授权的申请者制作、发放和管理证书,并承担因操作运营错误所产生的一切后果,包括失密和为没有获得授权的人发放了证书等,它可由RA自己担任,也可委托给第三方担任;四是密钥管理中心(KMC),负责产生实体的加密钥对,并对其解密私钥提供托管服务;五是证书存储地(DIR),包括网上所有的证书目录。

在CA认证体系中,各组成部分彼此之间的认证关系一般如下。

① 用户与RA之间:用户请求RA进行审核,用户应该将自己的身份信息提交给RA,RA对用户的身份进行审核后,要安全地将该信息转发给CA。

② RA与CA之间:RA应该以一种安全可靠的方式把用户的身份识别信息传送给CA。CA通过安全可行的方式将用户的数字证书传送给RA或直接送给用户。

③ 用户与DIR之间:用户可以在DIR中查询、撤销证书列表和数字证书。

④ DIR与CA之间:CA将自己产生的数字证书直接传送给目录DIR,并把它们登记在目录中,在目录中登记数字证书要求用户鉴别和访问控制。

⑤ 用户与KMC之间:KMC接受用户委托,代表用户生成加密密钥对;用户所持证书的加密密钥必须委托密钥管理中心生成;用户可以申请解密私钥恢复服务;KMC应该为用户提供解密私钥的恢复服务。用户的解密私钥必须统一在密钥管理中心托管。

⑥ CA与KMC之间:二者之间的通信是保密、安全的,它们之间用通信证书来保证安全性。通信证书是认证机关与密钥管理中心、上级或下级认证机关进行通信时使用的计算机设备证书,这些专用的计算机设备必须安装认证机构所发布的专用通信证书,密钥管理中心、上级或下级认证机构专用通信计算机设备所持有的通信密钥证书和认证机构的根证书。

(2) 认证体系的职责。

从上述论述中,可以总结出,CA至少担负着以下几项具体的职责:验证标识公开密钥信息并提交认证的实体身份；确保用于产生数字证书的非对称密钥对的质量；保证认证过程和用于签名公开密钥信息的私有密钥的安全；确保两个不同的实体未被赋予相同的身份,以便区分它们；管理包含于公开密钥信息中的证书材料信息,例如数字证书序列号、认证机构标识等；维护并发布撤销证书列表；指定并检查证书的有效期；通知在公开密钥信息中标识的实体,数字证书已经发布；记录数字证书产生过程的所有步骤。

(3) 安全认证体系的功能。

CA安全认证体系的主要功能包括签发数字证书、管理下级审核注册机构、接受下级审核注册机构的业务申请、维护和管理所有证书目录服务、向密钥管理中心申请密钥、实体鉴别密钥器的管理等。

2. CA自身证书的管理

CA自身证书的管理功能主要包括以下内容。

(1) 自身证书的查询。PKI CA具有报表功能,它能够在CA中产生一个用户清单,用户可以使用这一工具对所有CA的证书和状态进行查询。

(2) CRL查询。通过特定的应用程序和工具包,可以访问CRL。

(3) 查询操作日志。PKI安装了审计跟踪文件,提供了非常广泛的存档和审计能力,用于记录涉及认证的所有日常交易,包括管理员注册和注销以及用户初始化等。每个审计记录是自动创建的,管理员可以查询所有审计记录,但不能修改。

(4) 统计报表输出。PKI提供了创建报表的灵活方法,包括固定格式和自定义格式的报表。这些报表内容可以是统计各类用户表单,或有关用户密钥恢复的信息等。

3. CA对用户证书的管理

如果用户想得到一份证书,他首先需要向CA提出申请。CA对申请者的身份进行认证后,由用户或CA生成一对密钥,私钥由用户妥善保存,CA将公钥与申请者的相关信息绑定,并签名,形成证书发给申请者。如果用户想验证CA签发的另一个证书,可以用CA的公钥对此证书上的签名进行验证,一旦验证通过,该证书就认为是有效的。CA除了签发证书,还负责证书和密钥的管理。

4. 密钥管理和KMC

密钥管理是数据加密技术中的重要一环,密钥管理的目的是确保密钥的安全性。一个好的密钥管理系统应该做到：密钥难以被窃取；在一定条件下窃取了密钥也没有用,密钥有使用范围和时间的限制；密钥的分配和更换过程对用户透明,用户不一定要亲自掌管密钥。密钥管理中心(Key Management Center,KMC)向CA服务提供相关密钥服务,如密钥生成、密钥存储、密钥备份、密钥恢复、密钥更新和密钥销毁等,如图4-12所示。

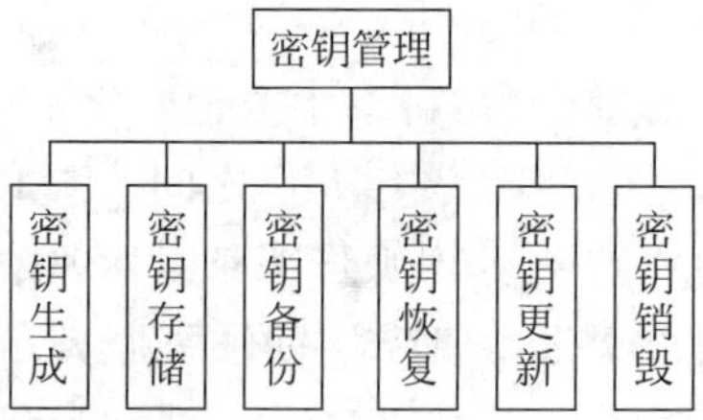

图4-12 密钥管理中心构成

1) 密钥生成

KMC最重要的职能就是为用户产生加密密钥对并提供解密私钥的托管服务,加密密钥对是在独立的设备中产生的,支持在线生成和离线密钥池方式。

(1) 认证机构将证书序列号、法人实体的验证签名公钥及法人相关信息提交给KMC,请求KMC代法人产生加密密钥对。认证机构的密钥生成请求信息包括法人永久性ID、实体鉴别密码器 m(可选)、证书服务编号(可选)、密钥长度。

(2) KMC 在收到认证机构提交的密钥对产生请求后立即产生加密密钥对。

(3) KMC 向 CA 中心返回处理结果,包括加密公钥、经加密的解密私钥、KMC 对密钥对的签名。

密钥对的产生有两种方式:签名密钥使用者自己产生,此方式可以保证只有使用者自己知道密钥,不会泄露给第三者;在 CA 中心产生加密密钥,在实体的保护下将密钥交给使用者,并将产生密钥有关的数据及密钥本身销毁。

当用户证书生成后,用户信息通过 RA 上传到 KMC,与加密密钥一起存到当前库进行托管保存,以便以后查询和恢复操作。所有的托管密钥都必须以分割和加密的方式保存在密钥数据库服务器中。

2) 密钥存储

双证书绑定同一个用户,其对应的私钥通过硬件介质保存。签名证书的私钥是用户自己产生的,因此,信任方完全可以相信经过签名证书中所包含的公钥验证过的信息确实经过证书所绑定的实体签过名的,这保证了信息的完整性和不可抵赖性。然而,加密证书的私钥由 KMC 产生,并在该机构的数据库中备份了用户的私钥,实现用户密钥的托管。在这种情况下,用户和 KMC 都拥有用户加密证书所对应的私钥。

用户本地存储私钥,口令加密保存;当需要使用私钥时,在对话框中输入口令,读取相应私钥进行相应的操作。用户公钥明文和用户信息存储在一个数据表中,私钥经过加密,可以采用根 CA 公钥进行加密,存储于另一表中,其读取应输入相应管理员口令,公钥与私钥可以通过 ID 进行联系。

3) 密钥传输

用户提交申请信息,同时在用户端产生签名公钥与私钥,公钥经过加密上传给 CA 中心,经审核后,产生双证书,使用该用户的签名公钥进行加密,返回给用户,可以使用网站挂起或者经过用户邮箱进行发送。

4) 密钥备份

(1) 冷备(cold standby),通常是通过定期地对生产系统数据库进行备份,并将备份数据存储在磁盘等介质中。备份数据平时处于一种非激活的状态,直到故障发生导致生产数据库系统不可用,才激活。

(2) 热备(warm standby),通常需要一个备用的数据库系统。与冷备相似,只不过当生产数据库发生故障时,可以通过备用数据库的数据进行业务恢复。因此,热备的恢复时间比冷备大大缩短。

冷备采用硬件实现,不需要单独写代码。热备每天定时对当天的数据进行备份,备份文件经过口令加密,与存储相同,公钥与私钥分开备份,都要进行基本的口令加密,其间通过 ID 进行相应操作。

5) 密钥和证书的更新

证书更新的过程和证书签发非常相似,因为用户只是更新证书,他在申请证书时已经通过了审核,在证书更新时,不再需要审核过程。

(1) CA 可依其实际的需要,对于新旧证书的有效期限,制定自己的策略。前后证书的期限可以重叠或不重叠。若允许有效期重叠,可以避免 CA 可能在同一失效期限,必须重新签发大量的证书问题。

(2) 已逾期的证书必须从目录服务中删除。认证中心若提供不可否认(non-repudiation)服务,则其必须将旧的证书保存一段时间,以备将来有争议时,验证签名解决争议之用。

6) 查询

OCSP是一个简单的请求/响应协议,它使得客户端应用程序可以测定所需验证证书体系的状态。一个OCSP客户端发送一个证书状态查询给一个OCSP响应器,等待响应器返回一个响应。

协议对OCSP客户端和OCSP响应器之间所需要交换的数据进行了描述。一个OCSP请求包含协议版本、服务请求、目标证书标识和可选的扩展项等。OCSP响应器对收到的请求返回一个响应(或出错信息,或确定的回复);OCSP响应器返回出错信息时,该响应不用签名;响应器返回确定的回复,该响应必须进行数字签名。在对每一张被请求证书的回复中包含证书状态值:正常、撤销、未知。"正常"状态表示这张证书没有被撤销,"撤销"状态表示证书已被撤销,"未知"状态表示响应器不能判断请求的证书状态。

7) 注销

当有一些特殊状况时,CA必须停止某些证书的使用,注销此证书。例如使用者在证书有效期未满之前,觉得其密钥不安全,或是CA对此使用者已丧失管辖权等状况,必须注销此证书。

证书注销主要是改变用户证书在CA数据库中的状态。将证书正常有效的状态改为撤销的状态,同时从证书发布表中将该证书项删除,在证书撤销列表(CRL)中增加该证书项即完成了该证书的撤销。

用户下载根证书,发送个人信息,产生签名公钥、私钥。私钥经过用户口令加密本地保存,公钥经过CA根证书加密后,发送用户信息审核,若未通过,则信息保存到数据失败列表,若审核通过,则将信息发送到KMC。KMC离线产生加密公私钥对,对公私钥进行存储:公钥与用户信息明文存储,私钥加密存储,查找通过口令和ID进行备份。用户签名公钥、用户信息和用户的加密公钥一起存储,加密私钥通过根证书加密以后备份于另一数据表中,加密公私钥使用用户个人的签名公钥加密后返回给用户。网站上挂起发送用户邮箱,用户使用硬件,自己在中心取得吊销证书、生成吊销列表、查询证书状态、更改数据表、密钥恢复、读取备份、恢复密钥原系统,查询功能基本完成。对证书不了解的用户,注册时,向CA中心发送签名密钥,由根证书公钥自动完成加密操作,用户查询其他用户公钥并下载时,使用户在中心存储的加密公钥进行加密,防止公钥在传输过程中被篡改。注销流程如图4-13所示。

5. 时间戳服务

时间戳是一个具有法律效力的电子凭证,是各种类型的电子文件(数据文件)在时间、权属及内容完整性方面的证明。时间戳能证明用户在什么时间拥有一个什么样的电子文件(数据电文)。

时间戳主要用在商业秘密保护、工作文档的责任认定、著作权保护、原创作品、软件代码、发明专利、学术论文、试验数据、电子单据等方面。时间戳的颁发,必须要由可信的第三方时间戳服务机构提供可信赖的且不可抵赖的时间戳服务,其产生的时间戳才具有法律效力。时间戳服务(Time Stamp Authority,TSA)中心是由国家授时中心与联合信任共同建

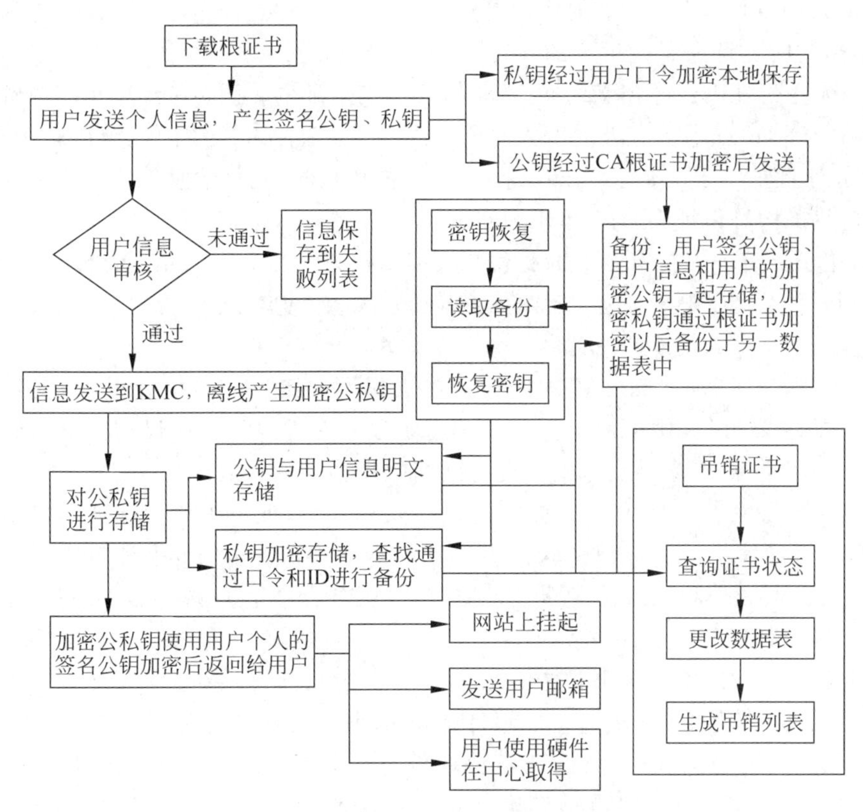

图4-13　证书注销的流程

设的权威第三方公共时间戳服务机构。

时间戳服务是时间戳服务中心通过我国法定时间源和现代密码技术相结合而提供的一种第三方服务，时间戳有效证明了数据电文（电子文件）产生的时间及内容完整性，解决了数据电文（电子文件）的内容和时间易被人为篡改、证据效力低、当事人举证困难的问题，按照《中华人民共和国电子签名法》的有关规定，加盖了时间戳的数据电文（电子文件）可以作为有效的法律证据，达到"不可否认"或"抗抵赖"的目的。

6. 数字证书的定义

数字身份认证是基于国际PKI标准的网上身份认证系统，数字证书相当于网上的身份证，它以数字签名的方式通过第三方权威认证有效地进行网上身份认证，帮助各个实体识别对方身份和表明自身的身份，具有真实性和防抵赖功能。与物理身份证不同的是，数字证书还具有安全、保密、防篡改的特性，可对企业网上传输的信息进行有效保护和安全的传递。

从数字签名使用对象的角度，目前的数字证书类型主要包括个人身份证书、企业机构身份证书、支付网关证书、服务器证书、安全电子邮件证书、个人代码签名证书。这些数字证书的特点各有不同。

从数字证书的技术角度，CA中心发放的证书分为两类：SSL证书和SET证书。SSL证书是服务于银行对企业或企业对企业的电子商务活动的；SET（安全电子交易）证书则服务于持卡消费、网上购物。虽然它们都是用于识别身份和数字签名的证书，但它们的信任体系完全不同，而且所符合的标准也不一样。简单地说，SSL数字证书的作用是通过公开密钥证明持证人的身份,SET证书的作用是通过公开密钥证明持证人在指定银行确实拥有该信用卡账号,同时也证明了持证人的身份。

(1) 个人身份证书:符合X.509标准的数字安全证书,证书中包含个人身份信息和个人的公钥,用于标识证书持有人的个人身份;数字安全证书和对应的私钥存储于E-key中,用于个人在网上进行合同签订、订单、录入审核、操作权限、支付信息等活动中标明身份。

(2) 企业机构身份证书:符合X.509标准的数字安全证书,证书中包含企业信息和企业的公钥,用于标识证书持有企业的身份;数字安全证书和对应的私钥存储于E-key或IC卡中,可以用于企业在电子商务方面的对外活动,如合同签订、网上证券交易、交易支付信息等。

(3) 支付网关证书:是证书签发中心针对支付网关签发的数字证书,是支付网关实现数据加解密的主要工具,用于数字签名和信息加密;支付网关证书仅用于支付网关提供的服务(Internet上各种安全协议与银行现有网络数据格式的转换)。

(4) 服务器证书:符合X.509标准的数字安全证书,证书中包含服务器信息和服务器的公钥,在网络通信中用于标识和验证服务器的身份;数字安全证书和对应的私钥存储于E-key中;服务器软件利用证书机制保证与其他服务器或客户端通信时双方身份的真实性、安全性、可信任度等。

(5) 企业机构代码签名证书:是CA中心签发给软件提供商的数字证书,包含软件提供商的身份信息、公钥及CA的签名;软件提供商使用代码签名证书对软件进行签名后放到Internet上,当用户在Internet上下载该软件时将会得到提示,从而可以确信软件的来源以及软件自签名后到下载前没有遭到修改或破坏;代码签名证书可以对32-bit.exe、.cab、.ocx、.class等程序和文件进行签名。

(6) 安全电子邮件证书:符合X.509标准的数字安全证书,通过IE或Netscape申请,用IE申请的证书存储于Windows的注册表中,用Netscape申请的证书存储于个人用户目录下的文件中;用于安全电子邮件或需要客户验证身份的Web服务器(https服务)。

(7) 个人代码签名证书:是CA中心签发给软件提供人的数字证书,包含软件提供个人的身份信息、公钥及CA的签名;软件提供人使用代码签名证书对软件进行签名后放到Internet上,当用户在Internet上下载该软件时将会得到提示,从而可以确信软件的来源以及软件自签名后到下载前没有遭到修改或破坏;代码签名证书可以对32-bit.exe、.cab、.ocx、.class等程序和文件进行签名。

证书的吊销列表是一个被签署的列表,它指定了一套证书发布者认为无效的证书。除了普通CRL外,还定义了一些特殊的CRL类型用于覆盖特殊领域的CRL。CRL一定是被CA所签署的,可以使用与签发证书相同的私钥,也可以使用专门的CRL签发私钥。CRL中包含了被吊销证书的序列号。

4.4 实训

实训 PGP加密解密应用

实训目的:掌握对称加密、公钥加密、数字签名、认证,熟悉PGP加密原理、软件操作以及在电子邮件中的应用。

实训准备：熟悉PGP系统的基本工作原理。

PGP是一个基于RSA公钥加密体系和对称加密体系的邮件加密软件包。PGP功能主要有两方面：PGP可以对所发邮件进行加密以防止非授权者阅读，保障信息的机密性；PGP还能对所发邮件进行数字签名，从而使接收者确信邮件的发送者，并确信邮件没有被篡改或伪造，也就是信息的认证性。在密钥管理方面，PGP让用户可以安全地和从未见过的人进行通信，事先并不需要任何保密的渠道来传递密钥。PGP系统采用了审慎的密钥管理，一种RSA和传统加密的Hash算法，用于数字签名邮件摘要算法的加密前压缩等。结合已学密码学知识，简单介绍PGP系统的工作原理，如图4-14所示。

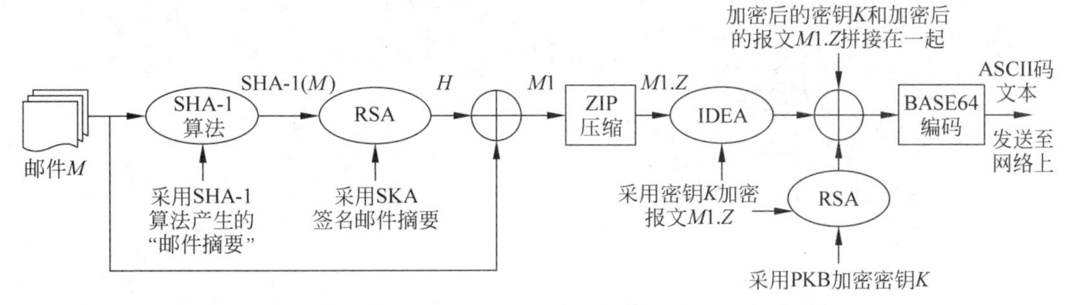

图4-14　PGP系统工作原理

假设Alice要发送一个邮件M给Bob，要用PGP软件加密。首先，Alice和Bob知道自己的私钥(SKA，SKB)，并且必须获得彼此的公钥(PKA，PKB)。

Alice发送方，邮件M通过SHA-1算法运算生成一个128位的邮件摘要(message digest)，Alice使用自己的私钥SKA和采用RSA算法对这个邮件摘要进行数字签名，得到邮件摘要密文H，密文H使Bob可以确认该邮件的来源。邮件M和H拼接在一起产生报文$M1$，经过ZIP压缩，得到$M1.Z$。接着，对报文$M1.Z$使用对称加密算法(采用IDEA)，提供数据机密性。加密密钥是随机产生的一次性的临时加密密钥，即128位的K，在PGP中称为会话密钥。此外，密钥K通过RSA和Bob的公钥PKB进行加密，以确保消息只能被Bob的私钥解密，提供了身份认证。加密后的密钥K和加密后的报文$M1.Z$拼接在一起，用BASE64进行编码，编码目的是得出ASCII文件，通过网络发送给Bob。

Bob接收方，解密过程正好与发送方相反。Bob收到加密邮件后，首先使用BASE64解码，并用RSA算法和自己的私钥SKB解出用于对称加密的密钥K，用K恢复出$M1.Z$。接着，对$M1.Z$解压后还原出$M1$，在$M1$中分解出明文M和加密后的邮件摘要，并用Alice的公钥PKA恢复邮件摘要信息。最后，比较邮件摘要和Bob自己计算出的邮件摘要是否一致，如果一致则认为M确实为Alice发出的邮件。

实训内容：PGP软件包使用；PGP导出密钥对；文件加密与解密；PGP邮件加密与解密、签名与验证。

1. PGP软件包使用

PGP新用户没有PGP密钥，则在图4-15所示对话框中选择No，I'm a New User，然后在如图4-16所示对话框中选择所需安装组件。例如，如果选择PGPmail for Microsoft Outlook Express选项，则可以在Outlook Express中直接用PGP加密邮件内容。最后，必须重新启动计算机完成安装。

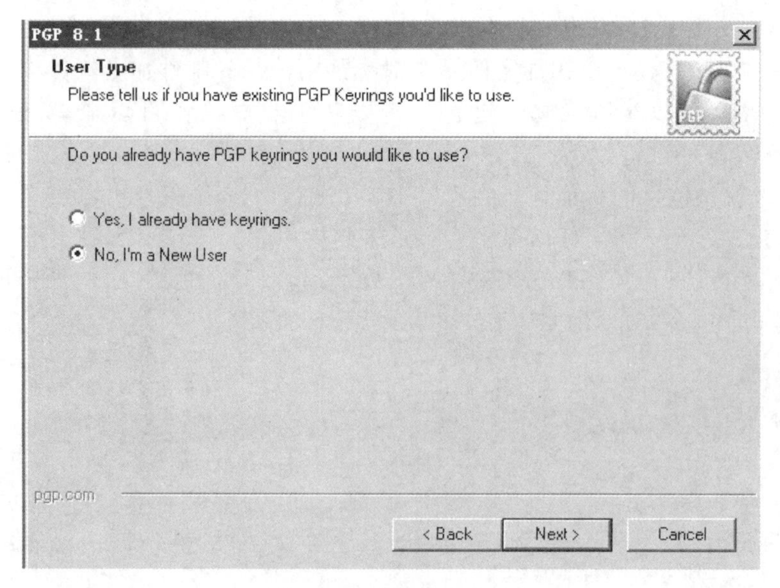

图 4-15　选择用户类型

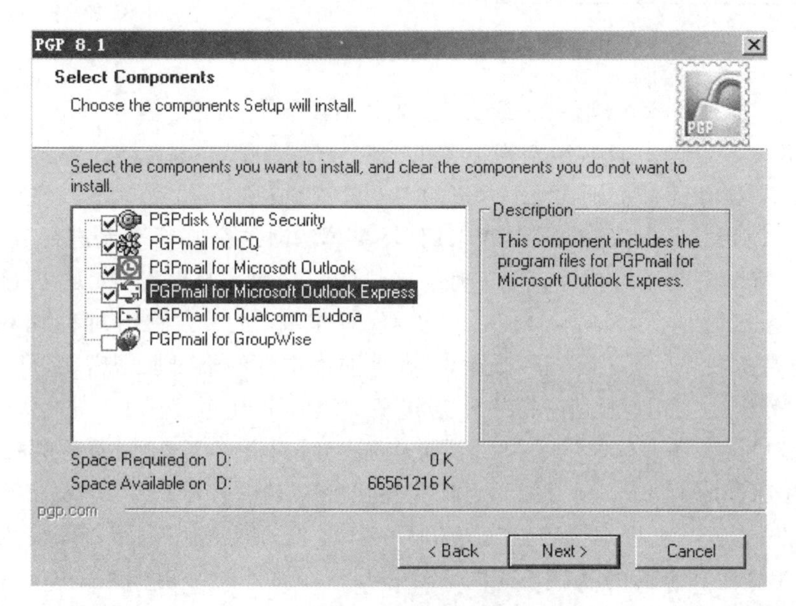

图 4-16　选择组件

启动计算机后,用户通过"开始"→"程序"→PGP 找到 PGP 软件包的工具盒,在操作系统任务栏右下方有一个锁状 PGPtray 图标(图 4-17 所示)。用户可以使用 PGPmail、PGPkeys 和 PGPDisk 的功能,图 4-18 为 PGPmail 工具条和 PGPDisk 菜单。

2. PGP 导出密钥对

(1) 选择"开始"→"程序"→PGP→PGPkeys 命令,启动 PGPkeys,如图 4-19 所示。

(2) 选择 Keys→New Key 命令,出现 Key Generation Wizard 向导,开始创建密钥对。

(3) 输入全名和邮件地址(每一对密钥对应一个确定的用户)。用户名不一定要真实,但是通信者看到该用户名后能知道这个用户名对应的真实的人;邮件地址不需要真实,但是与你通信的人能在多个公钥中快速找出你的公钥,如图 4-20 所示。

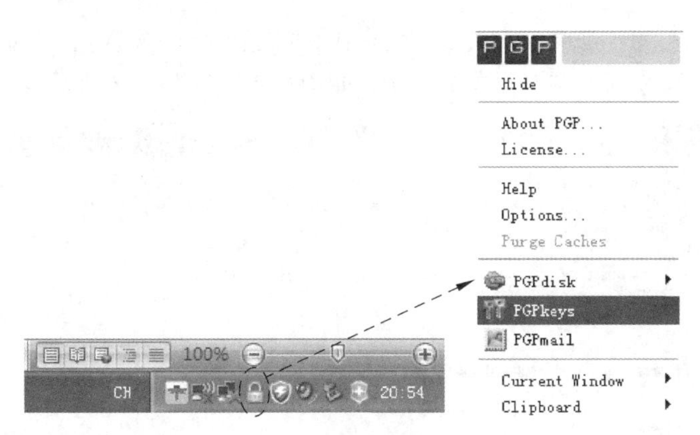

图 4-17 任务栏 PGPtray 图标及其菜单

图 4-18 PGPmail 工具条和 PGPDisk 菜单

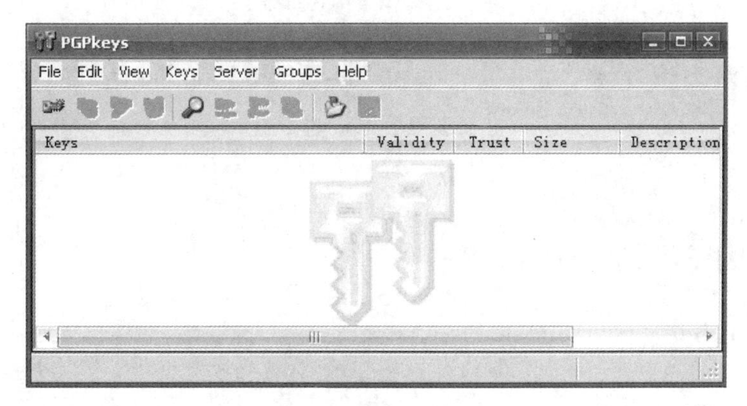

图 4-19 PGPkeys 启动界面

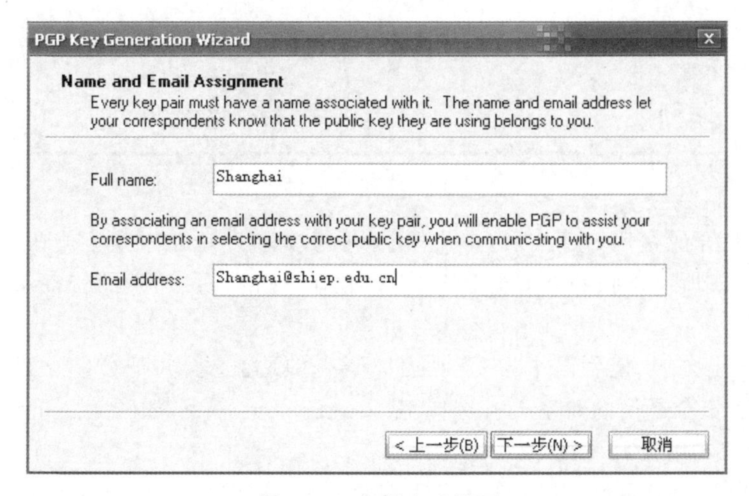

图 4-20 密钥生成界面

(4) 在要求输入 Passphrase 的文本框中,两次输入相关内容并再次确认;这里的 Passphrase 可以理解为保护自己私钥的密码,如图 4-21 和图 4-22 所示。

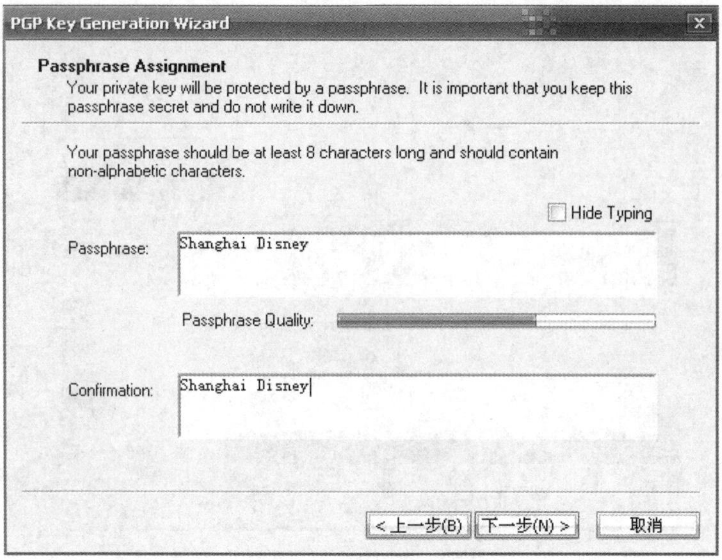

PGP Key Generation Wizard
Passphrase Assignment
Your private key will be protected by a passphrase. It is important that you keep this passphrase secret and do not write it down.
Your passphrase should be at least 8 characters long and should contain non-alphabetic characters.
Hide Typing
Passphrase:
Shanghai Disney
Passphrase Quality:
Confirmation:
Shanghai Disney
< 上一步(B)
下一步(N) >
取消

图 4-21 输入用户口令

PGP Key Generation Wizard
Key Generation Progress
Key generation can involve multiple steps. Some of these steps may require several minutes to complete.
Key generation steps:
Generating Key
Generating Subkey
Current status: Done
Overall progress:
< 上一步(B)
下一步(N) >
取消

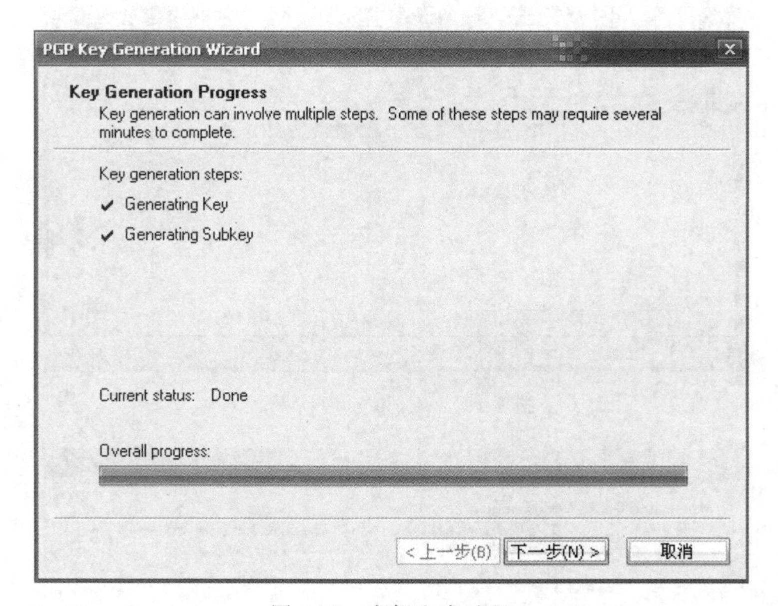

图 4-22 密钥生成过程

(5) 在 PGP 完成密钥对创建后,单击"下一步"按钮。单击"完成"按钮,找开 PGPkeys 主界面,如图 4-23 所示。找到并展开创建的密钥对并右击,在弹出的快捷菜单中选择 Key Properties 命令。

(6) 接着导出公钥,把公钥作为一个文件保存在硬盘上。并把公钥文件作为邮件附件发送给希望进行安全通信的联系人。选择 Keys→Export 命令,如图 4-24 所示。

3. 文件加密与解密

有了对方的公钥之后,可以用对方公钥对文件进行加密,然后发送给对方。PGP 具体

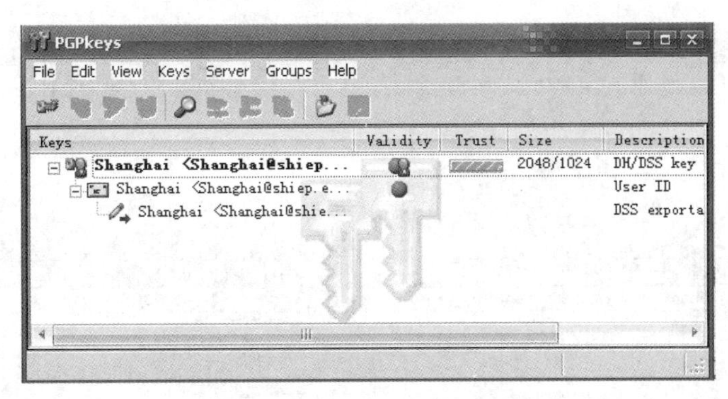

图 4-23　已经生成密钥图

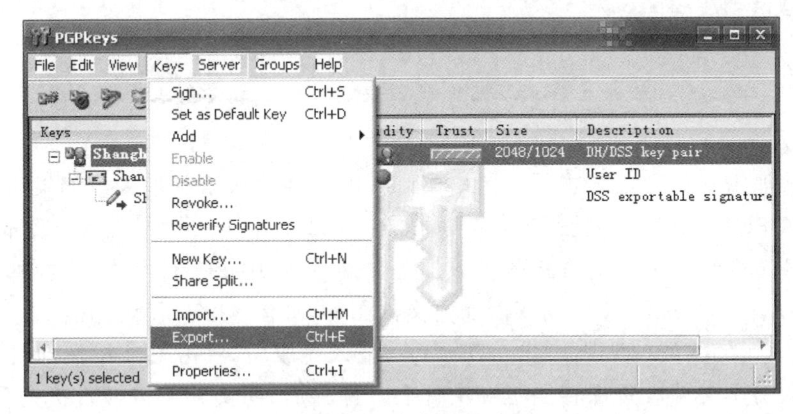

图 4-24　密钥的导出

操作如下：选中要加密的文件，在弹出的快捷菜单中选择 PGP→Encrypt 命令，如图 4-25 所示。在密钥选择对话框中，选择要接收文件的接收者。注意，用户所持有的密钥全部列在对话框的上部分，选择要接收文件人的公钥，将其公钥拖到对话框的下部分(Recipients)，如图 4-26 所示，单击 OK 按钮，并为加密文件设置保存路径和文件名。

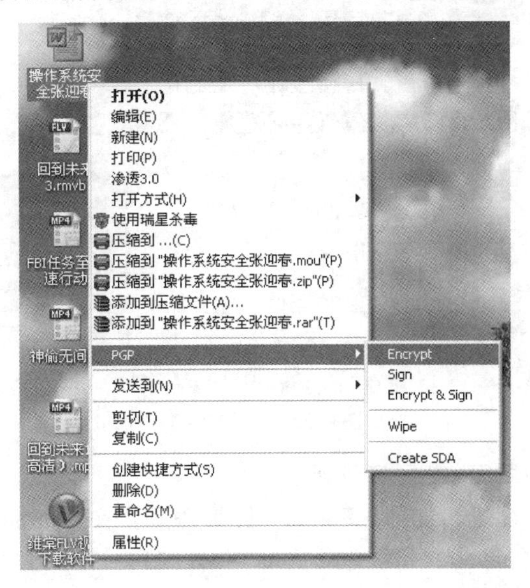

图 4-25　加密文件

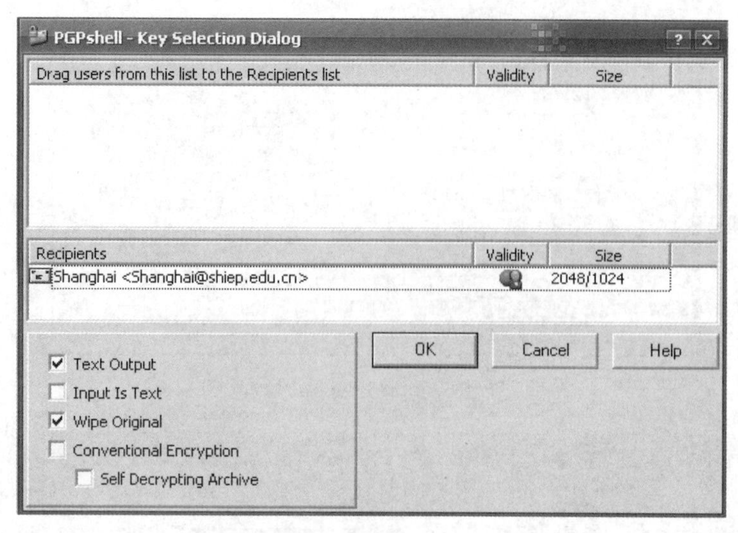

图 4-26　选择接收者

用户可将加密文件和签名文件作为电子邮件的附件发送给其他人。如果用户的邮件软件已经安装了 PGP 插件,那么加密和签名的操作可以在邮件软件中进行。此时,你就可以把该加密文件传送给对方。对方接收到该加密文件后,选中该文件并右击,在弹出的快捷菜单中选择 Decrypt&Verify 命令或双击加密文件图标,如图 4-27 所示。在图 4-28 所示的对话框中,输入私钥的密码(如 Shanghai Disney),输入完成后,单击 OK 按钮即可,接下来,要为已经解密的明文文件设置保存路径和文件名。保存后,明文就可以被直接查看了。

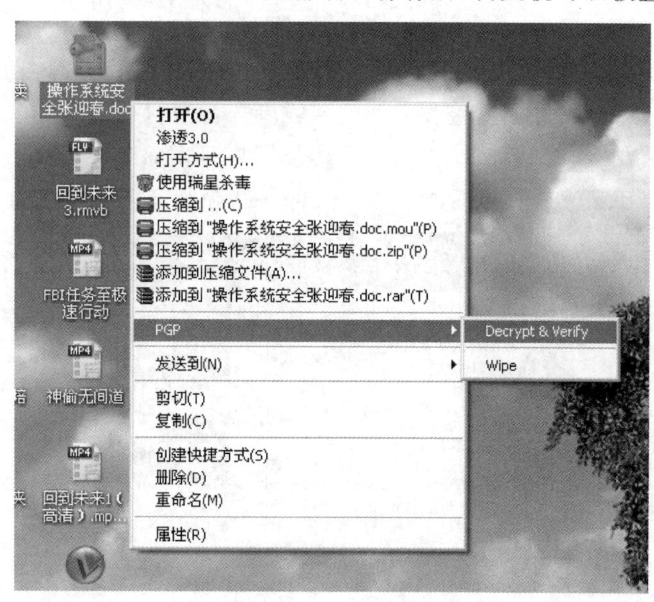

图 4-27　文件解密

4. PGP 邮件加密与解密、签名与验证

使用 PGP 对邮件内容进行加密、签名的操作原理和对文件的加密、签名一样,都是选择对方的公钥进行加密而用自己的私钥进行签名,对方收到后使用自己的私钥进行解密,而使用对方的公钥进行签名验证。在具体操作上,先将要加密、签名的邮件内容复制到剪贴板

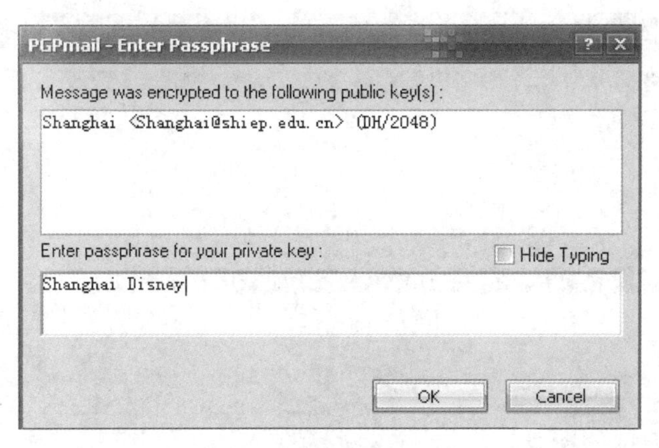

图 4-28 输入密钥

上,然后选择操作系统右下角 PGP 图标中的 Clipboard→Encrypt&Sign 命令,如图 4-29 所示。在随后出现的对话框中,和上述对文件的操作一样,选择对方的公钥进行加密,用自己的私钥进行签名。PGP 动作完成后,会将加密和签名的结果自动更新到剪贴板中。此时回到邮件编辑状态,只需将剪贴板的内容粘贴过来,就会得到加密和签名后的邮件,操作过程如图 4-30～图 4-33 所示。

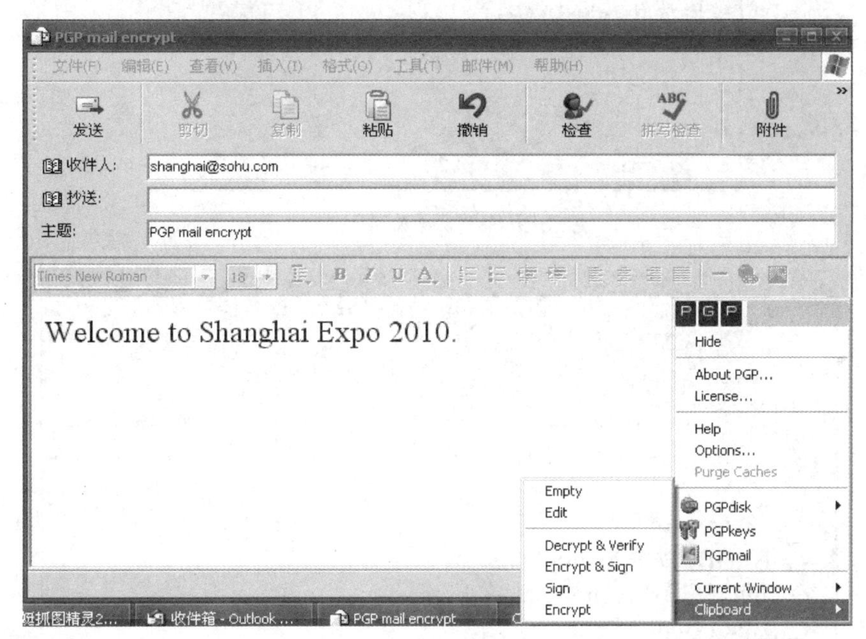

图 4-29 Encrypt & Sign 对邮件加密和签名

对方收到加密和签名邮件后,也同样先将邮件内容复制到剪贴板中,然后选择操作系统右下角 PGP 图标中的 Clipboard→Decrypt&Verify 命令完成解密和验证签名。解密和验证签名完成后,PGP 会自动出现 Text Viewer 窗口以显示结果,如图 4-32 所示。可以通过按钮将结果复制到剪贴板中,然后再粘贴到需要的地方。

实训报告:验证 PGP 在电子邮件中的应用。

(1) 因特网邮件系统主要构成部件:用户代理、邮件服务器和简单邮件传输协议。

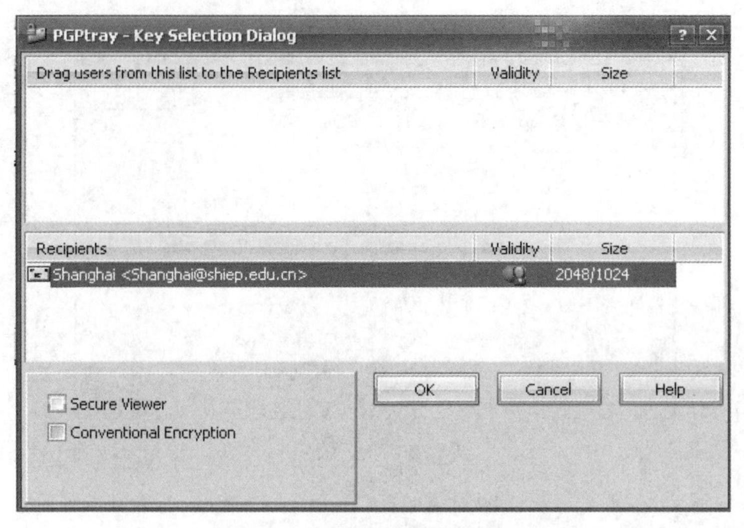

图 4-30 加密密钥选择对话框

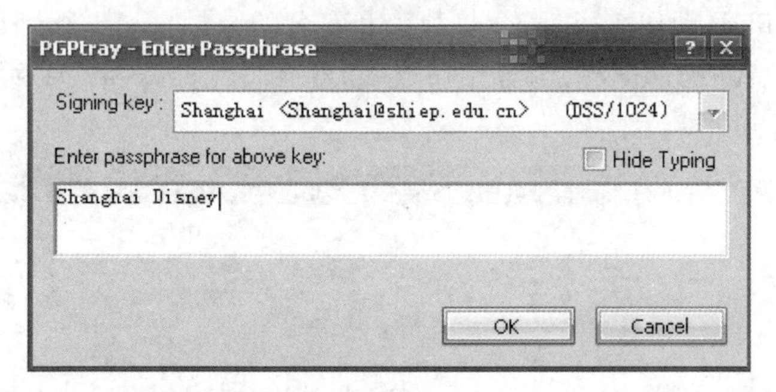

图 4-31 输入私钥

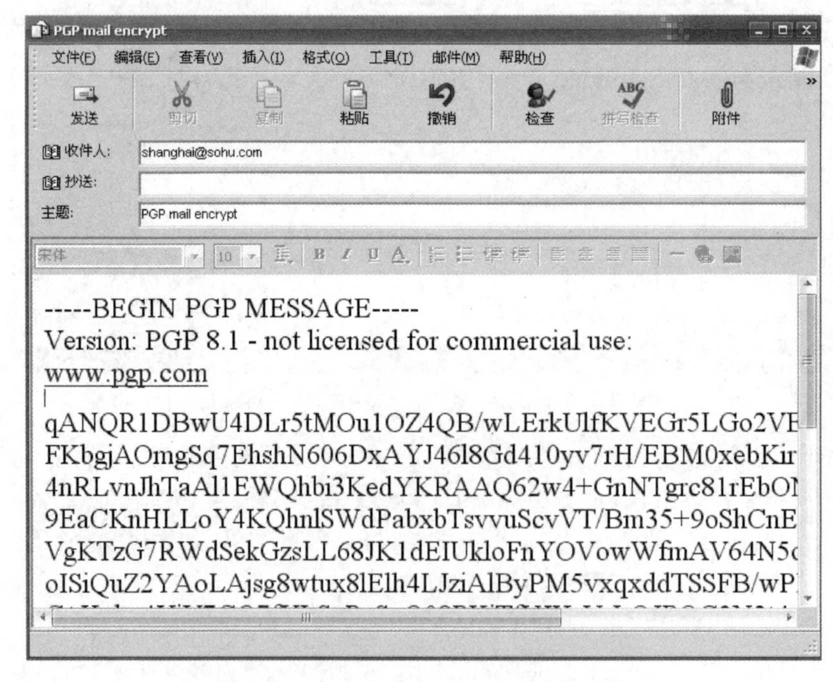

图 4-32 加密和签名后不可识别的文件

图 4-33　Text Viewer 窗口中显示结果

(2) Outlook Express 系统主要构成、收发邮件和使用技巧。

(3) Outlook Express 加密、签名和解密、验证的基本功能。

第 5 章

信息系统安全

信息系统是软/硬件运行的一个统一体，也是安全威胁的对象。访问控制是信息安全的一个重要组成部分，其目的是确保只有符合控制策略的主体才能合法地访问系统资源，通常对主机操作系统或路由器进行设置来实现相应的主机访问控制或网络访问控制。操作系统、应用系统和数据库系统构成了软件和信息管理系统运行的基础，也是本章重点讨论的对象。黑客会重点攻击操作系统、应用系统和数据库系统的弱点，以获得其控制权限和对数据的操作权限。因此，对系统的安全防范也是信息安全中的一个重要环节。

5.1 访问控制

5.1.1 访问控制基本概念

身份认证技术解决了识别"用户是谁"的问题，那么通过认证的用户是不是可以无条件地使用所有资源呢？答案是否定的。访问控制(access control)技术就是指管理用户对系统资源的访问。访问控制是国际标准 ISO 7498—2 中的五项安全服务之一，对提高信息系统的安全性起到至关重要的作用，如图 5-1 所示。

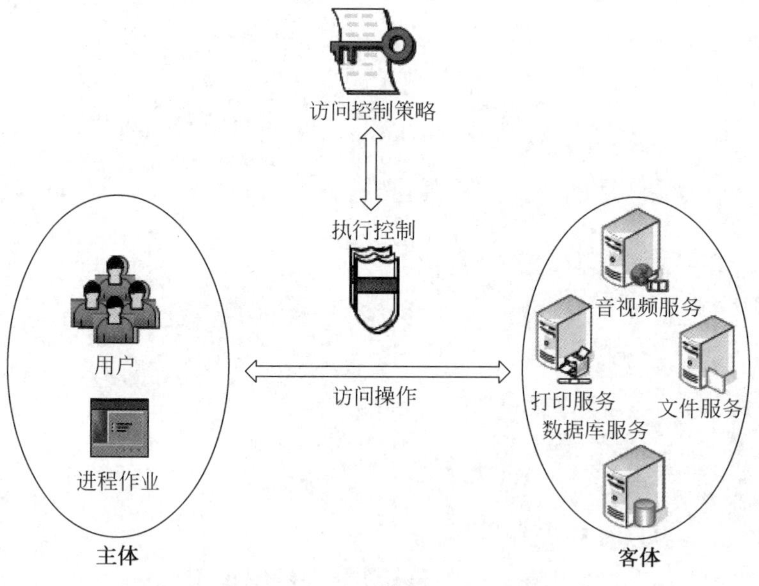

图 5-1 访问控制示意图

访问控制是针对越权使用资源的防御性措施之一。其基本目标是防止对任何资源(如计算资源、通信资源或信息资源)进行未授权的访问,从而使资源使用始终处于控制范围内。最常见的是,通过对主机操作系统的设置或对路由器的设置来实现相应的主机访问控制或网络访问控制。例如,控制内网用户在上班时间使用QQ、MSN等。

访问控制对实现信息机密性、完整性起直接的作用,还可以通过对以下用户信息的有效控制来实现信息和信息系统可控性:①谁可以颁发影响网络可用性的网络管理指令;②谁能够滥用资源以达到占用资源的目的;③谁能够获得可以用于拒绝服务攻击的信息。

为了能够更精确地描述访问控制,需要对访问控制的基本组成元素进行定义说明。访问控制的基本组成元素主要包括主体、客体和控制策略。

主体(subject)是指提出访问请求的实体,是动作的发起者,但不一定是动作的执行者。主体可以是用户或其他代理用户行为的实体(如进程、作业和程序等)。

客体(object)是指可以接受主体访问的被动实体。客体的内涵很广泛,凡是可以被操作的信息、资源、对象都可以被视为客体。

访问控制策略(access control policy)是指主体对客体的操作行为和约束条件的关联集合。简单地讲,访问控制策略是主体对客体的访问规则集合,这个规则集合可以直接决定主体是否可以对客体实施特定的操作。访问控制策略体现了一种授权行为,也就是客体对主体的权限允许。访问控制策略往往表现为一系列的访问规则,这些规则定义了主体对客体的作用行为和客体对主体的条件约束。访问控制机制是访问控制策略的软硬件低层实现。

如图5-1所示,主体对于客体的每一次访问,访问控制系统均要审核该次访问操作是否符合访问控制策略,只允许符合访问控制策略的操作请求,拒绝违反控制策略的非法访问。访问控制可以解释为:依据一定的访问控制策略,实施对主体访问客体的控制。图5-1也给出了访问控制系统的两个主要工作:一个是当主体发出对客体的访问请求时,查询相关的访问控制策略;另一个是依据访问控制策略执行访问控制。通过以上分析,可以看出影响访问控制系统实施效果好坏的首要因素是访问控制策略,制定访问控制策略的过程实际上就是主体对客体的访问授权过程。如何较好地完成对主体的授权是访问控制成功的关键,同时也是访问控制必须研究的重要课题。

信息系统的访问控制技术最早产生于20世纪60年代,在70年代先后出现了多种访问控制模型。1985年,美国军方提出可信计算机系统评估准则(Trusted Computer System Evaluation Criteria,TCSEC),其中描述了两种著名的访问控制模型,即自主访问控制(Discretionary Access Control,DAC)和强制访问控制(Mandatory Access Control,MAC);1992年,美国国家标准与技术研究所(NIST)的David Ferraiolo和Rick Kuhn提出一个基于角色的访问控制(Role Based Access Control,RBAC)模型。

如何决定主体对客体的访问权限?一个主体对一个客体的访问权限能否转让给其他主体呢?这些问题在访问控制策略中必须得到明确的回答。

1. 访问控制策略制定的原则

访问控制策略的制定一般要满足如下三项基本原则。

(1) 最小权限原则:分配给系统中的每一个程序和每一个用户的权限应该是它们完成工作所必须享有的权限的最小集合。换句话说,如果主体不需要访问特定客体,则主体就不应该拥有访问这个客体的权限。

(2) 最小泄露原则:主体执行任务时所需知道的信息应该最小化。

(3) 多级安全策略：主体和客体间的数据流方向必须受到安全等级的约束。

2. 访问权限的确定过程

主体对客体的访问权限的确定过程是：首先对用户和资源进行分类，然后对需要保护的资源定义一个访问控制包，最后根据访问控制包来制定访问控制规则集。

3. 用户分类

通常把用户分为特殊用户、一般用户、审计用户和作废用户。

(1) 特殊用户：系统管理员具有最高级别的特权，可以访问任何资源，并具有任何类型的访问操作能力。

(2) 一般用户：最大的一类用户，他们的访问操作受到一定限制，由系统管理员分配。

(3) 审计用户：负责整个安全系统范围内的安全控制与资源使用情况的审计。

(4) 作废用户：被系统拒绝的用户。

4. 资源的分类

系统内需要保护的资源包括磁盘与磁带卷标、数据库中的数据、应用资源、远程终端、信息管理系统的事务处理及其应用等。

5. 对需要保护的资源定义一个访问控制包

内容包括资源名及拥有者的标识符、默认访问权、用户和用户组的特权明细表、允许资源拥有者对其添加新的可用数据的操作、审计数据等。

6. 访问控制规则集

访问控制规则集是根据第三步的访问控制包得到的，它规定了若干条件和在这些条件下准许访问的一个资源。规则使得用户与资源配对，并指定该用户可在该文件上执行哪些操作，如只读、不许执行或不许访问。"主体对客体的访问权限能否转让给其他主体"这一问题比较复杂，不能简单地用"能"和"不能"来回答。试想一下，如果回答"不能"，表面上看很安全，但按照这一控制策略做出系统后，我们就不可能实现任何信息的共享了。

5.1.2 自主访问控制

自主访问控制是一种策略，是指对某个客体具有所有权的主体能够自主地将对该客体的一种访问权或多种访问权授予其他主体，并可在随后的任何时刻将这些权限收回。这种策略因灵活性高，在实际系统中被大量采用。Linux、UNIX 和 Windows 等系统都提供了自主访问控制功能。在实现自主访问控制策略的系统中，信息在移动过程中其访问权限关系会被改变。如用户 A 可将其对目标 O 的访问权限传递给用户 B，从而使本身不具备对 O 访问权限的 B 可以访问 O。因此，这种模型提供的安全防护不能给系统提供充分的数据保护。

自主访问控制模型(DAC model)是根据自主访问控制策略建立的一种模型，允许合法用户以用户或用户组的身份来访问系统控制策略许可的客体，同时阻止非授权用户访问客体，某些用户还可以自主地把自己所拥有的客体的访问权限授予其他用户。在自主访问控制系统中，特权用户为普通用户分配的访问权限信息主要以访问控制表(Access Control List，ACL)、访问控制能力表(Access Control Capability List，ACCL)和访问控制矩阵(Access Control Matrix，ACM)三种形式来存储。

ACL 是以客体为中心建立的访问权限表，其优点在于实现简单，系统为每个客体确定一个授权主体的列表,大多数主机都是用 ACL 作为访问控制的实现机制。如图 5-2 所示,在 ACL 示例中,(Own,R,W)表示管理、读、写操作。之所以将管理操作从读/写中分离出来,是因为管理员会对控制规则本身或文件属性等作修改,即修改 ACL。例如,对于客体 Object1 来讲,Alice 对它的访问权限集合为(Own,R,W),Bob 只有读取权限(R),John 拥有读/写操作的权限(R,W)。

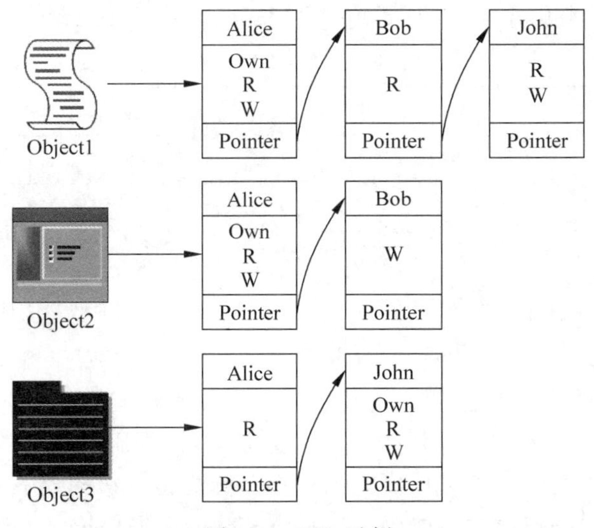

图 5-2 ACL 示例

又如图 5-3 所示,在 ACCL 示例中,ACCL 是以主体为中心建立的访问权限表。"能力"这个概念可以解释为请求访问的发起者所拥有的一个授权标签,授权标签表明持有者可以按照某种访问方式访问特定的客体。也就是说,如果赋予某个主体一种能力,那么这个主体就具有与该能力对应的权限。在此示例中,Alice 被赋予一定的访问控制能力,其具有的权限如下:对 Object1 拥有的访问权限集合为(Own,R,W),对 Object2 拥有只读权限集(R),对 Object3 拥有读和写的权限(R,W)。

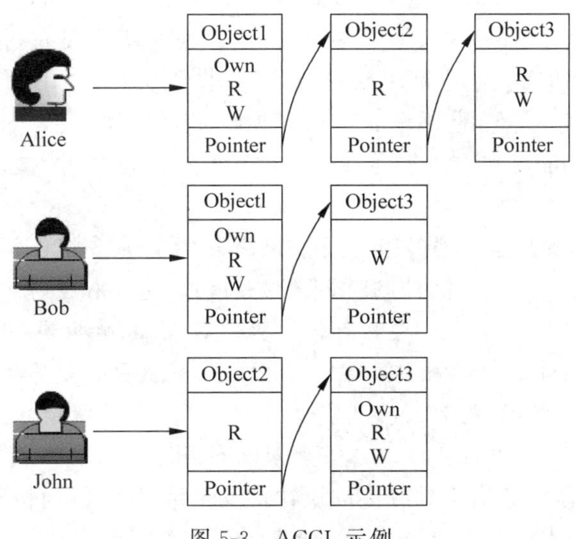

图 5-3 ACCL 示例

ACM是通过矩阵形式表示主体用户和客体资源之间的授权关系的方法。表5-1为ACM示例,采用二维表的形式来存储访问控制策略,每一行为一个主体的访问能力描述,每一列为一个客体的访问能力描述,整个矩阵可以清晰地体现访问控制策略。与ACL和ACCL一样,ACM的内容同样需要特权用户或特权用户组来进行管理。另外,如果主体和客体很多,那么ACM将会呈几何级增长,这样对于增长了的矩阵而言,会有大量的冗余空间,如主体John和客体Object2之间没有访问关系,但也存在授权关系项。

表5-1 ACM示例

主 体	客 体		
	Object1	**Object2**	**Object3**
Alice	Own,R,W	R	R,W
Bob	R	Own,R,W	
John	R,W		Own,R,W

DAC为用户提供了灵活的数据访问方式,授权主体(特权用户、特权用户组的成员以及对客体拥有Own权限的主体)均可以完成赋予和回收其他主体对客体资源的访问权限,使得DAC广泛应用于商业和工业环境中。但由于DAC允许用户任意传递权限,没有访问文件file1权限的用户A可能从有访问权限的用户B那里得到访问权限,因此,DAC模型提供的安全防护还是相对比较低的,不能为系统提供充分的数据保护。

5.1.3 强制访问控制

另一种策略是根据主体被信任的程度和客体所含信息的机密性和敏感程度来决定主体对客体的访问权。用户和客体都被赋予一定的安全级别,用户不能改变自身和客体的安全级别,只有管理员才能确定用户的安全级别且当主体和客体的安全级别满足一定的规则时,才被允许访问。这一策略称为强制访问控制。在强制访问控制模型中,一个主体对某客体的访问权只能有条件地转让给其他主体,而这些条件是非常严格的。例如,Bell-LaPadula模型规定,安全级别高的用户和进程不能向比他们安全级别低的用户和进程写入数据。Bell-LaPadula模型的访问控制原则可简单地表示为"无上读、无下写",该模型是第一个将安全策略形式化的数学模型,是一个状态机模型,即用状态转换规则来描述系统的变化过程。Lattice模型和Biba模型也属于强制访问控制模型。强制访问控制一般通过安全标签来实现单向信息流通。

强制访问控制(MAC)是一种多级访问控制策略,系统事先给访问主体和受控客体分配不同的安全级别属性,在实施访问控制时,系统先对访问主体和受控客体的安全级别属性进行比较,再决定访问主体能否访问该受控客体。为了对MAC模型进行形式化描述,首先需要将访问控制系统中的实体对象分为主体集S和客体集O,然后定义安全类SC(x)=<L,C>,其中x为特定的主体或客体,L为有层次的安全级别Level,C为无层次的安全范畴Category。在安全类SC的两个基本属性L和C中,安全范畴C用来划分实体对象的归属,而同属于一个安全范畴的不同实体对象由于具有不同层次的安全级别L,因而构成了一定的偏序关系。例如,TS(Top Secret)表示绝密级,S(Secret)表示秘密级,当主体s的安全类别为TS,而客体o的安全类别为S时,s与o的偏序关系可以表述为SC(s)≥SC(o)。依靠不同实体安全级别之间存在的偏序关系，主体对客体的访问可以分为以下四种形式。

(1) 向下读(Read Down，RD)：主体安全级别高于客体信息资源的安全级别时，即SC(s)≥SC(o)，允许读操作。

(2) 向上读(Read Up，RU)：主体安全级别低于客体信息资源的安全级别时，即SC(s)≤SC(o)，允许读操作。

(3) 向下写(Write Down，WD)：SC(s)≥SC(o)时，允许写操作。

(4) 向上写(Write Up，WU)：SC(s)≤SC(o)时，允许写操作。

由于MAC通过分级的安全标签实现了信息的单向流动，因此它一直被军方采用，其中最著名的是Bell-LaPadula模型和Biba模型。Bell-LaPadula模型具有只允许向下读、向上写的特点，可以有效防止机密信息向下级泄露，保护机密性；Biba模型则具有只允许向上读、向下写的特点，可以有效地保护数据的完整性。

表5-2为MAC信息流安全控制，可以看出机密层次的主体对于比它级别高的客体，只有写操作权限；而对于比它级别低的客体，则拥有读操作权限。这符合RD和WU，与Bell-LaPadula模型的信息流控制一致，可以保证信息的机密性。

表5-2 MAC信息流安全控制

主体	客体				High
	TS	**C**	**S**	**U**	↓
TS	R/W	R	R	R	↓
C	W	R/W	R	R	↓
S	W	W	R/W	R	
U	W	W	W	R/W	Low

注：绝密(Top Secret，TS)，机密(Confidential，C)，秘密(Secret，S)，无密(Unclassified，U)

5.1.4 基于角色的访问控制

将访问权限分配给一定的角色，让用户根据自己的角色获得相应的访问许可权，这便是基于角色的访问控制策略。角色是指一个可以完成一定职能的命名组。角色与组是有区别的，组是一组用户的集合，而角色是一组用户集合外加一组操作权限集合。一般认为组是具有某些相同特质的用户集合。在UNIX操作系统中，组可以被看成拥有相同访问权限的用户集合，定义用户组时会为该组赋予相应的访问权限。如果一个用户加入了该组，则该用户即具有了该用户组的访问权限，可以看出组内用户继承了组的权限。

如图5-4所示，角色的概念可以这样理解：一个角色是一个与特定工作活动相关联的行为与责任的集合。角色不是用户的集合，也就与组不同。如果将一个角色与一个组绑定，则这个组就拥有了该角色拥有的特定工作的行为能力和责任。组和用户都可以看成角色分配的单位和载体，而一个角色可以看成具有某种能力或某些属性的主体的一个抽象。

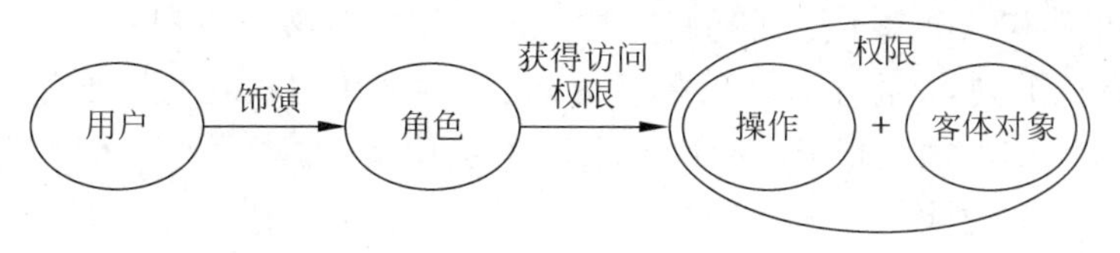

图5-4 基于角色的访问控制模型

角色的目的是隔离用户(Subject,动作客体)与权限(Privilege,指对客体)的一个访问操作,即操作(Operation)+客体对象(Object)。角色作为一个用户与权限的代理层,所有的授权应该给予角色而不是直接给用户或组。RBAC模型的基本思想是将访问权限分配给一定的角色,用户通过饰演不同的角色获得角色所拥有的访问许可权。

在基于角色的访问控制模型中,只有系统管理员才能定义和分配角色,用户不能自主地将对客体的访问权转让给别的用户。相较而言,自主访问控制配置的力度小、配置的工作量大、效率低,强制访问控制配置的力度大、缺乏灵活性,而基于角色的访问控制策略是与现代的商业环境相结合的产物,具有灵活、方便和安全的特点,是实施面向企业安全策略的一种有效的访问控制方式,目前常用于大型数据库系统的权限管理。

下面介绍一个基于角色的访问控制实例。

在银行环境中,用户角色可以定义为出纳员、分行管理者、顾客、系统管理者和审计员,相应的访问控制策略可作如下规定。

(1) 允许一个出纳员修改顾客的账号记录(包括存款和取款、转账等),并允许其查询所有账号的注册项。

(2) 允许一个分行管理者修改顾客的账号记录(包括存款和取款,但不包括规定的资金数目的范围)并允许其查询所有账号的注册项,也允许创建和终止账号。

(3) 允许一个顾客只询问他自己的账号的注册项。

(4) 允许系统的管理者访问系统的注册项和开关系统,但不允许读或修改用户的账号信息。

(5) 允许一个审计员读系统中的任何数据,但不允许修改任何内容。该策略陈述易于被非技术的组织策略者理解,同时也易于映射到访问控制矩阵或基于组的策略陈述。另外,该策略还同时具有基于身份策略的特征和基于规则策略的特征。

基于角色的访问控制具有如下优势。

(1) 便于授权管理。例如,系统管理员需要修改系统设置等内容时,必须有几个不同角色的用户到场方能操作,从而保证了安全性。

(2) 便于根据工作需要分级。例如,企业财务部门与非财务部门的员工对企业财务的访问权就可由财务人员这个角色来区分。

(3) 便于赋予最小特权。例如,即使用户被赋予高级身份时也未必一定要允许其使用特权,以便减少损失,只有必要时方能拥有特权。

(4) 便于任务分担,让不同的角色完成不同的任务。在基于角色的访问控制中,某个人用户可能是不止一个组或角色的成员,对于不同的组或角色而言拥有的权限也有所不同。

(5) 便于文件分级管理。文件本身也可分为不同的角色,如信件、账单等,由不同角色的用户拥有。

在各种访问控制系统中,访问控制策略的制定实施都是围绕主体、客体和操作权限三者之间的关系展开。有三个基本原则是制定访问控制策略时必须遵守的。

(1) 最小特权原则,是指主体执行操作时,按照主体所需权利的最小化原则分配给主体权力。最小特权原则的优点是最大限度地限制了主体实施授权行为,可以避免来自突发事件和错误操作带来的危险。

(2) 最小泄露原则,是指主体执行任务时,按照主体所需要知道信息的最小化原则分配给主体访问权限。

(3) 多级安全策略,是指主体和客体间的数据流方向必须受到安全等级的约束。多级安全策略的优点是避免敏感信息的扩散。对于具有安全级别的信息资源,只有安全级别比它高的主体才能够对其访问。

5.2 操作系统安全

操作系统是硬件之上的第一层软件,作为计算机系统核心的软件,负责控制和管理计算机系统资源,其他软件都依赖于操作系统的支持。因此,操作系统安全是信息系统安全的基础。操作系统的设计和实现非常复杂,好的、完善的操作系统不仅要能有效地组织和管理计算机的各类资源、合理组织计算机工作流程、保证系统的高效运行,还应能阻止各类攻击、保证计算机上各类信息和数据的安全。现代操作系统存在不少的安全漏洞或后门,并且默认的安全设置容易受到攻击。因此,减少安全漏洞或后门对计算机系统的威胁,必须对操作系统设计合理的安全机制。

5.2.1 操作系统安全机制

导致操作系统不安全的主要原因是操作系统安全体制的缺陷。对操作系统构成的威胁主要有计算机病毒、特洛伊木马、隐蔽通道和天窗等。操作系统所具有的安全机制包括以下6方面。

1. 身份认证机制

身份认证是证明某人或某个对象身份的过程,是保证系统安全的重要措施。身份认证需要用一个标识来表示用户的身份。将标识和用户关联起来的过程称为认证。操作系统的许多保护措施大都基于认证系统的合法用户,身份认证是操作系统中相当重要的一个方面,也是用户获取权限的关键。

2. 访问控制机制

访问控制机制的基本任务就是防止非法用户进入系统及合法用户对系统资源的非法使用。自主访问控制根据用户的身份及允许访问权限决定其访问操作。强制访问控制是让用户与文件都有一个固定的安全属性,系统用该安全属性来决定一个用户是否可以访问某个文件。基于角色的访问控制解决了具有大量用户、数据客体和访问权限的系统中的授权管理问题。

3. 最小特权机制

最小特权是指在完成某种操作时赋予每个主体(用户或进程)必不可少的特权。最小特权机制一方面给予主体必不可少的特权,保证了所有的主体能在所赋予的特权之下完成所需要完成的任务或操作;另一方面,它只给予主体必不可少的特权,从而限制了每个主体所能进行的操作,确保由可能的事故、错误、网络部件的篡改等造成的损失最小。

4. 可信通路机制

可信通路(trust path)是终端人员能借以直接与可信计算基(Trusted Computing Base,TCB)通信的一种机制。可信通路机制只能由有关终端人员或可信计算基启动,并且不能被不可信软件模拟。可信通路机制主要应用在用户登录或注册时,能够保证用户确实是和安全核心通信,防止不可信进程(如特洛伊木马等)模拟系统的登录过程而窃取口令。

5. 隐蔽通道的分析与处理

隐蔽通道是指系统中利用那些本来不是用于通信的系统资源绕过强制访问控制进行非法通信的一种机制。系统内充满着隐蔽通道。对于系统中的每一个信息比特,如果它能由一个进程修改而由另一个进程读取(直接或间接),那它就是一个潜在的隐蔽通道。

6. 安全审计机制

安全审计机制为系统进行事故原因的查询、定位,事故发生前的预测、报警以及事故发生之后的实时处理提供详细、可靠的依据和支持,以便有违反系统安全规则的事件发生后能够有效地追查事件发生的地点和过程。操作系统必须能够生成、维护及保护安全审计过程,防止其被非法修改、访问和毁坏,特别是要保护审计数据,严格限制未经授权的用户访问。

1972年,J. P. Anderson指出,开发安全的系统,首先必须建立系统的安全模型,完成安全系统的建模之后,再进行安全内核的设计与实现。历史上,主要安全操作系统模型有BLP机密性安全模型、Biba完整性安全模型、Clark-Wilson完整性安全模型、信息流模型、RBAC安全模型、DTE安全模型、无干扰安全模型等。每一种模型都用一套完善的规则来限制系统中信息的流动。操作系统的安全审计机制可以对系统中有关安全的活动进行记录、检查及审核,可以检测和阻止非法用户对计算机系统的入侵,并显示合法用户的误操作。安全审计是操作系统的重要组成部分,评价小型操作系统安全性的主要依据是1985年发布的美国国防部开发的可信计算机系统评价准则(Trusted Computer System Evaluation Criteria,TCSEC),该标准把安全级别从高到低分成A、B、C、D四个类别,又把每个类别分为若干类别。TCSEC定义的大致内容如下。

A:校验级保护,提供低级别手段。

B3:安全域,数据隐藏与分层、屏蔽。

B2:结构化内容保护,支持硬件保护。

B1:标记安全保护,例如System V等。

C2:有自主的访问安全性,区分用户。

C1:不区分用户,基本的访问控制。

D:没有安全性可言,例如MS DOS。

为了实现对信息或数据的访问控制功能,Windows操作系统提供了特有的访问控制机制。

目前,Windows 2000以上版本的操作系统均能达到C2级安全。C2级安全标准的主要特征为:自主的访问控制;对象再利用必须由系统控制;用户标识和认证;能够审计所有安全相关事件和个人活动,只有管理员才有权限访问设计记录。

1) CPU的工作模式

出于安全性和稳定性的考虑,从Intel 80386开始,该系列的CPU可以运行于ring0～ring3从高到低四个不同的权限级别,对数据也提供相应的四个保护级别。运行于较低级别的代码不能随意调用高级别的代码和访问较高级别的数据,而且也只有运行在ring0层的代码可以直接对物理硬件进行访问。Windows只利用了CPU的两个权限级别:一个被称为内核模式,对应80x86的ring0层,它是操作系统的核心部分,设备驱动程序就是运行在该模式下;另一个被称为用户模式,对应80x86的ring3层,操作系统的用户接口部分以及所有的用户应用程序都运行在该模式下。Windows对运行在内核模式的组件空间不提供读/写保护。运行于内核模式的进程可以执行任何指令、访问任何地址,而运行于用户模式的进程访问的地址空间是受到限制的,能够执行的指令也是受限的,例如,这些进程不能更改其子进程之外的其他进程的状态等。

2)定时器

操作系统通过启用定时器(timer)来限制用户程序对CPU的使用,并能防止用户程序修改定时器,因而能够防止用户程序滥用CPU。

3)内存保护

目前操作系统都能限制一个用户进程访问其他用户进程私有地址空间的行为,限制方法包括使用栅栏,重定位,基址/限址寄存器,对内存分段、分页等。对于共享的内存地址也提供了锁保护措施。

4)文件保护

在Windows中,文件和目录以及所有的基本操作系统数据结构都被称为对象,每个对象有一个拥有者。要访问对象,需要主体出示访问令牌,只有访问令牌和对象的访问控制列表中的访问控制条目匹配,系统才允许主体访问该对象。

5)安全组件

Windows的安全组件包括安全标识符(SID)、访问令牌(access token)、安全描述符、访问控制列表(ACL)和访问控制条目(ACE)。

其中,安全标识符(SID)是用于标识用户、组和计算机账户的唯一号码。每次一个新的用户或组被建立时,它就收到唯一的SID。当Windows安装和建立时,一个新的SID就分给那台计算机了。SID唯一地标识用户、组和计算机,不仅应用在特定的计算机上,也在与其他计算机交互时应用。在用户被验证之后,系统会分配给用户一个访问令牌。访问令牌是访问资源的"入场券",只要用户试图访问某种资源,就要出示访问令牌。然后系统对照请求对象的访问控制列表检查访问令牌。如果用户被许可,则以适当的方式认可访问。访问令牌只有在登录过程期间才能被分发,所以对用户访问权限的任何改变,都要求用户先注销,然后重新登录后接收更新的访问令牌。Windows中每个对象有一个安全描述符,作为它属性的一部分。安全描述符由对象所有者的SID、POSIX子系统使用的组的SID、自主访问控制列表和系统访问控制列表组成。访问控制条目即访问控制列表的表项,每个访问控制条目包含用户或组的SID和分配给该对象的权限。管理工具为一个对象列出访问权限时总是按照用户字母顺序列的,所以管理员的访问权限总位于前面。安全模型是对安全策略所表达的安全需求的简单、抽象和无歧义的描述,而模型的实现则描述了如何把特定的机制应用于系统中,从而实现某一特定安全策略所需的安全保护。

5.2.2 操作系统攻击技术

对操作系统的攻击有多种技术,下面从针对认证的攻击、针对漏洞的攻击、直接攻击、被动攻击以及攻击成功后恶意软件的驻留等方面进行介绍。

1. 针对认证的攻击

操作系统通过认证手段鉴别并控制计算机用户对系统的登录和访问,但由于操作系统提供了多种认证登录手段,因此利用系统在认证机制方面的缺陷或者不健全之处,可以实施对操作系统的攻击。例如,利用字典攻击或者暴力破解等手段,获取操作系统的账号、口令;利用 Windows 的 IPC$ 功能,实现空连接并传输恶意代码;利用远程终端服务即 3389 端口,开启远程桌面控制等。

2. 针对漏洞的攻击

攻击者经常会针对展开对操作系统的攻击。在系统存在漏洞的情况下,通过攻击脚本,攻击者可以远程获得对操作系统的控制。Windows 操作系统的漏洞由微软公司每月定期以安全公告的形式对外公布,对系统威胁最大的漏洞包括远程溢出漏洞、本地提权类漏洞、用户交互类漏洞等。

3. 直接攻击

直接攻击是攻击者在对方防护很严密的情况下,通常采用的一种攻击方法。例如,当操作系统的补丁及时打上,并配备防火墙、防病毒、网络监控等基本防护手段时,针对认证和漏洞的攻击就难以奏效。此时,攻击者采用电子邮件、QQ、MSN 等即时消息软件,发送带有恶意代码的信息,通过诱骗对方点击来安装恶意代码。也就是说,可直接穿过防火墙等对系统进行攻击。

4. 被动攻击

被动攻击是在没有明确的攻击目标,并且对方防范措施比较严密情况下采用的一种攻击手段。一般通过建立或者攻陷一个对外提供服务的应用服务器,篡改网页内容,设置恶意代码,诱骗普通用户点击的情况下,对普通用户进行的攻击。由于普通用户不知网页被篡改后含有恶意代码,自己点击后被动地安装上恶意软件,从而被实施了对系统的有效渗透。

5. 攻击成功后恶意软件的驻留

恶意软件的一个主要功能是对操作系统的远程控制,并通过信息回传、开启远程连接、进行远程操作等手段造成目标计算机的信息泄露。恶意软件一旦入侵成功,将采用多种手段在目标计算机进行驻留,例如通过写入注册表实现开机自动启动,采用 rootkit 技术进行进程、端口、文件隐藏等,目的就是实现自己在操作系统中不被发现,以更长久地对目标计算机进行控制。

5.2.3 Windows 系统的安全管理

如图 5-5 所示,Windows 系统采用的是层次性的安全架构,整个安全架构的核心是安全策略,完善的安全策略决定了系统的安全性。Windows 系统的安全策略明确了系统各个安全组件如何协调工作,Windows 系统安全开始于用户认证,是其他安全机制能够有效实施的基础,处于安全架构的最外层。常见的认证机制包含登录口令和令牌。

加密和访问控制处于用户认证之后,是保证系统安全的主要手段。加密保证了系统与用户之间的通信及数据存储的机密性;访问控制则维护了用户访问的授权原则。审计和管理处于系统的内核层,负责系统的安全配置和事故处理,审计可以发现系统是否曾经遭受过攻击或者正在遭受攻击,并进行追查;管理则是为用户有效控制系统提供功能接口。

Windows 系统的安全管理主要围绕安全主体展开,目标是保护其安全性。安全主体主要包括用户、组、计算机以及域等。用户是 Windows 系统中操作计算机资源的主体,每个用户必须先行加入 Windows 系统,并被指定唯一的账户;组是用户账户集合的“容器”,也被赋予了一定的访问权限——放到一个组中的所有账户都会继承这些权限;计算机是指一台

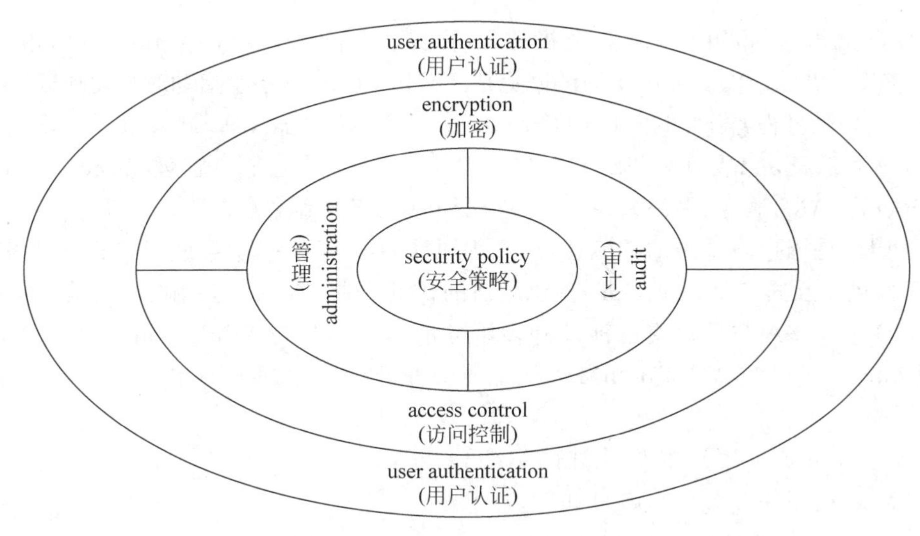

图 5-5 Windows 系统的安全架构

独立计算机的全部主体和客体资源的集合，也是 Windows 系统管理的独立单元；域是使用域控制器(Domain Controller，DC)进行集中管理的网络，域控制器是共享的域信息的安全存储仓库，同时也是域用户认证的中央控制机构。

Windows 系统的安全管理主要是由它的安全子系统来提供，安全子系统既可以用于工作站，也可以用于服务器，区别只在于服务器版的用户账户数据库可以用于整个域，而工作站版的数据库只能本地使用。如图 5-6 所示，Windows 系统的安全性服务运行在两种模式下，安全参考监视器(Security Reference Monitor，SRM)运行在内核模式下，作为 Windows Executive 的一部分；而用于与用户进行交互的主要安全服务即本地安全机构主要包括身份认证和访问控制等。

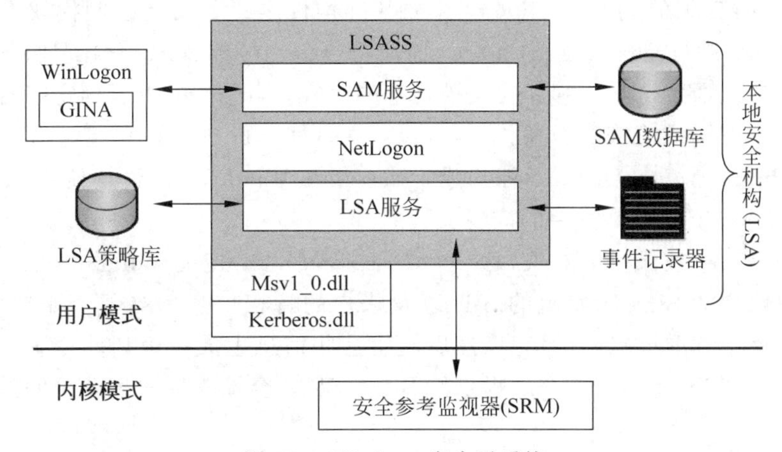

图 5-6 Windows 安全子系统

安全参考监视器(SRM)是 Windows 系统所有安全服务的基础，运行在内核模式下，负责检查一个用户是否有权限访问一个客体对象或者是否有权利完成某些动作，对每个客体对象的访问必须得到内核层 SRM 的有效性访问授权，否则访问无法完成。SRM 的另一个功能是与 LSA 配合来监视用户对客体对象的访问，并生成事件日志传送给事件记录器保存，为管理员的事件审计提供依据。

LSA安全服务主要由本地安全机构子系统(Local Security Authority Subsystem,LSASS)登录模块WinLogon两个服务来完成。WinLogon是系统启动时自动加载的一个进程,监视整个登录过程,同时可以加载GINA(Graphical Identification and Authentication)进程,提供图形化的认证界面。LSASS主要包括LSA服务、安全账户管理(Security Account Management,SAM)服务、网络登录服务NetLogon等基本组件。

LSA服务是用户与系统的交流通道,它提供了许多服务程序帮助用户完成许多工作,主要包括提供交互式登录认证服务、创建用户的访问令牌、存储和映射用户权限、设置和管理审核策略等。LSA与用户交互涉及许多服务进程,例如,与WinLogon合作完成用户登录,调用Msv1_0.dll支持NT LanMan认证的服务,调用Kerberos.dll支持Kerberos认证的服务,等等。

SAM服务是实现用户身份认证的主要依据,在SAM数据库保存着用户账号和口令等数据,为LSA提供数据查询。NetLogon是进行域登录的重要部件,首先通过安全通道与域中控制器建立连接,然后再通过安全的通道传递用户的口令,完成域登录。图5-7是Windows登录认证流程,SSPI(Security Support Provider Interface)是微软公司提供的公用API接口,可供第三方利用该接口获得不同的安全性服务而不必修改协议本身。

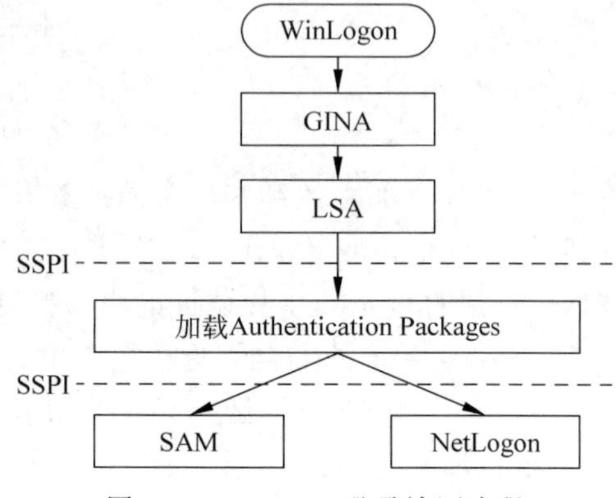

图5-7 Windows登录认证流程

5.2.4 Windows系统的访问控制

Windows系统的访问控制是其安全性的基础构件之一。访问控制模块有两个主要的组成部分:访问令牌(access token)和安全描述符(security descriptor),它们分别由访问者和被访问者持有。通过访问令牌和安全描述符的内容,Windows可以确定持有令牌的访问者能否访问持有安全描述符的对象。Windows中的每个账户或账户组都有一个安全标识符,系统的Administrator、Users等账户或者账户组在Windows内部均使用SID来标识,每个SID在同一个系统中都是唯一的。

访问令牌是一个被保护的对象,每一个访问令牌都与特定的Windows账户相关联。访问令牌包含该账户的SID、所属组的SID以及账户的特权信息。当一个账户登录时,LSA会从内部数据库中读取该账户的信息,然后使用这些信息生成一个访问令牌。当用户试图访问系统资源时,需要将拥有的令牌提供给SRM,SRM会检查用户试图访问的对象的访问控制列表。

每个被访问的客体对象都与一个安全描述符相关联,安全描述符用来描述客体对象的属性及安全规则,包含客体对象所有者的SID和ACL。ACL包含DACL和SACL。DACL由多个访问控制项(Access Control Entry,ACE)组成,每个访问控制项的内容描述了允许或拒绝特定账户对这个对象执行特定操作。SACL是为系统审计服务的,它的内容决定了当特定账户对该客体对象执行特定操作时,其行为是否会被记录到系统日志中。

如图5-8所示,Smith的进程Thread A访问客体对象FILE.txt,则SRM依据Smith

的访问令牌的信息和 FILE. txt 的安全描述符进行审核，由于安全描述符中 DACL 包含访问控制项 ACE1，其内容是拒绝 Smith 的读操作 Read、写操作 Write 和执行操作 Execute，因此 SRM 拒绝 Thread A；而 SRM 根据 DACL 的内容允许 Thread B 访问 FILE. txt。

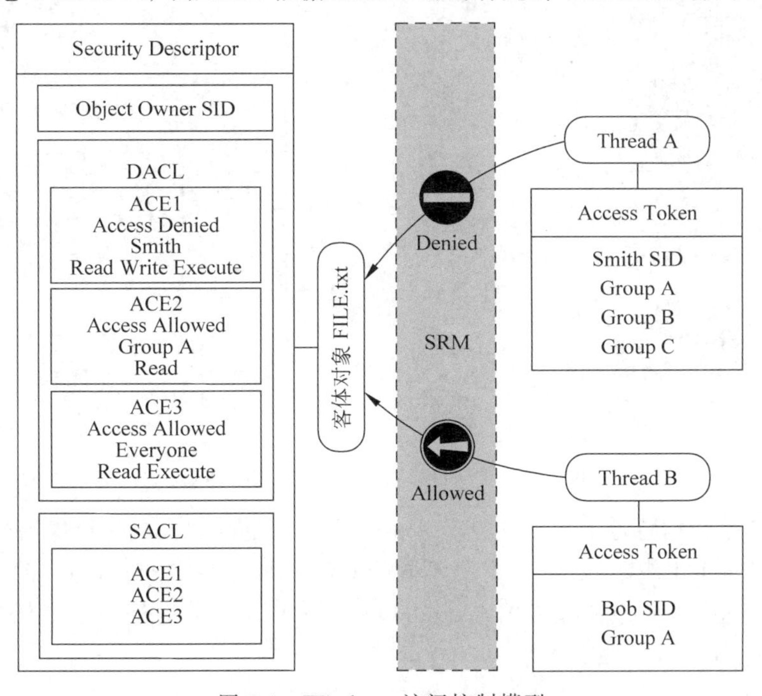

图 5-8　Windows 访问控制模型

5.2.5　Windows 系统的活动目录与组策略

Windows 操作系统安全涉及两项非常重要的服务：活动目录(Active Directory，AD)和组策略(Group Policy，GP)，它们协调工作有效提升了 Windows 操作系统的安全性。AD 存储有关网络对象的信息，让管理员和用户可以轻松查找和使用这些信息。AD 是一个面向网络对象管理的综合目录服务，网络对象包括用户、用户组、计算机、打印机、应用服务器、域、组织单元和安全策略服务。AD 是各种网络对象的索引集合和数据存储的视图，把分散的网络对象建立索引目录，存储在 AD 的数据库内。

图 5-9 为 AD 的管理划分模型，AD 把整个域作为一个完整目录进行管理，域模式要求用户进行网络登录，用户只要在域中有一个账户，登录成功即可在整个域网络中活动。同时，AD 把域划分为若干组织单元(Organizational Unit，OU)，OU 是域中用户和组、文件、打印机等网络对象以及其他 OU 的集合。可见，OU 可以划分下级 OU，下级 OU 能够继承父 OU 的访问权限。每一个 OU 有自己的管理员，负责 OU 的权限管理，从而实现 AD 的多层次管理。

AD 的功能包括基于目录的用户和资源管理、基于目录的网络服务和基于网络的应用管理。基于目录的用户和资源管理为用户提供网络对象的统一视图，基于目录的网络服务主要包括 DNS、WINS、DHCP、证书服务等，基于网络的应用管理包括管理企业通讯录、用户组管理、用户身份认证、用户授权管理和应用系统支撑等。

如果说 AD 是 Windows 网络中重要的安全管理平台，那么组策略(GP)是其安全性的

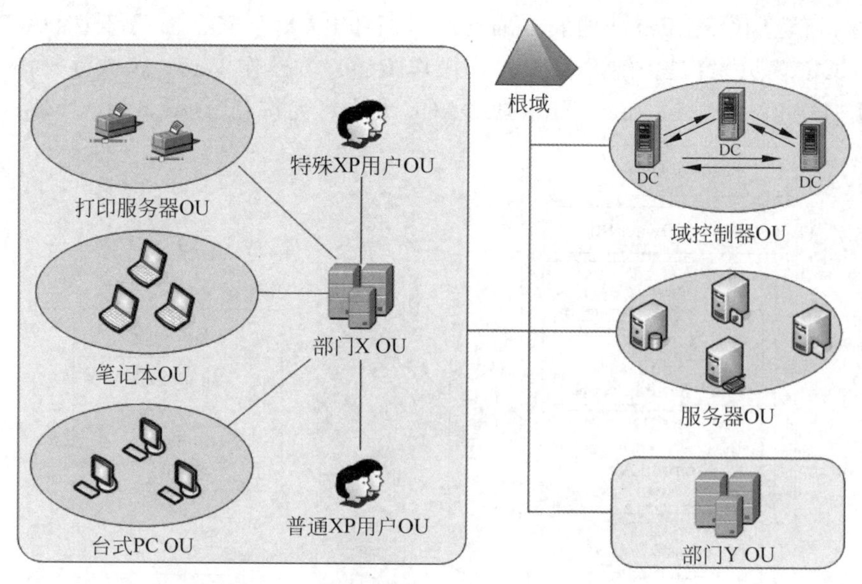

图 5-9 活动目录(AD)的管理划分模型

重要体现。GP 是依据特定的用户或计算机的安全需求定制的安全配置规则。如图 5-10 所示,管理员针对每个组织单元(OU)定制不同的 GP,并将这些 GP 存储在 AD 的相关数据库内,可以强制推送到客户端实施 GP。AD 可以使用 GP 命令来通知和改变已经登录的用户的 GP,并执行相关安全配置。

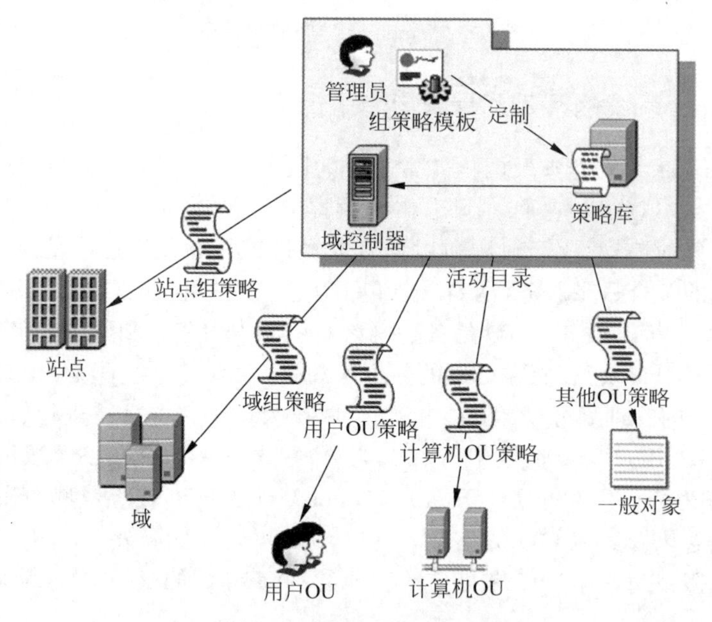

图 5-10 组策略工作流程

注册表是 Windows 系统中保存系统应用软件配置的数据库,很多配置都是可以自定义设置的,但这些配置散布在注册表的各个角落,如果手工配置,可想有多么困难和烦琐。GP 可以将系统中重要的配置功能汇集成一个配置集合,由管理人员通过配置并实施 GP,达到直接管理计算机的目的。简单地说,实施 GP 就是修改注册表中的相关配置。GP 分为基于活动目录的GP和基于本地计算机的GP：AD GP存储在域控制器上AD的数据库中，它的定制实施由域管理员来执行；本地GP存放在本地计算机内，由本地管理员来定制实施。AD GP实施的对象是整个组织单元OU；本地GP只负责本地计算机。GP和AD配合GP部署在OU、站点或域的范围内，也可以部署在本地计算机上。部署在本地计算机时，GP不能发挥其全部功能，只有和AD配合，GP才可以发挥出全部潜力。

5.2.6 Windows系统的安全服务

Windows安全服务依托安全管理功能实现，包括账户安全、文件安全和主机安全。

1. 账户安全

只有Windows Server 2003操作系统的合法账户，才能访问网络上的资源。基于Internet的非法入侵是从寻找账户的漏洞开始的。Windows通过账户来管理用户，控制用户对资源的访问，每一个需要访问网络的用户都要有一个账户。Windows用户分为域用户账户、本地用户账户和内置用户账户。

1）域用户账户

域用户账户是用户访问域的唯一凭证，该账户在域控制器上建立，作为活动目录的一个对象保存在域的数据库中。用户在域中的任何一台计算机登录时必须提供一个合法的域用户账户，该账户将被域控制器所验证。

SAM作为保存域用户账户的数据库，位于域控制器的\%systemroot%\NTDS\NTDS.DIT文件中。每个账户都被Windows签订唯一的SID，保证账户在域中的唯一性。SID作为账户的属性不能被修改，若账户被删除，则SID将不复存在。Windows系统中SID对应用户权限，因此只要SID不同，新建账户不会继承原有账户的权限与组的隶属关系。

2）本地用户账户

Windows Server 2003在工作组模式或作为域中的成员服务器时，计算机操作系统中存在的是本地用户和本地组。本地用户账户的作用范围仅限于在创建该账户的计算机上，以控制用户对该计算机上的资源的访问。如果用户访问在工作组模式下的计算机，则必须具有被访问计算机的本地账户。本地账户存储在%SystemRoot%\system32\config\Sam数据库中，这些账户在被访问计算机上必须是唯一的。本地用户账户验证由创建该账户的计算机进行，因此这种类型账户的管理是分散的，并且也有一个唯一的SID标志，记录账户的权限和组的隶属关系。

3）内置用户账户

Windows Server 2003自带账户，系统安装好后这些账户已经存在，并且赋予相应的权限以完成某些特定的工作。Windows内置用户账户包括Administrator和Guest，内置账户不允许被删除，Administrator不允许被屏蔽，但内置账户允许被更名。Administrator账号被赋予在域中和在计算机中不受限制的权利，用于管理本地计算机或域，具体是指创建其他用户账号和组、实施安全策略、管理打印机和分配用户对资源的访问权限等。Guest是在域或计算机中的用户临时访问时使用的，默认情况下不允许对域或计算机中的设置和资源做永久性的更改。

在规划Windows Server 2003域时，注意考虑账户的命名约定和账户的密码约定。账号命名约定包括：域用户账号的用户登录名在AD中必须唯一；域用户账号的完全名称在创建该用户账号的域中必须唯一；本地用户账号在创建该账号的计算机上必须唯一；如果用户名称有重复,则应该在账号上加以区别；对于临时雇员应该做出特殊的命名,以便标示出来。账户密码约定包括：尽量避免带有明显意义的字符或数字的组合,最好采用大小写和数字的无意义混合；对于不同级别的安全要求,确定用户的账号密码是由管理员控制还是由账号的拥有者控制；定期更改密码,尽量使用不同的密码；有关密码的策略可以由系统管理员在密码策略管理工具中加以规定,以保护系统的安全性。

2. 文件安全

Windows Server 2003 使用 NTFS 文件系统格式,该结构提供数据文件访问控制机制。NTFS 权限是基于 NTFS 分区实现,支持用户对文件的访问权限,支持对文件和文件夹的加密,NTFS 权限可以实现高度的本地安全性。

1）通过对用户赋予 NTFS 权限可以有效地控制用户对文件和文件夹的访问

在 NTFS 分区上的每一个文件和文件夹都有一个 ACL 列表,该表记录每一个用户和组对该资源的访问权限。在默认情况下,NTFS 权限具有继承性,即文件和文件夹继承来自上层文件夹的权限。NTFS 权限分为特殊 NTFS 权限和标准 NTFS 权限两类,标准 NTFS 权限是特殊 NTFS 权限的特定组合,特殊 NTFS 权限规定了用户访问资源的所有行为。

Windows 将一些常用的特殊 NTFS 权限组合为标准 NTFS 权限,当需要分配权限时将一个标准 NTFS 权限分解为多个特殊 NTFS 权限,简化权限的分配和管理。

2）NTFS 权限的使用原则

一个用户可能属于多个组,NTFS 权限的使用原则用于判断用户对资源有何种访问权限。权限最大原则,当一个用户同时属于多个组,而这些组又有可能对某种资源赋予了不同的访问权限,按照权限最大原则,则用户对该资源的最终有效权限是在这些组中最宽松的权限,即加权限,将所有的权限加在一起即该用户的权限。

文件权限超越文件夹权限：当用户或组对某个文件夹以及该文件夹下的文件有不同的访问权限时,用户对文件的最终权限是其被赋予访问该文件的权限,即文件权限超越其上级文件夹的权限,用户访问该文件夹下的文件不受文件夹权限的限制,而只受被赋予的文件权限的限制。

拒绝权限超越其他权限原则：如果用户对某个资源有拒绝权限,那么该权限超越其他任何权限,即在访问该资源时只有拒绝权限是有效的。当有拒绝权限时,权限最大法则无效。因此,对于拒绝权限的授予应该慎重考虑。

3）NTFS 权限的继承

在同一个 NTFS 分区内或不同的 NTFS 分区之间移动或复制一个文件或文件夹时,该文件或文件夹的 NTFS 权限会发生不同的变化。在同一 NTFS 分区内移动的实质就是在目的位置将原位置上的文件或文件夹移过来,因此文件和文件夹仍然保留有在原位置的一切 NTFS 权限。

在不同 NTFS 分区之间移动文件或文件夹,文件和文件夹会继承目的分区中文件夹的权限,实质就是在原位置删除该文件或文件夹,并且在目的位置新建该文件或文件夹。

在同一个 NTFS 分区内复制文件或文件夹,文件和文件夹将继承目的位置中的文件夹的权限。在不同 NTFS 分区之间复制文件或文件夹,文件和文件夹将继承目的位置中文件夹的权限。

4）共享文件夹权限管理

共享文件夹用于向网络用户提供对文件资源的访问，可以包括应用程序、公用数据或用户个人数据。读权限：用户可以显示文件夹名称、文件名、文件属性，运行程序文件，对共享文件夹内的文件夹做出改动。修改权限：用户可以创建文件夹、向文件夹中添加文件、修改文件中的数据、向文件中添加数据、修改文件属性、删除文件夹和文件。完全控制权限：用户可以修改文件权限、获取文件的所有权并执行修改权限允许的所有任务。

5）文件的加密与解密

Windows Server 2003 的 NTFS 文件系统内置了 EFS 加密系统，利用 EFS 加密系统可以对保存在硬盘上的文件进行加密，其加密和解密过程对应用程序和用户而言是完全透明的。文件或文件夹被加密后，未经许可对其进行物理访问的入侵者都无法阅读这些文件或文件夹中的内容。通常将要加密的文件置于一个文件夹中，再对该文件夹加密，可以一次加密大量的文件。在该文件夹下创建的所有文件和子文件夹都会被加密。

3. 主机安全

主机安全是针对单个主机设置的安全规则，旨在保护计算机上的重要数据。安全策略定义了用户在使用计算机、运行应用程序和访问网络等方面的行为约束，通过这些约束避免了各种对网络安全的有意或无意的伤害。安全策略是事先定义好的一系列应用于计算机的行为准则，应用这些安全策略使用户有一致的工作方式，防止用户破坏计算机上的各种重要配置，保护网络上的敏感数据。在 Windows Server 2003 中，安全策略是以本地安全设置和组策略两种形式出现的。本地安全设置是基于单个计算机的安全性而设置的。本地安全设置应用于较小的组织或者没有应用活动目录的网络；而组策略可以在站点、组织单元或域的范围内实现，通常应用于较大规模并且应用活动目录的网络。

1）实施本地安全设置

本地安全设置只能在不属于某个域的计算机上实现，其中可设定的值较少，对用户的约束也较少。如果要在整个网络中约束用户使用计算机的行为，则必须在每一个计算机上实施本地安全设置。本地安全设置包括账户策略、本地策略、公钥策略和 IP 安全策略。

2）配置并实施组策略

在 Windows Server 2003 活动目录中，组策略的主要作用是规定用户和计算机的使用环境，还应用于成员服务器、域控制器以及管理范围内的其他计算机。组策略定义了系统管理员需要管理的用户桌面环境的各种组件。要为特定用户组创建特殊的桌面配置，可使用组策略对象编辑器创建组策略对象，并将其与选定的活动目录对象相关联。

组策略包括两部分：用户配置策略，是指定对应于某个用户账户的策略，这样不论该账户在域内哪台计算机上登录，其工作环境都是一样的；计算机配置策略，是指定对应于某台计算机的策略，这样不论哪个账户在该计算机上登录，其工作环境都是一样的。

3）使用预定义安全性模板

Windows Server 2003 包含多个适用于不同安全需求的安全性模板，利用这些模板，网络管理人员可以简化策略的设定和实施操作。预定义安全性模板包括 3 种安全级别。基本级别的模板为 Windows 定义的默认的安全级别，包括以下设定：默认的工作站、默认的服务器和默认的域控制器，它们位于\systemroot\security\templates 文件夹中。

兼容标准的模板包括商用应用程序的所有功能，使之仍然可以有效地运行，该模板为兼容工作站或服务器模板。安全性模板有可能会影响到一些商用应用程序某些功能的运行,主要包括安全的工作站或服务器、安全的域控制器。高度安全性模板,不会考虑应用程序是否会受到这些设定的影响,主要包括高安全的工作站或服务器、高安全的域控制器。通常情况下,这类模板要慎重使用。

5.3 软件安全

在众多应用系统中,往往运行了多种软件实现其对外服务的功能。软件安全也是影响系统安全的一个重要方面。

5.3.1 开发安全的程序

大部分的溢出攻击是由不良的编程习惯造成的。现在常用的C和C++语言因为宽松的程序语法限制而被广泛使用,它们在营造了一个灵活高效的编程环境的同时,也在代码中埋下了很大的风险隐患。为避免溢出漏洞的出现,在编写程序的同时就需要将安全因素考虑在内,软件开发过程中可利用多种防范策略,如编写正确的代码,改进C语言函数库,数组边界检查,使堆栈向高地址方向增长,程序指针完整性检查等,以及利用保护软件的保护策略(如StackGuard)对付恶意代码等,来保证程序的安全性。目前有几种基本的方法可用于保护缓冲区免受溢出攻击的影响。

(1) 规范代码写法,加强程序验证。

(2) 通过操作系统使得缓冲区不可执行,从而阻止攻击者植入攻击代码。

(3) 利用编译器的边界检查来实现缓冲区的保护。

(4) 在程序指针失效前进行完整性检查。

5.3.2 IIS应用软件系统的安全性

IIS是Windows系统中的Internet信息和应用程序服务器,利用IIS可以方便地配置Windows平台,并且IIS和Windows系统管理功能完美地融合在一起,使系统管理人员获得和Windows完全一致的管理。在上面介绍了操作系统安全后,从IIS的安全性入手,简要介绍应用软件的安全性防范措施。

为有效防范针对IIS的溢出漏洞攻击,首先需要了解IIS的缓冲区溢出漏洞所在之处,然后进行修补。IIS 4.0和IIS 5.0的应用非常广泛,但由于这两个版本的IIS存在很多安全漏洞,也带来了很多安全隐患。

IIS常见漏洞包括idc&ida漏洞、.htr漏洞、NT Site Server Adsamples漏洞、.printer漏洞、Unicode解析错误漏洞、Webdav漏洞等。要了解如何加强Web服务器的安全性,防范由IIS漏洞造成的入侵就显得尤为重要。

例如,默认安装时,IIS支持两种脚本:管理脚本(.ida文件)和Internet数据查询脚本(.idq文件)。这两种脚本都由idq.dll来处理和解释,而idq.dll在处理某些URL请求时存在一个未经检查的缓冲区,如果攻击者提供一个特殊格式的URL,就可能引发一个缓冲区溢出。通过精心构造发送的数据,攻击者可以改变程序执行流程,从而执行任意代码。当成功地利用这个漏洞入侵系统后,攻击者就可以在远程获取Local System的权限了。

在“Internet 服务管理器”中，右击网站目录，选择“属性”命令，在网站目录属性对话框的“主目录”界面中，单击“配置”按钮。在弹出的“应用程序配置”对话框的“应用程序映射”界面，删除无用的程序映射。在大多数情况下，只需要留下.asp 一项即可，将.ida、.idq、.htr 等全部删除，以避免利用.ida、.idq 等这些程序映射存在的漏洞对系统进行攻击。

5.3.3 软件系统攻击技术

常见的利用软件缺陷对应用软件系统发起攻击的技术包括缓冲区溢出攻击、栈溢出攻击、堆溢出攻击、格式化串漏洞利用等。

1. 缓冲区溢出攻击

如果应用软件存在缓冲区溢出漏洞，可利用此漏洞实施对软件系统的攻击。缓冲区是内存中存放数据的地方。在程序试图将数据放到计算机内存中的某一个位置时，如果没有足够的空间，就会发生缓冲区溢出。攻击者写一个超过缓冲区长度的字符串，程序读取该段字符串，并将其植入缓冲区，由于该字符串的长度超出常规的长度，这时可能会出现两个结果：一个结果是过长的字符串覆盖了相邻的存储单元，导致程序出错，严重的可导致系统崩溃；另一个结果就是利用这种漏洞可以执行任意指令，从而达到攻击者的某种目的。程序运行的时候，数据类型等被保存在内存的缓冲区中。为了不占用太多的内存，包含动态分配变量的程序会在运行时才决定给它们分配多少内存空间。如果在动态分配缓冲区中放入超过缓冲区长度的数据，就会发生溢出。这时，程序就会因为异常而返回，如果攻击者用自己攻击代码的地址覆盖返回地址，这时通过 eip 改变返回地址，程序就会转向去执行攻击者的程序，如果攻击者编写的 shellcode 集成了文件的上传、下载等功能，获取到 root 权限，就相当于完全控制了被攻击方，也就达到了攻击者的目的。

2. 栈溢出攻击

程序每调用一个函数，就会在堆栈中申请一定的空间，我们把这个空间称为函数栈。随着进程中函数调用层数的增加，函数栈一块块地从高端内存地址向低端内存地址方向延伸；反之，随着进程中函数调用层数的减少，即各函数调用的返回，函数栈会一块块地被遗弃而向高端内存地址方向回缩。各函数的栈大小随着函数性质的不同而不等，由函数局部变量的数量决定。进程对内存的动态申请是发生在 Heap(堆)中的。也就是说，随着系统动态分配给进程的内存数量的增加，Heap(堆)有可能向高地址或低地址延伸，依赖于不同 CPU 的实现。但一般来说是向内存的高地址方向延伸的。当发生函数调用时，先将函数的参数压入栈中，然后将函数的返回地址压入栈中，这里的返回地址通常是 Call 的下一条指令的地址。例如，定义 buffer 时程序可分配 24 字节的空间，在 strcpy 执行时向 buffer 中复制字符串时并未检查长度，向 buffer 中复制的字符串如果超过 24 字节，就会产生溢出。如果向 buffer 中复制的字符串足够长，把返回地址覆盖后，程序就会出错。一般会报告错误或者非法指令，如果返回地址无法访问，则产生段错误，如果不可执行，则视为非法指令。

3. 堆溢出攻击

堆内存由分配的很多大块内存区组成，每一块都含有描述内存块大小和其他一些细节信息的头部数据。如果堆缓冲区遭受了溢出攻击，攻击者能重写相应堆的下一块存储区，包括其头部。如果重写堆内存区中下一个堆的头部信息，则在内存中可以写进任意数据。然而，不同目标软件各自特点不同，堆溢出攻击实施较为困难。

4. 格式化串漏洞利用

所谓格式化串,就是在 * printf()系列函数中按照一定的格式对数据进行输出,可以输出到标准输出,即 printf(),也可以输出到文件句柄、字符串等,对应的函数有 fprintf、sprintf、snprintf、vprintf、vfprintf、vsprintf、vsnprintf 等。能被黑客利用的地方也就出现在这一系列的 * printf()函数中。在正常情况下,这些函数只是把数据输出,不会造成什么问题,但是 * printf()系列函数有 3 个特性,这些特殊性质如果被黑客结合起来利用,就会形成漏洞。

可以被黑客利用的 * printf()系列函数的 3 个特性:参数个数不固定造成访问越界数据;利用%n 格式符写入跳转地址;利用附加格式符控制跳转地址的值。

5. shellcode 技术

缓冲区溢出成功后,攻击者如希望控制目标计算机,必须用 shellcode 实现各种功能。shellcode 是一堆机器指令集,基于 x86 平台的汇编指令实现,用于溢出后改变系统的正常流程,转而执行 shellocode 代码,从而完成对目标计算机的控制。

5.4 数据库安全

现有计算机信息系统多采用数据库存储和管理大量的关键数据,因此数据库安全问题也是系统安全的一个关键环节。了解针对数据的攻击技术,并采取相应的数据库安全防范措施,也是系统安全技术人员所需要关注的重点。

5.4.1 数据库安全技术

1. 数据库的完整性

数据库的完整性包括以下内容。

(1) 实体完整性,指表和它模拟的实体一致。

(2) 域完整性,指某一数据项的值是合理的。

(3) 参照完整性,指一个数据库的多个表中保持一致性。

(4) 用户定义完整性,由用户自定义。

(5) 分布式完整性。

数据库的完整性可通过数据库完整性约束机制来实现。这种约束是一系列预先定义好的数据完整性规划和业务规则,这些数据规则存放于数据库中,防止用户输入错误的数据,以保证所有数据库中的数据是合法的、完整的。

数据库完整性约束包括非空约束、默认值约束、唯一性约束、主键约束、外部键约束和规则约束。这种约束是加在数据库表的定义上的,它与应用程序中维护数据库完整性不同,它不用额外地编写程序,代价小而且性能高。在多网络用户的客户/服务器体系下,需要对多表进行插入、删除、更新等操作时,使用存储过程可以有效防止多客户同时操作数据库时带来的死锁和破坏数据完整一致性问题。此外,通过封锁机制可以避免多个事务并发执行存取同一数据时出现的数据不一致问题。

2. 访问控制机制

访问控制是数据库系统的基本安全需求之一,为了使用访问控制来保证数据库的安全,必须使用相应的安全策略和安全机制保证其实施。数据库常用的存取控制机制是基于角色的存取控制机制。

基于角色的存取控制机制的特征是根据安全策略划分出不同的角色，对每个角色分配不同的操作许可，同时为用户指派不同的角色，用户通过角色间接地对数据进行存取。角色由数据库管理员管理分配，用户和客体无直接关系，他只有通过角色才可以拥有角色所拥有的权限，从而存取客体。用户不能自主地将存取权限授予其他用户。基于角色的存取控制机制可以为用户提供强大而灵活的安全机制，可以让管理员在接近部门组织的自然形式来进行用户权限划分。

3. 视图机制

通过限制可由用户使用的数据，可以将视图作为安全机制。用户可以访问某些数据，对其进行查询和修改，但是表或数据库的其余部分是不可见的，也不能进行访问。无论在基础表(1个或多个)上的权限集合有多大，都必须授予、拒绝或废除访问视图中数据子集的权限。

例如，某个表的salary列中含有保密职员信息，但其余列中含有的信息可以供所有用户使用。可以定义一个视图，使其包含表中除保密的salary列外的所有列。只要表和视图的所有者相同，授予用户视图上的SELECT权限，就能使用户得以查看视图中非保密列而无须对表本身具有任何权限。通过定义不同的视图及有选择地授予视图上的权限可以将用户、组或角色限制在不同的数据子集内。

4. 数据库加密

一般而言，数据库系统提供的基本安全技术能够满足普通的数据库应用，但对于一些重要部门或敏感领域的应用，仅靠上述措施难以保证数据的安全性，某些用户仍可能非法获取用户名和口令越权使用数据库，甚至直接打开数据库文件，窃取或篡改信息。因此，有必要对数据中存储的重要数据进行加密处理，以实现数据库的安全性。

较之传统的数据加密技术，数据库加密有其自身的要求和特点。数据库数据的使用方法决定了它不可能以整个数据库文件为单位进行加密。当符合检索条件的记录被检索出来后，就必须对该记录迅速解密，然而该记录是数据库文件中堆积的一段，无法从中间开始解密。因此，必须解决随机地从数据库文件中某一段数据开始解密的问题，也就是说，数据库加密只能对数据库中的数据进行部分加密。

5.4.2　数据库攻击技术

针对数据库的攻击有多种形式，攻击的最终目标是控制数据库服务器或者得到对数据库的访问权限。主要的数据库攻击手段包括以下3种。

1. 弱口令攻击

要获取目标数据库服务器的管理员口令，有多种方法和工具，例如针对SQL服务器的SQLScan字典口令攻击、SQLdict字典口令攻击、SQLServerSniffer嗅探口令攻击等。获取了SQL数据库服务器的口令后，即可利用SQL语言远程连接并进入SQL数据库内获得敏感信息。

2. SQL注入攻击

由攻击者通过向Web服务器提交特殊参数，向后台数据库注入精心构造的SQL语句，获取数据库中的表的内容或者挂网页木马,进一步利用网页木马再挂上木马。攻击者通过提交特殊参数和精心构造的SQL语句后,根据返回的页面判断执行结果、获取敏感信息。因为SQL注入是从正常的WWW端口访问,而且表面看起来与一般的Web页面访问没有区别,所以目前通用的防火墙都不会对SQL注入发出警报,如果管理员没有查看IIS日志的习惯,可能很长时间也不会察觉。

SQL注入的手法相当灵活,在实际攻击过程中,攻击者根据具体情况进行分析,构造巧妙的SQL语句,从而达到注入的目的,而注入的程度和网站的Web应用程序的安全性和安全配置有很大关系。

3. 利用数据库漏洞进行攻击

利用数据库本身的漏洞实施攻击,获取对数据库的控制权和对数据的访问权,或者利用漏洞实施权限的提升。不同版本数据库的漏洞不一样。例如,Oracle 9.2.0.1.0存在认证过程的缓冲区溢出漏洞,攻击者提供一个非常长的用户名,会使认证出现溢出,从而获得数据库的控制,这使得没有正确的用户名和密码也可获得对数据库的控制。Oracle的left outer joins漏洞可以实现权限的提升。当攻击者利用left outer joins实现查询功能时,数据库不做权限检查,导致攻击者可以获得他们一般不能访问的表的权限。

5.4.3 数据库安全防范措施

为了有效防止针对数据库的攻击,要从前台的Web页面和后台的数据库服务器设置等多个层次进行统一考虑。

1. 编写安全的Web页面

SQL注入漏洞是因为程序员所编写的Web应用程序没有严格地过滤从客户端提交至服务器的参数。所以,要防范SQL注入攻击,要从编写安全的Web应用程序开始做起。

对于客户端提交的参数,都要进行严格的过滤,检查其中是否存在特殊字符,要注意的特殊字符有单引号、双引号和当前使用的数据库服务器所支持的注释符号,例如,SQL Server所使用的注释号是--,MySQL所使用的注释号是/*等。除此之外,还有SQL语句中所使用的关键字,这些关键字包括select、insert、update、and、where等。除了严格检验参数,还要注意不向客户端返回程序发生异常的错误信息,这是因为SQL注入很大程度上是依赖程序的异常信息获取服务器的信息的,所以不能为攻击者留下任何线索。

2. 设置安全的数据库服务器

1) SQL Server

SQL Server的安全性设置要通过安装、设置和维护三个阶段进行综合考虑。在安装阶段,将数据库默认自动或者手动安装使用Windows认证,这将把暴力攻击SQL Server本地认证机制的攻击者拒之门外。为数据库分配一个强壮的SA账户密码,也是安装过程中需要考虑的一件重要事情。

在设置阶段,使用服务器网络程序(server network utility)可禁用所有的netlib,这使对数据库的远程访问无效,同时也使SQL Server不再响应SQLPing等对数据库的扫描和探测行为。激活数据库的日志功能可以在攻击者进行暴力破解时加以有效鉴别。此外,禁止SQL Server Enterprise Manager自动为服务账号分配权限,禁用Ad Hoc查询,设置操作系统访问控制列表,清除危险的扩展存储过程等措施,也可以阻止一些攻击者对数据库的非法操作。

在维护阶段，及时更新服务包和漏洞补丁，分析异常的网络通信数据包，创建 SQL Server 警报等方法，可以为管理员提供针对数据库更加有效的防范措施。

2）Oracle

Oracle 数据库的安全防范措施也需要综合考虑多方面的因素，包括可设置监听器密码，运行监听器控制程序连接相关的监听器时，可通过密码保护监听器的安全；删除 PL/SQL 外部存储功能，堵住攻击者对其的非法使用；确保所有数据库用户的默认密码已经更改为安全的新密码；为保证数据库实例的安全，及时更新补丁也是非常重要的一项安全措施。当然，如果 Oracle 数据库的前端是一个 Web 服务器，则 Web 前端将是外部攻击者的第一站，Oracle 的安全也离不开 Web 前端的安全。

3）MySQL

MySQL 数据库的安全防范措施主要包括消除授权表的通配符、使用安全密码、检查配置文件的许可、对客户端服务器传输进行加密、禁用远程访问功能和积极监控 MySQL 的访问日志。

MySQL 访问控制系统是通过一系列授权表进行的，授权表在数据库、表和列定义每一位用户的访问级别，同时定义某用户普适许可或使用通配符的权限，确保用户获得的访问权限恰好足够他们完成任务。为 MySQL 根账户设置一个密码，并且每一个用户账户都设置自己的密码，确保没有使用具有启发式信息的容易被识破的密码，例如生日、用户姓名字母等。用户账号、密码以纯文本形式存储在 MySQL 的 per-user 文件中，很容易就会被读取，因此把这些文件存储在非公共区域，或者存储在用户账户的私人主目录下，权限设置为0600（只能被根用户读写）。

客户端服务器事务以明文信息方式传输，攻击者容易发现这些数据包并从中获取敏感信息，因此，需要激活 MySQL 设置中的 SSL 或 OpenSSH 的安全外壳实用程序，为传输数据创造一个安全加密通道，未经授权用户就很难读取传输数据。如果用户不需要远程访问服务器，那么强制所有 MySQL 连接都通过 socket 文件通信，会大大降低受到网络攻击的风险；设置服务器使用--skip-networking 选项启动，可以屏蔽 MySQL 的 TCP/IP 网络连接，确保没有用户能够远程连接到系统。MySQL 日志文件记录客户端连接、查询和服务器错误，通用查询日志（general query log）以时间戳记录了每一个客户端连接和断开连接，以及客户端执行每一次查询的情况；监控 MySQL 日志，发现网络入侵攻击的源头。

5.5　数据安全与灾难备份

在组织对信息的依赖越来越强的今天，任何关键信息系统运转的终端或者数据的丢失可能会给组织造成不可估量的损失。如何有效地保证数据信息的完整性、可用性和保密性是信息系统安全研究的重点内容。

5.5.1　数据的安全威胁

随着社会对计算机和网络的依赖性越来越大，如何保证计算机中数据的完整性、保密性和可用性成为每一个计算机使用者关心的重点。数据的完整性和可用性就是保证计算机系统上的数据和信息处于一种完整和未受损的状态。

针对数据完整性、可用性、保密性最常见的威胁来自攻击者或者计算机操作员、硬件故障、网络故障和灾难。攻击者的目的是对信息进行窃取或者破坏,计算机操作员也存在误删、误改的操作,这都对数据的安全性构成巨大的威胁。除了人为造成的问题之外,硬件故障和网络故障也是计算机运行过程中常见的故障,它们也将破坏数据的安全属性,严重时会造成数据的丢失。而往往在毫无防备的情况下突如其来的灾难,使系统数据遭到更严重的安全挑战,所有系统连同数据顷刻间被全部毁坏。为此,应针对数据的安全威胁给出应对措施,以提高数据的完整性、保密性和可用性,防止其遭到破坏。

5.5.2 数据的加密存储

保证数据安全的重要一点是保障数据的保密性,通常采用的技术是数据在存储过程中采用加密算法实现数据在介质中的加密存放。数据保密性的目的,在于当数据介质遭受盗窃或者非法复制后,仍然可以保证关键数据不被泄露。

在 Windows 操作系统中,NTFS 文件系统通过 EFS(Encrypt File System)数据加密技术实现数据的加密存储。当启用 EFS 时,Windows 创建一个随机生成的文件加密密钥(FEK),在数据写入磁盘时,透明地用这个 FEK 加密数据。然后 Windows 用公钥加密 FEK,把加密的 FEK 和加密的数据放在一起。公钥是第一次使用 EFS 时,Windows 自动生成的公私钥对中的公钥。FEK 是对称密钥,经它加密的数据只能在用户有相关私钥时才能解密出 FEK,再解密出加密的数据。

此外,PGP(Pretty Good Privacy)除了对电子邮件进行加密以防止非授权者阅读外,也可以对存储介质中的数据进行加密。PGP 采用公钥密码算法对数据进行加密,它可创建一个 PGPDisk 虚拟加密磁盘,所有数据写入此磁盘空间后,数据都处于加密状态,只有输入正确的 passphrase,才能访问加密的数据信息。此块磁盘空间的数据即使被窃取,也始终处于加密状态,从而保证了数据的安全。

5.5.3 数据备份和恢复

数据备份作为信息安全的一个重要内容,其重要性却往往被人们忽视。只要发生数据传输、数据存储和数据交换,就有可能产生数据故障,如果没有采取数据备份和数据恢复手段与措施,就会导致数据的丢失,甚至造成无法弥补与估量的损失。数据故障是多种多样的,通常可以划分为系统故障、事务故障和介质故障 3 类。计算机的应用越来越广泛,但使用计算机系统处理日常业务在提高效率的同时,也产生了新的问题,即数据失效。一旦发生数据失效,组织就会陷入困境:客户资料、技术文件、财务等数据可能被损坏得面目全非,而允许恢复时间可能只有短短几天或更少。如果系统无法顺利恢复,最终结局不堪设想。所以组织的信息化程度越高,数据备份和恢复措施就越重要。

数据备份和恢复是保护数据的最后手段,也是防止主动型信息攻击的最后一道防线。数据备份不仅仅是简单的文件复制,在多数情况下是指数据库备份。所谓数据库备份,是指制作数据库结构和数据的副本,以便在数据库遭到破坏时能够恢复数据库。备份的内容不但包括用户的数据库内容,而且包括系统的数据库内容。需要注意的是,大容量的备份不等于简单的文件复制,也不等于文件的永久性归档,它是要求用一种高速、大容量的存储介质将所有的文件(网络系统、应用软件、用户数据)进行全面的复制与管理。

1. 数据备份的方式

数据备份有多种方式,在不同的情况下,应该选择最合适的方法。按备份的数据量来说,数据备份的方式可以分为完全备份、增量备份、差分备份与按需备份4种。完全备份,是指备份系统中的所有数据,其特点是所需时间最长,但恢复时间最短,操作最方便,也最可靠;增量备份,是指只备份上次备份以后有变化的数据,其特点是所需时间较短,占用空间较少,但恢复时间较长;差分备份,是指只备份上次完全备份以后有变化的数据,其特点是所需时间较长,占用空间较多,但恢复时间较快;按需备份,是指根据临时需要有选择地进行数据备份。

采用何种备份方式,还取决于以下两个重要因素:备份窗口,即完成一次给定备份所需的时间,这个备份窗口由需要备份数据的总量和处理数据的网络架构的速度来决定;恢复窗口,即恢复整个系统所需的时间,恢复窗口的长短取决于网络的负载和磁带库的性能及速度。在实际应用中,必须根据备份窗口和恢复窗口的大小以及整个数据量,决定采用何种备份方式。一般来说,差分备份既避免了完全备份和增量备份的缺陷,又具有它们的优点。差分备份无须每天都做系统完全备份,并且实现灾难恢复很方便,只需要上一次完全备份磁带和灾难发生前一天磁带就可以完全恢复数据,因此采用完全备份结合差分备份的方式较为适宜。

2. 数据备份的状态

按状态来划分,数据备份有物理备份和逻辑备份两种。物理备份是指将实际物理数据库文件从一处复制到另一处的备份,冷备份、热备份都属于物理备份。所谓冷备份,也称脱机(offline)备份,是指以正常方式关闭数据库,并对数据库的所有文件进行备份。其缺点是需要一定的时间来完成,在备份期间,终端用户无法访问数据库,而且这种方法不易做到实时备份。所谓热备份,也称联机(online)备份,是指在数据库处于打开状态且用户对数据库进行操作的情况下进行的备份;也指通过使用数据库系统的复制服务器,连接正在运行的主数据库服务器和热备份服务器,当主数据库的数据有所修改时,变化的数据通过复制服务器可以传递到备份数据库服务器中,保证两个服务器中的数据一致。这种热备份方式实际上是一种实时备份,两个数据库分别运行在不同的计算机上,并且每个数据库都写到不同的数据设备中。逻辑备份就是将某个数据库的记录读出并将其写入一个文件中,这是经常使用的一种备份方式。MS-SQL和Oracle等都提供Export/Import工具来用于数据库的逻辑备份。

3. 数据备份的层次

从层次上划分,数据备份可分为硬件容错和软件备份。目前的硬件冗余技术有双机容错、磁盘双工、磁盘阵列(RAID)与磁盘镜像等多种形式。硬件容错也有它的不足,一是不能解决因病毒或人为误操作引起的数据丢失以及系统瘫痪等灾难;二是如果错误数据也写入备份磁盘,硬件容错也会无能为力。理想的数据备份应使用硬件容错来防止硬件障碍,使用软件备份和硬件容错相结合的方式来解决软件故障或人为误操作造成的数据丢失。此外,从地点来划分,数据备份还可分为本地备份和异地备份。

4. 高可用性系统

高可用性系统的主要功能是保证在计算机系统的软硬件出现单点故障时,通过集群软件实现业务的正常切换,保证业务不间断、不停顿。高可用性系统是一组通过高速网络连接的计算机集合,通过高可用集群软件相互协作,作为一个整体对外提供服务。集群中的每台服务器都分别运行后台检测进程和控制进程,定时收集磁盘、网络、串口等信息,检测进程发现集群中的某台服务器出现故障后,将对这台故障服务器进行接管处理,接管后IP地址动态切换,并由集群中的正常服务器自动启动故障服务器的应用程序和数据库,保证系统和应用服务不间断。高可用性系统通过多个服务器的相互备份实现了服务器单点故障时业务的正常进行,例如服务机的双网卡或者多网卡,以及RAID(冗余磁盘阵列)等。由于集群系统在计算上的内在关联性,决定了节点之间的数据交换量较大,特别当集群内节点数增加到几十乃至几百时,内部网络传输数据的速率是整个系统计算速度的瓶颈。较高的传输带宽和尽量低的传输延时是高可用系统所追求的主要目标。

5. 网络备份

就传统的单机备份而言,备份设备连接到服务器,所以服务器负担重,备份操作安全性差。当服务器采用双机或集群时,备份设备只能通过其中的一台服务器进行备份。当网络中业务主机较多,并且需要实施备份操作的系统平台和数据库版本不同时,通过网络备份服务器对局域网中的不同业务主机数据进行备份就是一个最佳的选择。网络备份是通过在网络备份服务器上安装备份服务器端软件,在需要进行数据备份的业务主机上安装网络备份客户端软件,客户端软件将备份的数据通过网络传到备份服务器进行备份。网络备份使每台服务器负担减轻,备份操作安全性高,而且可通过一台网络备份服务器备份多台业务主机和服务器。网络备份可通过网络备份软件跨平台实时备份正在使用的数据库和文件,支持多服务器环境平行作业备份操作。通过网络备份软件也可以很好地对备份介质进行管理,实现全自动备份和恢复,可实现定时备份,并支持完全备份、增量备份、差量备份等多种备份策略。网络备份为局域网中的数据备份提供了高效的备份管理手段。

网络备份的缺点也十分明显,它占用大量网络资源,也占用一定的主机资源,同时备份时间较长。更加高效的备份技术存储区域网(Storage Area Network,SAN)解决了这些问题。存储区域网(SAN)是一种采用了光纤接口将磁盘阵列和前端服务器连接起来的高速专用子网。SAN结构允许服务器连接任何存储设备,即SAN将多个存储设备通过光交换网络与服务器互联,使存储系统有更好的可靠性和扩展性。SAN减少了对局域网网络资源的占用,改善了数据传输性能;改善了数据访问途径和访问速度,服务器可以通过光纤网络高速、远距离地访问共享存储设备;使得管理人员也可以集中管理存储系统,强化备份和恢复策略,提高整个系统的效率。同时,通过光纤交换机和集线器,存储设备可以无限扩展,主机节点的增加和替换可以减少对系统的影响。SAN结构以一种共享存储系统的方式支持异构服务器的集群,保证了系统的高可用性。它支持所有服务器和存储设备的硬件互联,使得服务器增加存储容量变得非常简单。

6. 归档和分级存储管理

归档和分级存储管理是与网络备份不同的另一种数据备份技术,可用来解决因网络上的数据不断增长而造成数据量过大,计算机存储空间无法满足数据库存储需求的情况。归档是指将数据复制或者打包存放,以便能长时间地进行保存。归档的主要作用是长期保存数据,将有价值的数据安全地保存较长的时间。文件归档可以通过文档服务器对重要文档进行统一备份管理。普通信息数据一般通过数据压缩工具进行压缩,然后定期复制后存储下来。另一种常用的归档方法是使用备份系统,将关键数据备份到可移动介质中存放。分级存储管理是一种对用户和管理员而言都透明的、提供归档功能的自动化备份系统。分级存储管理与归档的不同之处在于它把数据进行了迁移，而不是纯粹复制。分级存储管理系统选择将文件进行迁移，然后将文件复制到存储介质中，当文件被正确地复制后，一个与原文件具有相同名字的标志文件被创建，但它只占用比原文件小得多的磁盘空间。当用户想访问这个标志文件时，分级存储管理介入进来，将原始数据从正确的存储介质中恢复过来。分级存储管理主要用于当数据变得越来越陈旧时，将其从计算机的存储介质中转移到另一种存储介质中存放，以节省原计算机系统中有限的存储空间。

数据备份系统和高可用性系统可以避免由软硬件故障、人为操作失误和病毒造成的数据完整性、可用性的破坏。但是，当计算机系统遭到如地震、火灾等意外时，上述技术仍然无法解决。这时，就要靠数据容灾系统保护数据的完整可用性。数据容灾系统的基本原理是远程建立一套和本地计算机系统功能相同的计算机系统，当本地计算机系统遭受意外后，仍然远程保存了完整的数据。数据容灾系统除了在本地包含高可用性系统和数据备份系统之外，还包括数据远程复制系统和远程高可用性系统。数据远程复制系统主要保证本地数据中心和远程备份数据中心的数据一致性，数据远程复制一般通过软件数据复制和硬件数据复制技术实现，具体复制方式主要包括同步方式和异步方式。远程高可用性系统主要保证本地发生灾难后，业务及时切换到远程备份系统，它基于本地高可用性系统之上，实现远程故障的诊断、分类，并及时采取相应的故障接管措施。

当发生数据故障或者系统失效时，需要利用已备份的数据或其他手段，及时对原系统进行恢复，以保证数据安全性以及业务的连续性。对于一个计算机业务系统，所有引起系统非正常宕机的事故，都可以称为灾难。当无法预计的各种事故或灾难导致数据丢失时，及时采取灾难恢复措施，可以将企业或组织的损失降低到最低。一般灾难发生时，留给系统管理员的恢复时间往往相当短。但现有的备份措施没有任何一种能够使系统从大的灾难中迅速恢复过来。

通常情况下，系统管理员想要恢复系统至少需要下列几个步骤：①恢复硬件；②重新装入操作系统；③设置操作系统（驱动程序设置、系统、用户设置）；④重新装入应用程序，进行系统设置；⑤用最新的备份恢复系统设置。

系统备份与普通数据备份的不同在于，它不仅备份系统中的数据，还备份系统中安装的应用程序、数据库系统、用户设置、系统参数等信息，以便需要时迅速恢复整个系统。

系统备份方案必须包含灾难恢复措施。灾难恢复措施同普通数据恢复措施的最大区别在于：在整个系统都失效时，用灾难恢复措施能够迅速恢复系统而不必重装系统。需要注意的是，备份不等于单纯的复制，因为系统的重要信息无法用复制的方式备份下来，而且管理功能也是备份的重要组成部分。管理包括自动备份计划、历史记录保存、日志管理、报表生成等，没有管理功能的备份，不能算是真正意义上的备份，因为单纯的复制并不能减轻繁重的备份任务。数据备份与灾难恢复密不可分，数据备份是灾难恢复的前提和基础，而灾难恢复是在此基础之上的具体应用。灾难恢复的目标与计划决定了所需要采取的数据备份策略。

在网络环境中，系统和应用程序安装起来并不是那么简单，系统管理员必须找出所有的安装盘和原来的安装记录进行安装，然后重新设置各种参数、用户信息、权限等，这个过程可能要持续好几天甚至更久。因此，最有效的方法是对整个网络系统进行备份。这样，无论系统遇到多大的灾难，都能够应付自如。为保证数据的完整性和可用性，常采用备份、归档、分级存储、镜像、RAID以及远程容灾等技术实现对数据的安全保障。

5.5.4 信息系统灾难备份技术

信息系统灾难备份是指信息系统的灾难备份与恢复,包括灾难前的备份与灾难后的恢复两层含义。灾难备份是指利用技术、管理手段以及相关资源确保关键数据、关键数据处理系统和关键业务在灾难发生后可以恢复的过程。

信息化发展的趋势也是我们要建设以及确定今后灾难备份方向的一个重要因素。现在,信息的重要性已经远远超过了系统设备本身,信息系统的信息量增长非常惊人,信息有效的保存已经成为一个很严峻的问题。在信息领域,灾备系统可以理解为以存储系统作为基本支持系统、以网络作为基本传输手段、以容错软/硬件技术为直接技术手段、以管理技术为重要辅助手段的综合系统。

一般情况下,信息系统灾难发生的原因有三种,分别是自然灾难、人为灾难和技术灾难。自然灾难所产生的直接后果就是本地数据信息难以获取或保全、本地系统难以在短时间内恢复或重建、灾难对信息系统的影响和范围难以控制。人为灾难的后果是丢失或泄漏重要数据信息、性能降低乃至丧失系统服务功能、软件系统崩溃或者硬件设备损坏。技术灾难的后果是造成信息、数据的损害或丢失。

灾难备份的目的就是通过建立远程备用数据处理中心,将生产中心数据实时或非实时地复制到备份中心。

灾难备份核心技术主要包括存储技术、信息系统评估和系统重构技术、信息安全技术和系统管理技术。

灾难备份存储技术主要包括虚拟化存储技术、多存储版本的管理技术、删除重复数据技术、集群并行存储技术、高效能存储技术等。灾难备份体系结构技术的核心包括容错系统结构、数据恢复技术、系统恢复技术、业务连续性服务。灾难备份信息安全技术主要用于保障数据在存储与传输过程中的安全性问题、网络系统的可靠和安全连接问题、计算机系统的安全性问题、使用用户的身份安全问题和系统操作的不可抵赖性问题等。其核心包括数据安全性技术、网络安全技术、系统安全技术、身份安全技术、安全审计技术。灾难备份系统管理技术是灾难备份的关键支撑技术,包括数据信息管理、灾难应急管理、系统恢复管理、灾难影响评估与决策支持。

灾难备份技术未来发展方向:从围绕着数据存储向围绕着应用服务转变,存储技术由集中式向分布式、虚拟化发展,从孤立专用系统向综合服务系统转变;围绕服务的灾难备份技术发展方向,保障业务连续性方向发展,要求数据完整而可用、系统快速重建、应用快速部署;新型容灾体系结构研究;灾难备份存储未来方向包括虚拟化灾难备份存储技术、重复数据删除与压缩技术、分布式灾难备份存储技术;灾难备份综合服务系统建设,即建立第三方中立机构形式的外包灾难备份系统,重点解决的问题包括公信力问题、数据的安全性、维护的便捷性、可扩展性、可共享性等。

5.6 实　　训

实训　EasyRecovery数据备份与恢复

实训目的:理解数据备份的概念,熟悉常用的数据备份方法;理解数据恢复的原理,了解常见的恢复种类，熟悉常用数据恢复软件；能用数据恢复软件 EasyRecovery Professional 进行数据恢复。

实训准备：数据备份工作是系统管理员的重要工作和职责，数据备份的方法很多，备份的手段也多种多样，双机异地备份是商业服务器数据安全的基本要求。实验前要求复习备份的概念和方法，深入理解备份、增量备份、系统备份、数据备份、持续性数据保护等概念，掌握数据备份的常用方法。

确定备份计划主要考虑以下几方面。

(1) 确定备份的频率。确定备份频率要考虑两个因素：一是系统恢复时的工作量，二是系统活动的事务量。数据库备份可以是每个月、每一周甚至是每一天进行，而事务日志备份可以是每一周、每一天甚至是每一小时进行。

(2) 确定备份的内容、介质和存放地点。

(3) 确定备份采用动态备份还是静态备份。

(4) 估计备份需要的存储空间量。在执行备份前，应该估计备份需要使用的存储空间量。

(5) 确定备份的人员。

执行数据库恢复以前，应注意以下两点。

(1) 在数据库恢复前，应该删除故障数据库，以便删除对故障数据库的任何引用。

(2) 在数据库恢复前，必须限制用户对数据库的访问，数据库的恢复是静态的，应使用企业管理器或在系统存储过程中设置数据库为单用户。

实训内容：

1. Windows XP 文件备份与还原

(1) 运行备份工具：选择"开始"→"程序"→"附件"→"系统工具"→"备份"命令。初次运行是以向导模式运行的，为了方便讲解，单击"高级模式"进入备份工具的主界面，如图 5-11 所示。

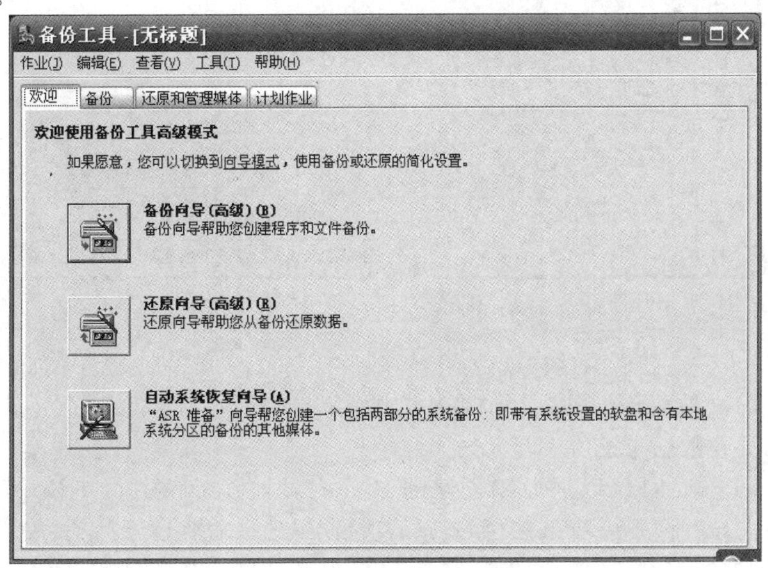

图 5-11　备份工具主界面

(2) 对某些资料进行备份："备份向导"→"下一步"→"备份选定的文件、驱动器或网络数据"→"要备份的项目"中勾选所要备份的文件夹(在文件列表框勾选需要备份的文件)，如图 5-12 所示。

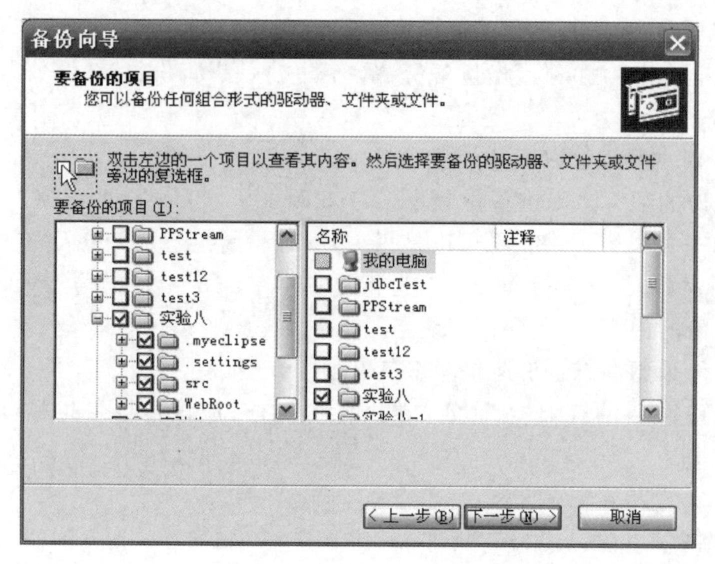

图 5-12　利用备份向导备份

单击"下一步"→"浏览"，选择备份文件保存位置并输入备份的名称，如图 5-13 所示。

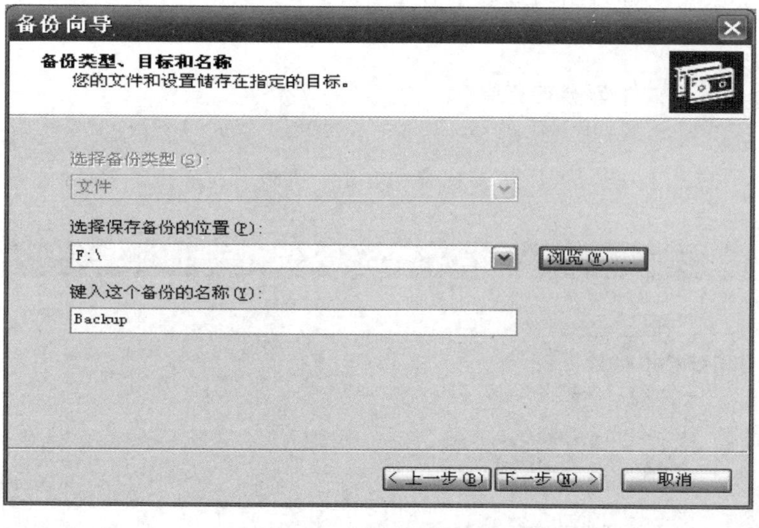

备份向导
备份类型、目标和名称
您的文件和设置储存在指定的目标。
选择备份类型(S):
文件
选择保存备份的位置(P):
F:\
浏览(W)...
键入这个备份的名称(Y):
Backup
< 上一步(B)
下一步(N) >
取消

图 5-13　选择备份位置

单击"下一步"→"完成"，这样就建立了一个名为 Backup 的备份文件，如图 5-14 所示。

最好把备份文件放到另外的存储器中，例如第二个硬盘、U 盘、刻录光盘等，以免因主硬盘有问题而导致数据与备份一起丢失。

(3) 对备份进行还原(以还原刚创建的 Backup.bkf 这个备份文件为例)。在图 5-11 中，单击"还原向导"→"下一步"，在"要还原的项目"中选择需要还原的项目和对应的文件夹(在文件列表框勾选需要还原的文件)，如图 5-15 所示。如果用户重装了系统导致没有还原项目列表，可以单击"浏览"按钮来找到备份文件。

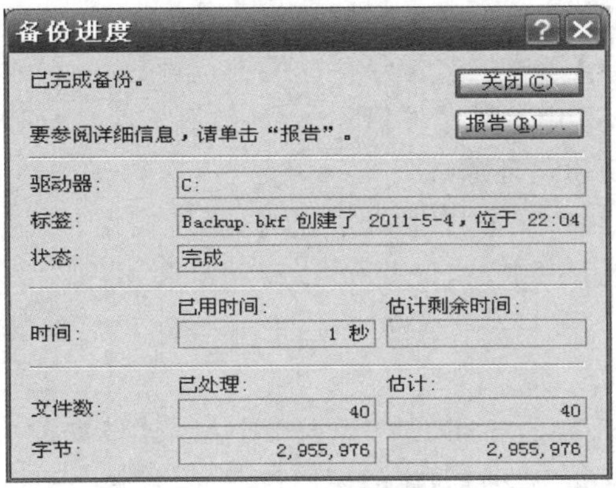

图 5-14　备份进度

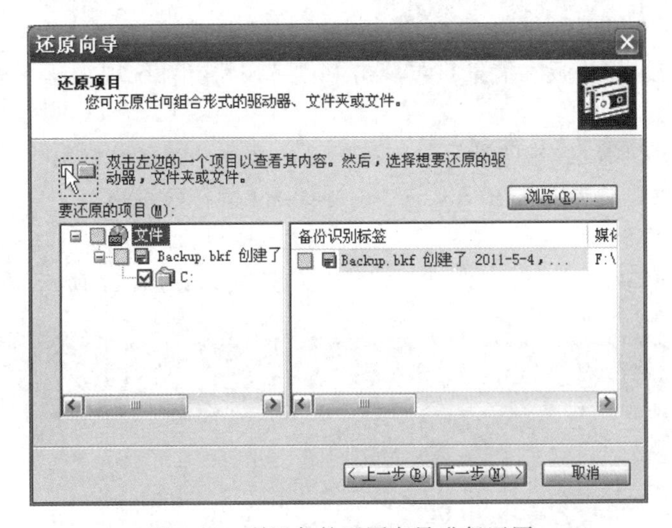

图 5-15　利用备份还原向导进行还原

在图 5-15 中，单击“下一步”→“完成”就把原来的备份还原到以前备份的源地址了。选择“高级”还原选项，可以对还原位置做出选择，如图 5-16 所示。

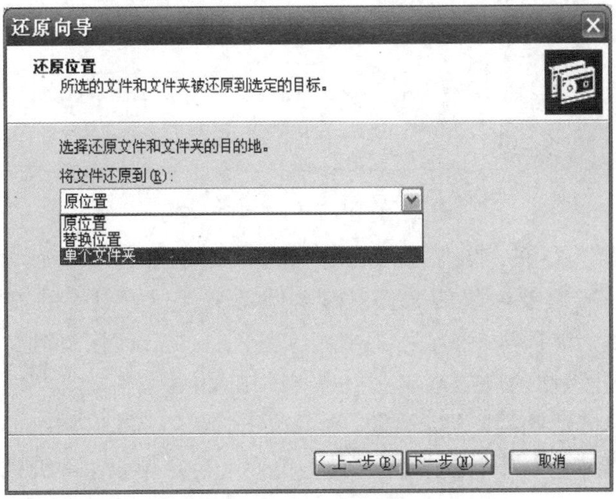

图 5-16　高级还原选项设置

“原位置”：备份时的文件位于哪里就恢复到哪里。

“替换位置”：自己选择还原的文件保存的位置,但保持原有的目录结构。

“单个文件夹”：自己选择还原文件保存的位置,但不保存原有的目录结构。

2. Windows 7 文件备份与还原

(1) 在 Windows 7 桌面,双击“计算机”,选择“系统属性”→“系统保护”,然后选择想要开启高级备份与还原功能的磁盘,这里选择“D 盘”,单击“配置”按钮。

(2) 创建系统还原点,填入还原点描述,这里填入 D,然后单击“创建”按钮,创建成功后单击“关闭”按钮。

(3) 双击桌面“计算机”,右击“D 盘”,选择“属性”→“以前的版本”,在这里能看到刚刚开启备份与还原功能的磁盘为我们创建的还原点文件,它是一个版本文件。

(4) 打开 D 盘,选择一个文件夹,然后删除该文件夹,并清空回收站。

(5) 双击桌面“计算机”,右击“D 盘”,选择“属性”→“以前的版本”,单击“D 盘”(这就是系统为我们备份的以前的版本信息),再单击“还原”按钮。系统现在就在进行以前版本的还原操作。

(6) 打开“计算机”,双击“D 盘”,检查被删除的文件是否已经恢复。

3. 使用数据恢复软件 EasyRecovery Professional 进行数据恢复

(1) 解压缩并安装 EasyRecovery Professional v6.10.07。

(2) 打开 EasyRecovery.exe,选择“数据恢复”选项,如图 5-17 所示。

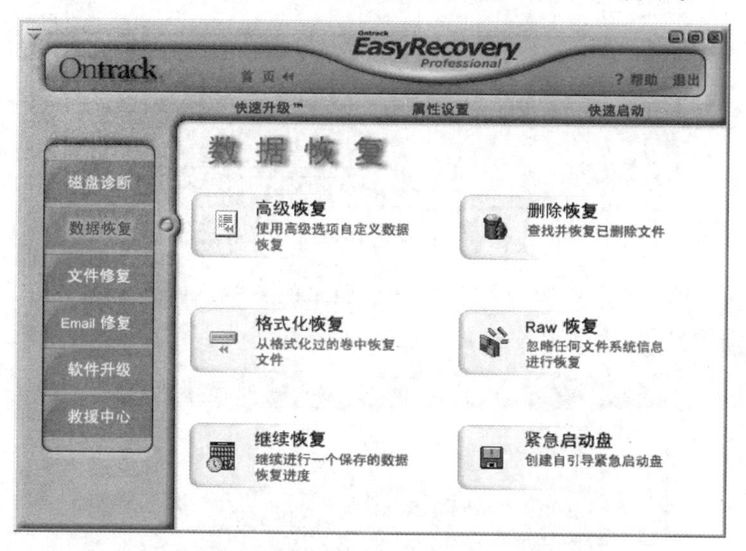

图 5-17　EasyRecovery 软件界面

单击“高级恢复”按钮,首先会弹出“目标文件警告”对话框,在此对话框中,EasyRecovery 要求用户将要恢复的文件复制到除源文件位置以外的安全位置。

如果系统中有多个被损坏的分区,不要将文件从一个分区恢复到另一个损坏的分区,这种情况下,可以使用可移动的介质或者另一个未损坏的硬盘驱动器作为目标位置。在该对话框中,选中“不要再显示此消息”复选框,然后单击“确定”按钮,如图 5-18 所示。

(3) 在“高级恢复”界面中,选择要查找的分区,然后单击“高级选项”按钮,如图 5-19 所示。

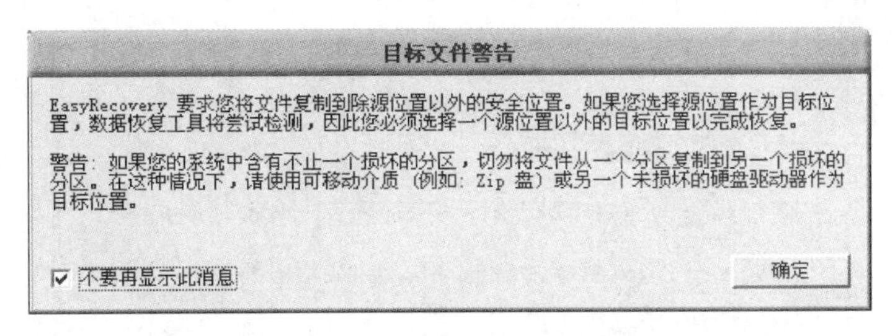

图 5-18 将文件恢复至安全位置

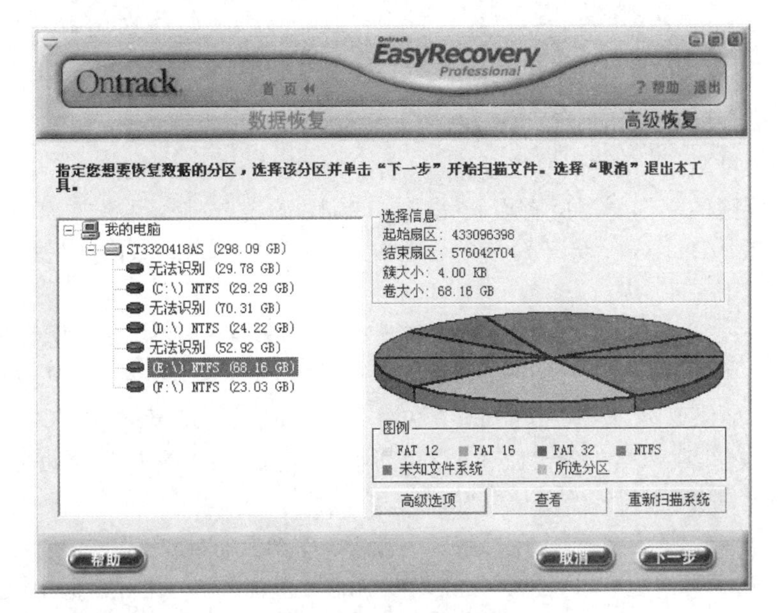

图 5-19 高级恢复界面

(4) 在弹出的“高级选项”对话框中，包含“分区消息”“文件系统扫描”“分区设置”“恢复选项”4个选项卡。在“分区信息”选项卡中，可以设置“起始扇区”和“结束扇区”。当分区不可见时，可以在此输入起始扇区和结束扇区，如果分区可见，则保留默认值，如图 5-20 所示。

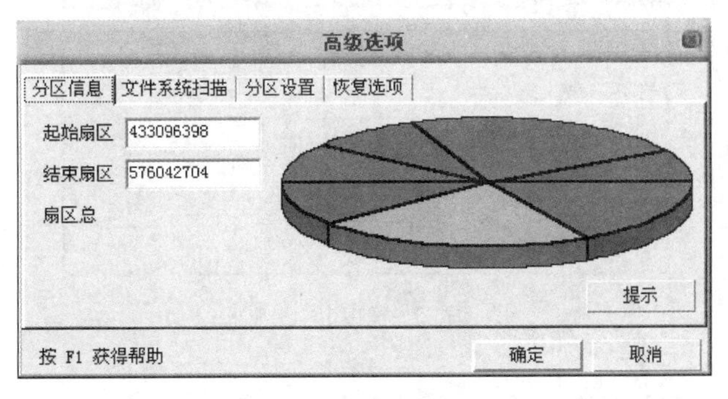

图 5-20 设置高级选项

在“文件系统扫描”选项卡的“文件系统”下拉列表中选择分区的文件类型，可以在 FAT12、FAT16、FAT32 和 NTFS 之间选择，如图 5-21 所示。在选中“高级扫描”单选按钮后，单击“高级选项”按钮，从中可以设置“簇大小”和“起始数据”。

在“分区设置”选项卡中，如果分区已经损坏，选择“使用 MFT”选项可以使用当前 MFT

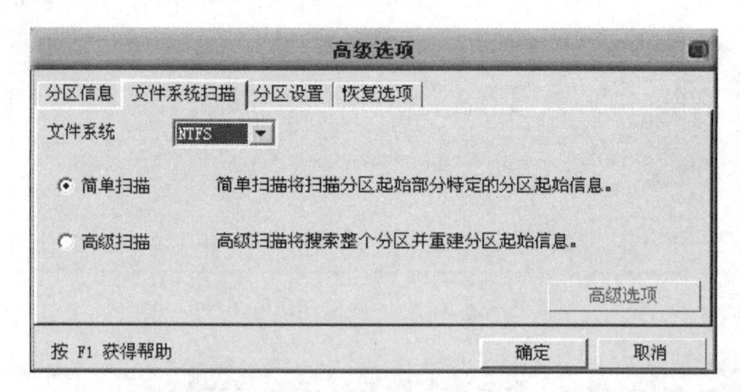

图 5-21　确定文件系统

扫描文件；如果分区被意外格式化了，选择“忽略 MFT”选项，即可忽略所有文件系统结构并简单地扫描文件数据。在“恢复选项”选项卡中，允许用户忽略扫描过程中找到的含有无效属性或已被删除的文件。当所有设置完成后，单击“确定”按钮，再单击“下一步”按钮。

(5) 这时 EasyRecovery 将开始扫描分区，当扫描到数据后，选中要恢复的文件或者文件夹，然后单击“下一步”按钮。

(6) EasyRecovery 可以将数据恢复到本地驱动器，或者通过网络恢复到 FTP 服务器。如果要将数据恢复到本地驱动器，选中“恢复至本地驱动器”单选按钮，再单击“浏览”按钮选择目标文件夹；如果要将数据恢复到 FTP 服务器，则选择“恢复至 FTP 服务器”选项，并单击“FTP 选项”按钮，在弹出的“FTP 选项”对话框中键入 FTP 服务器的地址、端口及具有“上传”权限的用户名及密码，然后单击“确定”按钮。

在进行数据恢复时，还可以使用“过滤器”选项，以恢复指定类型的文件。选中“使用过滤器”复选框，然后单击“过滤器选项”按钮，在弹出的“过滤器选项”对话框中，选择要过滤的文件，在“指定文件名”文本框中指定要恢复文件的文件名或扩展名(支持 * 和? 通配符，* 代表所有，? 代表一个字符)。在下拉列表中选择要恢复的文件类型，单击“确定”按钮返回，然后再进行恢复时，将恢复指定的文件，如图 5-22 所示。

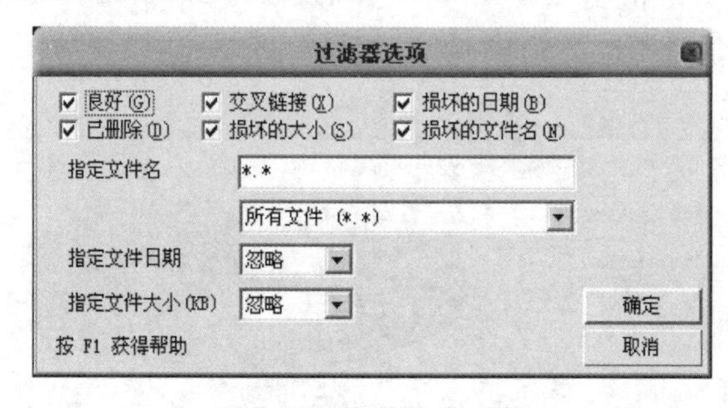

图 5-22　恢复指定文件

第6章 网络安全

网络信息安全是社会稳定安全的前提条件。人们的生活依赖网络与计算机，但是网络是开放的、共享的，因此，网络与计算机系统安全就成为科学研究的一个重大课题。对网络与计算机安全的研究不能局限于防御手段，还要从非法获取目标主机的系统信息、非法挖掘系统弱点等技术进行研究。本章介绍网络攻击技术的基本概念、网络攻击的一般流程，重点介绍网络攻击目的、常见攻击方法，以及如何防范网络攻击。

6.1 网络攻击技术

6.1.1 网络攻击技术概述

网络攻击是网络安全威胁的具体体现。互联网目前已经成为全球信息基础设施的骨干网络，其本身所具有的开放性和共享性对信息的安全问题提出了严峻挑战。由于系统脆弱性的客观存在，操作系统、应用软件、硬件设备不可避免地存在一些安全漏洞，网络协议本身的设计也存在一些安全隐患，这些都为攻击者采用非正常手段入侵系统提供了可乘之机。

十几年前，网络攻击还仅限于破解口令和利用操作系统漏洞等几种方法，然而目前网络攻击技术已经随着计算机和网络技术的发展逐步成为一门完整系统的科学，涉及目标系统信息收集、弱点信息挖掘分析、目标使用权限获取、攻击行为隐蔽、攻击实施、开辟后门以及攻击痕迹清楚等各项技术。

常见的网络攻击技术有网络嗅探技术、缓冲区溢出技术、拒绝服务攻击技术、IP欺骗技术、密码攻击技术等；常见的网络攻击工具有安全扫描工具、监听工具、口令破译工具等。网络攻击技术和攻击工具的迅速发展使得网络信息安全面临越来越大的风险。要保证网络信息安全，必须加深对网络攻击技术发展趋势的了解，尽早采取相应的防护措施。目前，网络攻击技术和攻击工具正在以下几方面快速发展。

1. 网络攻击阶段自动化

自动化攻击一般涉及四个阶段。

1）扫描阶段

攻击者采用各种新出现的扫描技术（隐藏扫描、告诉扫描、智能扫描、指纹识别等），利用更先进的扫描模式来改善扫描效果，提高扫描速度。最近一个新的发展趋势是把漏洞数据代码同扫描代码分离出来并加以标准化，使得攻击者能自行对扫描工具进行更新。

2）渗透控制阶段

随着杀毒软件和防火墙的广泛应用，传统的植入方式，如邮件附件植入、文件捆绑植入，已日渐式微。新的隐藏远程植入方式,如基于数字水印远程植入方式、基于动态链接库(DLL)和远程线程插入的植入技术,能够成功地躲避防病毒软件的检测并将受控端程序植入目的计算机中。

3) 传播攻击阶段

以前需要依靠人工启动工具发起的攻击,现在发展到由攻击工具本身主动发起新的攻击。

4) 攻击工具协调管理阶段

随着分布式攻击工具的出现,攻击者可以很容易地控制和协调分布在 Internet 上的大量已经部署的攻击工具。目前,分布式攻击工具能够更有效地发动拒绝服务攻击,扫描潜在的受害者,危害存在安全隐患的系统。

2. 网络攻击智能化

借助各种智能化网络攻击工具,技术能力平平的攻击者都有可能在较短的时间内向脆弱的计算机网络系统发起攻击。安全人员若要“百战不殆”,首先要做到“知彼知己”,才能采用相应的对策组织这些攻击。

目前攻击工具的开发者正在利用更先进的思想和技术来武装攻击工具,使得攻击工具的特征比以前更难发现。相当多的攻击工具已经具备了反侦破、智能动态行为、攻击工具变异等特点。

反侦破是指攻击者越来越多地采用具有隐蔽攻击工具特性的技术,使得网络管理人员和网络安全专家需要耗费更多的时间分析新出现的攻击工具和了解新的攻击行为。智能动态行为是指现在的攻击工具能根据环境自适应地选择或预先定义决定策略路径来应对他们的模式和行为变化,并不像早期的攻击工具那样,仅仅以单一确定的顺序执行攻击步骤。攻击工具变异是指攻击工具已经发展到可以通过升级或更换工具的一部分迅速变化自身,进而发动迅速变化的攻击,且在每一次攻击中会出现多种不同形态的攻击工具。

3. 安全漏洞被利用的速度越来越快

安全漏洞是危害网络安全最主要的因素,安全漏洞并没有厂商和操作系统平台的区别,它在所有的操作系统和应用软件中都是普遍存在的。新发现的各种操作系统与网络安全漏洞每年都要增加一倍,网络安全管理员需要不断用最近的补丁修补相应的漏洞。但不乏攻击者抢在厂商发布漏洞补丁之前,发现这些未修补的漏洞同时发起攻击。

4. 防火墙的渗透率越来越高

配置防火墙目前仍然是企业和个人防范网络入侵者的主要防护措施。但是,一直以来,攻击者都在研究攻击和躲避防火墙的技术和手段。从过程来看,攻击防火墙的方法大概分为两类:第一类是探测在目标网络上安装的是何种防火墙系统,并且找出此防火墙系统允许哪些服务开放,这是基于防火墙的探测攻击;第二类是采取地址欺骗、TCP 序列号攻击等方法绕过防火墙的认证机制,达到攻击防火墙和内部网络的目的。

5. 安全威胁的不对称性在增加

Internet 上的安全是相互关联的,每个 Internet 系统遭受攻击的可能性取决于连接到全球 Internet 上其他系统的安全状态。由于攻击技术的进步,攻击者可以比较容易地利用那些不安全的系统,对受害者发动破坏性的攻击。随着部署自动化程度和攻击工具管理技巧的提高,威胁的不对称性将继续增加。

6. 对网络基础设施的破坏越来越大

由于用户越来越多地依赖网络提供的各种服务来完成日常相关业务，因此攻击者攻击位于 Internet 关键部位的网络基础设施所造成的破坏影响越来越大。对这些网络基础设施的攻击，主要手段有分布式拒绝服务攻击、蠕虫病毒攻击、对 Internet 域名系统(DNS)的攻击和对路由器的攻击。尽管路由器保护技术早已成型，但许多用户并未充分利用路由器提供的加密和认证特性进行相应的安全防护。

6.1.2　网络攻击的一般流程

网络攻击的具体过程一般分为以下 8 个阶段。

(1) 攻击身份和位置隐藏。隐藏网络攻击者的身份及主机位置，可以通过利用入侵主机作为跳板、利用电话转接技术、盗用他人的账号上网、通过免费网关代理、伪造 IP 地址和假冒用户账号等技术实现。

(2) 目标系统信息收集。确定攻击目标并收集目标系统的有关信息，目标系统信息收集包括系统的一般信息(硬件平台类型、系统的用户、系统的服务与应用等)，以及系统和服务的管理与配置情况、系统口令的安全性、系统提供的服务的安全性等信息。

(3) 弱点信息挖掘。从收集到的目标信息中提取可使用的漏洞信息，包括系统或应用服务软件漏洞、主机信任关系漏洞、目标网络的使用者漏洞、通信协议漏洞、网络业务系统漏洞等。

(4) 目标使用权限获取。获取目标系统的普通或特权账户权限，获得系统管理员的口令，利用系统管理上的漏洞，诱使系统管理员运行特洛伊木马程序，进而窃听管理员口令。

(5) 攻击行为隐藏。隐藏在目标系统中的操作，防止攻击行为被发现。连接隐藏，冒充其他用户、修改 LOGNAME 环境变量、修改 utmp 日志文件、使用 IP SPOOF 技术；进程隐藏，使用重定向技术减少 PS 给出的信息量、用木马代替 PS 程序；文件隐藏，利用字符串的相似来麻痹系统管理员，或修改文件属性使普通显示方法无法看到；利用操作系统可加载模块特性，隐藏攻击时所产生的信息。

(6) 攻击实施。实施攻击或者以目标系统为跳板向其他系统发起新的攻击。攻击其他被信任的主机和网络；修改或删除重要数据；窃听敏感数据；停止网络服务；下载敏感数据；删除用户账号；修改数据记录。

(7) 开辟后门。在目标系统中开辟后门，方便以后入侵。放宽文件许可权；重新开放不安全的服务，如 REXD、TFTP 等；修改系统的配置，如系统启动文件、网络服务配置文件等；替换系统的共享库文件；修改系统的源代码，安装各种特洛伊木马程序；安装嗅探器；建立隐蔽通道。

(8) 攻击痕迹清除。清除攻击痕迹，逃避攻击取证。篡改日志文件中的审计信息；改变系统时间造成日志文件数据紊乱；删除或停止审计服务进程；干扰入侵检测系统的正常运行；修改完整性检测标签。

从上面的分析可以看出，网络攻击的一般流程如图 6-1 所示。

攻击过程的关键阶段是弱点信息挖掘和目标使用权限获取，攻击成功的关键条件之一是目标系统存在的安全漏洞或弱点，网络攻击难点是目标使用权限的获得。能否成功攻击一个系统取决于多方面的因素。

图 6-1　网络攻击的一般流程

6.1.3　黑客技术

黑客技术,简单地说,是对计算机系统和网络的缺陷和漏洞的发现,以及针对这些缺陷和漏洞实施攻击的技术。这里说的缺陷,包括软件缺陷、硬件缺陷、网络协议缺陷、管理缺陷和人为的失误。

从理论上讲,开放系统都是会有漏洞的。黑客攻击是黑客利用自己开发或已有的工具寻找计算机系统和网络的缺陷及漏洞,并对这些缺陷实施攻击。黑客最常用的手段是获得超级用户口令,他们会先分析目标系统正在运行哪些应用程序,目前可以获得哪些权限,有哪些漏洞可加以利用,并最终利用这些漏洞获取超级用户权限,达到他们的攻击目的。

黑客技术是一把双刃剑,我们应该辩证地看待它。和一切科学技术一样,黑客技术的好坏取决于使用它的人。有些人不断地研究计算机系统和网络知识,发现系统和网络中存在的漏洞,但不会破坏计算机系统,而是提出解决和修补漏洞的方法,进一步完善系统。然而,有些人研究计算机系统和网络中存在的漏洞则是以破坏为目的,例如篡改网页,非法侵入主机并实施破坏,侵入银行网络实施犯罪行为等。

黑客在网上的攻击活动每年以10倍的速度增长,美国每年因此攻击而造成的经济损失近百亿美元。然而,黑客的存在也反向促进了网络的自我完善,可以使厂商和用户们更清醒地认识到网络中还有许多地方需要改善,促使计算机和网络产品供应商不断地改善他们的产品,从而对整个互联网的发展起到推动作用。因此,对相关技术的研究有利于网络安全。网络战已经成为现代战争的一种趋势,很早就有人提出了"信息战"的概念并将信息武器列为继原子武器、生物武器、化学武器之后的第四大武器。在未来的战争中,黑客技术将成为主要手段。对黑客技术的研究有利于国家安全,对于国家安全具有更重要的战略意义。

6.2　网络攻击的实施

实施网络攻击不是一件简单的事情,它是一项步骤性很强的工作。一般的网络攻击都分为3个阶段:攻击的准备阶段、攻击的实施阶段和攻击的善后阶段。下面介绍准备阶段和实施阶段。

6.2.1　攻击的准备阶段

在攻击的准备阶段,要做好以下三件事:确定攻击目标,即选择带攻击的目标主机;收集被攻击对象的有关信息,如目标机的IP地址、操作系统类型和版本等;利用适当的工具进行扫描,即收集或编写适当的工具对目标进行扫描,发现安全漏洞。

1. 网络信息收集

网络信息收集是指黑客为了更加有效地实施攻击而在攻击前或攻击过程中对目标主机的所有探测活动。

网络信息的主要目的是获取目标的如下信息:目标主机的域名、IP地址、操作系统类型、开放了哪些端口、端口运行着什么样的应用程序、应用程序有没有漏洞,以及域名服务器、邮件交换主机和网关等关键系统的位置及软硬件信息;内联网和Internet内容类似,主要关注内部网络的独立地址空间及名称空间,远程访问模拟/数字电话号码和VPN访问点,外联网与合作伙伴及子公司的网络的连接地址、连接类型及访问控制机制,开放资源未在上述列出的信息,例如Usenet、雇员配置文件等。

为获取上述信息,黑客常采用以下技术。

1) 开放信息源搜索

通过一些标准搜索引擎,获取一些有价值的信息。例如,通过使用Usenet工具检索新闻组(newsgroup)工作帖子,往往能获取到许多有用的东西。通过使用Google检索Web的根路径C:\\inetpub,揭示出目标系统为Windows 2003。对于一些配置过于粗糙的服务器,利用搜索引擎甚至可以获得passwd等重要的安全信息文件。

此外,网络信息搜集利用信息收集命令获得目标数据,包括Ping、ARP、Tracert、Route和Netstat。

Ping命令用来检查网络是否通畅或者网络连接速度,结果值越大,说明网络连接速度越慢。Ping命令给目标IP地址发送一个数据包,获得返回的一个同样大小的数据包,根据返回的数据包可以确定目标主机的存在,从而初步判断目标主机的操作系统等。输入命令Ping/?,即可查询Ping命令参数。Ping命令可以直接Ping IP地址,也可以Ping主机域名,如图6-2所示。

```
C:\>ping www.sohu.com -l 128 -t -n 3

Pinging pgderbjt01.a.sohu.com [118.228.148.141] with 128 bytes of data:

Reply from 118.228.148.141: bytes=128 time=46ms TTL=50
Reply from 118.228.148.141: bytes=128 time=45ms TTL=50
Reply from 118.228.148.141: bytes=128 time=46ms TTL=50

Ping statistics for 118.228.148.141:
    Packets: Sent = 3, Received = 3, Lost = 0 (0% loss),
Approximate round trip times in milli-seconds:
    Minimum = 45ms, Maximum = 46ms, Average = 45ms

C:\>
```

图6-2　Ping搜狐网站

ARP(Address Resolution Protocol,地址解析协议)的基本功能是通过目标设备的IP地址,查询目标设备的网卡MAC地址,同时将IP地址和MAC地址存入本机ARP缓存中,以便下次请求时直接查询ARP缓存。ARP -a命令人工输入静态的网卡物理/IP地址对,可默认网关和本地服务器等常用主机进行设置,有助于减少网络上的信息量。图6-3显示了IP地址和MAC地址。

```
C:\>arp -a

Interface: 192.168.0.17 --- 0x10003
  Internet Address      Physical Address      Type
  192.168.0.1           00-1d-0f-98-a6-ea     dynamic

C:\>
```

图6-3 ARP查询命令结果

Tracert命令作为一个路由跟踪、诊断实用程序,通过发送Internet控制消息协议(ICMP)回显请求和答复消息,获取关于经过每个路由器的命令行报告输出,从而跟踪路径。Tracert命令通常用于测试网络的连通性,确定故障位置。通过对Tracert路由跟踪数据包的精确解析,可以完整了解Tracert命令的运行过程。图6-4显示了本机到雅虎的路由器列表。

```
C:\>tracert www.yahoo.com

Tracing route to any-fp.wa1.b.yahoo.com [72.30.2.43]
over a maximum of 30 hops:

  1     1 ms    <1 ms    <1 ms  219.228.164.126
  2     1 ms     1 ms     1 ms  172.16.12.1
  3    <1 ms    <1 ms    <1 ms  172.16.21.1
  4     3 ms     3 ms     3 ms  222.72.145.129
  5    18 ms    20 ms    20 ms  222.72.144.117
  6     1 ms    <1 ms     1 ms  124.74.21.169
  7     2 ms     2 ms     2 ms  124.74.210.41
  8     3 ms     3 ms     3 ms  61.152.86.182
  9     4 ms     3 ms     2 ms  202.97.33.34
 10     4 ms     4 ms     4 ms  202.97.33.190
 11   134 ms   134 ms   133 ms  202.97.51.10
 12   131 ms   132 ms   131 ms  202.97.50.38
 13   131 ms   131 ms   131 ms  192.205.35.81
 14   165 ms   165 ms   165 ms  cr1.la2ca.ip.att.net [12.122.128.102]
 15   165 ms   165 ms   165 ms  cr1.sffca.ip.att.net [12.122.3.121]
 16   166 ms   166 ms   166 ms  cr83.sffca.ip.att.net [12.123.15.110]
 17   178 ms   178 ms   177 ms  12.122.137.97
 18   164 ms   164 ms   165 ms  12.86.154.18
 19   173 ms   173 ms   173 ms  ae1-p400.msr1.sk1.yahoo.com [216.115.106.153]
 20   175 ms   171 ms   171 ms  te-9-1.bas-k2.sk1.yahoo.com [68.180.160.15]
 21   173 ms   173 ms   213 ms  ir1.fp.vip.sk1.yahoo.com [72.30.2.43]

Trace complete.
```

图6-4 本机到雅虎的路由器列表

Route命令用来显示、人工添加和修改路由表项目的。route print命令用于显示路由表中的当前项目,即在单路由器网段上的输出;由于用IP地址配置了网卡,因此所有项目都是自动添加的。图6-5显示了route print命令的使用。

Netstat命令用于显示与IP、TCP、UDP和ICMP相关的统计数据,一般用于检验本机各端口的网络连接情况。Netstat可以用来获得系统网络连接的信息、收到和发出的数据、被连接的远程系统的端口。Netstat在内存中读取所有网络信息,netstat -a命令的运行结果如图6-6所示。

```
C:\>route print
===========================================================================
Interface List
0x1 ........................... MS TCP Loopback interface
0x10003 ...00 25 64 b2 05 67 ...... Broadcom NetLink (TM) Gigabit Ethernet
===========================================================================
===========================================================================
Active Routes:
Network Destination        Netmask          Gateway       Interface  Metric
          0.0.0.0          0.0.0.0      192.168.0.1    192.168.0.17       20
        127.0.0.0        255.0.0.0        127.0.0.1       127.0.0.1       1
      192.168.0.0    255.255.255.0     192.168.0.17    192.168.0.17       20
     192.168.0.17  255.255.255.255        127.0.0.1       127.0.0.1       20
    192.168.0.255  255.255.255.255     192.168.0.17    192.168.0.17       20
        224.0.0.0        240.0.0.0     192.168.0.17    192.168.0.17       20
  255.255.255.255  255.255.255.255     192.168.0.17    192.168.0.17       1
Default Gateway:       192.168.0.1
===========================================================================
Persistent Routes:
  None

C:\>
```

图 6-5　route print 命令

```
C:\>netstat -a

Active Connections

  Proto  Local Address          Foreign Address        State
  TCP    b03b8cca9ac24e4:epmap  b03b8cca9ac24e4:0      LISTENING
  TCP    b03b8cca9ac24e4:microsoft-ds  b03b8cca9ac24e4:0      LISTENING
  TCP    b03b8cca9ac24e4:2869   b03b8cca9ac24e4:0      LISTENING
  TCP    b03b8cca9ac24e4:netbios-ssn  b03b8cca9ac24e4:0      LISTENING
  TCP    b03b8cca9ac24e4:2507   111.206.79.143:http    ESTABLISHED
  TCP    b03b8cca9ac24e4:2762   58.205.221.250:http    CLOSE_WAIT
  TCP    b03b8cca9ac24e4:2945   58.205.221.250:http    TIME_WAIT
  TCP    b03b8cca9ac24e4:2950   119.75.217.56:http     ESTABLISHED
  TCP    b03b8cca9ac24e4:2953   203.208.49.185:http    ESTABLISHED
  TCP    b03b8cca9ac24e4:2954   203.208.49.185:http    ESTABLISHED
  TCP    b03b8cca9ac24e4:2955   203.208.49.185:http    ESTABLISHED
  TCP    b03b8cca9ac24e4:2957   118.26.148.82:http     ESTABLISHED
  TCP    b03b8cca9ac24e4:2959   122.49.4.103:http      ESTABLISHED
  TCP    b03b8cca9ac24e4:2960   203.208.49.173:http    ESTABLISHED
  TCP    b03b8cca9ac24e4:2964   123.125.114.38:http    ESTABLISHED
  TCP    b03b8cca9ac24e4:2965   123.125.114.64:http    TIME_WAIT
  TCP    b03b8cca9ac24e4:2972   61.135.162.115:http    ESTABLISHED
  TCP    b03b8cca9ac24e4:2973   202.108.23.107:http    ESTABLISHED
  TCP    b03b8cca9ac24e4:2976   123.125.114.80:http    TIME_WAIT
  TCP    b03b8cca9ac24e4:2978   123.125.114.80:http    TIME_WAIT
```

图 6-6　netstat -a 命令运行结果

2）Whois 查询

Whois 是目标 Internet 域名注册数据库。目前，可用的 Whois 数据库很多，例如，查询 com、net、edu 和 org 等结尾的域名通过 http://www.networksolutions.com 得到，查询美国以外的域名通过 http://www.allwhois.com 得到相应 Whois 数据库服务器的地址后完成进一步查询。

通过对 Whois 数据库的查询，黑客能够得到以下用于发动攻击的重要信息：注册机构，得到特定的注册信息和相关的 Whois 服务器；机构本身，得到与特定目标相关的全部信息；域名，得到与某个域名相关的全部信息；网络，得到与某个网络或 IP 相关的全部信息；联系点(POC),得到与某个人(一般是管理联系人)相关的信息。

3) DNS区域传送

DNS区域传送是一种DNS服务器的冗余机制。通过该机制,辅DNS服务器能够从主DNS服务器更新自己的数据,以便在主DNS服务器不可用时,能够接替主DNS服务器工作。正常情况下,DNS区域传送只对辅DNS服务器开放。然而,如果系统管理员配置错误,将导致任何主机均可请求主DNS服务器提供一个区域数据的备份,以致目标域中所有主机信息泄露。能够实现DNS区域传送的常用工具由dig、nslookup及Windows版本的Sam Spade。

网络信息收集通常利用Windows平台的网络探测工具获得目标数据,包括搜索引擎、SamSpade、Whois数据库。

搜索引擎是一个非常有用的信息收集工具,例如Baidu、Google搜索引擎具有很强的搜索能力,能够帮助攻击者获得目标系统相关信息,包括网站的弱点和不完善配置,如多数网站只要设置了目录列举功能,Google就能搜索出Index of页面。打开Index of页面能够浏览出一些隐藏在互联网背后的开放了目录浏览的网站服务器目录,可下载本无法看到的密码账户等有用文件,如图6-7所示。

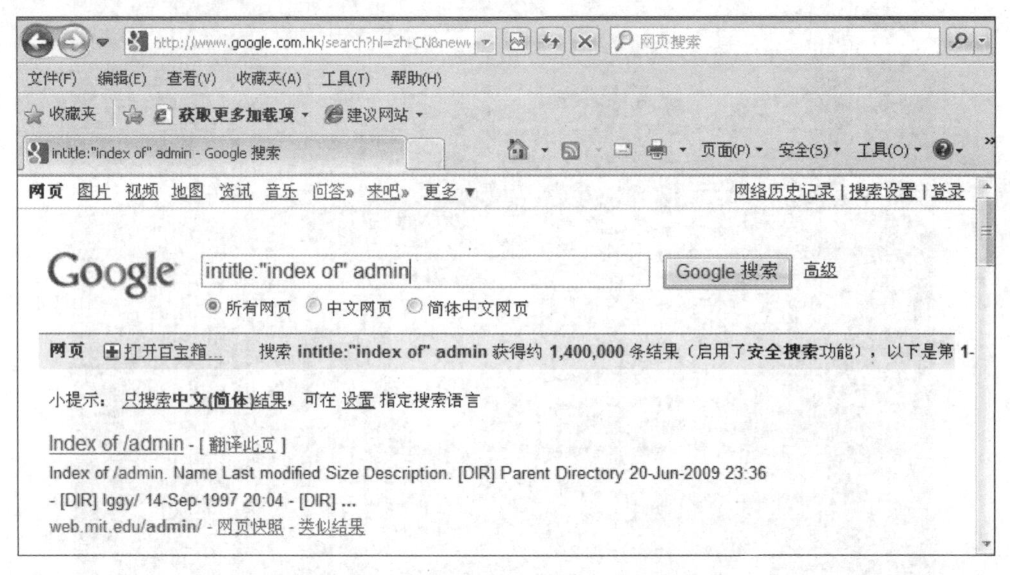

图6-7 打开搜索到的"Index of"admin页面

SamSpade是一款运行在Windows平台的集成工具箱软件,用于大量的网络探测、网络管理和与安全有关的任务,包括Ping、nslookup、Whois、dig、traceroute、finger、raw HTTP web browser、DNS zone transfer、SMTP relay check、website search等工具。运行SamSpade的计算机利用SamSpade的trace功能探测到达目标服务器的路径信息,如图6-8所示。

Internet上的各种Whois数据库也是非常有用的信息资源。这些资源包含各种关于Internet地址分配、域名和个人联系方式等数据。攻击者可以从Whois数据库了解目标的一些注册信息。图6-9列出了Whois常用的网站信息查询、SEO信息查询、域名/IP类查询、使用代码转换等工具。图6-10显示了从“上海电信[站长之家]”连接到Yahoo服务器所

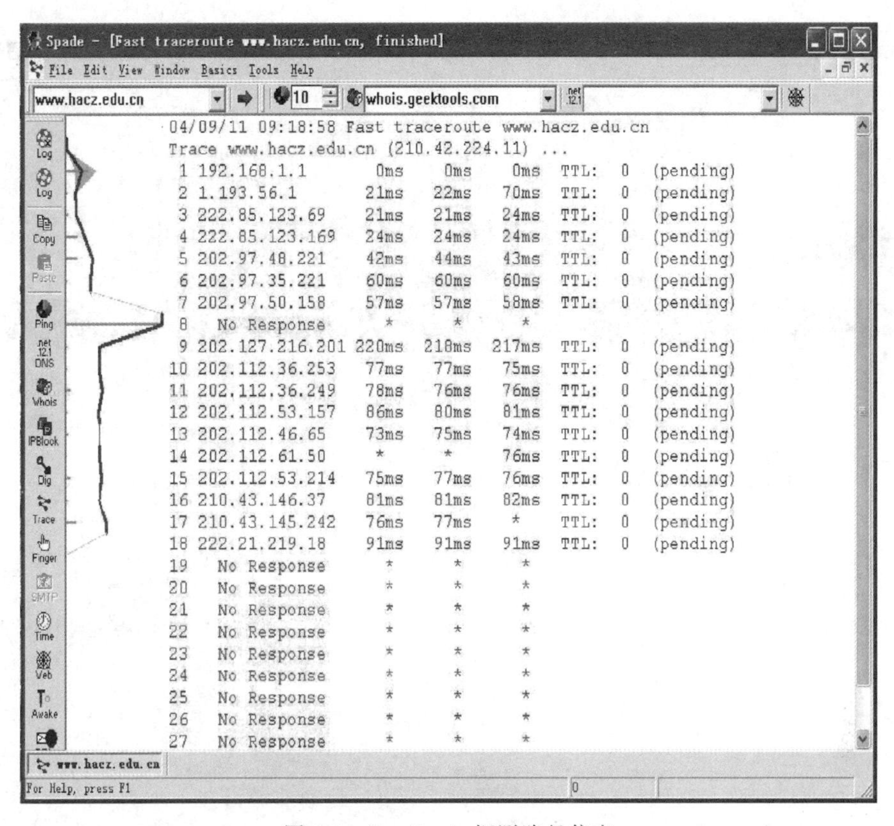

图 6-8　SamSpade 探测路径信息

图 6-9　whois. chinaz. com 查询工具

经历的路由器。图 6-11 显示了通过查询 IP 地址得到服务器的各种信息。图 6-12 分别介绍了 Whois 一些常用小工具的使用，包括 DNS 查询、MD5 加密、IP 地址与对应整数之间的转换及 IPv4 向 IPv6 地址的转换。

2. 进行网络扫描

网络信息收集已经获得一定信息（例如 IP 地址范围、DNS 服务器地址和邮件服务器地址等），下一步需要确定目标网络范围内哪些系统是活动的，以及它们提供哪些服务。

扫描（scanning）就是通过向目标主机发送数据报文，然后根据响应获得目标主机的情

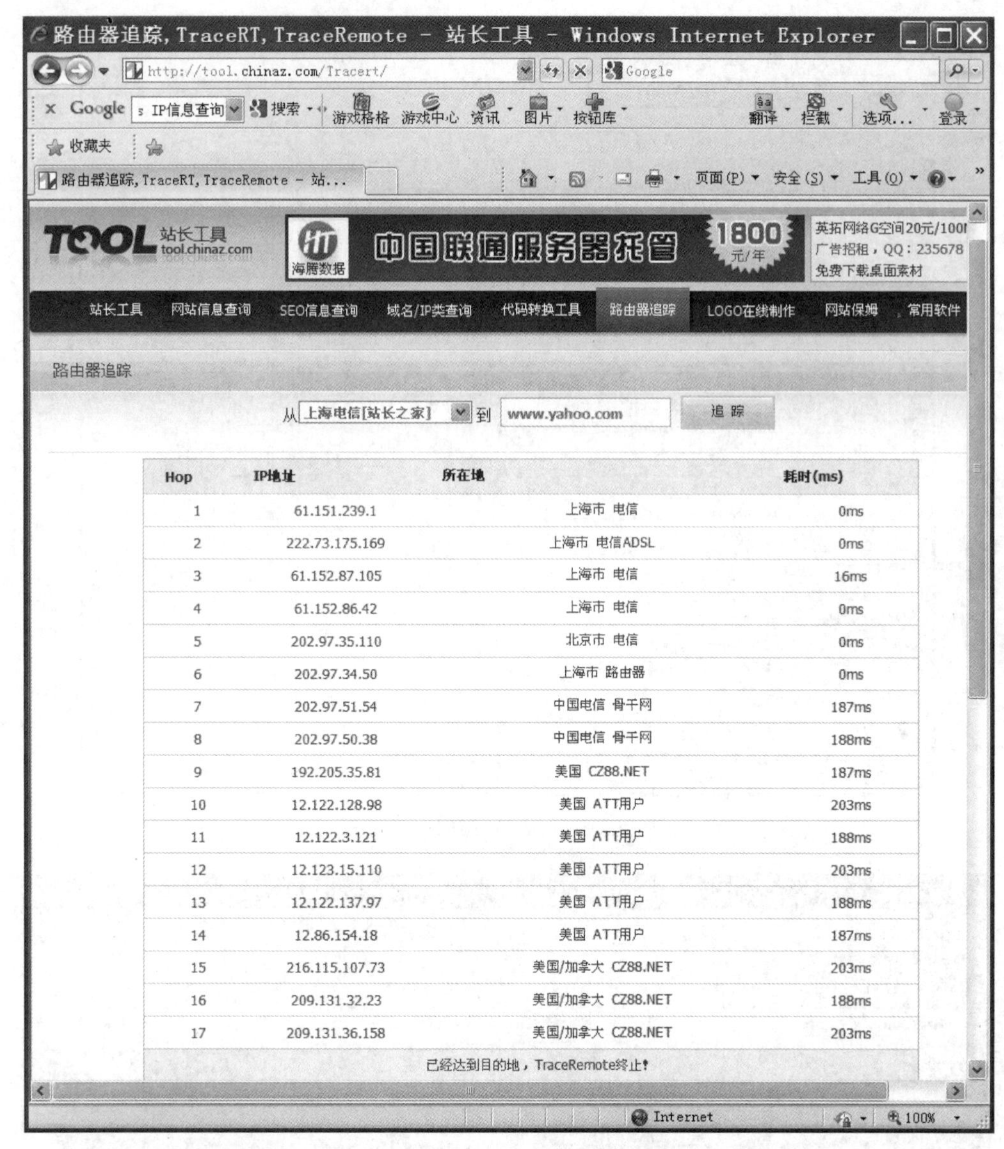

Hop	IP地址	所在地	耗时(ms)
1	61.151.239.1	上海市 电信	0ms
2	222.73.175.169	上海市 电信ADSL	0ms
3	61.152.87.105	上海市 电信	16ms
4	61.152.86.42	上海市 电信	0ms
5	202.97.35.110	北京市 电信	0ms
6	202.97.34.50	上海市 路由器	0ms
7	202.97.51.54	中国电信 骨干网	187ms
8	202.97.50.38	中国电信 骨干网	188ms
9	192.205.35.81	美国 CZ88.NET	187ms
10	12.122.128.98	美国 ATT用户	203ms
11	12.122.3.121	美国 ATT用户	188ms
12	12.123.15.110	美国 ATT用户	203ms
13	12.122.137.97	美国 ATT用户	188ms
14	12.86.154.18	美国 ATT用户	187ms
15	216.115.107.73	美国/加拿大 CZ88.NET	203ms
16	209.131.32.23	美国/加拿大 CZ88.NET	188ms
17	209.131.36.158	美国/加拿大 CZ88.NET	203ms

图 6-10 Whois 路由器追踪

况。扫描的主要目的是使攻击者对攻击的目标系统所提供的各种服务进行评估，以便集中精力在最有希望的途径上发动攻击。根据方式的不同，扫描主要分为以下 3 种：地址扫描、端口扫描和漏洞扫描，端口扫描是网络扫描的核心技术。

地址扫描简单的做法就是通过 Ping 这样的程序判断某个 IP 地址是否有活动的主机，或者某个主机是否在线。Ping 程序向目标系统发送 ICMP 回显请求报文，并等待返回的 ICMP 回显应答。Ping 程序一次只能对一台主机进行测试。Ping 能以并发的形式向大量的地址发出 Ping 请求。对地址扫描的预防：在防火墙规则中加入丢弃 ICMP 回显请求信息，或者在主机中通过一定的设置禁止对这样的请求信息进行应答。

端口扫描，为区别通信的程序，在所有的 IP 数据报文中不仅有源地址和目的地址，也有源端口号与目的端口号。常用的服务是使用标准的端口号，只要扫描到相应的端口，就能知

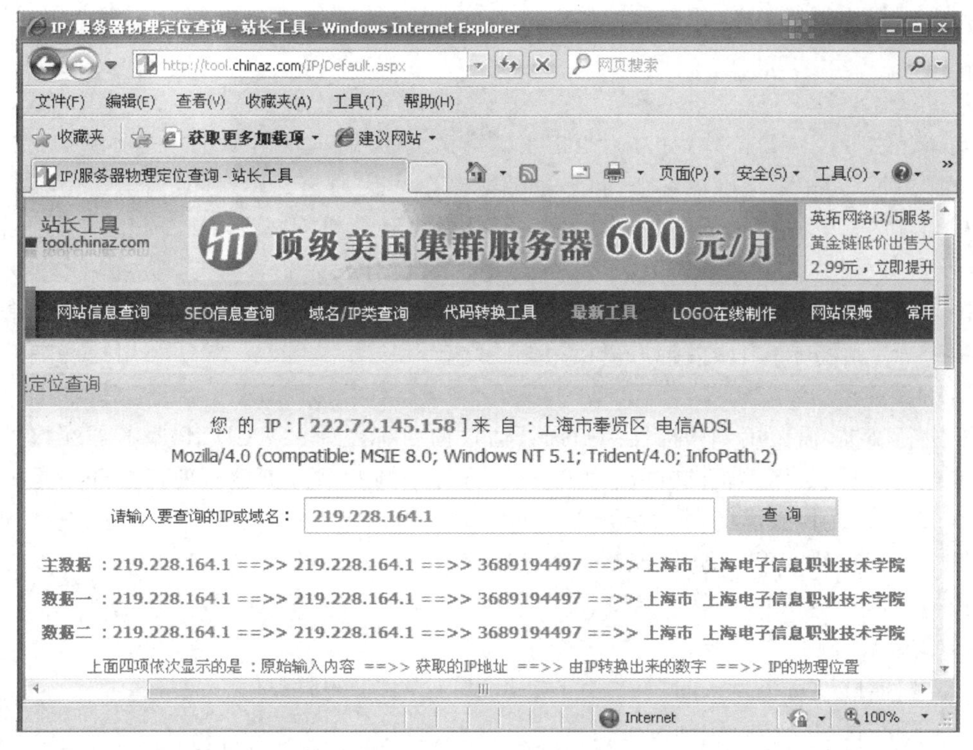

图 6-11　Whois 定位查询

图 6-12　Whois DNS 查询

道目标主机上执行着什么服务，然后入侵者才能针对这些服务进行相应的攻击。

漏洞扫描是指使用漏洞扫描程序对目标系统进行信息查询，以发现系统中存在的不安全的地方。漏洞扫描器是一种自动检测远程或本地主机安全性弱点的程序。漏洞扫描器的外部扫描：在实际的 Internet 环境下通过网络对系统管理员所维护的服务器进行外部特征扫描。漏洞扫描器的内部扫描：以系统管理员的身份对所维护的服务器进行内部特征扫描。

1) 端口及端口扫描器

端口是由TCP/IP协议定义的,是指逻辑意义上的端口,不同于计算机硬件领域的硬插槽,一个端口就是一个潜在的通信通道,也就是一个入侵通道。端口和进程是一一对应的。端口相当于两台计算机进程间的“大门”,为了让两台计算机能找到对方的进程,必须给端口进行编号。逻辑意义上的端口范围是0～65 535,可以分为标准端口和非标准端口。标准端口范围是0～1023,会分配到一些固定服务；非标准端口范围是1024～65 535,这些端口不分配某个固定服务,许多服务都可以使用这些端口。病毒木马程序常常利用这些端口从事服务活动。

要进行扫描,需要用到扫描器。扫描器通过向目标主机的TCP/IP服务器端口发送探测数据包,并记录目标主机的响应。通过分析响应来判断服务器端口处于打开还是关闭状态,就可以得知端口提供的服务或信息。只要扫描到相应的端口处于打开状态,就能知道目标主机上运行着什么服务,进而能够针对这些服务进行相应的攻击。

扫描器(scanner)的主要功能如下：

(1) 检测主机是否在线。

(2) 扫描目标系统开放的端口,有的还可以测试端口的服务信息。

(3) 获取目标操作系统的敏感信息。

(4) 破解系统口令。

(5) 扫描其他系统敏感信息。例如,CGI扫描器、ASP扫描器、从各个主要端口取得服务信息的扫描器、数据库扫描器以及木马扫描器等。

2) 端口扫描分类

端口扫描提供基本的TCP和UDP扫描能力,集成多种扫描技术。端口扫描按端口连接的情况可分为TCP connect扫描(全连接扫描)、TCP SYN扫描(半打开扫描)、秘密扫描和间接扫描等。TCP connect扫描是最基础的一种端口扫描方式。TCP SYN扫描在扫描过程中没有建立完整的TCP连接,故又称为半打开扫描。秘密扫描包含TCP FIN扫描、TCP ACK扫描等多种方式。

(1) TCP connect扫描。该扫描是调用套接口函数connect()连接目标端口,完成一次完整的三次握手过程。客户发送一个SYN分组给服务器；服务器发出SYN/ACK分组给客户；客户再发送一个ACK分组给服务器。

(2) TCP SYN扫描。该技术又称为半打开扫描(half-open scanning),没有建立完整的TCP连接。扫描主机向目标端口发送一个SYN分组,如果收到来自目标端口的SYN/ACK分组,则可推断该端口处于监听状态。如果收到的是一个RST/ACK分组,则说明该端口未被监听。执行端口扫描的系统随后发出RST/ACK分组,这样并未建立任何“连接”。显然,该方法比较隐秘,不易被目标系统检测到。但是,当打开的半开连接数量过多时,会在目标主机上形成“拒绝服务”而引起对方的警觉。

(3) TCP FIN扫描。申请方主机向目标主机一个端口发送的TCP标志位FIN置位的数据包,如果目标主机该端口是“关闭”状态,则返回一个TCP RST数据包；否则,不回复。根据这一原理可以判断对方端口是处于“打开”还是“关闭”状态。

(4) TCP ACK 扫描。该技术用于探测防火墙的规则集。它可以确定防火墙只是简单地分组过滤、只允许已建好的连接(设置 ACK 位),还是一个基于状态的、可执行高级的分组过滤防火墙。

(5) TCP NULL 扫描。该技术是关掉所有的标志。根据 RFC 793 文档规定,如目标端口是关闭的,目标主机应该返回 RST 分组。

(6) TCP SYN/ACK 扫描。该技术故意忽略 TCP 的 3 次握手。原来正常的 TCP 连接可以化简为 SYN-SYN/ ACK-ACK 形式的 3 次握手进行。这里,扫描主机不向目标主机发送 SYN 数据包,而先发送 SYN/ACK 数据包。目标主机将报错,并判断为一次错误的连接。若目标端口开放,目标主机将返回 RST 信息。

(7) UDP 扫描。该技术是往目标端口发送一个 UDP 分组。如果目标端口发回 ICMP port unreachable 作为响应,则表示该端口是关闭的;否则该端口是打开的。由于 UDP 是无连接的、不可靠的协议,因此上述结果仅有参考价值。

3) 端口扫描技术

端口扫描主要技术有 Ping 扫射、端口扫描、操作系统检测及旗标获取。

(1) Ping 扫射是判别主机是否"活动"的有效方式。Ping 用于向目标主机发送 ICMP 回射请求(echo request)分组,并期待由此引发的表明目标系统"活动"的回射应答(echo reply)分组。常用的 Ping 扫射工具有操作系统的 Ping 命令及用于扫射网段的 Fping、WS_ping 等。

(2) 端口扫描就是连接到目标主机的 TCP 和 UDP 端口上,确定哪些服务正在运行及服务的版本号,以便发现相应服务程序的漏洞。著名的扫描工具有 superscan 及 NetScan Tool Pro。

(3) 由于许多漏洞是和操作系统紧密相关的,因此确定操作系统类型对于黑客攻击目标来说也十分重要。目前用于操作系统检测的技术主要可以分为两类:利用系统旗标信息,利用 TCP/IP 堆栈指纹。每种技术进一步细分为主动鉴别和被动鉴别。常用的检测工具有 Nmap、Queso 和 Siphon。

(4) 旗标获取,使用一个打开端口来联系和识别系统提供的服务及版本号。最常用的方法是连接到一个端口,按回车键几次,看返回什么类型信息。

例如:

```
\[Netat_svr#\]  Telnet 192.168.6.23 22
SSH - 1.99 - OpenSSH_3.1p1
```

表明该端口提供 SSH 服务,版本号为 3.1p1。

目前,一般的网络服务器都会配置安全防护设备,基本的有防火墙、入侵检测,一些重要的安全服务器会配置蜜罐系统、防 DoS 攻击和过滤邮件等。在扫描过程中根据扫描结果,需要判断目标使用了哪些安全防护措施。

获取的内容包括以下几方面。

(1) 获取目标的网络路径信息。目标网段信息:确认目标所在的网段、掩码情况,判断安全区域划分情况,为可能的跳板攻击做准备。目标路由信息:确认目标所在的具体路由情况,判断路由路径上的各个设备类型,如是路由器、三层交换机或防火墙。

(2) 了解目标架设的具体路由情况,确认目标是否安装了安全设施。一般对攻击影响较大的包括防火墙、入侵检测和蜜罐系统。

(3) 了解目标使用安全设备情况。这对攻击的隐蔽性影响时间很大,同时也决定了在后期安全后门的困难程度。这部分主要包括入侵检测、日志审计及防病毒安装情况。

通过扫描,攻击者掌握了目标系统所使用的操作系统。下一项工作是查点(enumeration)。查点就是搜索特定系统上用户和用户组名、路由表、SNMP信息、共享资源、服务程序及旗标等信息。查点所采用的技术依操作系统而定。

Windows系统主要采用的技术有查点NetBIOS线路、空会话(null session)、SNMP代理和活动目录(active directory)等。网络信息收集网络用户名、IP地址范围、DNS服务器以及邮件服务器等有价值信息。网络扫描将确定哪些系统在活动,并能从因特网上访问到。

(1) 确定系统是否在活动。

早期的Ping用于向某个目标系统发送ICMP回送请求(echo request)分组(ICMP类型为8),并期待目标系统返回ICMP回送应答(echo reply)分组(ICMP类型为0)。对于中小规模的网络,利用这种方法来确定系统是否在活动是可行的。但对于大规模网络,Ping的方法就显得效率低下。

在Windows系统中,有许多可以用来进行ICMP Ping扫描的工具,其中Fping是以并行的轮询形式发出的大量的Ping请求。Fping工具有两种用法:一种是通过标准输入设备向它提供一系列IP地址;另一种是从文件中读取。每行放一个IP地址,组成一个文件abc.txt,格式如下:

```
192.168.26.1
192.168.26.1
⋮
192.168.26.153
192.168.26.154
```

然后,使用-H参数读入文件:

```
C:> fping  - H abc.txt
Fast pinger version 2.22
(c) Wouter Dhondt (http://www.kwakkelflap.com)
Pinging multiple hosts with 32 bytes of data every 1000 ms:
Reply[1] from 192.168.26.1: bytes = 32 time = 0.5 ms TTL = 64
Reply[2] from 192.168.26.1: bytes = 32 time = 0.5 ms TTL = 64
⋮
192.168.26.134 request timed out(该机器没有启动)
⋮
Reply[253] from 192.168.26.153: bytes = 32 time = 0.5 ms TTL = 64
Reply[254] from 192.168.26.154: bytes = 32 time = 0.5 ms TTL = 64
Ping statistics for multiple hosts:
Packets:Sent = 254,Received = 127,Lost = 127 (50% loss)(机器活动数量127台,未启动数量127台)
Approximate round trip times in milli - seconds:
Minimum = 0.2 ms,Maximum = 0.5 ms,Average = 0.3 ms
```

Fping有许多选项,不再一一列举。就Windows系统而言,美国Foundstone公司开发的SuperScan软件的速度是最快的。与Fping类似,SuperScan在同时发出多个ICMP回送请求分组后等待并监听目标主机的响应,并允许把解析出的主机名存放在HTML文件中。

(2) 确定哪些服务正处于监听状态。

确定当前监听的端口,对于确定所用的操作系统和应用程序的类型至关重要。因此,对目标系统的TCP和UDP端口进行连接,以达到了解该系统正在运行哪些服务的过程就称为端口扫描。下面介绍流行的且经过时间考验的基于Windows的端口扫描工具。

① SuperScan,目前速度快、适应面广的Windows端口扫描工具之一,既是一款黑客工具,又是一款网络安全工具。黑客利用它的拒绝服务(Denial of Service,DoS)攻击收集远程网络主机信息。作为安全工具,SuperScan能够帮助用户发现网络中的弱点。它可以用来进行Ping扫描、TCP端口扫描、UDP端口扫描,还可以结合多种技术同时进行扫描。

② Advanced Port Scanner,是一种形式简洁、扫描迅速以及易于使用的端口扫描器,可以进行多线程扫描。这种端口扫描器为一般端口列出详情,可以在扫描前预先设置扫描的端口范围或是基于常用端口列表,扫描结果以图的形式显示出来。

③ 端口扫描检测程序,在Windows平台上,由Independent Software公司编写的Genius 2.0软件可以用来监测简单的端口扫描活动(可以从www.indiesoft.com下载),这个工具适用于Windows 2000/2003。Genius会在一段给定时间内同时监听大量的端口打开请求,当它监测到一次扫描时,就会弹出一个窗口向用户报告来犯者的IP地址和DNS主机名。

(3) 确定被扫描系统的操作系统类型。

要确定一个系统的操作系统类型有两种方法:一种是主动协议栈指纹鉴别,另一种是被动协议栈指纹鉴别。由于TCP/IP协议栈只在RFC文档中描述,并没有统一的行业标准,各公司在编写应用于自己操作系统的TCP/IP协议栈时,对RFC文档做出了不尽相同的诠释,于是造成了各个操作系统在TCP/IP协议栈的实现上不同。

协议栈指纹鉴别(stack fingerprinting)是指不同厂家的TCP/IP协议栈实现之间存在细微差别,通过探测这些差异,能够对目标系统所用的操作系统进行比较准确的判别。

主动协议栈指纹鉴别基本内容如下。

① FIN探测分组。发送一个只有FIN标志位的TCP数据包给一个打开的端口,Windows发回一个FIN/ACK分组。

② ACK序号。发送一个FIN/PSH/URG数据包到一个关闭的TCP端口,Windows发回序号为初始序号加1的ACK包。

③ 虚假标记的SYN包。在SYN包的TCP首部设置一个准确定义的TCP标记,Windows系统在响应字节中,不设置该标记,而是会复位连接。

④ ISN(初始化序列号)。在响应一个连接请求时,Windows系统选择TCP ISN时采用一种时间相关的模型。

⑤ TOS(服务类型)。对于ICMP端口不可达消息,Windows送回包的值为0。

⑥ 主机使用的端口。Windows会开放一些特殊的端口,例如137、139和445。

主动协议栈指纹识别需要主动往目标发送数据包,往往容易被IDS捕获。为了隐秘地识别远程操作系统,就需要使用被动协议栈指纹识别。被动协议栈指纹识别在原理上和主动协议栈指纹识别相似,但是它不主动发送数据包,只是被动地捕获远程主机返回的包,分析其操作系统类型或版本。

在TCP/IP会话中,有三个基本属性对识别操作系统有用。Windows三个基本属性如下所示。

① Time-To-Live 表示存活期。

② Windows Size 表示窗口大小。

③ Don't Fragment(DF)表示分片大小。

被动分析这些属性,符合上述结果,则远程操作系统类型为 Windows。

4) 端口扫描器程序

(1) 端口扫描器程序 NMap(Network Mapper)。

NMap 是一款开源免费的网络发现(network discovery)和安全审计(security auditing)工具,也是一个跨平台的端口扫描工具,用来扫描网上计算机开放的网络连接端,确定哪些服务运行在连接端,并且推断计算机运行哪个操作系统(亦称 fingerprinting)。

NMap 具有四项基本功能:主机发现(host discovery)、端口扫描(port scanning)、版本侦测(version detection)和操作系统侦测(operating system detection)。这四项功能之间,又存在依赖关系,首先需要进行主机发现,其次确定端口状况,然后确定端口上运行具体应用程序与版本信息,最后可以进行操作系统的侦测。在四项基本功能的基础上,NMap 提供防火墙与入侵检测系统(Intrusion Detection System,IDS)的规避技巧,可以综合应用到四项基本功能的各个阶段;NMap 提供强大的脚本引擎(Nmap Scripting Engine,NSE)功能,脚本可以对基本功能进行补充和扩展。

ZenMap 是 NMap 官方提供的用 Python 语言编写而成的开源免费的图形界面(如图 6-13 所示),能够运行在不同的操作系统平台上。ZenMap 为 NMap 提供简单的操作方式,常用

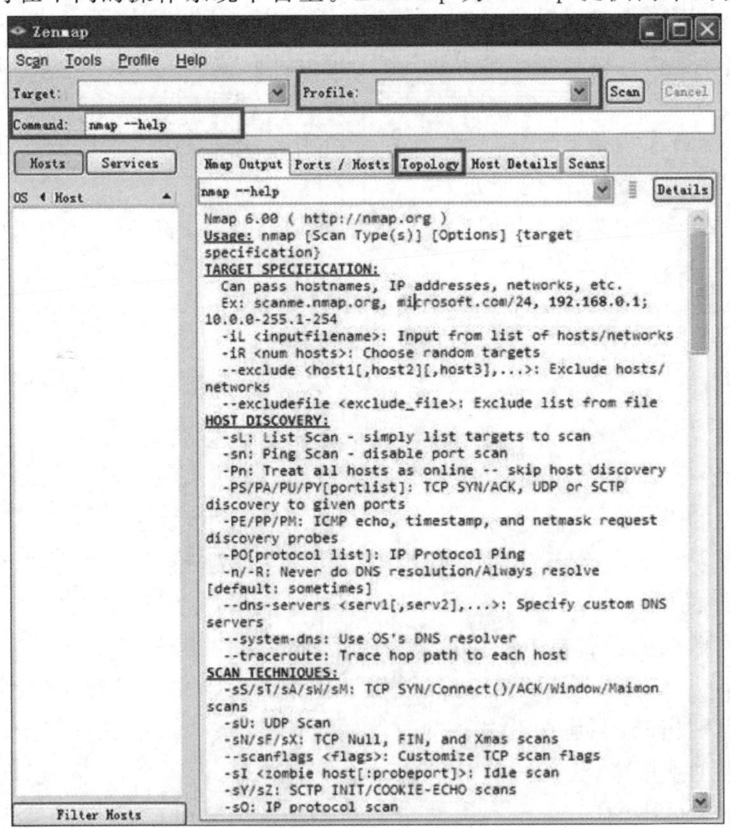

图 6-13 ZenMap 扫描远程操作系统

的操作命令可以保存成为 Profile,用户扫描时选择 Profile 即可；可以方便地比较不同的扫描结果；提供网络拓扑结构(network topology)的图形显示功能。其中 Profile 栏位,用于选择“ZenMap 默认提供的 Profile”或“用户创建的 Profile”；Command 栏位,用于显示选择 Profile 对应的命令或者用户自行指定的命令；Topology 选项卡,用于显示扫描到的目标机与本机之间的拓扑结构。

① 主机发现。

主机发现用于发现目标主机是否在线(Alive 表示处于开启状态),如图 6-14 所示。主机发现原理与 Ping 命令类似,发送探测包到目标主机,如果收到回复,那么说明目标主机处于打开状态。

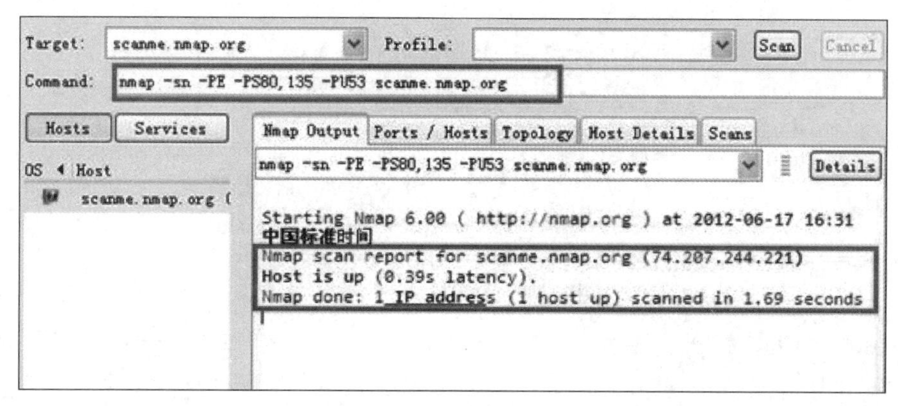

图 6-14　主机发现简单演示

使用 Wireshark 抓包,可以看到 scanme. nmap. org 的 IP 地址 182. 140. 147. 57 发送了四个探测包：ICMP Echo、80 和 135 端口的 TCP SYN 包、53 端口的 UDP 包(DNS domain)。收到 ICMP Echo 的回复与 80 端口的回复,如图 6-15 所示,从而确定了 scanme. nmap. org 主机正常在线。

Source	Destination	Protocol	Info
192.168.1.102	74.207.244.221	ICMP	Echo (ping) request (id=0xc538, seq(be/le)=0/0, ttl=38)
192.168.1.102	74.207.244.221	TCP	47435 > http [SYN] Seq=0 win=1024 Len=0 MSS=1460
192.168.1.102	74.207.244.221	TCP	47435 > epmap [SYN] Seq=0 win=1024 Len=0 MSS=1460
192.168.1.102	74.207.244.221	DNS	Server status request
74.207.244.221	192.168.1.102	ICMP	Echo (ping) reply (id=0xc538, seq(be/le)=0/0, ttl=52)
74.207.244.221	192.168.1.102	TCP	http > 47435 [SYN, ACK] Seq=0 Ack=1 win=14600 Len=0 MSS=1440
74.207.244.221	192.168.1.102	ICMP	Destination unreachable (Port unreachable)
74.207.244.221	192.168.1.102	TCP	http > 34742 [SYN, ACK] Seq=0 Ack=0 win=14600 Len=0 MSS=1440
74.207.244.221	192.168.1.102	TCP	http > 59948 [SYN, ACK] Seq=0 Ack=0 win=14600 Len=0 MSS=1440
74.207.244.221	192.168.1.102	TCP	http > 47435 [SYN, ACK] Seq=0 Ack=1 win=14600 Len=0 MSS=1440
74.207.244.221	192.168.1.102	TCP	http > 47435 [SYN, ACK] Seq=0 Ack=1 win=14600 Len=0 MSS=1440
74.207.244.221	192.168.1.102	TCP	http > 47435 [SYN, ACK] Seq=0 Ack=1 win=14600 Len=0 MSS=1440
74.207.244.221	192.168.1.102	TCP	http > 34742 [SYN, ACK] Seq=0 Ack=0 win=14600 Len=0 MSS=1440
74.207.244.221	192.168.1.102	TCP	http > 47435 [SYN, ACK] Seq=0 Ack=1 win=14600 Len=0 MSS=1440
74.207.244.221	192.168.1.102	TCP	http > 59948 [SYN, ACK] Seq=0 Ack=0 win=14600 Len=0 MSS=1440

图 6-15　Wireshark 数据包分析

② 端口扫描。

端口扫描是 NMap 最基本最核心的功能,用于确定目标主机的 TCP/UDP 端口的开放情况。NMap 提供丰富的命令行参数来指定扫描方式和扫描端口,如图 6-16 所示。NMap 通过探测将端口划分为六个状态：open,端口是开放的；closed,端口是关闭的；filtered,端口被防火墙 IDS/IPS 屏蔽,无法确定其状态；unfiltered,端口没有被屏蔽,但是否开放需要进一步确定；open|filtered,端口是开放的或被屏蔽；closed|filtered,端口是关闭的或被屏蔽。

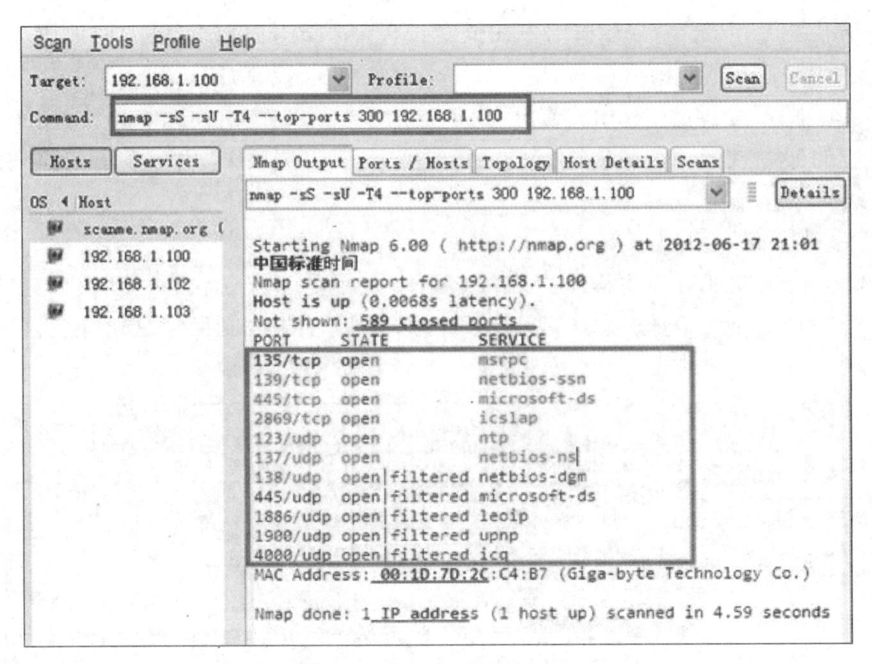

图 6-16 端口扫描简单演示

从图 6-16 中可以看到扫描结果,横线处写明有共有 589 端口是关闭的;深色框中列举出开放的端口和可能是开放的端口。

③ 版本侦测。

版本侦测,用于确定目标主机开放端口上运行的具体的应用程序及版本信息。图 6-17 显示操作系统 Windows 版本信息。

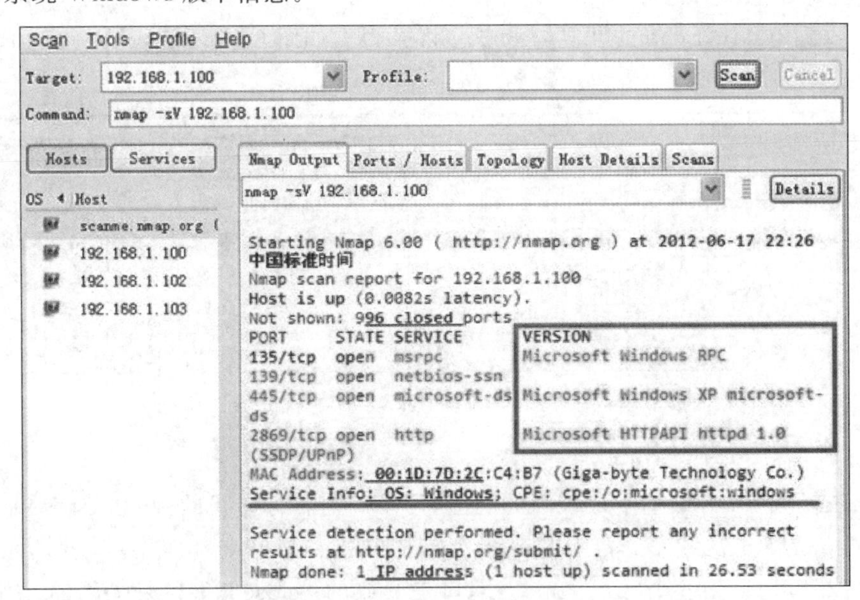

图 6-17 显示 Windows 版本信息

从结果中可以看到 996 个端口是关闭状态,对于 4 个 open 的端口进行版本侦测。图 6-17 深色框中的内容为版本信息。横线处是版本侦测得到的附加信息,因为从应用中检测到

Windows 特定的应用服务，所以推断出对方运行的 Windows 操作系统。

④ 操作系统侦测。

操作系统侦测用于检测目标主机运行的操作系统类型及设备类型等信息，NMap 使用 TCP/IP 协议栈指纹来识别不同的操作系统和设备，可以识别 2600 多种操作系统与设备类型。NMap 拥有丰富的系统指纹数据库 nmap-os-db，图 6-18 显示设备类型信息。

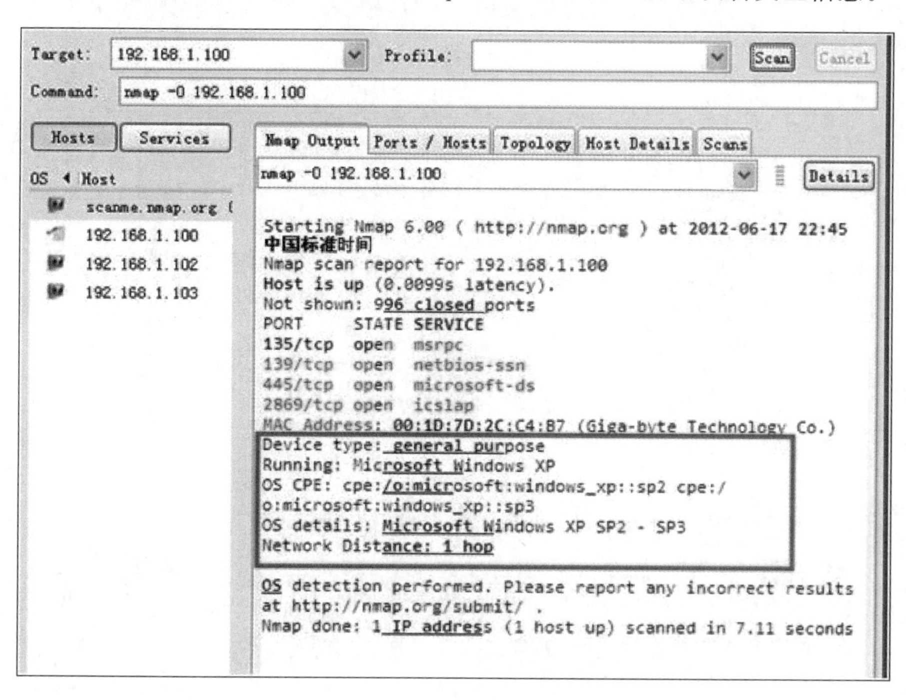

图 6-18　显示设备类型信息

可以看到，指定-O 选项后先进行主机发现与端口扫描，根据扫描到的端口来进行进一步的操作系统侦测。获取结果信息有设备类型、操作系统类型与 CPE 描述、操作系统细节、网络距离等。

(2) 综合扫描器程序 X-SCAN。

采用多线程方式对指定 IP 地址段(或单机)进行安全漏洞检测，支持插件功能，提供了图形界面和命令行两种操作方式。扫描内容包括远程操作系统类型及版本、标准端口状态及端口 BANNER 信息、CGI 漏洞、IIS 漏洞、RPC 漏洞、SQL-SERVER、FTP-SERVER、SMTP-SERVER、POP3-SERVER、NT-SERVER 弱口令用户、NT 服务器 NETBIOS 信息等。扫描结果保存在/log/目录中，index_ *. htm 为扫描结果索引文件。对于一些已知的 CGI 和 RPC 漏洞，x-scanner 给出了相应的漏洞描述、利用程序及解决方案，节省了查找漏洞介绍的时间。图 6-19 显示 X-SCAN 参数设置，图 6-20 显示扫描报告。

(3) 综合扫描器程序 Superscan。

Superscan 是一种强大的端口扫描工具，可以探测目标主机开放的端口和服务程序，获取系统的有用信息，发现网络系统的安全漏洞。

Superscan 的基本原理如下：SYN 用来建立连接，ACK 为确认标志位，例如 SYN=1、ACK=0 表示请求连接的数据包，SYN=1、ACK=1 表示接受连接的数据包；FIN 表示希

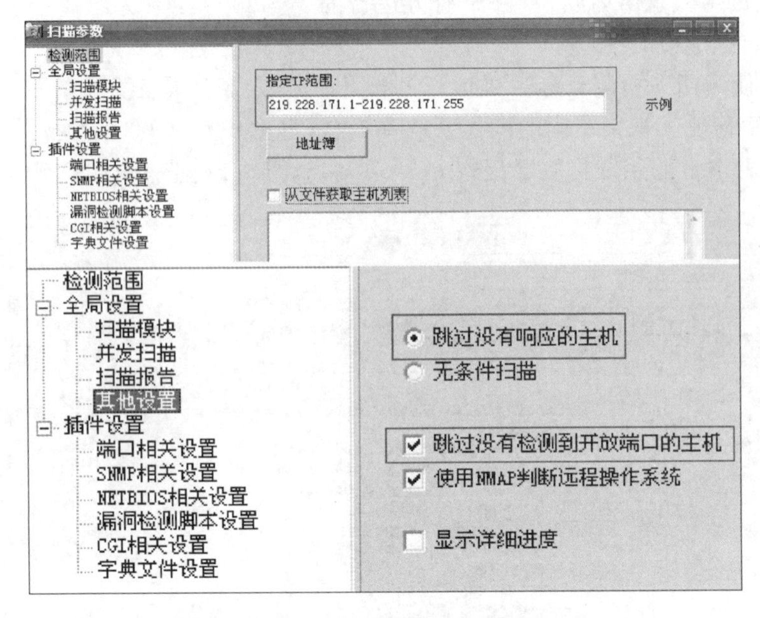

图 6-19　X-SCAN 参数设置

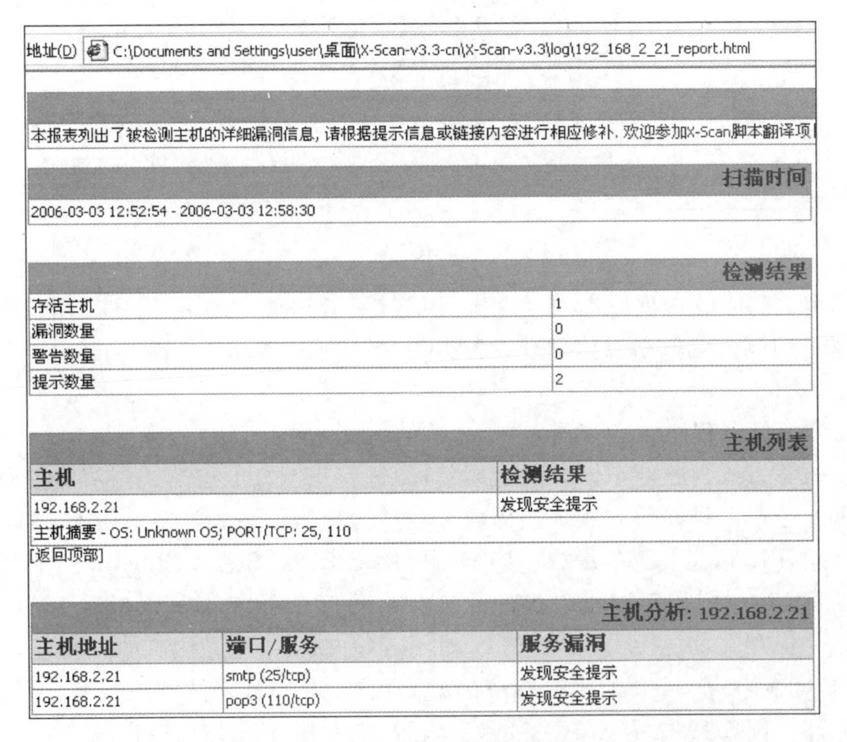

图 6-20　X-SCAN 扫描报告

望释放连接；RST 位用于复位错误的连接，若收到不属于该主机的数据分段，则拒绝连接请求；TCP SYN 扫描，本地主机向目标主机发送 SYN 数据段，目标主机端口开放回应 SYN=1、ACK=1，端口未开放回应 RST；TCP FIN 扫描，本地主机向目标主机发送 FIN=1，目标主机端口开放则丢弃此包不回应，端口未开放返回一个 RST 包；UDP ICMP 扫描，向目标主机发送一个数据包,返回一个 ICMP_PORT_ UNREACHABLE 错误,端口关闭。

Superscan 基本功能包括：通过 Ping 检验 IP 是否在线；IP 和域名相互转换；检验目标计算机提供的服务类别；检验一定范围目标计算机是否在线和端口情况；自定义要检验的端口,可以保存为端口列表文件；软件自带一个木马端口列表 trojans. lst,通过这个列表可以检测目标计算机是否有木马,也可以自定义修改这个木马端口列表。图 6-21～图 6-23 分别显示 Superscan 设置端口、端口扫描、扫描报告。

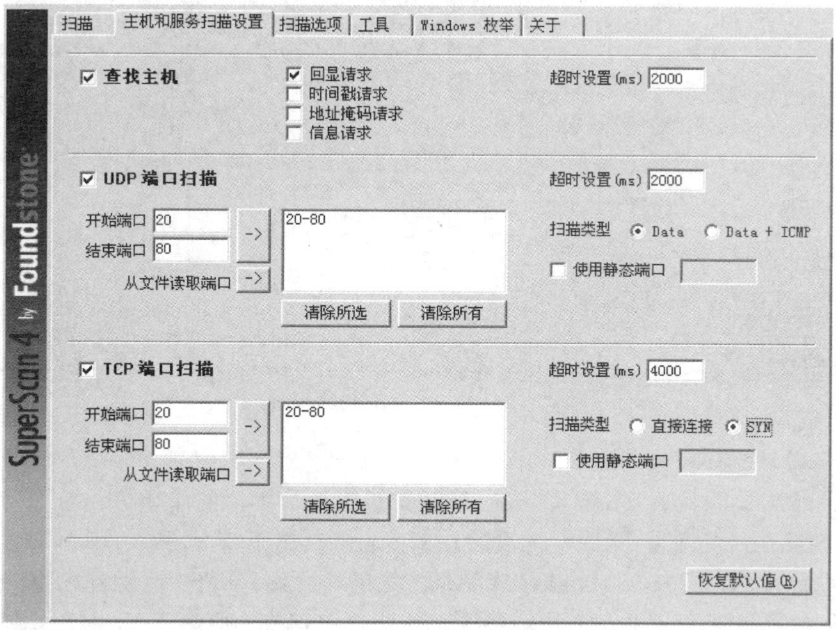

SuperScan 4 by Foundstone
扫描 | 主机和服务扫描设置 | 扫描选项 | 工具 | Windows 枚举 | 关于
☑ 查找主机
☑ 回显请求
☐ 时间戳请求
☐ 地址掩码请求
☐ 信息请求
超时设置(ms) 2000
☑ UDP 端口扫描
超时设置(ms) 2000
开始端口 20
结束端口 80
->
20-80
从文件读取端口 ->
清除所选 清除所有
扫描类型 ◉ Data ○ Data + ICMP
☐ 使用静态端口
☑ TCP 端口扫描
超时设置(ms) 4000
开始端口 20
结束端口 80
->
20-80
从文件读取端口 ->
清除所选 清除所有
扫描类型 ○ 直接连接 ◉ SYN
☐ 使用静态端口
恢复默认值(R)

图 6-21 Superscan 设置端口

SuperScan 4 by Foundstone
扫描 | 主机和服务扫描设置 | 扫描选项 | 工具 | Windows 枚举 | 关于
IP 地址
主机名/IP ->
开始 IP 192 . 168 . 1 . 100
结束 IP 192 . 168 . 1 . 254
->
从文件读取IP地址 ->
开始 IP | 结束 IP
192.168.1.100 | 192.168.1.254
清除所选
清除所有

```
Live hosts this batch: 2

192.168.1.100
    Hostname: [Unknown]
    TCP ports (2) 139,445
    UDP ports (1) 137
```

```
Performing banner grabs...
  TCP banner grabbing (2 ports)
  UDP banner grabbing (1 ports)
Reporting scan results...
-------- Scan done --------

Discovery scan finished: 08/29/11 21:14:34
```

查看HTML结果(V)

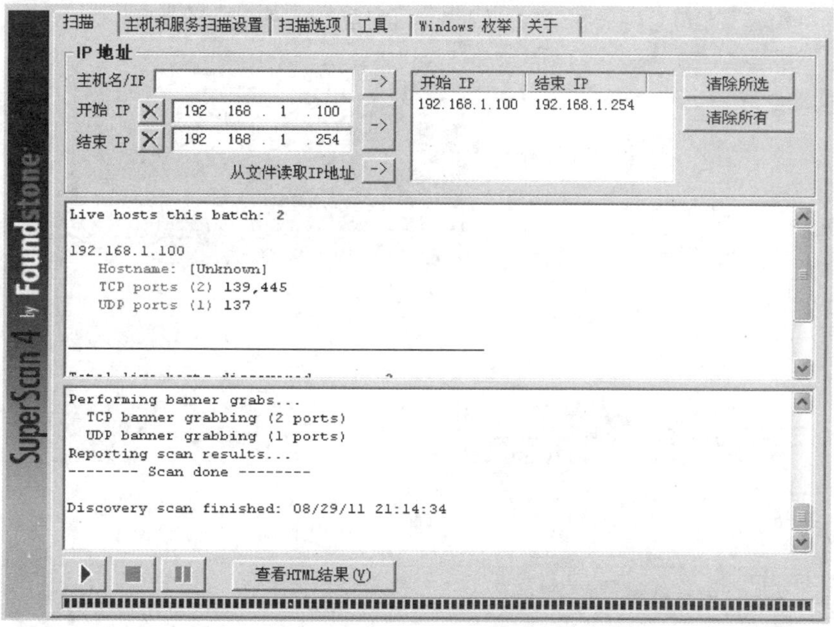

图 6-22 Superscan 端口扫描

SuperScan Report - 08/29/11 21:14:07

IP	192.168.1.100
Hostname	[Unknown]
Netbios Name	LI
Workgroup/Domain	WORKGROUP
TCP Ports (2)	
139	NETBIOS Session Service
445	Microsoft-DS
UDP Ports (1)	
137	NETBIOS Name Service
TCP Port	**Banner**
UDP Port	**Banner**
137 NETBIOS Name Service	MAC Address: 00:26:82:C9:C0:98 NIC Vendor : Unknown Netbios Name Table (6 names) LI 00 UNIQUE Workstation service name LI 20 UNIQUE Server services name WORKGROUP 00 GROUP Workstation service name WORKGROUP 1E GROUP Group name WORKGROUP 1D UNIQUE Master browser name ..__MSBROWSE__. 01 GROUP

Total hosts discovered	2
Total open TCP ports	2
Total open UDP ports	1

图 6-23 Superscan 扫描报告

(4) 综合扫描器程序 Fluxay。

Fluxay 基本功能如下:检测 POP3/FTP 主机中用户密码安全漏洞;163/169 双通;多线程检测,消除系统中密码漏洞;高效的用户流模式、服务器流模式,同时对多台 POP3/FTP 主机进行检测;最多 500 个线程探测;线程超时设置,自杀功能阻塞线程,不影响其他线程;支持 10 个字典同时检测;检测设置可作为项目保存;取消了国内 IP 限制而且免费。图 6-24 显示 Fluxay 综合扫描工具各部分功能(以 Fluxay 5 为例),图 6-25 显示扫描报告。

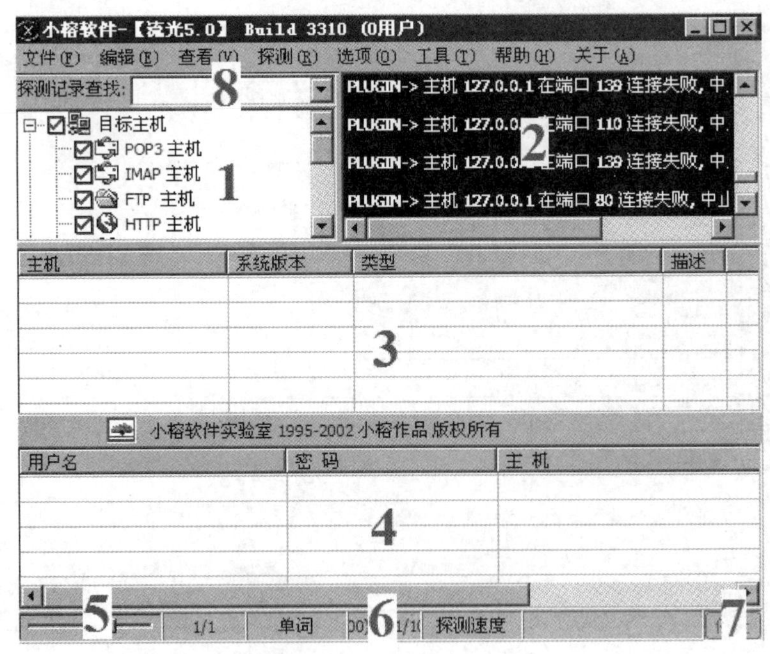

图 6-24 Fluxay 扫描功能

图 6-24 中各区域介绍如下。

区域 1：暴力破解的设置区域。

区域 2：控制台输出。

区域 3：扫描出来的典型漏洞列表。

区域 4：扫描或者暴力破解成功的用户账号。

区域 5：扫描和暴力破解的速度控制。

区域 6：扫描和暴力破解时的状态显示。

区域 7：中止按钮。

区域 8：探测记录查找。

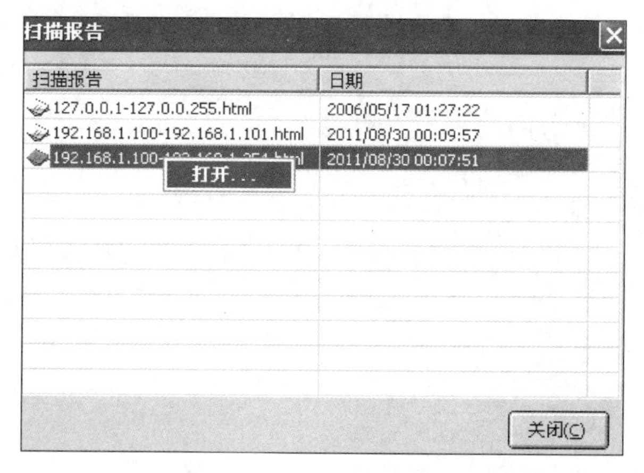

图 6-25　Fluxay 扫描报告

3. 进行网络监听

通过收集网络用户名、IP 地址范围、DNS 服务器以及邮件服务器等信息，通过扫描获得目标主机端口开关、运行服务以及操作系统类型，通过查点搜索目标主机系统用户名、路由表、SNMP 信息、共享资源、服务程序及旗标等信息。黑客通过网络监听手段，截获网络上传输的信息，取得超级用户权限，获取用户账号和口令。

网络监听只能应用于连接同一网段的主机，局域网同一个网段的所有网络接口都可以访问到物理媒体上传输的数据，每一个网络接口都有唯一的 MAC 地址，在 MAC 地址和 IP 地址之间使用 ARP 和 RARP 协议进行相互转换。以太网的工作原理：将要发送的数据包发往连接在同一网段中的所有主机，包头包含应该接收数据包的主机的正确地址，只有与数据包中目标地址相同的主机才能接收到信息包。当主机工作在监听模式下，无论数据包中的目标物理地址是什么，主机都将接收。网络监听工具称为嗅探器(Sniffer)，Sniffer 可以是软件，也可以是硬件，硬件的 Sniffer 也称为网络分析仪。要了解 Sniffer 的工作原理，先要简单了解 Hub 和网卡的工作原理。

1）Hub 和网卡的工作原理

以太网等很多网络基于总线方式，物理上是广播的，就是当一个机器发给另一个机器数据时，共享 Hub 先收到数据然后把它发给 Hub 上的其他每个接口，所以共享 Hub 所连接的同一网段的所有设备的网卡都能接收到数据。而对于交换机，其内部单片程序能够记住每个接口的 MAC 地址，能够将收到的数据直接转发到相应接口连接的计算机，不像共享

Hub那样发给所有的接口,所以交换式网络环境下只有相应的设备能够接收到数据(除了广播包)。

网卡工作在数据链路层,在数据链路层上数据是以帧为单位传输的,帧由几部分组成,不同的部分执行不同的功能。其中,帧头包括数据的MAC地址和源MAC地址。帧通过特定的称为网络驱动程序的软件处理进行成型,然后通过网卡发送到网线上,通过网线到达目标机器,在目标机器的一端执行相反的过程。

目标机器网卡收到传输来的数据,认为应该接收就在接收后产生中断信号通知CPU,认为不该接收就丢弃,所以不该接收的数据网卡被截断,计算机根本不知道。CPU得到中断信号产生中断,操作系统根据网卡驱动程序中设置的网卡中断程序地址调用驱动程序接收数据。网卡收到传来的数据,先接收数据头的目标MAC地址。只有目标MAC地址与本地MAC地址相同的数据包(直接模式)或者广播包(广播模式)或者组播数据(组播模式),网卡才接收,否则数据包直接被网卡抛弃。

网卡通常有4种接收数据方式:广播方式,接收网络中的广播信息;组播方式,接收组播数据;直接方式,只有目的网卡才能接收该数据;混杂模式,接收一切通过它的数据,而不管该数据是否传给它。网卡工作混杂模式,可以捕获网络上所有经过的数据帧,这时网卡就是嗅探器。

2)网络监听的基本原理

Sniffer的基本工作原理就是让网卡接收一切所能接收的数据。Sniffer的工作过程分为三步:网卡置于混杂模式、捕获数据包、分析数据包。

ARP协议用于IP地址到MAC地址的转换,地址映像关系存储在ARP缓存表中。黑客攻击ARP缓存表,将发送给正确主机的数据包,由攻击者转发给其控制的另外主机。对于共享式网络环境,攻击者只需把网卡设置为混杂模式。对于交换式网络环境,攻击者会试探交换机是否存在失败保护模式(fail-safe mode);由于交换机维护IP地址和MAC地址的映像关系需要花费一定的处理时间,当网络通信出现大量虚假MAC地址时,某些类型交换机出现过载情况会转换到失败保护模式,工作模式与共享式相同。如果交换机不存在失败保护模式,则需使用ARP欺骗。ARP欺骗需要攻击者主机具有IP数据包的转发能力,拥有两块网卡,假设IP地址分别是192.168.0.5和192.168.0.6,插入交换机两个端口,它截获目标主机192.16.0.3和网关192.168.0.2之间的通信,如图6-26所示。

主机A(192.168.0.4)通过网关(192.168.0.2)访问因特网,广播ARP请求,要求获得网关MAC地址。交换机收到ARP请求,将请求包转发给各个主机;交换机将更新MAC地址和端口之间的映射表,主机A绑定所连接的端口。网关收到ARP请求,发出带有网关MAC地址的ARP响应。网关更新ARP缓存表,绑定主机A的IP地址和MAC地址。交换机收到网关对主机A的ARP响应,查找它的MAC地址和端口之间映射表,转

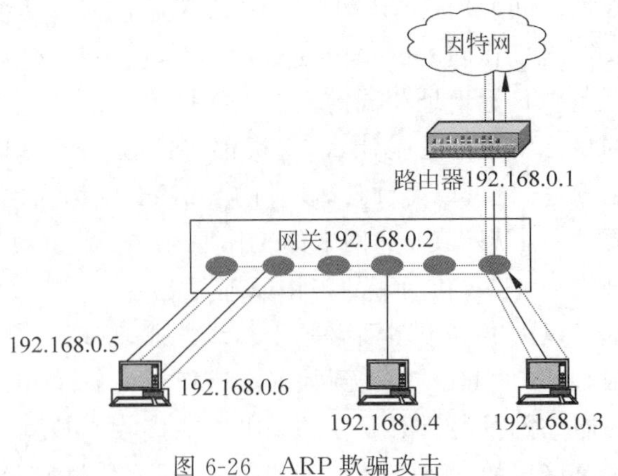

图6-26　ARP欺骗攻击

发 ARP 数据包到相应端口。交换机更新 MAC 地址和端口之间的映射表,即将 192.168.0.2 绑定连接端口。主机 A 收到 ARP 响应包,更新 ARP 缓存表,绑定网关的 IP 地址和 MAC 地址。主机 A 用新 MAC 地址信息把数据发送给网关,通信信道建立。在 ARP 欺骗的情况下,攻击者诱使目标主机(192.168.0.3)、网关(192.168.0.2)与其通信;攻击者伪装成路由器,使目标主机和网关之间所有数据通信经由攻击者主机转发,攻击者可对数据随意处理。如果攻击者执行两次 ARP 欺骗,就能同时欺骗目标主机和网关。

3) Sniffer 演示

硬件 Sniffer 价格昂贵,功能非常强大,可以捕获网络上所有的传输,并且可以重新构造各种数据包。软件 Sniffer 有 Sniffer Pro、Wireshark 等,优点是物美价廉易于使用,缺点是无法捕获网络上所有的数据传输,无法真正了解网络的故障和运行状态。

Wireshark 是一款运行在多个操作系统平台上的网络协议分析工具软件,其主要作用是尝试捕获网络包,显示包的详细情况。Wireshark 是一款非常强大的开源网络协议分析软件,也是 Ethereal 更高级的演进版本,包含 WinPcap;通常运行在路由器或有路由功能的主机上,这样就能对大量的数据进行监控,几乎能得到以太网上传送的任何数据包。

Wireshark 有 Wireshark-win32 和 Wireshark-win64 两个版本,Wireshark-win32 可在大多数计算机系统上运行,Wireshark-win64 必须安装在 64 位 CPU 和 64 位操作系统的计算机中。图 6-27～图 6-29 分别显示 Wireshark 捕获数据包设置、捕获数据包、捕获 TCP 数据包。

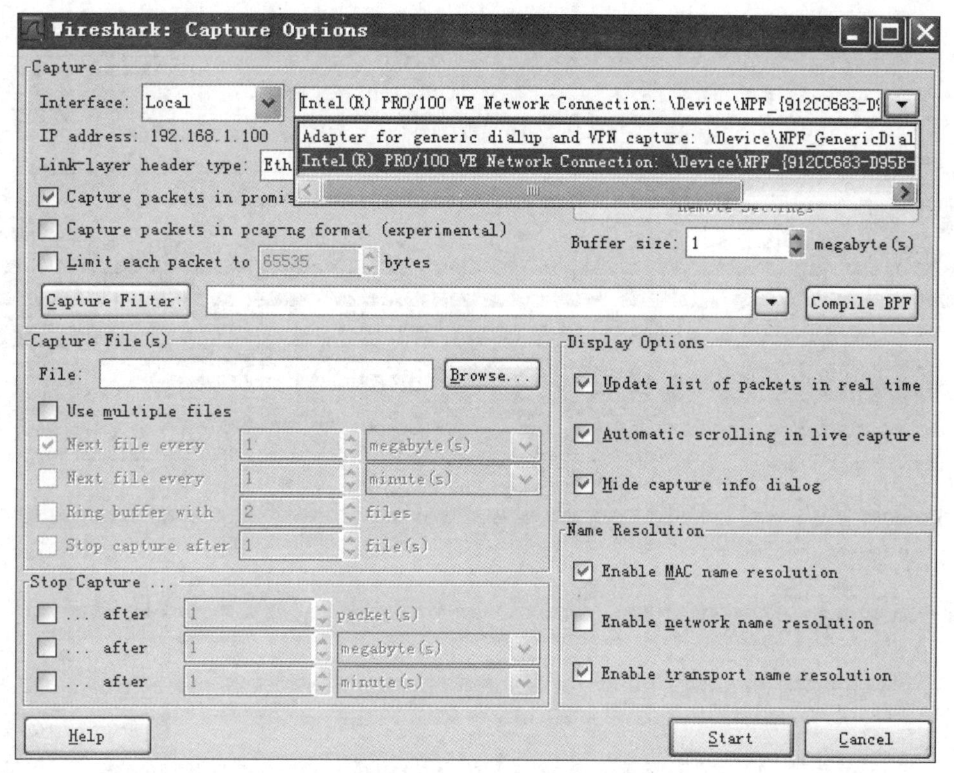

图 6-27　Wireshark 捕获数据包设置

```
File  Edit  View  Go  Capture  Analyze  Statistics  Telephony  Tools  Internals  Help
Filter:                                              Expression...  Clear  Apply
No.  Time        Source           Destination      Protocol  Length  Info
  6  5.001938    192.168.1.100    234.34.23.234    UDP        62     Source port:
  7  6.184444    113.116.146.62   192.168.1.100    UDP        82     Source port:
  8  6.184482    192.168.1.100    113.116.146.62   ICMP      110     Destination u
  9  7.354998    125.120.161.214  192.168.1.100    UDP        82     Source port:
 10  7.355034    192.168.1.100    125.120.161.214  ICMP      110     Destination u
 11  10.004181   192.168.1.100    234.34.23.234    UDP        62     Source port:
 12  10.004194   192.168.1.100    234.34.23.234    UDP        62     Source port:
 13  13.035302   192.168.1.100    192.168.1.1      DNS        74     Standard quer
 14  13.057656   192.168.1.1      192.168.1.100    DNS       120     Standard quer
 15  13.824326   192.168.1.100    192.168.1.1      DNS        71     Standard quer
 16  13.844720   192.168.1.1      192.168.1.100    DNS       114     Standard quer
 17  13.940056   192.168.1.100    220.181.111.78   TCP        66     4468 > http [
 18  13.940073   192.168.1.100    220.181.111.78   TCP        66     4468 > http [
 19  13.973615   220.181.111.78   192.168.1.100    TCP        66     http > 4468 [
 20  13.973714   192.168.1.100    220.181.111.78   TCP        54     4468 > http [

⊞ Frame 17: 66 bytes on wire (528 bits), 66 bytes captured (528 bits)
⊞ Ethernet II, Src: IntelCor_85:1f:b7 (00:13:20:85:1f:b7), Dst: Tp-LinkT_e4:c8:ce (e0:05:c5:e
⊞ Internet Protocol, Src: 192.168.1.100 (192.168.1.100), Dst: 220.181.111.78 (220.181.111.78)
⊞ Transmission Control Protocol, Src Port: 4468 (4468), Dst Port: http (80), Seq: 0, Len: 0

0000  e0 05 c5 e4 c8 ce 00 13  20 85 1f b7 08 00 45 00   ........ ......E.
0010  00 34 2c 3e 40 00 40 06  00 76 c0 a8 01 64 dc b5   .4,>@.@. .v...d..
0020  6f 4e 11 74 00 50 8b e5  93 b9 00 00 00 00 80 02   oN.t.P.. ........
0030  fa f0 34 b4 00 00 02 04  05 b4 01 03 03 00 01 01   ..4..... ........
0040  04 02                                              ..

Frame (frame), 66 bytes   Packets: 308 Displayed: 308 Marked: 0 ...   Profile: Default
```

图 6-28 Wireshark 捕获数据包

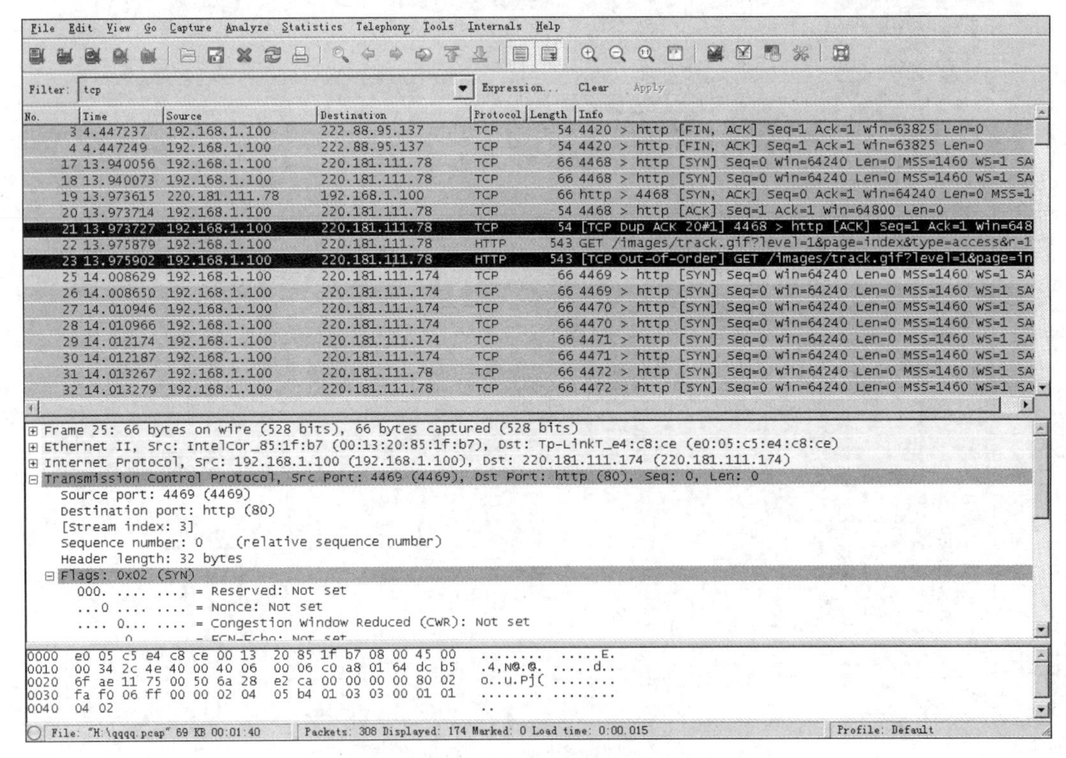

图 6-29 Wireshark 捕获 TCP 数据包

6.2.2 攻击的实施阶段

1. 黑客攻击的一般步骤

黑客攻击的目标偏好不同、技能有高低之分、手法多种多样，但他们对目标实施攻击的步骤大致相同。一般有八大步骤：信息收集、扫描、查点、实施入侵、提升权限、窃取、掩盖踪迹和植入后门。黑客攻击的一般步骤如图 6-30 所示。

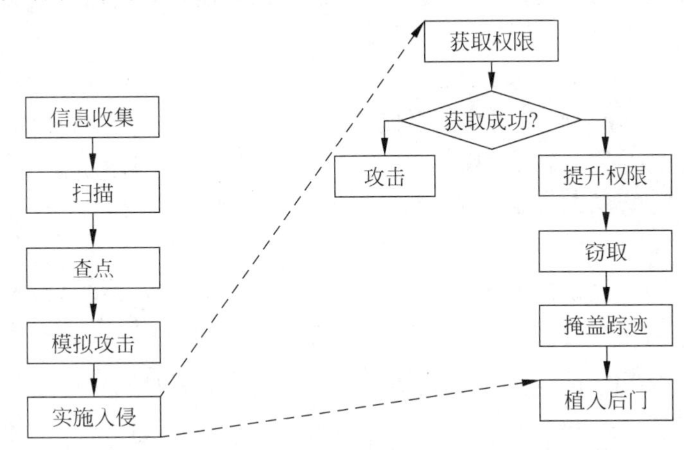

图 6-30 黑客攻击的一般步骤

信息收集指获取有关目标计算机网络和主机系统安全态势的信息。不同的系统有不同的轮廓，也就是说，对于其他站点来说是独一无二的特性。收集的信息主要是各种联系信息，包括名字、邮件地址和电话号码、传真号；IP 地址范围；DNS 服务器；邮件服务器。

网络扫描指检测目标系统是否同互联网连接、所提供的网络服务类型等。通过网络扫描所能够获得的信息包括被扫描系统所运行的 TCP/UDP 服务；系统体系结构(Sparc、Alpha、x86)；通过互联网可以访问的 IP 地址范围；操作系统类型。

查点指提取系统的有效账号或者输出资源名的过程。通常这种信息是通过主动同目标系统建立连接来获得的，因此这种查询在本质上要比信息收集和端口扫描更具入侵性。查点通常跟操作系统有关，所收集的信息有用户名和组名信息、系统类型信息、路由表信息以及 SNMP 信息。

这个阶段主要是看通过什么样的渠道进行入侵。根据前面收集到的信息，是采用 Web 网址入侵，还是服务器漏洞入侵或欺骗攻击，这需要根据具体的情况来定。

入侵的一部分目的当然是获取权限。通过 Web 入侵能利用系统的漏洞获得管理员后台密码，然后登录后台。这样就可以上传一个网页木马，如 ASP 木马、PHP 木马等。根据服务器的设置不同，得到的木马权限也不一样，所以还要提升权限。

掩盖踪迹，即清除自己所有的入侵痕迹。主要工作有禁止系统审计、隐藏作案工具、清空时间日志(使用 zap、wzap、wted 等)、替换系统常用操作命令等。

一般黑客都会在攻入系统后不止一次地进入系统。为了下次以特权身份控制整个系统，主要工作有创建具有特权用户权限的虚拟用户账号、安装远程控制工具、使用木马程序替换系统程序、安装监控程序等。

2. 黑客如何实施攻击

网上的攻击方式很多，7 种最常见的攻击方法与技术包括口令破解攻击、缓冲区溢出攻击、欺骗攻击、拒绝服务攻击/分布式拒绝服务攻击、SQL注入攻击、网络蠕虫攻击和木马攻击。

1）口令破解攻击

密码破解不一定涉及复杂的工具。它可能与找一张写有密码的贴纸一样简单，而这张纸就贴在显示器上或者藏在键盘底下。另一种蛮力技术称为垃圾搜寻(dumpster diving)，它基本上就是一个攻击者把垃圾文件搜寻一遍以找出可能含有密码的废弃文档。攻击者也使用一些更高级的复杂技术。

(1) 字典技术。

到目前为止，一个简单的字典攻击是闯入机器的最快方法。字典文件(一个充满字典文字的文本文件)被装入破解应用程序(如L0phtCrack)，它是根据由应用程序定位的用户账户运行的。因为大多数密码通常是简单的，所以运行字典攻击通常足以实现目的了。

(2) 混合攻击。

另一个众所周知的攻击形式是混合攻击。混合攻击将数字和符号添加到文件名以成功破解密码。许多人只通过在当前密码后加一个数字来更改密码。其模式通常采用这一形式：第一个月的密码是cat；第二个月的密码是cat1；第三个月的密码是cat2，以此类推。

(3) 暴力攻击。

暴力攻击是最全面的攻击形式，虽然它通常需要很长的时间，工作时间取决于密码的复杂程度。根据密码的复杂程度，某些暴力攻击可能花费一个星期的时间。

(4) 系统账户破解工具LC5。

口令破解工具很多，在此重点介绍最常用的系统账户破解工具LC5和Word文件密码破解工具Word Password Recovery Master。

在Windows操作系统中，用户账户的安全管理使用了安全账号管理器(Security Account Manager，SAM)的机制，用户和口令经过Hash变换后以Hash列表形式存放在\SystemRoot\system32下的SAM文件中。LC5主要是通过破解SAM文件来获取系统的账户和密码，它可以从本地系统、其他文件系统、系统备份中获取SAM文件，从而破解出用户口令。

在测试主机上建立用户名为test的账户，方法是依次打开“控制面板”→“计算机管理”，在“本地用户和组”中选择“用户”，如图6-31所示，输入用户名为test，密码为空。

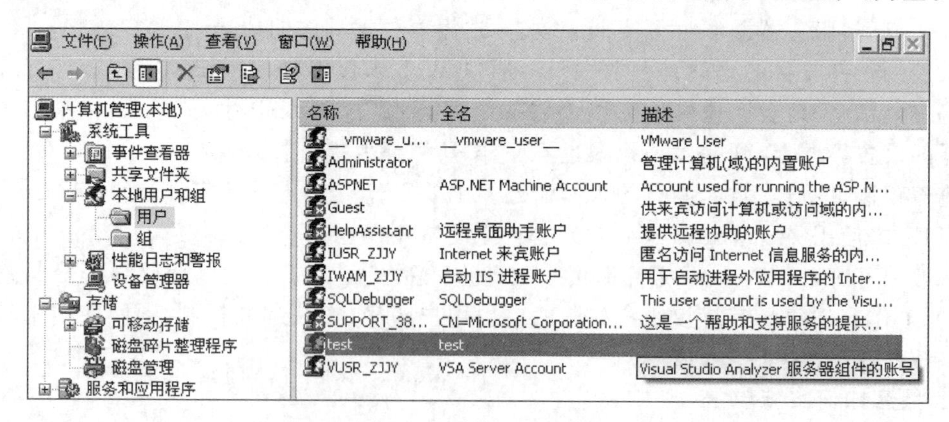

图6-31 建立测试账户

在 LC5 主界面的主菜单中，选择“文件”→“LC5 向导”命令，单击“下一步”按钮，系统会出现如图 6-32 所示的用户 test 密码为空的破解成功界面。

文件(F)　查看(V)　会话(S)　任务(C)　纠正(R)　帮助(H)

运行　报告

域	用户名	LM 认证口令	<...	口令	口令期限(天)	帐号锁定	帐号失效	帐
user2-054	Administrator	*无 *	x	*无 *	195			
user2-054	ASPNET				200			
user2-054	Guest	*无 *	x	*无 *	0		x	
user2-054	HelpAssistant				200		x	
user2-054	IUSR_ZJJY				200			
user2-054	IWAM_ZJJY				200			
user2-054	SQLDebugger	*无 *			200			
user2-054	SUPPORT_388945a0	*无 *			200		x	
user2-054	test	*无 *	x	*无 *	0			x
user2-054	VUSR_ZJJY				200			

图 6-32　密码为空破解结果界面

将系统密码改为 123123，LC5 很快会破解成功，出现如图 6-33 所示的用户 test、密码为 123123 的破解成功界面。

File　View　Session　Schedule　Remediate　Help

Run　Report

Domain	User Name	LM Password	<8	Password
GHOST-MRD7...	Guest	* empty *	x	* empty *
GHOST-MRD7...	HelpAssistant			
GHOST-MRD7...	SUPPORT_388945a0	* empty *		
GHOST-MRD7...	test	123123	x	123123
GHOST-MRD7...	Administrator		x	

图 6-33　密码为 123123 破解结果界面

将系统密码改为 security123，再次执行，LC5 没有完全破解，出现如图 6-34 所示的界面。

File　View　Session　Schedule　Remediate　Help

Run　Report

Domain	User Name	LM Password	<8	Password	Passw
GHOST-MRD7...	Guest	* empty *	x	* empty *	0
GHOST-MRD7...	HelpAssistant				729
GHOST-MRD7...	SUPPORT_388945a0	* empty *			729
GHOST-MRD7...	test	SECURIT???????			0
GHOST-MRD7...	Administrator		x		180

图 6-34　破解失败

这是因为刚才密码设置成了“字符串”+“数字”格式，比较复杂，所以破解不能成功，必须选择复杂口令破解方法。

如果 LC5 设置为字典攻击、混合字典和暴力破解等复杂模式，上述密码可以破解成功，设置方法如图 6-35 所示。

(5) Word 文件密码破解工具 Office Password Recovery Master。

一般情况下，Word 2010 文件加密是采用 Word 自带的加密功能，在 Word 文件编辑状

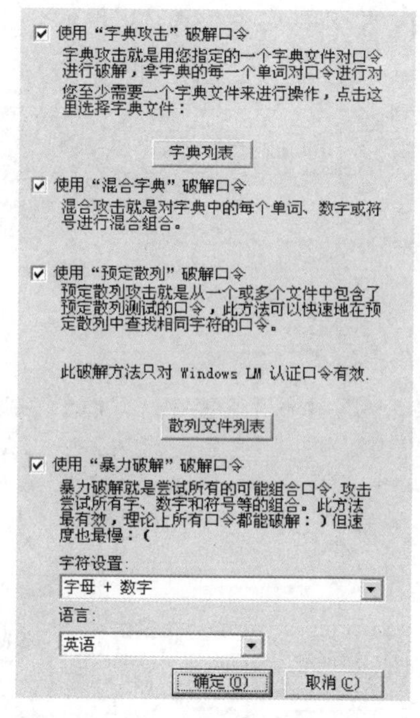

图 6-35　设置复杂破解模式

态下，选择"文件"→"信息"→"保护文档"，出现如图 6-36 所示的界面。

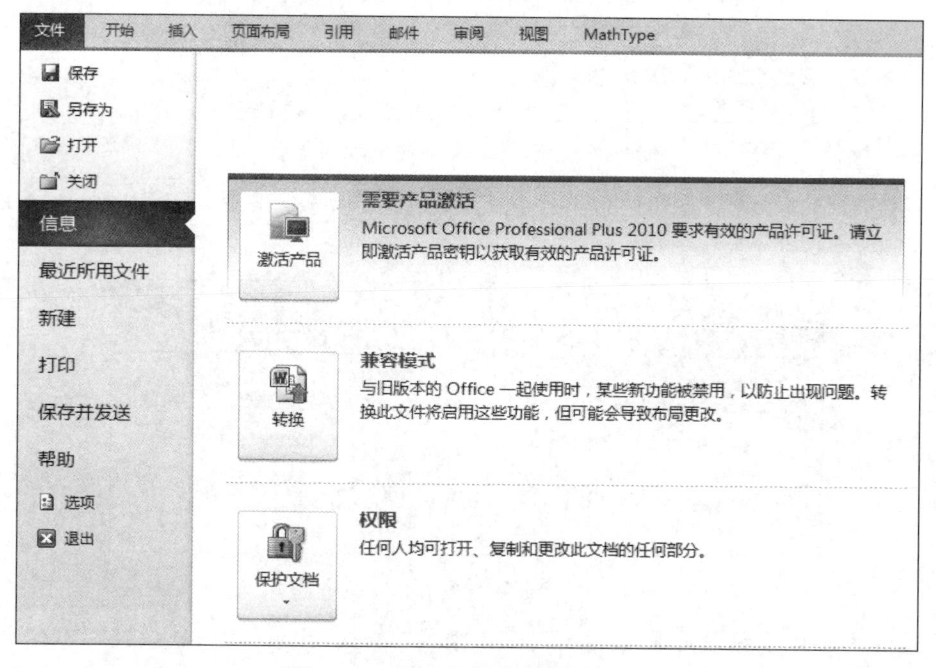

图 6-36　Word 文档密码设置界面

用密码进行加密设置如图 6-37 所示，输入密码再次确认后，出现如图 6-38 所示界面。

Word 文件密码恢复工具软件 Office Password Recovery Master 在打开 Word 文档移除密码时，连接到 Rixler 服务器，如图 6-39 所示，单击"移除密码"，文件被成功解密，如图 6-40 所示。

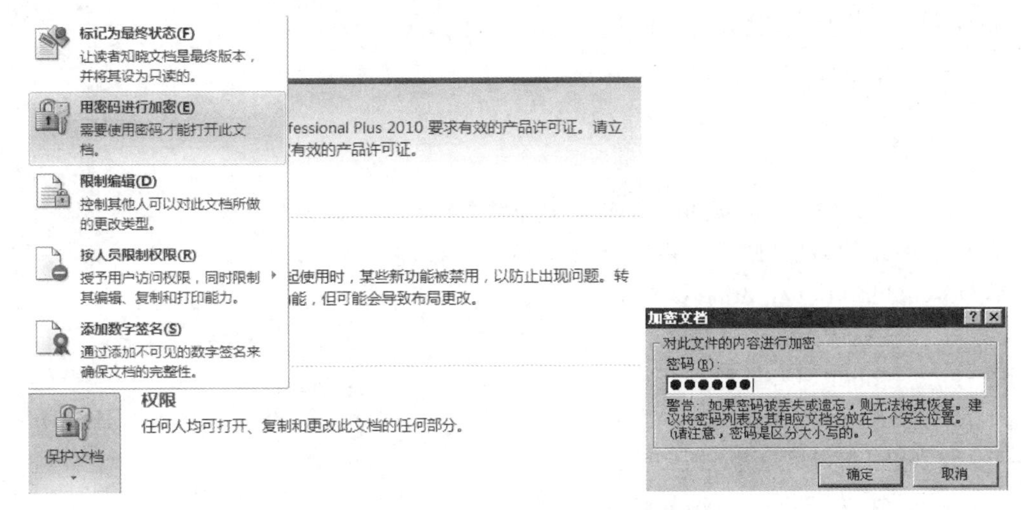

图 6-37　Word 文档加密界面

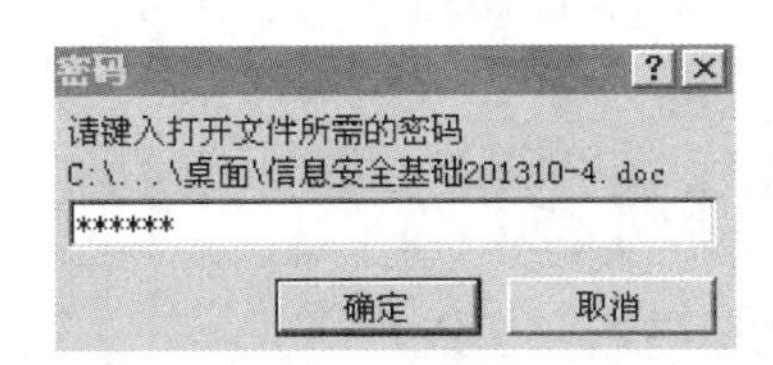

图 6-38　打开 Word 文档输入密码界面

图 6-39　打开 Word 文档移除密码

图 6-40　文件成功解密

2）缓冲区溢出攻击

缓冲区溢出是一种非常普遍又非常危险的漏洞，在各种操作系统、应用软件中广泛存在。利用缓冲区溢出攻击，可以导致程序运行失败、系统死机、重新启动等后果。更为严重的是，可以利用它执行非授权指令，甚至可以取得系统特权（"肉机"），进而进行各种非法操作。据统计，通过缓冲区溢出进行的攻击已占所有系统攻击总数据的 80%以上。

通过往程序的缓冲区写超出其长度的内容，造成缓冲区的溢出，从而破坏程序的堆栈，造成程序崩溃或使程序转而执行其他指令，以达到攻击的目的。造成缓冲区溢出的原因是程序中没有仔细检查用户输入的参数。例如下面程序：

```
void function(char * str) {
char buffer[16];
strcpy(buffer,str);
}
```

上面的strcpy()将直接把str中的内容复制到buffer中。这样只要str的长度大于16，就会造成buffer的溢出，使程序运行出错。随便往缓冲区中填东西造成溢出一般出现“分段错误”(segmentation fault)，不能达到攻击的目的。最常见的手段是通过制造缓冲区溢出使程序运行一个用户shell，再通过shell执行其他命令。如果程序有root或者suid执行权限，攻击者就获得一个root权限的shell，可以对系统进行任意操作。Windows系统的内存结构如图6-41所示，在计算机运行时将内存划分为3个段：代码段、数据段和堆栈段。

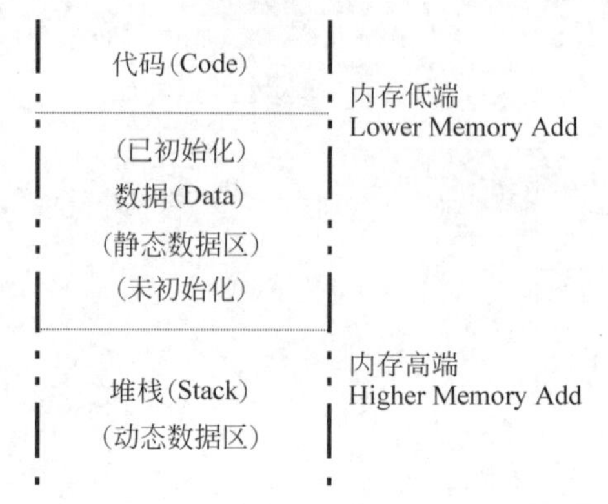

图6-41　Windows系统的内存结构

代码段：数据只读，可执行。代码段存放了程序的代码，在代码段中的数据库是在编译时生成的二进制机器代码，可供CPU执行，在代码段一切数据不允许更改。任何尝试对该区的写操作都会导致段违法出错(segmentation fault)。

数据段：静态全局变量，位于数据段并且在程序开始运行时被加载。

堆栈段：放置程序运行时动态的局部变量，局部变量的空间被分配在堆栈里面。

缓冲区是一块连续的计算机内存区域。在程序中，通常把输入数据存放在一个临时空间内，这个临时存放空间被称为缓冲区，也就是所说的堆栈段。

在计算机内部，如果一个容量有限的内存空间中存储过量数据，这时数据会溢出存储空间。

演示程序：

```
/* Windows 缓冲区溢出攻击演示程序 */
char bigbuff[ ] = "aaaaaaaaaa";                //10 个 a
int main()
{
    char smallbuff[5];                        //只分配 5 个字节空间
    strcpy(smallbuff, bigbuff);
}
```

程序用Visual C++ 6.0编辑器编译完成后，生成.exe文件，进行调试，如图6-42所示。OllDbg的左上部分是反汇编编辑窗口，00401190地址开始部分是main函数的反汇编代码。右上部分是寄存器窗口，左下部分是数据区窗口，可以看出00421A30地址开始存放的是字符串bigbuff[ ]数据，即10个a(ASCII码为61)，右下部分是堆栈窗口。

接下来介绍Windows平台下的溢出过程。程序调试过程中，堆栈区域数据变化的过程如下：把光标放在程序起点，即地址00401190，然后按F4键执行，观察堆栈数据变化，直到RETN命令后，出现如图6-43所示错误消息。

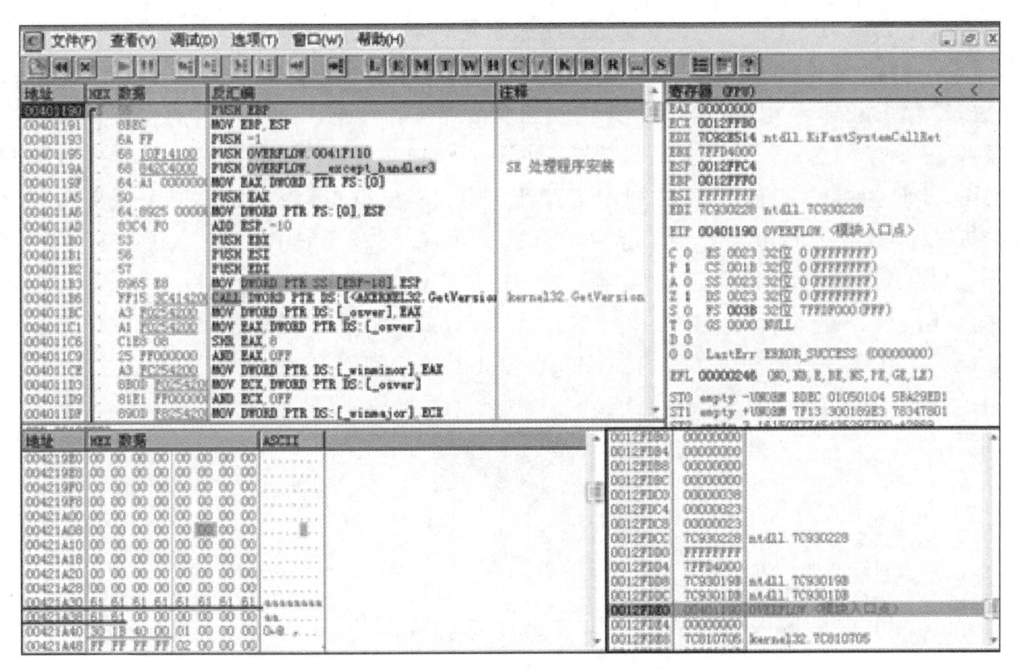

图 6-42 OllDbg 反汇编信息

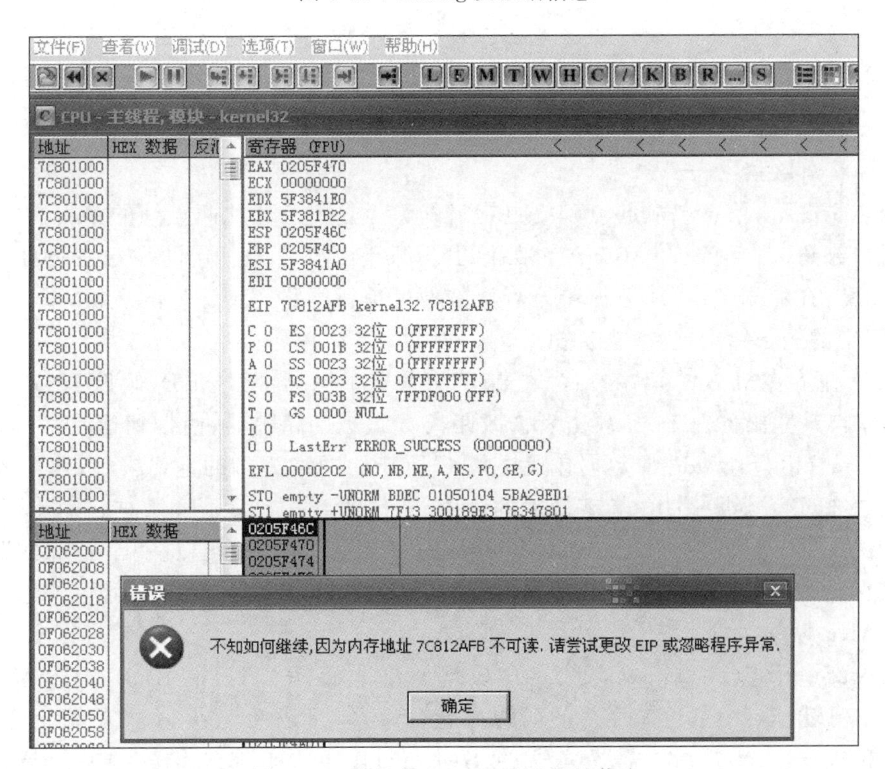

图 6-43 执行完 RETN 后显示的信息

3）欺骗攻击

(1) 源 IP 地址欺骗攻击。

许多应用程序认为如果数据包能够使其自身沿着路由到达目的地，而且应答包也可以回到源地,那么源 IP 地址一定是有效的,而这正是使源 IP 地址欺骗攻击成为可能的前提。

假设一网段内有两台主机 A 和 B,另一网段内有主机 C,如图 6-44 所示。B 授予 A 某些特权,C 为获得与 A 相同的特权,所做欺骗攻击如下:首先,C 冒充 A,向主机 B 发送一个带有随机序列号的 SYN 包。主机 B 响应,回送一个应答包给 A,该应答号等于原序列号加 1。然而,此时主机 A 已被主机 C 利用拒绝服务攻击"淹没"了,导致主机 A 服务失效。结果,主机 A 将 B 发来的包丢弃。为了完成 3 次握手,C 还需要向 B 回送一个应答包,其应答包等于 B 向 A 发送数据包的序列号加 1。此时主机 C 并不能检测到主机 B 的数据包(因为不在同一网段),只有利用 TCP 顺序号估算法来预测应答包的顺序号并将其发送给目标机 B。如果猜测正确,B 则认为收到的 ACK 是来自内部主机 A。此时,C 即获得了主机 A 在主机 B 上所享有的特权,并开始对这些服务实施攻击。

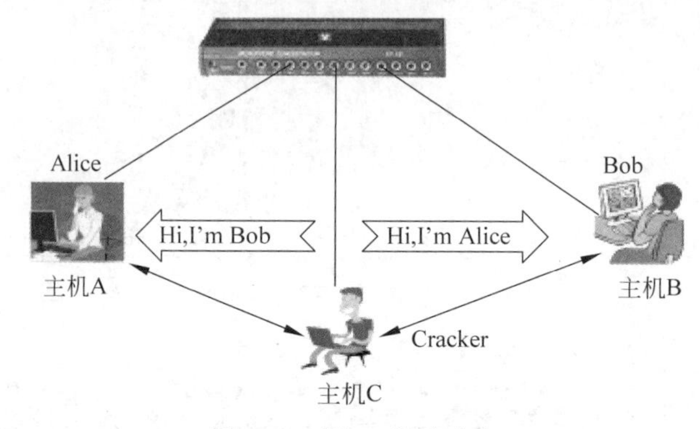

图 6-44 源 IP 欺骗攻击

(2) 源路由欺骗攻击。

在通常情况下,信息包从起点到终点走过的路径是由位于此两点间的路由器决定的,数据包本身只知道去往何处,但不知道该如何去。源路由可使信息包的发送者将此数据包要经过的路径写在数据包中,使数据包循着对方不可预料的路径到达目的主机,下面仍以上述源 IP 欺骗中的例子给出这种攻击的形式。

主机 A 享有主机 B 的某些特权,主机 C 想冒充主机 A 从主机 B(假设 IP 为 aaa. bbb. ccc. ddd)获得某些服务。首先,攻击者修改距离 C 最近的路由器,使得到达此路由器且包含目的地址 aaa. bbb. ccc. ddd 的数据包以主机 C 所在的网络为目的地;然后,攻击者 C 利用 IP 欺骗向主机 B 发送源路由(指定最近的路由器)数据包。当 B 回送数据包时,就传送到被更改过的路由器。这就使一个入侵者可以假冒一个主机的名义,通过一个特殊的路径来获得某些被保护数据。

(3) ARP 欺骗实例。

下面介绍一个基于 Nemesis 的 LAN 发包工具,并演示 LAN 上 ARP 攻击的几种情况。Nemesis 本身就是一个基于命令行的开源发包程序,它可以在 Windows 系统上运行,但是它每次只能发送一个包,所以需要编写 DOS 批处理程序才能让它连续发包,这样才能进行有意义的攻击。

Nemesis 在 Sourceforge 上的主页地址是 http://nemesis. sourceforge. net。Nemesis 使用 WinPcap 3.0 提供的函数库进行发包,如果安装了 Ethereal 等工具,可能计算机上存在 WinPcap 的较高版本,这时必须使用 3.0 版覆盖较新的版本。

攻击步骤如下。

① 伪装成被攻击主机广播 ARP 请求。

首先根据 LAN 的实际情况编辑 conflict.bat 文件，本示例假设 LAN 网段为 222.88.88.*，网关地址为 222.88.88.1，使用普通的 SOHO 路由器。双击 conflict.bat 执行攻击，其中 Nemesis 命令：

```
nemesis arp -S 222.88.88.101 -h 00:34:67:88:2F:22 -D 222.88.88.1 -m 00:00:00:00:00:00
 -P payload.txt -M FF:FF:FF:FF:FF:FF -H 00:34:67:88:2F:22
```

其中各参数的意义如下。

-S 222.88.88.101：ARP 请求中的源 IP 地址，也就是被攻击者的 IP 地址。

-h 00:34:67:88:2F:22：ARP 请求中的源 MAC 地址，可以随便伪造一个 MAC 地址。

-D 222.88.88.1：ARP 请求中的目的 IP 地址，可以随便指定一个 IP 地址，结果都会使得被攻击者发生“IP 地址冲突”错误。但是如果指定成网关的地址，还会更新网关的 ARP 缓存，网关就无法正确将数据发送给被攻击者，在实际测试中，被攻击者会立刻 ping 不通网关。

-m 00:00:00:00:00:00：ARP 请求中的目的 MAC 地址，一般为全 0。

-P payload.txt：从 payload.txt 中读取 Payload 部分的内容。

-M FF:FF:FF:FF:FF:FF：2 层包头的目的地址，ARP 一般是广播地址。

-H 00:34:67:88:2F:22：2 层包头的源地址，最好与-h 中指定的地址相同，这样可以使得发送的攻击包看起来更像一个真实的 ARP 请求包。

② 伪装成被攻击者进行 ARP 应答。

此攻击在 i_am_the_other_guy.bat 中实现，其中的 Nemesis 命令如下：

```
nemesis arp -S 222.88.88.101 -h 00:44:44:AA:3B:4D -D 222.88.88.1 -m 00:14:78:89:7c:c4
 -P payload.txt -r -M 00:14:78:89:7c:c4 -H 00:44:44:AA:3B:4D
```

其中各参数的意义如下。

-S 222.88.88.101：被攻击者的 IP 地址。

-h 00:44:44:AA:3B:4D：伪造的被攻击者的 MAC 地址。

-D 222.88.88.1：网关的 IP 地址。

-m 00:14:78:89:7c:c4：网关的 MAC 地址。

-P payload.txt：从 payload.txt 中读取 Payload 部分的内容。

-r：指定 nemesis 发送 ARP 应答包。

-M 00:14:78:89:7c:c4：网关的 MAC 地址，与-m 相同。

-H 00:44:44:AA:3B:4D：伪造的被攻击者的 MAC 地址，与-h 相同。

图 6-45 所示是攻击时使用 Ethereal 抓取的数据包。此攻击的原理依然是刷新网关的 ARP 缓存，但是不会像上一种攻击那样在 LAN 中发广播，从而更具隐蔽性。

③ 伪装成网关进行 ARP 应答。

此攻击在 i_am_router.bat 中实现，其中的 Nemesis 命令如下：

```
nemesis arp -S 222.88.88.1 -h 00:55:55:55:55:55 -D 222.88.88.101 -m 00:4E:4C:81:7D:E2
 -P payload.txt -r -M 00:4E:4C:81:7D:E2 -H 00:55:55:55:55:55
```

其中各参数的意义如下。

-S 222.88.88.1：网关的 IP 地址。

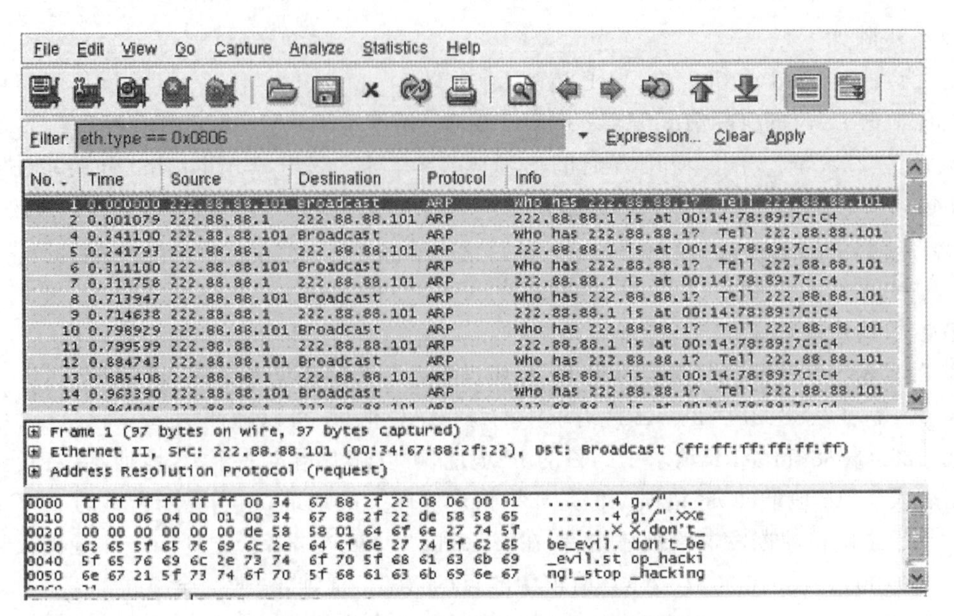

图 6-45　Ethereal 抓取被攻击主机请求数据包

-h 00:55:55:55:55:55：随便伪造的网关的 MAC 地址。

-D 222.88.88.101：被攻击者的 IP 地址。

-m 00:4E:4C:81:7D:E2：被攻击者的 MAC 地址。

-P payload.txt：从 payload.txt 中读取 Payload 部分的内容。

-r：指定 nemesis 发送 ARP 应答包。

-M 00:4E:4C:81:7D:E2：被攻击者的 MAC 地址，与-m 相同。

-H 00:55:55:55:55:55：伪造的网关的 MAC 地址，与-h 相同。

图 6-46 所示是攻击时使用 Ethereal 抓取的数据包。实际测试中，被攻击者的 ARP 缓存被立刻刷新，网关的 MAC 地址变成了一个不存在的地址，从而无法与网关通信。

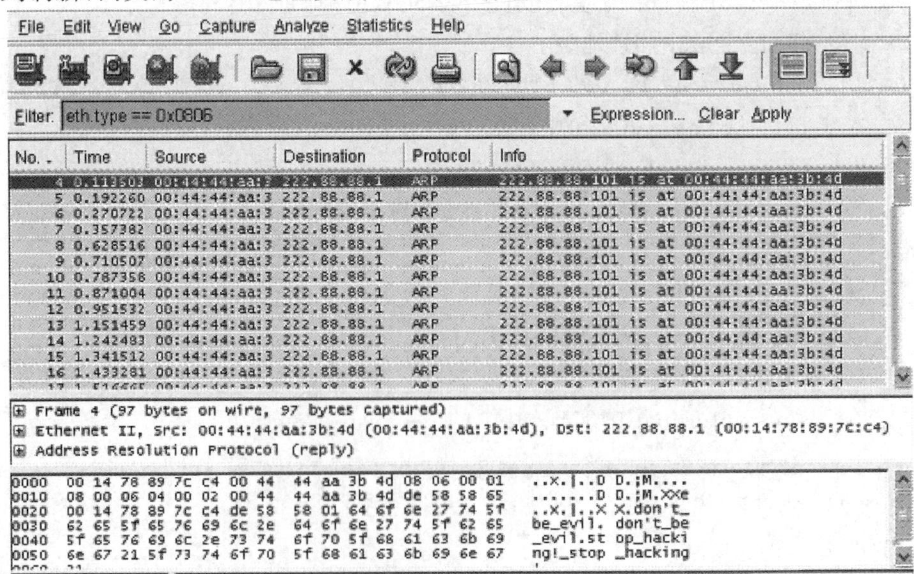

图 6-46　Ethereal 抓取被攻击者应答数据包

4）拒绝服务攻击/分布式拒绝服务攻击

拒绝服务攻击(Denial of Service,DoS)行动使网站服务器充斥大量要求回复的信息,消耗网络带宽或系统资源,导致网络或系统不胜负荷直至瘫痪而停止正常的网络服务。

拒绝服务攻击建立在IP地址欺骗攻击的基础上。最常见的DoS攻击有计算机网络带宽攻击和连通性攻击。带宽攻击指以极大的通信量冲击网络,使得所有可用网络资源都被消耗殆尽,最后导致合法用户请求无法通过。连通性攻击指用大量的连接请求冲击计算机,使得所有可用的操作系统资源都被占用,最终计算机无法再处理合法用户的请求。

拒绝服务攻击有多种分类方法,按照入侵方式可以分为资源消耗型DoS攻击、配置修改型DoS攻击、物理破坏型DoS攻击和服务利用型DoS攻击。

资源消耗型DoS攻击：资源消耗型拒绝服务是指入侵者试图消耗目标的合法资源,例如网络带宽、内存、硬盘空间和CPU利用率,从而达到拒绝服务的目的。

配置修改型DoS攻击：计算机配置不当可能造成系统运行不正常甚至根本不能运行。入侵者通过修改或者破坏系统的配置信息来阻止其他合法用户使用计算机和网络提供的服务,主要有改变路由信息、修改Windows注册表、修改Linux的各种配置文件。

物理破坏型DoS攻击：物理破坏型拒绝服务主要针对物理设备的安全,入侵者可以通过破坏或改变网络部件以实现拒绝服务。

服务利用型DoS攻击：利用入侵目标的自身资源实现入侵意图,由于被入侵系统具有漏洞和通信协议的弱点,这给入侵者提供了机会。入侵者利用TCP/IP及目标责任系统自身应用软件中的一些漏洞和弱点得到拒绝服务的目的。

常见的DoS攻击方式如下。

SYN Flood攻击以多个随机的源主机地址向目的主机发送SYN包,而在收到目的主机的SYN ACK后并不回应,这样,目的主机就为这些源主机建立了大量的连接队列,而且由于没有收到ACK一直维护着这些队列,造成了资源的大量消耗而不能向正常请求提供服务,如图6-47所示。

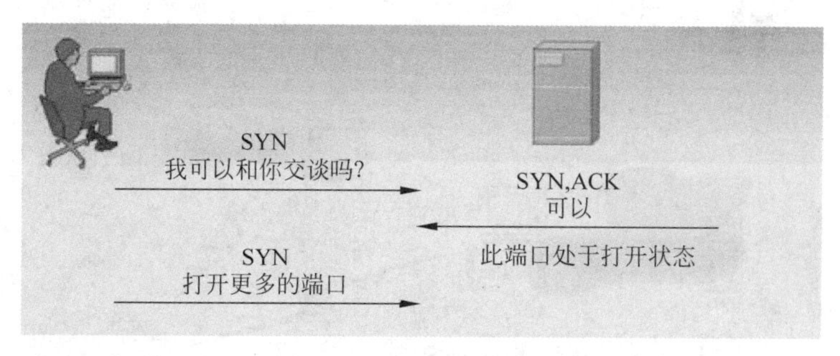

图6-47　SYN Flood攻击

Smurf攻击向一个子网的广播地址发一个带有特定请求(如ICMP回应请求)的包,并且将源地址伪装成想要攻击的主机地址。子网上所有主机都回应广播包请求而向被攻击主机发包,使该主机受到攻击,如图6-48所示。

Ping of Death攻击,根据TCP/IP的规范,一个包的长度最大为65 536字节。尽管一个包的长度不能超过65 536字节,但是一个包分成的多个片段的叠加却能做到。当一个主机收到了长度大于65 536字节的包时,就是受到了Ping of Death攻击,该攻击会造成主机

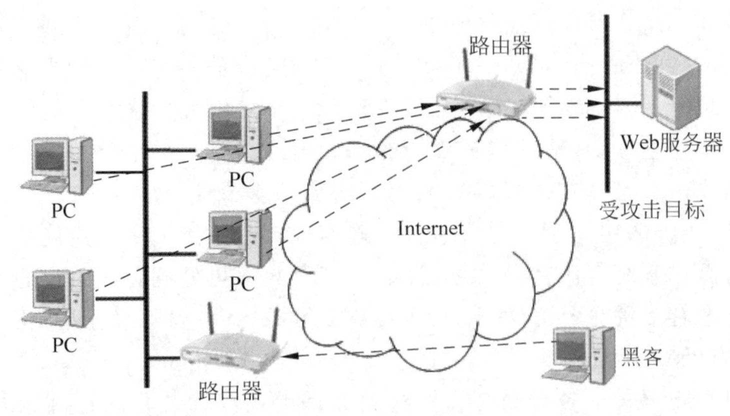

图 6-48 Smurf 攻击

的宕机。

分布式拒绝服务(Distributed DoS,DDoS)攻击是在传统的 DoS 攻击基础上产生的一类攻击方式,DDoS 针对计算机与网络高处理能力,利用更大规模的傀儡机("肉鸡")攻击目标主机,使得攻击者的傀儡机可以分布在更大的范围、更远的地方或其他城市,是目前黑客经常采用而难以防范的攻击手段。下面结合 SYN Flood 实例对 DDoS 攻击运行原理做一个形象说明。

一个比较完善的 DDoS 攻击体系分为 4 部分(如图 6-49 所示),最重要的第 2、3 部分分别用于控制和实际发起攻击,第 2 部分控制机只发布命令而不参与实际攻击,第 3 部分傀儡机发出实际流量包攻击第 4 部分受害者。黑客对第 2、3 部分计算机有控制权或部分控制权,并把相应的 DDoS 程序部署在这些平台上,DDoS 程序与正常程序一样运行并等待黑客的指令,通常还会利用各种手段隐藏自己不被别人发现。

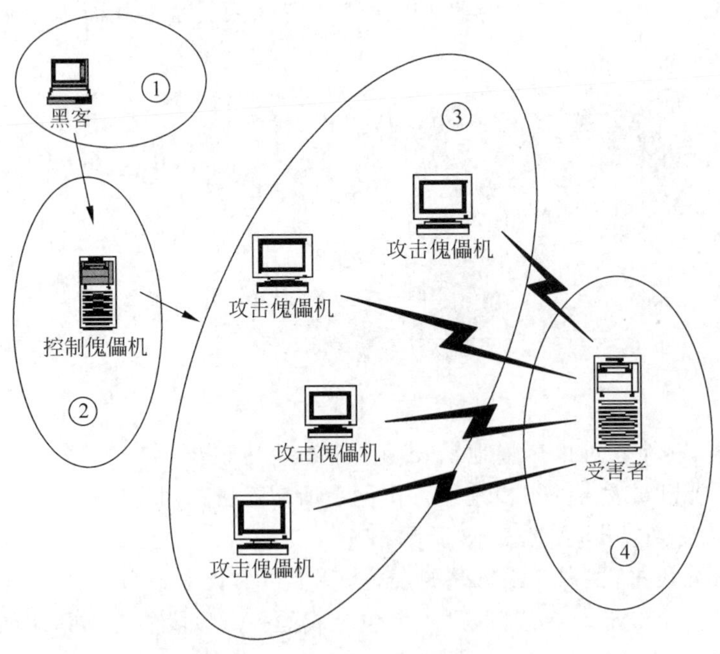

图 6-49 DDoS 攻击体系原理

正常情况下，这些傀儡机没有什么异常，一旦黑客控制它们并发出指令，攻击傀儡机就攻击受害者。为什么黑客不直接控制攻击傀儡机，而从控制傀儡机上转一下呢？这是DDoS攻击难以追查的原因之一。从攻击者的角度来说，使用的傀儡机越多，提供给受害者的分析依据就越多。高水平攻击者在占领一台机器后，首先做好两件事：如何留好后门；如何清理日志。

在第3部分攻击傀儡机上清理日志是一项庞大的工程，即使有日志清理工具的帮助，黑客对这个任务也很头痛。这直接导致有些攻击机日志清理不彻底，从而通过它找到上一级控制傀儡机，如果控制傀儡机是黑客自己的机器，就会被揪出来；如果控制傀儡机是其他机器，黑客自身还是安全的。控制傀儡机数目相对很少，一台可以控制几十台攻击机，清理一台控制傀儡机日志对黑客来讲轻松很多，这样从控制傀儡机找到黑客的可能性大大降低。

被攻击主机上有大量等待的TCP连接，网络中充斥着大量的无用数据包，例如假源地址、高流量无用数据造成网络拥塞，使受害主机无法正常与外界通信，利用受害主机提供服务或传输协议的缺陷，反复高速发出特定的服务请求，使受害主机无法及时处理所有正常请求，造成系统死机。

5) SQL注入攻击

在动态网站的开发中，最容易忽略的安全问题就是SQL注入(SQL Injection)漏洞问题。大部分程序员在编写代码时，没有对用户输入数据的合法性进行判断，使得应用程序存在安全隐患。NBSI(NB SQL Injection)是一款网站漏洞检测工具，在SQL注入检测方面有极高的准确率。SQL注入是一种漏洞，也是一种攻击方法。攻击原理就是利用用户提交或可修改的数据，把想要的SQL语句插入系统实际SQL语句中，轻则获得敏感的信息，重则控制服务器。

黑客通过SQL注入攻击获得网站数据库的访问权限，窃取网站数据库中所有的数据，甚至恶意黑客通过SQL注入功能篡改数据库中的数据、毁坏数据库中的数据。作为网络开发者，有必要了解SQL注入功能原理，学会如何通过代码来保护自己的网站数据库。SQL注入的方式有多种，下面以PHP和MySQL数据库为例，介绍SQL注入攻击基本原理、简单的防范措施以及如何避免SQL注入攻击。

SQL注入是利用网站代码漏洞来获取网站或应用程序后台的SQL数据库的访问权限，进而可以取得数据库所有的数据信息。拿到数据库管理员登录用户名和密码后，黑客可以自由修改数据库中的内容甚至删除该数据库。SQL注入可以用来检验一个网站或应用的安全性。

假如一个公司网站，在网站后台数据库中保存了所有客户数据等重要信息。网站登录页面的代码中有这样一条命令来读取用户信息：

```
<?
$q = "SELECT `id` FROM `users` WHERE `username` = '
" . $_GET['username']. " 'AND `password` = '" . $_GET['password']. " '";
?>
```

有黑客想攻击数据库，会尝试在登录页面的用户名输入框中输入以下代码：

```
;SHOW TABLES;
```

单击“登录”按钮，这个页面会显示数据库中的所有表。如果黑客使用下面这行命令：

```
;DROP TABLE [table name];
```

这样黑客就把一张表删除了。

这只是一个很简单的例子,实际的 SQL 注入方法很复杂。了解了 SQL 注入攻击的基本原理,下一步介绍如何防范 SQL 注入攻击。

(1) 防范 SQL 注入,使用 mysql_real_escape_string()函数。

在数据库操作代码中,用函数 mysql_real_escape_string()可以将代码中的特殊字符过滤掉,如引号等。如下例:

```
<?
$q = " SELECT `id` FROM `users` WHERE `username` = ' " .mysql_real_escape_string
( $_GET['username'] ). " 'AND` password ` = '" .mysql_real_escape_string( $_GET['password'] ).
" '";
?>
```

(2) 防范 SQL 注入,使用 mysql_query()函数。

mysql_query()的特点是只执行 SQL 代码的第一条,后面的不会执行。上面的例子中,黑客通过代码实例在后台执行多条 SQL 命令,显示所有表的名称。所以 mysql_query()函数可以起到进一步保护作用。进一步演化刚才的代码就得到了下面的代码:

```
<?
//connection
$database = mysql_connect("localhost", "username","password");
//db selection
mysql_select_db("database", $database);
$q = mysql_query("SELECT `id` FROM `users` WHERE `username ` = '
".mysql_real_escape_string( $_GET['username']). " 'AND` password ` = '
" .mysql_real_escape_string( $_GET['password']). " '", $database);
?>
```

除此之外,还可以在 PHP 代码中判断输入值的长度,或专门用一个函数来检查输入值。所以在接收用户输入值的地方一定做好输入内容的过滤和检查,了解最新的 SQL 注入方式非常重要,这样才能做到有目的地防范 SQL 注入攻击。

6) 网络蠕虫攻击

蠕虫病毒和一般的计算机病毒有很大的区别。对于蠕虫,现在还没有一个完整的理论体系。一般认为,蠕虫病毒是一种通过网络传播的恶性病毒,它除具有病毒的一些共性——传播性、隐藏性、破坏性等,同时具有自己的一些特征,如不利用文件寄生(有的只存在于内存中),对网络造成拒绝服务,以及与黑客技术相结合等。

根据使用者情况将蠕虫病毒分为两类:一类是面向企业用户和局域网而言,这类病毒利用系统漏洞,主动进行攻击,可以对整个互联网造成瘫痪性的后果,以“红色代码”“尼姆达”“SQL 蠕虫王”为代表;另一类是针对个人用户的,通过网络(主要是电子邮件、恶意网页形式)迅速传播的蠕虫病毒,以爱虫病毒、求职信病毒为代表。在这两类蠕虫中,第一类具有很大的主动攻击性,而且爆发也有一定的突然性,但相对来说,查杀这种病毒并不是很难。第二类病毒的传播方式比较复杂和多样,少数利用了微软的应用程序的漏洞,更多的是利用社会工程学对用户进行欺骗和诱使,这样的病毒造成的损失是非常大的,同时也很难根除,例如求职信病毒,在 2001 年就已经被各大杀毒厂商发现,但直到 2002 年底依然排在病毒危害排行榜的首位就是证明。

蠕虫一般不采取利用PE格式插入文件的方法，而是复制自身在互联网环境下进行传播。病毒的传染能力主要是针对计算机内的文件系统而言，而蠕虫病毒的传染目标是互联网内的所有计算机。局域网条件下的共享文件夹、电子邮件、网络中的恶意网页、大量存在着漏洞的服务器等都成为蠕虫传播的良好途径。网络的发展使得蠕虫病毒可以在几小时内蔓延全球，而且蠕虫的主动攻击性和突然爆发性也使得人们束手无策。

7）木马攻击

（1）木马概念。

特洛伊木马(Trojan Horse)简称木马，据说这个名称来源于希腊神话《木马屠城记》。古希腊传说，特洛伊王子帕里斯访问希腊，诱走了王后海伦，希腊人因此远征特洛伊。围攻9年后，到第10年，希腊将领奥德修斯献了一计，就是把一批勇士藏在一匹巨大的木马腹内，放在城外后，佯作退兵。特洛伊人以为敌兵已退，就把木马作为战利品搬入城中。到了夜间，埋伏在木马中的勇士跳出来，打开了城门，希腊将士一拥而入攻下了城池。后来，人们在写文章时就常用“特洛伊木马”这一典故来比喻在敌方营垒里埋下伏兵里应外合的活动。“木马”应用于计算机领域，比喻埋伏在别人的计算机里，偷取对方机密信息的程序。

（2）木马原理。

木马一般是客户/服务器(Client/Server，C/S)模式，客户端/服务器端之间采用TCP/UDP的通信方式。如果要给别人的计算机中植入木马，则受害者一方运行的是服务器端程序，而自己使用的是客户端来控制受害者机器。

木马是一种基于远程控制的黑客工具，具有隐藏性和非授权性的特点。隐藏性是指服务器端即使发现感染了木马，由于不确定其具体位置，往往只能望“马”兴叹。非授权性是指一旦客户端与服务器端连接后，客户端将享有服务器端的大部分操作权限，包括修改文件、修改注册表、控制鼠标和键盘等，这些权利不是服务器端赋予的，而是通过木马程序窃取的。一旦木马程序被植入到毫不知情的用户的计算机中，以“里应外合”的工作方式，服务程序通过打开特定的端口并进行监听，这些端口好像“后门”一样，所以，也有人把特洛伊木马叫作后门工作。攻击者所掌握的客户端程序向该端口发出请求(connect request)，木马便与其连接起来。攻击者可以使用控制器进入计算机，通过客户端程序命令达到控制服务器端的目的。木马的工作模式如图6-50所示。

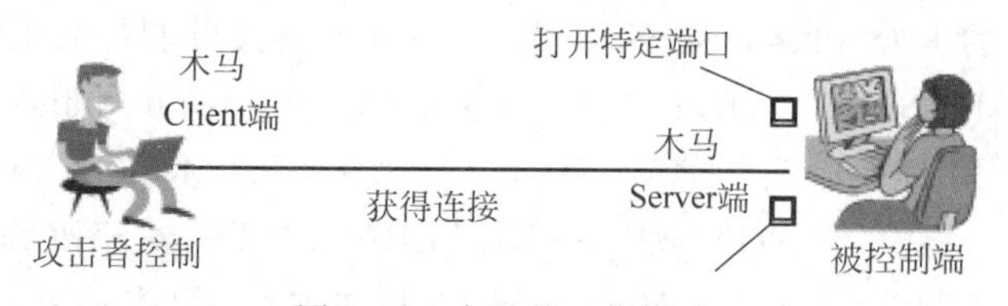

图6-50 木马的工作模式

一个完整的木马系统由硬件部分、软件部分和具体连接部分组成。

① 硬件部分：建立木马连接所必需的硬件实体。

控制端是对服务器端进行远程控制的一方；服务器端是被控制端远程控制的一方；Internet是控制端对服务器端进行远程控制，数据传输的网络载体。

② 软件部分：实现远程控制所必需的软件程序。

控制端程序是控制端用以远程控制服务器端的程序；木马程序是潜入服务器端内部，获取其操作权限的程序；木马配置程序是设置木马程序的端口号、触发条件、木马名称等，使其在服务器端藏得更隐蔽的程序。

③ 具体连接部分：通过 Internet 在服务器端和控制端之间建立一条木马信道所必需的元素。

控制端 IP/服务器端 IP 是控制端/服务器端的网络地址，也是木马进行数据传输的目的地。控制端端口/木马端口是控制端/服务器端的数据入口，通过这个入口，数据可直达控制端程序或木马程序。

(3) 木马攻击原理。

黑客使用木马工具入侵网络，从过程上看可分为六步：配置木马、传播木马、运行木马、泄露信息、建立连接、远程控制。

① 配置木马。

一般来说，一个设计成熟的木马都有木马配置程序，从具体的配置内容看，主要是为了实现以下两方面功能。木马伪装：木马配置程序为了在服务器端尽可能好地隐藏木马，会采用多种伪装手段，如修改图标、捆绑文件、定制端口、自我销毁、木马更名等。信息反馈：木马配置程序将对信息反馈的方式或地址进行设置，如设置信息反馈的邮件地址、IRC 号、ICQ 号等。

② 传播木马。

木马的传播方式主要有两种：一种是通过 E-mail，控制端将木马程序以附件的形式夹在邮件中发送出去，收信人只要打开附件系统就会感染木马；另一种是软件下载，一些非正规的网站以提供软件下载为名义，将木马捆绑在软件安装程序上，下载后，只要一运行这些程序，木马就会自动安装。

③ 运行木马。

服务器端用户运行木马或捆绑木马的程序后，木马就会自动进行安装。首先将自身复制到 Windows 的系统文件夹中(C:\WINDOWS 或 C:\WINDOWS\SYSTEM 目录下)。然后在注册表、启动组、非启动组中设置好木马的触发条件，安装完成，就可以启动木马了。

触发条件激活木马是指启动木马的条件，大致出现在下面几个地方。

注册表：打开 HKEY_LOCAL_MACHINE\Software\Microsoft\Windows\CurrentVersion\下的 Run 和 RunServices 主键，在其中寻找可能是启动木马的键值。

打开 HKEY_CLASSES_ROOT\文件类型\shell\open\command 主键，查看其键值。举个例子，国产木马“冰河”就是修改 HKEY_CLASSES_ROOT\txtfile\shell\open\command 下的键值，将“C:\WINDOWS\NOTEPAD.EXE %1”改为“C:\WINDOWS\SYSTEM\SYSEXPLR.EXE %1”，双击一个 TXT 文件后，原本应用 NOTEPAD 打开文件，变成启动木马程序。除了 TXT 文件，通过修改 HTML、EXE、ZIP 等文件的启动命令键值都可以启动木马，不同之处只在于“文件类型”这个主键的差别，TXT 是 txtfile，ZIP 是 winzip。

WIN.INI：C:\WINDOWS 目录下有一个配置文件 win.ini，用文本方式打开，在 Windows 字段中有启动命令 load=和 run=，一般情况下是空白，如果有启动程序，可能是木马。

SYSTEM.INI：C:\WINDOWS目录下有一个配置文件system.ini，用文本方式打开，在386Enh、mic、drivers32中有命令行，在其中寻找木马的启动命令。

Autoexec.bat和Config.sys：在C盘根目录下这两个文件可以启动木马。这种加载方式一般都需要控制端用户与服务器端建立连接，将已添加木马启动命令同名文件上传服务器端覆盖这两个文件才行。

*.INI：应用程序的启动配置文件，控制端利用这些文件能启动程序的特点，将制作好的带有木马启动命令的同名文件上传到服务器端覆盖这个同名文件，就可以启动木马了。

捆绑文件：实现这种触发条件首先要控制端和服务器端通过木马建立连接，然后控制端用户用工具软件将木马文件和某一应用程序捆绑在一起，然后上传到服务器端覆盖原文件，这样即使木马被删除了，只要运行捆绑了木马的应用程序，木马又会被安装上去了。

木马被激活后，进入内存，开启事先定义的木马端口，准备与控制端进行连接。可以通过进入MS-DOS方式下，用netstat命令的-a、-n查看端口的状态确认是否有可疑端口开放，进一步判断是否感染木马。计算机感染木马后，用NETSTAT命令查看端口的两个实例：服务器端与控制端建立连接时的显示状态；服务器端与控制端还未建立连接时的显示状态。

在上网过程中下载软件、网上聊天等必然打开一些常用端口。1～1024之间的端口：保留端口是专给一些对外通信的程序用的，如FTP使用21，SMTP使用25等。1025以上的连续端口：在上网浏览网站时，浏览器会打开多个连续的端口下载文字、图片到本地硬盘上，这些端口都是1025以上的连续端口。4000端口是OICQ的通信端口。6667端口是IRC的通信端口。除上述端口，如发现还有其他端口打开，就要怀疑感染了木马。

④ 泄露信息。

一般来说，设计成熟的木马都有一个信息反馈机制。信息反馈机制是指木马成功安装后会收集一些服务器端的软硬件信息，并通过E-mail、IRC或ICO的方式告知控制端用户。

⑤ 建立连接。

一个木马连接的建立首先必须满足两个条件：一是服务器端已安装了木马程序；二是控制端、服务器端都要在线。在此基础上控制端可以通过木马端口与服务器端建立连接。

⑥ 远程控制。

木马连接建立后，控制端端口和木马端口之间将会出现一条通道，控制端上的控制端程序可借这条信道与服务器端上的木马程序取得联系，并通过木马程序对服务器端进行远程控制。控制端具体能享有以下控制权限。窃取密码：一切以明文的形式、*形式或缓存在Cache中的密码都能被木马侦测到，此外很多木马还提供击键记录功能，它将会记录服务器端每次敲击键盘的动作，所以一旦有木马入侵，密码将很容易被窃取。文件操作：控制端可借由远程控制对服务器端的文件进行删除、新建、修改、上传、下载、运行、更改属性等一系列操作，基本涵盖了Windows平台上所有的文件操作功能。修改注册表：控制端可任意修改服务器端注册表，包括删除、新建，或修改主键、子键、键值。有了这项功能，控制端就可以禁止服务器端软驱、光驱的使用，锁住服务器端的注册表，将服务器端上木马的触发条件设置为更隐蔽的一系列高级操作。系统操作：这项内容包括重启或关闭服务器端操作系统，断开服务器端网络连接，控制服务器端的鼠标、键盘，监视服务器端桌面操作，查看服务器端进程等，控制端甚至可以随时给服务器端发送信息，想象一下，当服务器端的桌面上突然跳出一段话，不吓人一跳才怪。

(4) 冰河木马实例。

冰河木马由两个应用程序组成：G_Server.exe 和 G_Client.exe。G_Server.exe 为被监控端后台监控程序，在安装前可以先通过 G_Client 配置本地服务器程序功能进行一些特殊配置，例如是否将动态 IP 地址发送到指定邮箱、改变监听端口与设置、访问口令等。G_Client.exe 是监控端执行程序，用于监控计算机和配置服务器程序。

安装好服务器端监控程序 G_Server.exe 后，运行客户端程序 G_Client.exe 就可以对远程计算机进行监控了，客户端执行程序的各模块功能如下。

添加主机：将被监控端 IP 地址添加至主机列表，同时设置好访问口令及端口，设置将保存在 Operate.ini 文件中，以后不必重输。如果需要修改设置，可以重新添加该主机，或在主界面工具栏内重新输入访问口令及端口并保存设置。

删除主机：将被监控端 IP 地址从主机列表中删除(相关设置也将同时被清除)。

自动搜索：搜索指定子网内安装有“冰河”的计算机。例如，欲搜索 IP 地址 192.168.3.1 至 192.168.3.255 网段的计算机，应将“起始域”设为 192.168.3，将“起始地址”和“终止地址”分别设为 1 和 255，如图 6-51 所示。

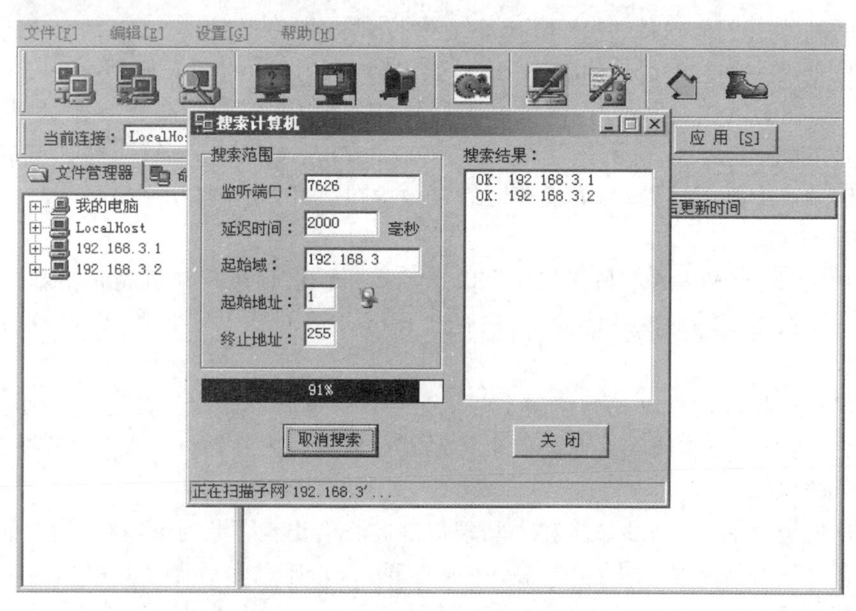

图 6-51　自动搜索指定域中的计算机

另外，通过控制台的“控制类命令”可以查看屏幕、屏幕控制、远程配置修改和本地服务器配置。

“文件管理器”对文件操作提供了下列鼠标操作功能：文件上传、文件下载、打开远程或本地文件、删除文件或目录、新建目录、文件查找、复制整个目录等。

“命令控制台”包括多类命令：口令类、控制类、网络类、文件类、设置类和注册表读写。

口令类命令：系统信息及口令、历史口令、击键记录。图 6-52 显示了“系统信息及口令”的有关内容。

控制类命令：捕获屏幕、发送信息、进程管理、窗口管理、鼠标控制、系统控制和其他控制等。图 6-53 显示了进程管理的相关信息。

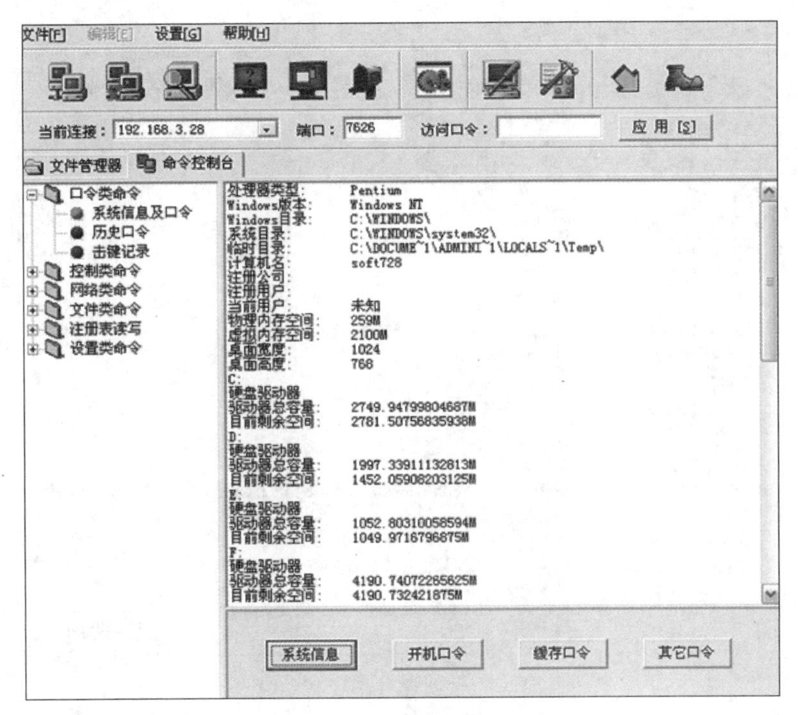

图 6-52　系统信息及口令

图 6-53　进程管理信息

网络类命令：创建共享、删除共享、查看网络信息。图 6-54 显示了如何创建共享连接信息。

文件类命令：目录增删、文本浏览、文件查找、压缩、复制、移动、上传、下载、删除、打开。

设置类命令：更换墙纸、更改计算机名、读取服务器端配置、在线修改服务器配置。

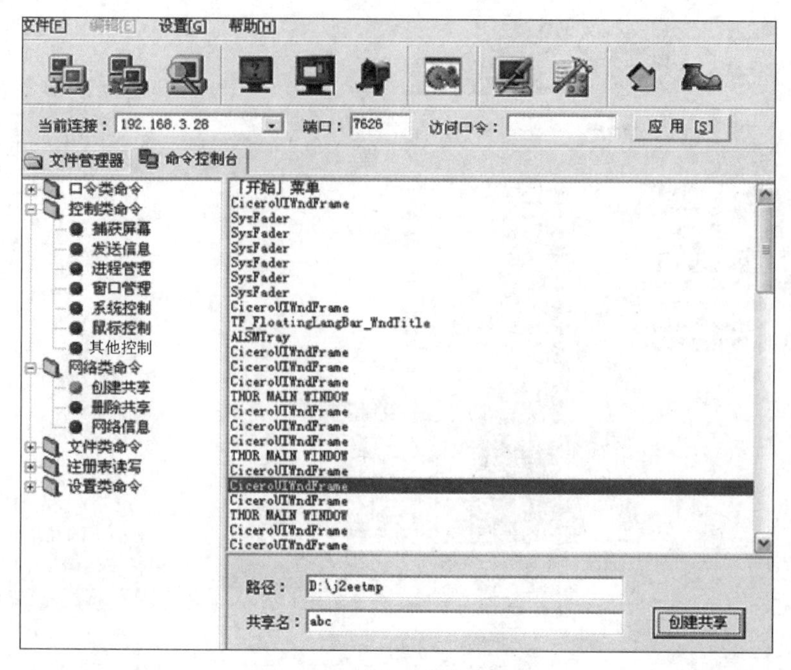

图 6-54　创建共享连接信息

注册表读写命令：注册表键值读写、重命名、主键浏览、读写、重命名。

“木马清除”通过注册表进行手工处理。打开注册表 Regedit，单击目录 HKEY_LOCAL_MACHINE\SOFTWARE\Microsoft\Windows\CurrentVersion\Run，查找以下两个路径，删除：

C:\WINDOWS\system32\kernel32.exe

C:\WINDOWS\system32\sysexplr.exe

关闭 Regedit，重新启动 MS-DOS 方式，删除 C:\WINDOWS\system32\kernel32.exe 和 C:\WINDOWS\system32\sysexplr.exe。查看注册表 HKEY_LOCAL_MACHINE\SOFTWARE\Microsoft\Windows\CurrentVersion\Run 和 HKEY_LOCAL_MACHINE\SOFTWARE\Microsoft\Windows\Current Version\RunServices 两项。删除可疑的文件路径，重新启动 MS-DOS 方式，删除注册表对应的木马。

6.3 网络安全防范

6.3.1 网络安全策略

网络安全策略是对网络安全的目的、期望和目标以及实现它们所必须运用的策略的论述，为网络安全提供管理方向和支持，是一切网络安全活动的基础，指导企业网络安全结构体系的开发和实施。包括：局域网的信息存储、处理、传输技术；保护企业所有的信息、数据、文件和设备资源的管理和操作手段；确定安全管理等级和安全管理范围；制定有关网络操作使用规程和人员出入机房管理制度；制定网络系统的维护制度和应急措施。计算机网络所面临的威胁大体可分为两种：一是对网络中信息的威胁；二是对网络中设备的威胁。在网络安全中，采取强有力的安全策略，对于保障网络的安全性是非常重要的。

1. 物理安全策略

物理安全策略包括安全地区的确定、物理安全边界、物理安全控制、设备安全、防电磁辐射等，是为保护计算机系统、网络服务器、打印机等硬件实体和通信链路免受自然灾害、人为破坏和搭线攻击而制定的。

物理接口控制是指安全地区应该通过合适的入口控制进行保护，从而保证只有合法员工可以访问这些地区。设备安全是为了防止资产的丢失、破坏，防止商业活动中断，建立完备的安全管理制度，防止非法进入计算机控制室和各种偷窃、破坏活动的发生。抑制和防止电磁泄漏(TEMPEST 技术)是物理安全策略的一个主要问题。目前主要防护措施有两类：一类是对传导发射的防护，主要采取对电源线和信号线加装性能良好的滤波器，减小传输阻抗和导线间的交叉耦合。另一类是对辐射的防护，这类防护措施又可分为以下两种：一是采用各种电磁屏蔽措施，如对设备的金属屏蔽和各种接插件的屏蔽，同时对机房的下水管、暖气管和金属门窗进行屏蔽和隔离；二是对干扰的防护措施，即在计算机系统工作的同时，利用干扰装置产生一种与计算机系统辐射相关的伪噪声向空间辐射来掩盖计算机系统的工作频率和信息特征。

2. 访问控制策略

访问控制是网络安全防范和保护的主要策略，它的主要任务是保证网络资源不被非法使用和非常访问。它也是维护网络系统安全、保护网络资源的重要手段。各种安全策略必须相互配合才能真正起到保护作用，但访问控制可以说是保证网络安全最重要的核心策略之一。访问控制包括用户访问管理以防止未经授权的访问；网络访问控制，保护网络服务；操作系统访问控制，防止未经授权的计算机访问；应用系统访问控制，防止信息系统中信息的未经授权的访问；监控对系统的访问和使用，探测未经授权的行为。

3. 信息加密策略

信息安全策略是要保护信息的机密性、真实性和完整性，因此应对敏感或机密数据加密。信息加密过程是由形形色色的加密算法来具体实施的，它以很小的代价提供很大的安全保护。在多数情况下，信息加密是保证信息机密性的唯一方法。信息加密的算法是公开的，其安全性取决于密钥的安全性，应建立并遵守用于对信息进行保护的密码控制的使用策略，密钥管理基于一套标准、过程和方法，用于支持密码技术的使用。信息加密的目的是保护网内的数据、文件、口令和控制信息，保护网上传输的数据。网络加密常用的方法有链路加密、端点加密和节点加密三种。链路加密的目的是保护网络节点之间的链路信息安全；端点加密的目的是对源端用户到目的端用户的数据提供保护；节点加密的目的是对源节点到目的节点之间的传输链路提供保护。

4. 网络安全管理策略

网络安全管理策略如下：确定安全管理等级和安全管理范围；制定有关网络操作使用规程和人员出入机房管理制度；制定网络系统的维护制度和应急措施等。加强网络的安全管理，制定有关规章制度，对于确保网络安全、可靠地运行，将起到十分有效的作用。

6.3.2　网络安全防范的方法

要提高计算机网络的防御能力，必须加强网络的安全措施，否则该网络将是个无用，甚至危及国家安全的网络。无论是在局域网还是在广域网中,都存在着自然和人为等诸多因素的脆弱性和潜在威胁,网络的防范措施应该能全方位地应付各种不同的威胁和脆弱性,这样才能确保网络信息的保密性、完整性和可用性。下面从实体、能量、信息和管理四个层次来阐述网络安全防范的方法。

1. 实体层次防范对策

在组建网络时,要充分考虑网络的结构、布线、路由器、网桥的设置、位置的选择,加固重要的网络设施,增强其抗摧毁能力。与外部网络相连时,采用防火墙屏蔽内部网络结构,对外界访问进行身份认证、数据过滤,在内部网中进行安全域划分、分级权限分配。对外部网络的访问,将一些不安全的站点过滤掉,将一些经常访问的站点做成镜像,可大大提高效率,减轻线路负担。网络中的各个节点要相对固定,严禁随意连接,一些重要的部件安排专门的场地人员维护、看管,防止自然或人为的破坏,加强场地安全管理,做好供电、接地、灭火的管理,与传统意义上的安全保卫工作的目标相吻合。

2. 能量层次防范对策

能量层次的防范对策是围绕着制电磁权而展开的物理能量的对抗。攻击者一方面通过运用强大的物理能量干扰、压制或嵌入对方的信息网络;另一方面又通过运用探测物理能量的技术手段对计算机辐射信号进行采集与分析,获取秘密信息。防范的对策主要是做好计算机设施的防电磁泄漏、抗电磁脉冲干扰,在重要部位安装干扰器、建设屏蔽机房等。

目前主要的防护措施有两类:

一类是对外围辐射的防护,主要采取对电源线和信号线加装性能良好的滤波器,减小传输阻抗和导线间的交叉耦合;给网络加装电磁屏蔽网,防止敌方电磁武器的攻击。

另一类是对自身辐射的防护,这类防护措施又可分为两种:一是采用各种电磁屏蔽措施,如对设备的金属屏蔽和各种接插件的屏蔽,同时对机房的下水管、暖气管和金属门窗进行屏蔽和隔离;二是干扰的防护措施,即在计算机系统工作的同时,利用干扰装置产生一种与计算机系统辐射相关的伪噪声向空间辐射来掩盖计算机系统的工作频率和信息特征。

3. 信息层次防范对策

信息层次的计算机网络对抗主要包括计算机病毒对抗、黑客对抗、密码对抗、软件对抗、芯片陷阱等多种形式。信息层次的计算机网络对抗是网络对抗的关键层次,是网络防御的主要环节。它与计算机网络在物理能量领域对抗的主要区别表现在:信息层次的对抗中获得制信息权的决定因素是逻辑的,而不是物理能量的,取决于对信息系统本身的技术掌握水平,是知识和智力的较量,而不是电磁能量强弱的较量。信息层次的防御对策主要是防御黑客攻击和计算机病毒。对黑客攻击的防范,主要从访问控制技术、防火墙技术和信息加密技术方面进行防范。

4. 管理层次防御对策

实现信息安全,不但靠先进的技术,而且也得靠严格的安全管理。建立相应的网络安全管理办法,加强内部管理,建立合适的网络安全管理系统,加强用户管理和授权管理,建立安全审计和跟踪体系,提高整体网络安全意识。重要环节的安全管理要采取分权制衡的原则,要害部位的管理权限如果只交给一个人,一旦出现问题就将全线崩溃。分权可以相互制约,提高安全性。要有安全管理的应急响应预案,一旦出现相关的问题马上采取对应的措施。

安全的本质是攻击与防守双方不断利用脆弱性知识进行的博弈:攻防双方不断地发现

漏洞并利用这些信息达到各自的目的。

网络安全是相对的、动态的。例如，随着操作系统和应用系统漏洞的不断发现以及口令很久未曾更改等情况的发生，整个系统的安全性就受到了威胁，这时若不及时打安全补丁或更换口令，就很可能被一直在企图入侵却未能成功的黑客轻易攻破。

攻击方受防御方影响，防御方受攻击方影响是攻防博弈的基本假定。作为博弈一方的攻击方，受防御方和环境影响而存在不确定性，所以攻击方有风险。作为博弈一方的防御方，受攻击方和环境影响而存在不确定性，所以防御方也有风险。防御方必须坚持持续改进原则，其安全机制既含事前保障，亦含事后监控。

随着网络技术的发展，网络攻击技术也发展很快，安全产品的发展仍处在比较被动的局面。安全产品只是一种防范手段，最关键还是靠人，要靠人的分析判断能力去解决问题，这就使得网络管理人员和网络安全人员要不断更新这些方面的知识，在了解安全防范的同时也应该多了解网络攻击的方法，只有这样才能知己知彼，在网络攻防的博弈中占据有利地位。

6.3.3　网络安全防范的原理

面对当前如此猖獗的黑客攻击，必须做好网络安全的防范工作。网络安全防范分为积极防范和消极防范。下面介绍这两种防范的原理。

1. 积极安全防范的原理

对正常的网络行为建立模型，把所有通过安全设备的网络数据和保存在模型内的正常模式相匹配，如果不在这个正常范围以内，那么就认为是攻击行为，对其做出处理。这样做的最大好处是可以阻挡未知攻击，如攻击者刚刚发现的不为人知的攻击方案。对这种方式来说，建立一个安全、有效的模型就可以对各种攻击做出反应了。例如，包过滤路由器对所接收的每个数据包做允许、拒绝的决定。路由器审查每个数据包以便确定其是否与某一条包过滤规则匹配。管理员可以配置基于网络地址、端口和协议的允许访问的规则，只要不是这些允许的访问，都禁止访问。

但对正常的网络行为建立模型有时是非常困难的，例如在入侵检测技术中，异常入侵检测技术就是根据异常行为和使用计算机资源的异常情况对入侵进行检测，其优点是可以检测到未知的入侵，但是入侵性活动并不总是与异常活动相符合，因而就会出现漏检和虚报。

2. 消极安全防范的原理

以已经发现的攻击方式，经过专家分析后给出其特征进而构建攻击特征集。然后在网络数据中寻找与之匹配的行为，从而起到发现或阻挡的作用。它的缺点是使用被动安全防范体系，不能对未被发现的攻击方式做出反应。消极安全防范的一个主要特征就是针对已知的攻击，建立攻击特征库，作为判断网络数据是否包含攻击的依据。使用消极安全防范模型的产品，不能对付未知攻击行为，并且需要不断更新特征库。例如，在入侵检测技术中，误用入侵检测技术就是根据已知的入侵模式来检测入侵。入侵者常常利用系统和应用软件中的弱点攻击，而这些弱点易编成某种模式，如果入侵者攻击方式恰好匹配上检测系统中的模式库，则入侵者即被检测到。其优点是算法简单、系统开销小，但是缺点是被动，只能检测出已知攻击，模式库要不断更新。

6.3.4 网络安全模型

网络安全防范的目的就是实现网络安全目标,网络安全的工作目标通俗地说就是下面的“六不”:“进不来”——访问控制机制,“拿不走”——授权机制,“看不懂”——加密机制,“改不了”——数据完整性机制,“逃不掉”——审计、监控、签名机制,“打不垮”——数据备份与灾难恢复机制。为了实现整体网络安全的工作目标,可采用两种流行的网络安全模型:P2DR模型和AP2DRR模型。

P2DR模型是动态安全模型(可适应网络安全模型)的代表性模型,如图6-55所示。在整体的安全策略的控制和指导下,在综合运用防护工具(如防火墙、操作系统身份认证、加密等手段)的同时,利用检测工具(如漏洞评估、入侵检测等系统)了解和评估系统的安全状态,通过适当的反应将系统调整到“最安全”和“风险最低”的状态。

根据P2DR模型的理论,安全策略是整个网络安全的依据。不同的网络需要不同的策略,在制定策略以前,需要全面考虑局域网中如何在网络层实现安全性,如何控制远程用户访问的安全性,在广域网上的数据传输实现安全加密传输和用户的认证等问题。对这些问题做出详细回答,并确定相应的防护手段和实施方法,就是针对企业网络的一份完整的安全策略。策略一旦制定,应当作为整个企业安全行为的准则。

而AP2DRR模型则包括以下环节:

网络安全=风险分析(A)+制定安全策略(P)+系统防护(P)+
实时监测(D)+实时响应(R)+灾难恢复(R)

通过对以上AP2DRR的6个元素的整合,形成了一套整体的网络安全结构,如图6-56所示。

图6-55　P2DR模型

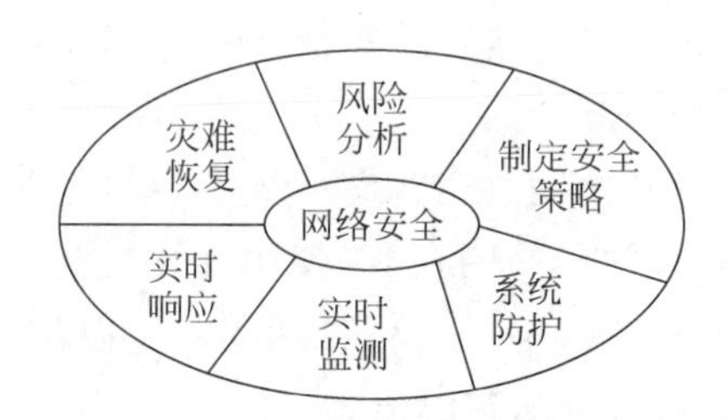

图6-56　AP2DRR模型

事实上,对于一个整体网络的安全问题,无论是P2DR还是AP2DRR,都将如何定位网络中的安全问题放在最关键的位置。这两种模型都提到了一个非常重要的环节——P2DR中的检测环节和AP2DRR中的风险分析。在这两种安全模型中,这个环节并非仅仅指的是狭义的检测手段,而是一个复杂的分析与评估的过程。通过对网络中的安全漏洞及可能受到的威胁等内容进行评估。获取安全风险的客观数据,为信息安全方案制定提供依据。网络安全具有相对性,其防范策略是动态的,因而网络安全防范模型是一个不断重复改进的循环过程。

6.4　实　　训

实训　冰河木马攻击与防范

实训目的：了解木马运行机理，掌握查杀木马的基本方法。对目标机使用冰河软件进行感染后控制，清除冰河木马病毒。

实训准备：联网的个人计算机、Windows 2000 系统平台。

实训内容：

1. 冰河木马的组成

(1) G_Server. exe。被监控端后台监控程序，安装前通过 G_Client. exe 进行一些特殊配置，例如是否将动态 IP 发送到指定信箱、改变监听端口、设置访问口令。黑客想方设法对它进行伪装，用各种方法将服务器端程序安装在用户的计算机上，程序运行时没有一点痕迹，很难发现有木马冰河在用户的计算机上运行。

(2) G_Client. exe。监控端执行程序，用于监控远程计算机和配置服务器程序。

(3) Operate. ini。G_Server. exe 的配置文件：

G_Client.exe　　2010/12/8 15:30　　应用程序
G_Server.exe　　2010/12/8 15:30　　应用程序
Operate.ini　　2010/12/13 19:54　　配置设置

2. 冰河木马的使用

将 G_Server. exe 植入目标主机，打开瑞士军刀图标客户端 G_Client，选择添加主机，输入我们搜索到的 IP 地址。对服务器进行简单配置(如图 6-57 所示)，监听端口 2001 可更换(范围为 1024～32 768)；关联可更改为与 EXE 文件关联(无论运行什么. exe 文件，冰河都开始加载)；还有关键的邮件通知设置。

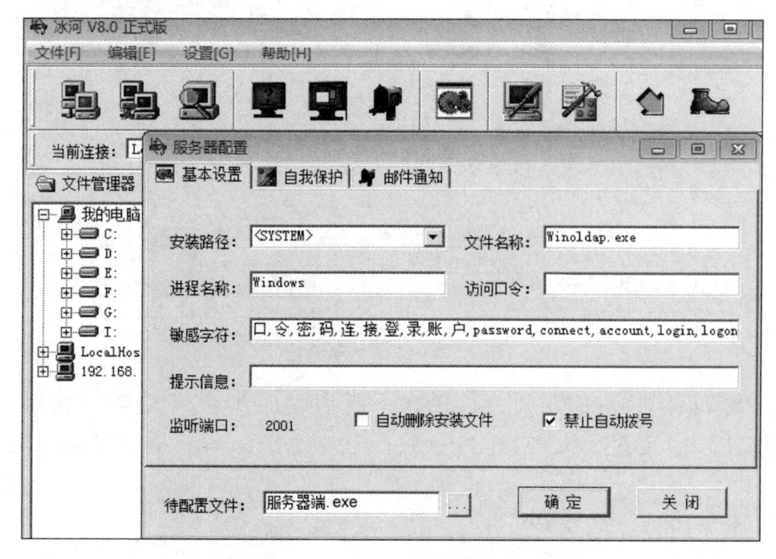

图 6-57　G_Server 服务器简单配置

1) 服务器的配置

(1) 安装路径：服务器程序安装的位置，有三个选项，分别为 Windows、System、Temp，这些都是 Windows 中的一些目录。

(2) 文件名称：是服务器程序安装到目标计算机之后的名称，默认是 Winoldap.exe，对于不熟悉 Windows 系统的用户来说，这像是一个系统程序。当然，这个名称是可以改的。

(3) 进程名称：服务器程序运行时，在进程栏中显示的名称。默认的进程名是 Windows，也可以更改。

(4) 访问口令：客户机连接服务器程序时需要输入的口令。如果用于远程控制，则可以在一定程度上限制客户端程序的使用。

(5) 敏感字符：设置冰河程序对某些敏感字符的信息加以记录。冰河把这些包含文字的信息保存下来，然后通过各种途径发给黑客。

(6) 提示信息：被控制计算机运行时，弹出的对话框信息。如果为空，程序运行时就没有任何提示。

(7) 监听端口：设置服务器程序在哪个端口等待客户程序的连接，以前的默认设置是 7626，在冰河 8.0 版本中，端口号已经改为 2001。

(8) 自动删除安装程序：如果选中此项，会自动删除安装程序。

(9) 禁止自动拨号：如果不选中此项，每次开机时，冰河就会自动拨号上网，然后把系统信息发送到指定的邮箱。通常，黑客们都不会轻易暴露自己，所以他们会选中该项。

(10) 待配置文件：服务器程序的名称，原始的文件名是 G_Server.exe。

2) 自动保护的配置

如图 6-58 所示，它可以设置服务器程序在目标计算机上的一些配置，具体包括如下内容。

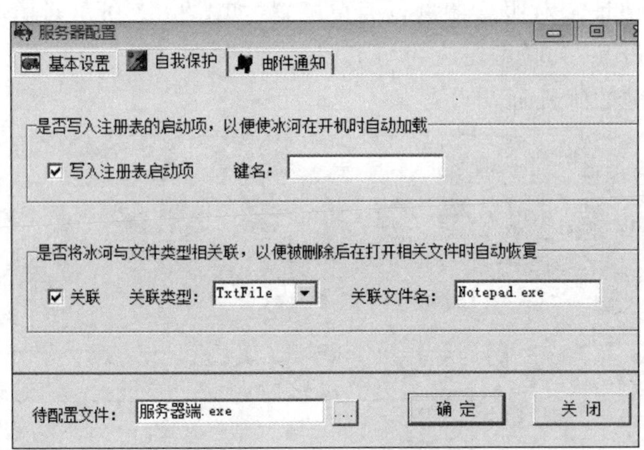

图 6-58 自动保护配置

(1) 写入注册表启动项：选中此项，每次系统启动时都会自动运行冰河。它在注册表中的位置是 HKEY_LOCAL_MACHINE\Software\Microsoft\Windows\Currentversion\RunService。

(2) 键名：在注册表中的名称。

(3) 关联：这是一个令冰河自动装载的功能。如果选中，当关联文件是文本文件时，用户执行文本文件之后，就会自动装载冰河；同样的道理，选择可执行程序关联后，可执行程序也会自动装载冰河。

3）邮件通知的配置

（1）SMTP 服务器：冰河用来发送邮件的服务器，例如 smtp.21cn.com 等。

（2）接收信箱：黑客用来接收目标计算机信息的信箱，如图 6-59 所示。

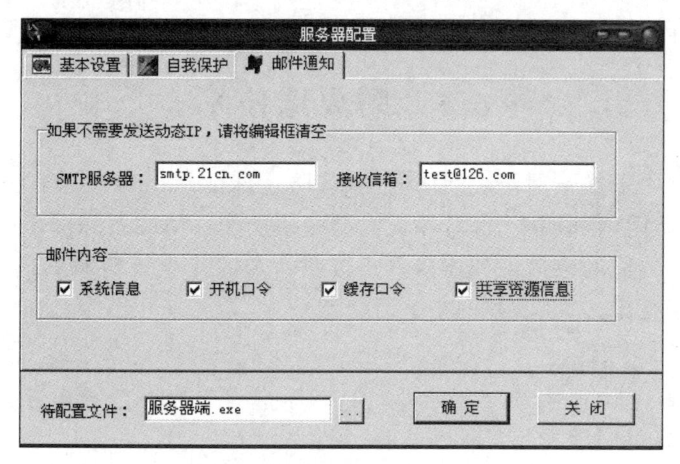

图 6-59 邮件通知

（3）邮件内容：包括系统信息、开机口令、缓存口令、共享资源信息等，也可以只选择其中一项或几项。

（4）搜索计算机找到开启 2001 端口的计算机尝试连接控制，如图 6-60 所示。

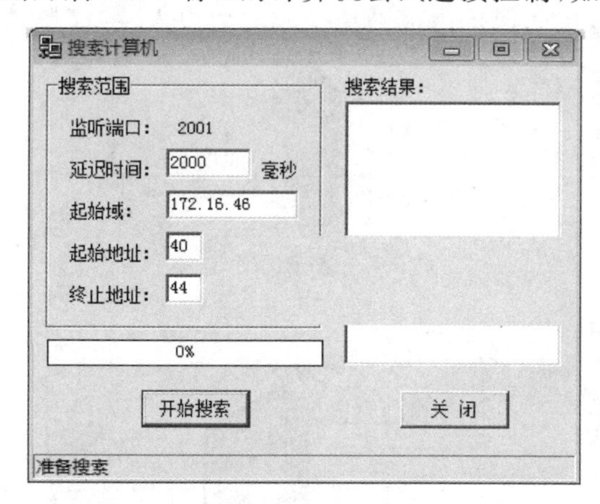

图 6-60 搜索开启 2001 端口计算机

3. 冰河木马的清除

检测自己的计算机是否中了冰河木马，那就是在本机上执行冰河客户端程序，进行自动搜索，搜索的网段设置要短，并且要包含本机的固定 IP。如果发现本机 IP 的前面出现 OK，那就意味着存在冰河木马。要消除冰河，在客户端执行系统控制中的“自动卸载冰河”即可。此方法简单易用，并且卸载得比较彻底。

随着互联网的不断发展，网络攻击技术不断变化发展，形式呈现多样化，这也促使网络防御技术必须不断更新换代、不断发展，以适应网络安全的新形势。网络防御是一个综合性的安全工程，不是几个网络安全产品能够完成的任务。防御需要解决多层面的问题，除了安全技术之外，安全管理也十分重要，实际上提高用户群的安全防范意识、加强安全管理所能起到的效果远远高于应用几个网络安全产品。从技术层面上看,网络安全防御体系应该是多层次、纵深型,这种防御体系可以有效地增加入侵攻击者被检测到的风险,同时降低成功攻击的概率,从而能够较好地防御各种网络入侵行为。目前网络安全防御技术主要包括防火墙技术、入侵检测系统、虚拟专用网(VPN)技术。

6.5 防火墙技术

防火墙是一种用来加强网络之间访问控制、防止外部网络用户以非法手段通过外部网络进入内部网络,访问内部网络资源,保护内部网络操作环境的特殊网络互连设备。它对两个或多个网络之间传输的数据包和连接方式按照一定的安全策略对其进行检查,来决定网络之间的通信是否被允许,并监视网络运行状态。

6.5.1 防火墙技术概论

1. 防火墙概念

防火墙是位于两个或多个网络之间,实施网间访问控制策略的一组组件,如图6-61所示。设立防火墙的目的是保护内部网络不受来自外部网络的攻击,从而创建一个相对安全的内网环境。在网络系统中,防火墙是一个由软件系统和硬件设备组合而成,在内部网和外部网之间、专用网与公共网之间构造的保护屏障,使Internet与Intranet之间建立一个安全网关(security gateway),从而保护内部网免受非法用户入侵,简单部署如图6-62所示。

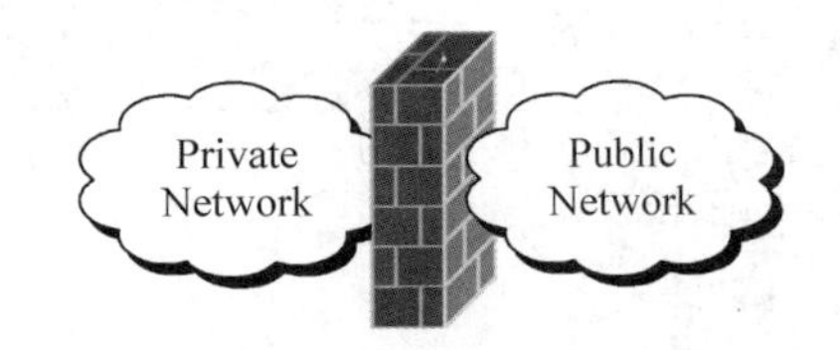

图6-61 防火墙示意图

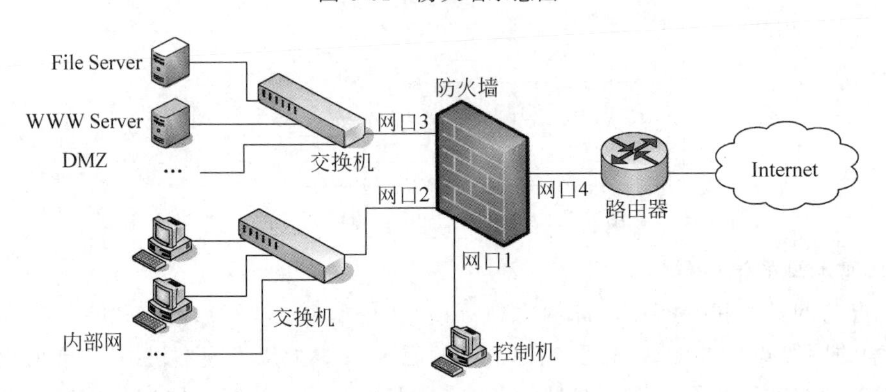

图6-62 防火墙的简单部署

防火墙主要由服务访问规则、验证工具、包过滤和应用网关四部分组成。理想的防火墙应该满足以下条件:

(1) 内部和外部之间的所有网络数据流必须经过防火墙。

(2) 只有符合安全策略的数据流才能通过防火墙。

(3) 防火墙自身应具有非常强的抗攻击免疫力。

防火墙一般采用4种控制技术来达到保护内部网络的目的：

(1) 服务控制,控制可以访问的Internet服务类型,包括向内和向外。

(2) 方向控制,控制一项特殊服务所要求的方向。

(3) 用户控制,控制访问服务的人员。

(4) 行为控制,控制服务的使用方式,如E-mail过滤等。

2. 防火墙的功能

一般而言,一个单位的内部网络组成结构复杂,各节点通常自主管理,但机构有整体的安全需求和显著的内外区别。通过部署和使用防火墙,不但可以贯彻执行单位的整体安全策略防止外部攻击,还可有效地隔离不同网络,限制安全问题扩散,也可有效地记录和审核Internet上的活动。防火墙好像大门上的锁,主要职能是保护内部网络的安全。

由于防火墙处于内部网络和外部网络之间的特殊位置,因此防火墙上还可以添加一些其他功能：通过防火墙将内部私有地址转换为全球公共地址；对一个特定用户的身份进行校验,判断是否合法；对通过防火墙的信息进行监控；支持VPN功能等。

3. 防火墙的局限性

防火墙既不能对内部威胁提供防护支持,也不能对绕过防火墙的攻击提供保护。受性能限制,防火墙不能有效地防范数据内容驱动式攻击,对病毒传输的保护能力也比较弱。为了提高安全性,防火墙系统限制或关闭了一些有用但存在安全缺陷的网络服务,从而给用户造成了使用的不便,这可能带来传输延迟、性能瓶颈及单点失效。另外,作为一种被动的防护手段,防火墙不能自动防范因特网上不断出现的新的威胁和攻击。

4. 防火墙的发展

第一代防火墙技术几乎与路由器同时出现,采用了包过滤(packet filter)技术。1989年,贝尔实验室Dave Presotto和Howard Trickey推出了第二代防火墙(即电路层防火墙),以及第三代防火墙(即应用层防火墙)的初步结构。1992年,南加利福尼亚大学(USC)信息科学院BobBraden开发出了基于动态包过滤(dynamic packet filter)技术的第四代防火墙,后来演变为状态检测(stateful inspection)技术。1998年,NAI公司推出了一种自适应代理(adaptive proxy)技术,给代理类型防火墙赋予了全新的意义,被称为第五代防火墙。随着万兆UTM(Unified Threat Management,统一威胁管理)的出现,UTM代替防火墙的趋势不可避免。在国际上,Juniper公司高性能UTM占据了一定的市场份额；在国内,H3C、启明星辰高性能UTM则一直领跑国内市场。

6.5.2 防火墙的主要技术

防火墙的主要技术包括包过滤技术、代理技术、状态检测技术、网络地址转换技术以及其他技术。

1. 包过滤技术

包过滤(packet filtering)技术是防火墙在网络层根据IP数据包中包头信息有选择地实施允许通过或阻断。包过滤防火墙对流经该设备的IP数据包地址信息、协议类型、路由信息、流向等首部信息,按照事先设定的过滤规则来决定是否允许该数据包通过,判断依据如下。

(1) 源、目的IP地址和源、目的端口。

(2) 数据包协议类型，如 TCP、UDP、ICMP、IGMP 等。

(3) IP 路由选项。

(4) TCP 标志位选项，如 SYN、ACK、FIN、RST 等。

(5) 数据包流向或流经的网络接口，如 in 或 out 等。允许合乎规则的数据包通过防火墙进入内部或外部网络，而将不合乎规则的数据包丢弃，如图 6-63 所示。

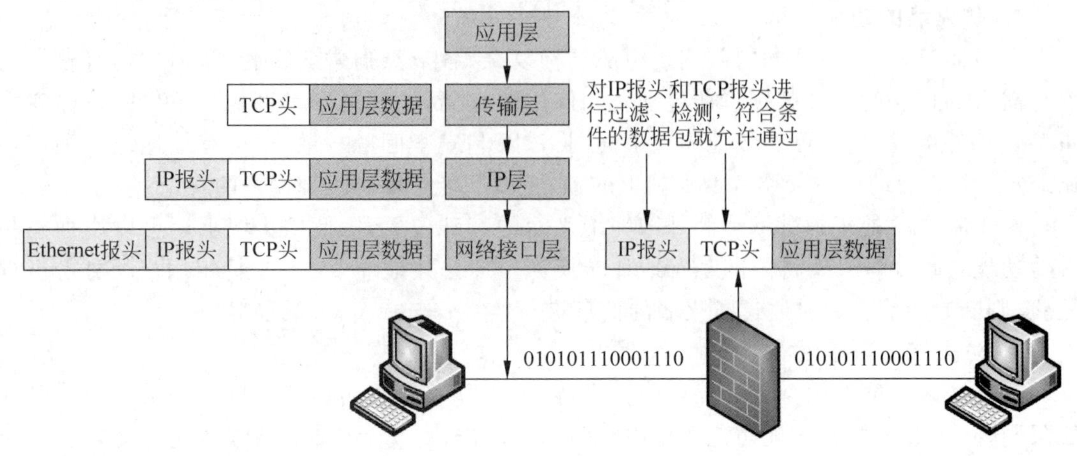

图 6-63 包过滤防火墙工作原

包过滤技术的核心是安全策略即过滤规则的设计，如图 6-64 所示。

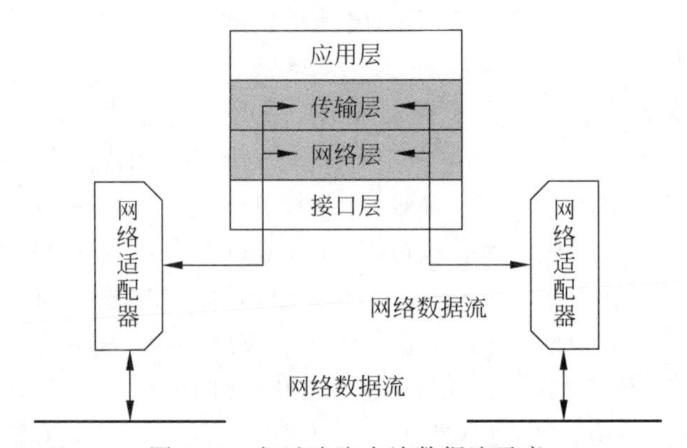

图 6-64 包过滤防火墙数据流示意

目前，普通路由器、个人防火墙软件、商业版防火墙产品，以及一些开源防火墙软件如 Iptables、Ipfilter 都提供了包过滤功能。

1) Windows XP 防火墙配置与使用

防火墙的启用："开始"→"程序"→"附件"→"通信"→"网络连接"，打开网络连接对话框，单击"高级"选项，出现"Windows 防火墙"对话框，选择"启用(推荐)"单选按钮，如图 6-65 所示。

需要拒绝所有连接时，选择"不允许例外"复选框，安全性最高，Windows 阻止程序时不通知用户，并且在"例外"选项卡中的程序也会被阻止。需要对外提供服务时，取消选中"不允许例外"复选框，在"例外"选项卡中的程序或端口允许被访问，不在"例外"选项卡中的程序和端口不允许被外界访问。选择"例外"选项卡，添加允许端口，例如当本机需要对外界提

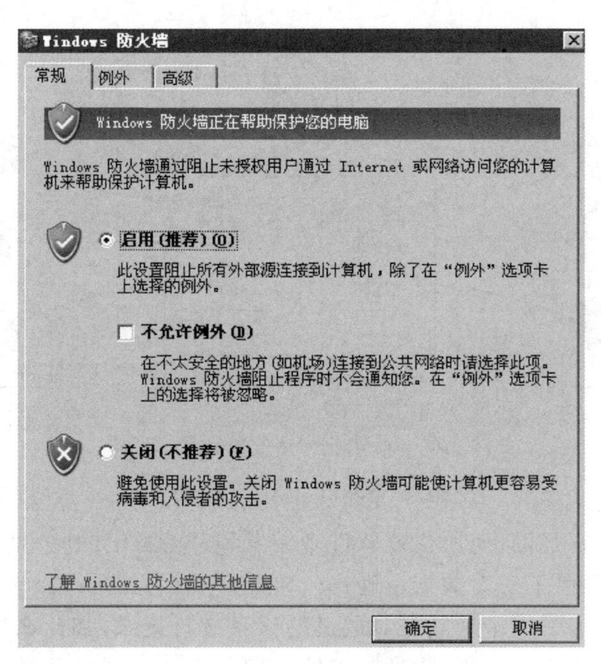

图 6-65　Windows XP 防火墙

供 WWW 服务时，将开放 80 端口等待/监听客户端连接，单击“添加端口”，输入端口名、端口号和使用协议，则外界只允许访问本机 80 端口即 WWW 服务，其他端口/服务都拒绝被访问。

2）包过滤技术特点

因为 CPU 用来处理包过滤的时间相对较少，这种防护措施对用户透明，合法用户在进出网络时，感觉不到它的存在，使用起来很方便。因为包过滤技术不保留前后连接信息，所以很容易实现允许或禁止访问。因为包过滤技术是在 TCP/IP 层实现的，包过滤一个很大的弱点是不能在应用层级别上进行过滤，所以防护方式比较单一。包过滤技术作为防火墙的应用有两类：一是路由设备在完成路由选择和数据转换之外，同时进行包过滤；二是在一种称为屏蔽路由器的路由设备上启动包过滤功能。

2. 代理技术

代理技术又称为应用网关技术。应用代理防火墙运行在两个网络之间，它对于客户来说像是一台真的服务器，而对于服务器来说它又是一台客户机。当代理服务器接收到客户的请求后，会检查用户请求是否符合相关安全策略的要求，如果符合，则代理服务器会代表客户从服务器处取回所需信息再转发给客户，如图 6-63 所示。

应用代理防火墙作用在应用层，控制应用层的服务，在内部网络向外部网络申请服务时起到中间转接作用。内部网络只接收代理提出的服务请求，拒绝外部网络其他节点的直接请求。代理防火墙代替受保护网的主机向外部网发送服务请求，并将外部服务请求响应的结果返回给受保护网的主机。受保护网内部用户对外部网访问时，也需要通过代理防火墙，才能向外提供请求，这样外网只能看到防火墙，从而隐藏了受保护网内部地址，提高了安全性，其数据流如图 6-66 所示。

代理服务器接收内、外部网络的通信数据包，根据自己的安全策略进行过滤，不符合安

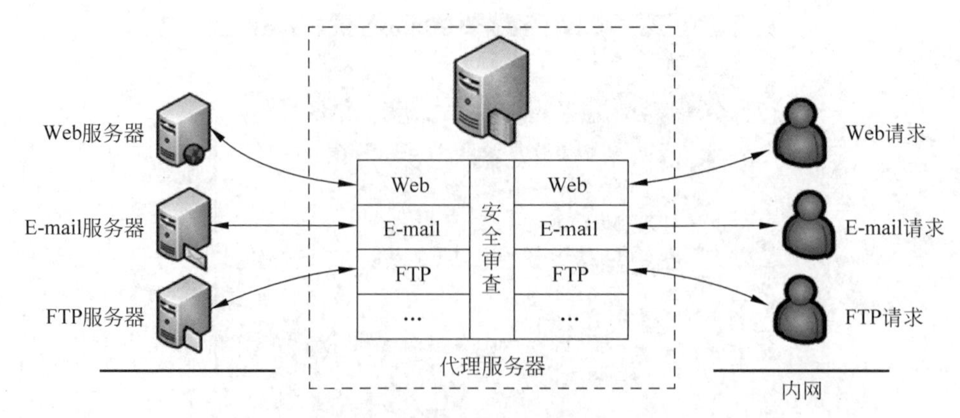

图 6-66 应用代理防火墙数据流示意

全协议的信息被拒绝或丢弃。应用代理防火墙工作在 TCP/IP 协议的应用层,针对特定的网络应用服务协议进行过滤,使用代理软件来转发和过滤特定的应用层服务,只允许有代理的服务通过防火墙,并且能够对数据包进行分析并形成相关的报告。

应用代理防火墙的另一个功能是对通过的信息进行记录,如什么样的用户在什么时间连接了什么站点。在实际工作中,代理服务器一般由专用工作站系统来完成。目前常见的应用代理防火墙产品有商业版代理(cache)服务器、开源防火墙软件 TIS FWTK(Firewall Toolkit)、Apache 和 Squid 等。

(1) 应用代理防火墙的优点。

防火墙理解应用层协议,可以实施更细粒度的访问控制,因此比包过滤更安全、更易于配置,界面友好。防火墙不允许内外网主机的直接连接,安全检查只需要详细检查几个允许的应用程序,易对进出数据进行日志审计。

(2) 应用代理防火墙的缺点。

额外的处理负载,应用代理防火墙的处理速度比包过滤防火墙要慢,当用户对内外部网络网关的吞吐量要求比较高时,代理防火墙就会成为内外部网络之间的瓶颈。对每一个应用,都需要一个专门的代理,灵活性不够。用户可能需要改造网络的结构甚至应用系统。

3. 状态检测技术

状态检测防火墙既具备包过滤防火墙的速度和灵活性,也具有应用代理防火墙的安全优点,是对包过滤和应用代理功能的一种平衡。状态检测防火墙采用一种基于连接的状态检测机制,将属于同一连接的所有包作为一个整体数据流看待,构成连接状态表,通过规则表与状态表的共同配合,对表中的各个连接状态因素加以识别。动态连接状态表中的记录可以是以前的通信信息,也可以是其他相关应用程序的信息,因此与包过滤防火墙的静态过滤规则表相比,具有更好的灵活性和安全性。其工作原理和检测流程分别如图 6-63 和图 6-67 所示。

1) 流过滤技术

状态检测技术是根据会话信息来决定单个数据包是否可以通过,不实际处理应用层协议。东软公司 NetEye 防火墙 3.0 首创“流过滤”技术,以包过滤的外部形态提供了应用级的保护能力,带给用户的最大好处在于对应用层保护能力大幅度提升,是在状态检测包过滤的架构上发展起来的新一代防火墙技术。流过滤技术核心是专门设计的 TCP 协议栈,该协

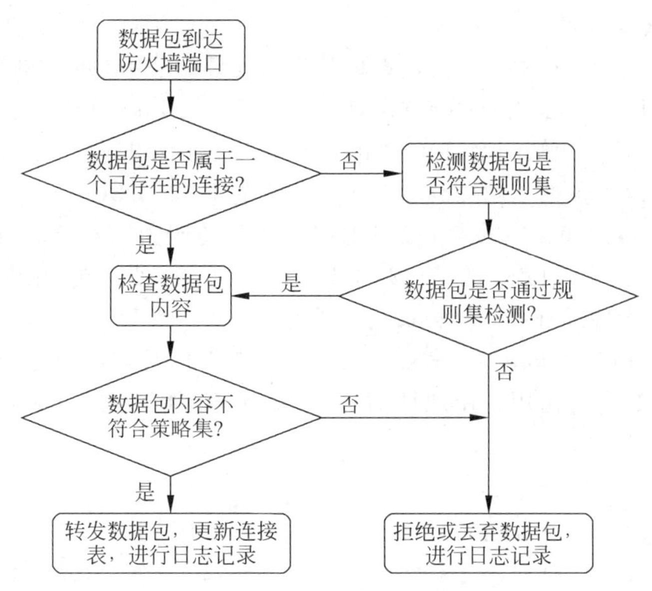

图 6-67　状态检测防火墙数据流示意

议栈根据 TCP 协议的定义对出入防火墙的数据包进行了完全的重组，并根据应用层的安全规则对组合后的数据流进行检测。由于这个协议栈的存在，网络通信在防火墙内部由链路层上升到了应用层。数据包不再直接到达目的端，而是完全受防火墙中的应用协议模块的控制。这种应用协议模块的工作方式非常类似代理防火墙针对不同协议的代理程序，代替服务器接受来自客户端的访问，再代替客户端去获取访问的结果，不同的是，这种模块能够支持更多的协议种类和更大规模的并发访问。

2）状态检测技术主要特点

(1) 安全性。状态检测防火墙工作在数据链路层和网络层之间，监测所有应用层的数据包并从中提取有用信息，如 IP 地址、端口号和数据内容。首先根据安全策略保存有用信息在内存中；然后对信息组合进行逻辑或数学运算、相应操作，如允许或拒绝数据包通过、认证连接和加密数据，安全性得到很大提高。

(2) 高效性。通过状态检测防火墙的所有数据包都在低层处理，减少了高层协议头的开销，执行效率提高很多。一个连接建立起来，就不用再对该连接做更多的工作。例如，一个通过身份验证的用户打开另一个浏览器，防火墙会自动授予该计算机建立其他会话的权限，不提示用户输入密码。

(3) 可伸缩性和易扩展性。状态检测防火墙不区分每个具体的应用，只是根据从数据包中提取的信息、对应的安全策略及过滤规则处理数据包。当有一个新的应用时，它能动态产生并应用新的规则，而不用另外写代码，所以具有很好的伸缩性和扩展性。

(4) 应用范围广。状态检测防火墙不仅基于 TCP 的应用，并且也可基于无连接(如 RPC、UDP)协议的应用。状态检测防火墙把所有通过防火墙的 UDP 分组看作一个虚拟连接，通过网关的每一个连接的状态信息都会被记录。当 UDP 包在相反方向上通过时，依据连接状态表确定该包是否被授权和通过。每个虚拟连接具有一定的生存期，较长时间没有数据传送的连接将被终止。

4. 网络地址转换技术

防火墙网络地址转换技术涉及公用地址和专用地址。公用地址又称为合法IP地址，是指由Internet网络信息中心(InterNIC)分配的IP地址，在Internet上通信必须有一个公用地址。为了解决IP地址短缺问题，InterNIC为公司专用网络提供了保留网络IP专用的方案。这些专用网络地址包括子网掩码为255.0.0.0的10.0.0.0(一个A类地址)、子网掩码为256.140.0.0的172.160.0.0(一个B类地址)、子网掩码为256.155.0.0的192.168.0.0(一个C类地址)。专用地址不能直接与Internet通信，使用专用地址的内部网络与Internet进行通信，专用地址必须转换成公用地址。

网络地址转换器(Network Address Translator，NAT)是完成地址转换的一个部件，如图6-68所示。NAT位于使用专用地址的Intranet和使用公用地址的Internet之间，其任务如下：

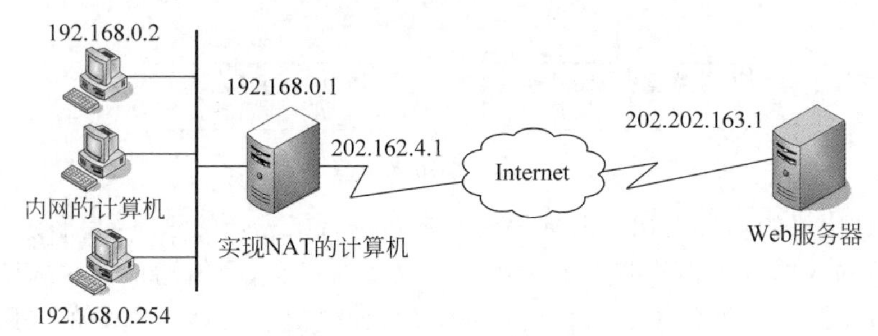

图6-68 NAT工作原理

(1) 把从Intranet传出数据包的端口号和专用IP地址换成自己的端口号和公用IP地址，然后将数据包发给外部网络的目的主机，同时记录一个跟踪信息在映像表中，并向客户机发送回答信息。

(2) 将从Internet传入数据包的目的端口号和公用IP地址转换为客户机的端口号和内部网络使用的专用IP地址并转发给客户机。

1) 网络地址转换技术的优点

在内网中使用未注册的专用IP地址，与外部网络通信时使用注册的公用IP地址，大大降低了连接成本；同时，NAT将内部网络隐藏起来，起到保护内部网络的作用，对外部用户来说只有使用公用IP地址的NAT是可见的。

2) NAT地址转换过程实例

内部网使用虚拟地址空间为10.0.0.0～10.256.156.155，对外拥有注册真实IP地址为202.119.1.0～202.119.1.255，内部主机IH1、IH2地址分别设为10.0.1.1和10.0.2.2，另一外部网主机OH1地址为202.112.196.7，网络拓扑结构如图6-69所示。

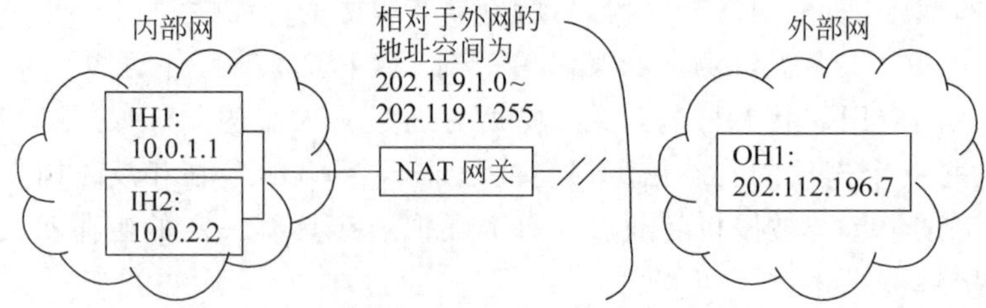

图6-69 NAT地址转换实例示意

当内部网主机IH1与外部网主机OH1建立联系时，由于网关对外将其映射为一注册的真实地址202.119.1.23，所以它的IP包头中的IP地址在网关处被转换成这一地址。于是会产生如图6-70所示的IP数据包：

Source		Destination
10.0.1.1	202.112.196.7	Data

(a)

Source		Destination
202.119.1.23	202.112.196.7	Data

(b)

Source		Destination
202.112.196.7	202.119.1.23	Data

(c)

Source		Destination
202.112.196.7	10.0.1.1	Data

(d)

图6-70　IP包头中IP地址转换成IP数据包

(1) 图6-70(a)为IH1发出的IP包。

(2) 经过网关后被转换为图6-70(b)的形式。

(3) 图6-70(c)为其返回的IP包形式。

(4) 进入网关后转换为图6-70(d)的形式。

在以上的包传输过程中，内部的虚拟地址10.0.1.1与外部的真实地址202.119.1.23之间构成一一对应关系，经过网关时须进行必要的转换工作，这正是NAT技术名称的由来。但内部主机(IH1、IH2)之间的连接直接使用虚拟地址而不需要经过网关的转换。

3）静态NAT和动态NAT

根据NAT工作模式，可分为静态NAT和动态NAT两种。静态NAT是指内部网络的私有IP地址转换为真实IP地址，IP地址映射是一对一的，事先由管理员配置好，某个私有IP地址只转换为某个真实IP地址，如图6-71(a)所示。借助于静态NAT，可以实现具有内部私有IP地址的内网机器对外部网络(如Internet)的访问。

动态NAT是指内部网络的私有IP地址转换为真实IP地址时，IP地址转换是随机的，如图6-71(b)所示。实际上，首先为NAT系统的IP地址缓冲池配置一个或多个真实IP地址，当内部私有IP地址访问外网时，NAT系统随机从IP地址缓冲池取出一个真实的IP地址为这次访问进行地址翻译。如果需要同时进行的访问多于缓冲池中地址，可以借助于端口号，实际上就是将一个内部IP地址映射成真实IP地址及端口号的映射关系表，确保完成地址翻译。

6.5.3　其他防火墙

个人防火墙(private firewall)是一种能够保护个人计算机系统安全的软件，它可以直接在用户的计算机上安装、运行，使用与状态/动态检测防火墙相同的方式，保护一台计算机免受攻击。通常，这些防火墙是安装在计算机网络接口的较低级别上，这使得它们可以监视传入/传出网卡的所有网络通信。现在网络上流传的个人防火墙软件大都是应用程序级的。

因为传统的防火墙设置在网络边界，处于内、外网络之间，所以称为“边界防火墙”。随

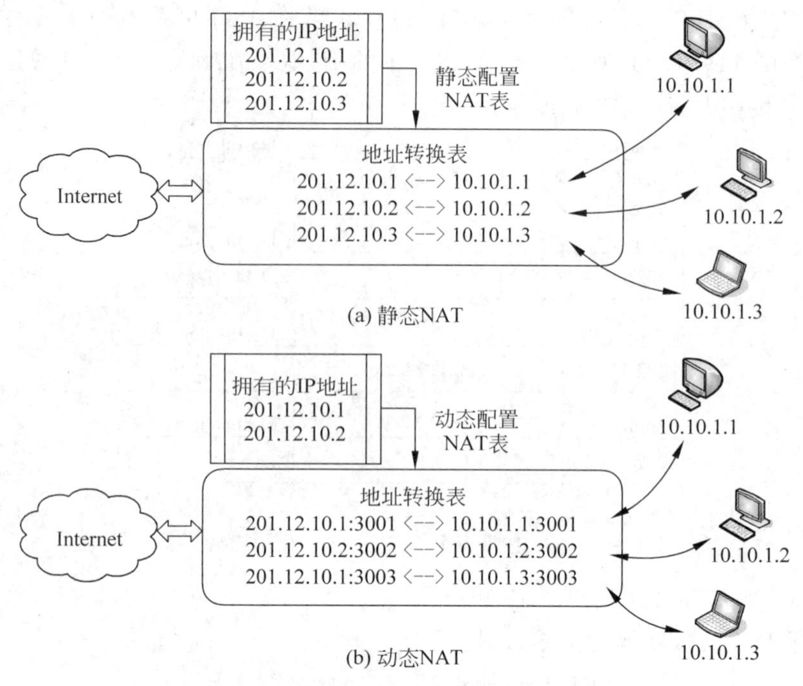

图 6-71 静态 NAT 和动态 NAT 示意

着人们对网络安全防护要求的提高,边界防火墙明显达不到要求,因为给网络带来安全威胁的不仅是外部网络,更多的是来自内部网络。但边界防火墙无法对内部网络实现有效保护,正是基于这个原因,产生了分布式防火墙(distributed firewall)技术。分布式防火墙技术可以很好地解决边界防火墙的不足问题,把防火墙的安全防护系统延伸到网络中的各台主机。分布式防火墙负责网络边界、各子网和网络内部节点之间的安全防护。分布式防火墙是一个完整的系统,而不是单一的产品。根据需要完成的功能,分布式防火墙主要包括网络防火墙(network firewall)、主机防火墙(host firewall)和中心管理(center management)部分。

6.5.4 防火墙的作用

防火墙作为重要的网络安全设备主要有以下作用。

1. 网络流量过滤

网络流量过滤是防火墙最主要的功能。通过在防火墙上进行安全规则配置,可以对流经防火墙的网络流量进行过滤。安全规则是依据安全策略精心设计的,防火墙严格执行安全检查,这样只有符合安全规则的网络流量才能通过,大大提高了局域网的安全性。

2. 网络监控审计

如果所有的访问都经过防火墙,那么防火墙就能记录下这些访问并生成网络访问日志,同时也能提供网络使用情况的统计数据。当出现可疑的网络访问时,防火墙能及时地发出警报,并提供可以访问的详细信息。防火墙可以作为收集一个网络使用情况的绝佳点,将所收集的有关信息提供给其他安全模块,必要时根据需要阻断网络连接访问,与其他安全模块形成联动系统。

3. 支持 NAT 部署

网络地址翻译(Network Address Translation,NAT)是用来缓解地址空间短缺的主要技术之一。由于防火墙处于内、外网的阻塞点上,因此是实施NAT部署的理想场所。

4. 支持DMZ

DMZ是英文Demilitarized Zone的缩写,中文名称为"隔离区",也称"非军事化区"。它是设立在非安全系统与安全系统之间的缓冲区,这个缓冲区位于企业内部网络和外部网络之间的小网络区域内,可以放置一些必须公开的服务器设施,如企业Web服务器、FTP服务器等。

5. 支持VPN

通过VPN(Virtual Private Network,虚拟私有网络),企业可以将分布在各地的局域网有机地连成一个整体,不仅省去了租用专用通信线路的费用,而且为信息共享提供了安全技术保障。

图6-72为一个典型的企业防火墙应用实例。在该企业网络中由于应用了防火墙,一举解决了网络流量过滤及审计、地址短缺、远程安全内网访问以及DMZ部署问题。

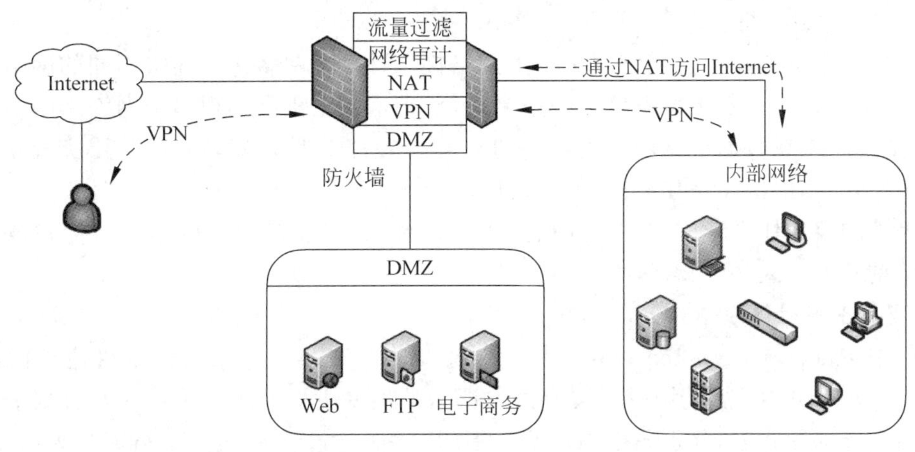

图6-72 典型企业防火墙应用示意图

6.5.5 防火墙的体系结构

在介绍防火墙系统体系结构之前,先对防火墙体系结构中常见的术语进行简要说明。

(1) 非军事区。

为了配置和管理方便,通常将内部网中需要向外部提供服务的服务器设置在单独的网段,这个网段被称为非军事化区(DeMilitarized Zone,DMZ),也被称为周边网络,图6-73是DMZ示意图。DMZ是周边网络,是指在内部网络、外部网络之间增加的一个网络,对外提供服务的各种服务器都可以放在这个网络中。DMZ隔离内外网络,并对内外网之间的通信起到缓冲作用。周边网络的存在,使得外部用户访问服务器时不需要进入内部网络,而内部

图6-73 DMZ示意图

网络用户对服务器维护工作导致的信息传递也不会泄露至外部网络；同时，周边网络与外部网络或内部网络之间都存在着数据包过滤，这样为外部用户的攻击设置了多重障碍，确保了内部网络的安全。

(2) 堡垒主机。

在防火墙体系结构中，经常提到堡垒主机(Bastion Host)。堡垒主机得名于古代战争中用于防守的坚固堡垒，它位于内部网络的最外层，像堡垒一样对内部网络进行保护。堡垒主机是一种配置了安全防范措施的网络上的计算机，为网络之间的通信提供了一个阻塞点。如果没有堡垒主机，网络之间将不能相互访问。堡垒主机是指可能直接面对外部用户攻击的主机系统，在防火墙体系结构中，堡垒主机要高度暴露，是网络上最容易遭受非法入侵的设备。所以防火墙设计者和管理人员需要致力于堡垒主机的安全，而且在运行期间对堡垒主机的安全要给予特别的注意。一般来说，堡垒主机上提供的服务越少越好，因为每增加一种服务就增加了被攻击的可能性。

(3) 双重宿主主机。

双重宿主主机是指至少拥有两个以上网络接口且每个网络接口连接不同的网络的计算机系统，因此也称为多穴主机系统。一般来说，双重宿主主机是实现多个网络之间互连的关键设备，如网桥是在数据链路层实现互连的双重宿主主机，路由器是在网络层实现互连的双重宿主主机，应用层网关是在应用层实现互连。

防火墙的经典体系结构主要有双宿主主机体系结构、被屏蔽主机体系结构和被屏蔽子网体系结构三种形式。

1. 双宿主主机体系结构

双宿主主机(Dual-Homed Host)体系结构如图6-74所示。双宿主主机位于内部网和Internet之间，一般来说，是用一台装有两块网卡的堡垒主机做防火墙。这两块网卡各自与受保护网和外部网相连，分别属于内外两个不同的网段。堡垒主机上运行着防火墙软件，可以转发应用程序、提供服务等。堡垒主机的系统软件可用于维护系统日志。双宿主主机这种体系结构非常简单，一般通过代理(proxy)来实现，或者通过用户直接登录到该主机来提供服务。

1) 双宿主主机体系结构的特点

防火墙主体是带有内部网络和外部网络接口的主机系统，双宿主主机具备成为内部网络和外部网络之间路由器的条件。但是，在内部网络与外部网络之间，数据包转发进程是被禁止运行的。为了达到防火墙的基本效果，在双宿主主机系统中，任何路由功能都是禁止的。双宿主主机采用应用代理防火墙技术，内部网络用户通过客户端代理软件访问外部网络资源，或者直接登录双宿主主机成为一个用户，利用该主机直接访问外部资源。

图6-74 双宿主主机体系结构

2) 双宿主主机体系结构的优点

双宿主主机网络结构比较简单，由于内、外网络之间没有直接的数据交互而较为安全；内部用户账号可以有效控制外部资源；应用代理机制的采用，方便形成应用层的数据与信息过滤。

3）双宿主主机体系结构的缺点

用户需要登录到主机才能访问外部资源，主机资源消耗较大，用户访问外部资源较为复杂；用户机制存在安全隐患，并且内部用户无法借助于该体系结构访问新的服务；一旦外部用户入侵双宿主主机，则导致内部网络处于不安全状态。

2. 被屏蔽主机体系结构

被屏蔽主机体系结构是指通过一个单独的路由器和内部网络上的堡垒主机共同构成防火墙，主要通过数据包过滤技术实现内、外网络的隔离和对内网的保护，一个典型的被屏蔽的主机体系结构如图6-75所示。在被屏蔽主机体系结构中，有两道屏障：一是屏蔽路由器，二是堡垒主机。屏蔽路由器位于网络最边缘，负责与外网实施连接，参与外网的路由计算。屏蔽路由器仅提供路由和数据包过滤功能，因此屏蔽路由器本身较为安全。由于屏蔽路由器的存在，堡垒主机不再是直接与外网互连的双宿主主机，增加了系统的安全性。

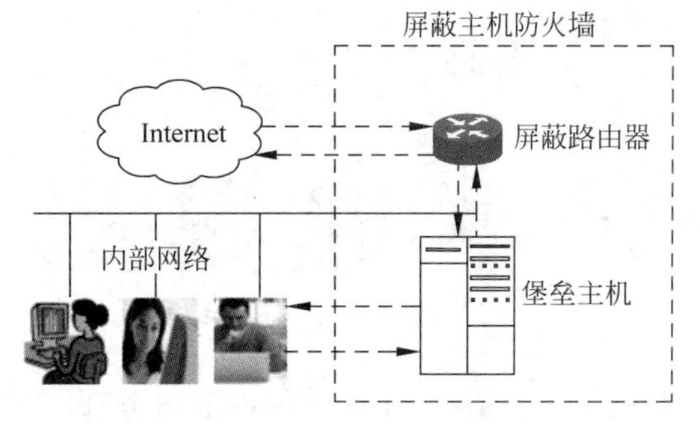

图6-75 被屏蔽主机体系结构

堡垒主机位于内部网络，是唯一可以连接到外部网络系统的主机，也是外部用户访问内部网络资源必须经过的主机设备。堡垒主机通过数据包过滤实现对内部网络的防护，并且仅仅允许通过特定的服务连接。堡垒主机可以提供代理功能，内部用户只能通过应用代理访问外部网络，堡垒主机成为外部用户唯一可以访问的内部主机。

1）被屏蔽主机体系结构的优点

（1）具有更高的安全特性。由于屏蔽路由器在堡垒主机之外提供数据包过滤功能，使得堡垒主机要比双宿主主机安全，存在漏洞的可能性较小；同时，堡垒主机的数据包过滤功能限制外部用户只能访问特定主机上的特定服务，在提供服务的同时仍然保证了内部网络的安全。

（2）内部网络用户访问外部网络方便、灵活。在屏蔽路由器和堡垒主机允许的情况下，用户直接访问外部网络。如果屏蔽路由器和堡垒主机不允许，内部用户通过堡垒主机代理服务访问外部资源。在实际应用中，两种方式综合运用，访问不同服务采用不同的方式。

（3）由于堡垒主机和屏蔽路由器同时存在，使得堡垒主机可以从部分安全事务中解脱出来，从而可以以更高的效率提供数据包过滤或代理服务。

2）被屏蔽主机体系结构的缺点

在被屏蔽主机体系结构中，外部用户在被允许的情况下可以访问内部网络，这样就存在着一定的安全隐患；与双宿主主机体系一样，一旦用户入侵堡垒主机，就会导致内部网络处于不安全状态；路由器和堡垒主机的过滤规则配置较为复杂，较容易形成错误和漏洞。

3. 被屏蔽子网体系结构

在双宿主主机体系结构和被屏蔽主机体系结构中，主机是最主要的安全缺陷，一旦主机被入侵，则整个内部网络都处于威胁之中，为解决这种安全隐患，出现了被屏蔽子网体系结

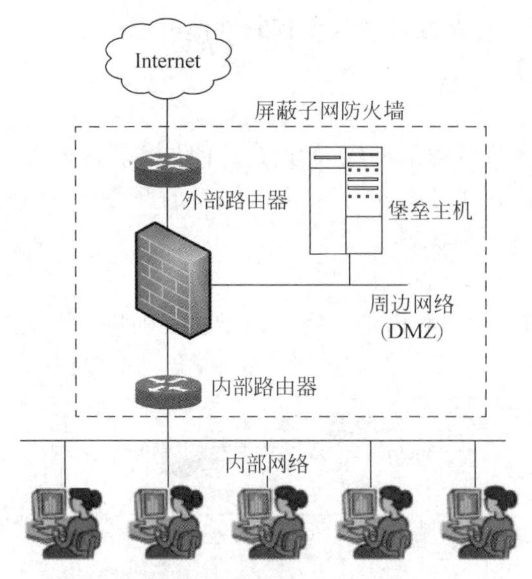

图 6-76 被屏蔽子网体系结构

构。被屏蔽子网体系结构将防火墙的概念扩充至一个由两台路由器包围起来的特殊网络,即周边网络,并且将堡垒主机都置于周边网络中,一个典型的被屏蔽子网体系结构如图 6-76 所示。

1) 被屏蔽子网体系结构的防火墙

被屏蔽子网体系结构的防火墙比较复杂,主要包括 4 个部件:周边网络、外部路由器、内部路由器和堡垒主机。

(1) 周边网络。

周边网络是位于不可信外部网络与可信内部网络之间的一个附加网络。周边网络与外部网络、周边网络与内部网络之间通过屏蔽路由器实现逻辑隔离,因此外部用户必须穿越两道屏蔽路由器才能访问内部网络。一般情况下,外部用户不能访问内部网络,仅能够访问周边网络中的资源,由于内部用户间通信的数据包不通过屏蔽路由器传递至周边网络,外部用户即使入侵了周边网络中的堡垒主机,也无法监听到内部网络的信息。

(2) 外部路由器。

外部路由器的主要作用在于保护周边网络和内部网络,是屏蔽子网体系结构的第一道屏障。在其上设置了针对外网用户对周边网络和内部网络访问的过滤规则。例如,限制外网用户仅能访问周边网络不能访问内部网络,或者仅能访问内部网络中的部分主机。外部路由器不过滤周边网络内发出的数据包,因为数据包来自堡垒主机或内部路由器过滤后的内部主机数据包。外部路由器复制内部路由器上的规则,以避免内部路由器失效而造成负面影响。

(3) 内部路由器。

内部路由器用于隔离周边网络和内部网络,是屏蔽子网体系结构的第二道屏障。在其上设置了针对内部用户对周边网络和外部网络访问的过滤规则。例如,部分内部网络用户只能访问周边网络不能访问外部网络等。内部路由器复制了外部路由器上的内网过滤规则,以防止外部路由器过滤功能失效而造成的严重后果。内部路由器还要限制周边网络的堡垒主机和内部网络之间的访问,减少堡垒主机被入侵后可以影响的内部主机数量和服务的数量。

(4) 堡垒主机。

在被屏蔽子网结构中,堡垒主机位于周边网络,向外部用户提供 WWW、FTP 等服务,接受外部网络用户的服务资源访问请求,同时堡垒主机也向内部网络用户提供 DNS、WWW 代理、FTP 代理等服务,提供内部网络用户访问外部资源的接口。

2) 被屏蔽子网体系结构的优点

外部路由器和内部路由器构成了双层防护体系,入侵者难以突破;外部用户访问服务资源时无须进入内部网络,在保证服务的情况下提高了内部网络的安全性;外部路由器和内部路由器过滤规则复制，避免了由于某台路由器失效产生的安全隐患；堡垒主机由外部路由器的过滤规则和本机安全机制共同防护，用户只能访问它提供的服务；即使入侵者通过堡垒主机的服务缺陷控制了堡垒主机，由于内部路由器将内部网络和周边网络隔离，入侵者无法通过监听周边网络获取内部网络信息。

3）被屏蔽子网体系结构的缺点

构建被屏蔽子网体系结构的成本较高；被屏蔽子网体系结构的配置较为复杂，容易出现配置错误导致的安全隐患。

6.5.6　商用防火墙实例

瑞星个人防火墙 v16 针对目前流行的黑客攻击、多账号管理、上网保护、模块检查、可疑文件定位、网络可信区域设置和 IP 追踪等技术，帮助用户有效抵御黑客攻击、网络诈骗等安全风险。瑞星个人防火墙以变频杀毒引擎为核心，通过变频技术使计算机得到安全保证的同时，又大大降低资源占用，让计算机更加轻便。瑞星个人防火墙主要功能：网络攻击拦截——阻止黑客攻击系统对用户造成的危险。出站攻击防御——最大程度解决“肉鸡”和“网络僵尸”对网络造成的安全威胁；恶意网址拦截——保护用户在访问网页时，不被病毒及钓鱼网页侵害。

为解决网络上黑客攻击问题而研制的个人信息安全产品，具有完备的规则设置，能有效地监控任何网络连接，保护网络不受黑客的攻击。图 6-77 为瑞星 v16 个人防火墙主界面，左侧窗口显示“网络监控”“网络安全”“辅助工具”，右侧窗口显示“网络监控”包括的“网速保护”“ADSL 优化”“网络查看器”“广告过滤”“流量统计”“防蹭网”等。

图 6-77　瑞星个人防火墙界面

“网络安全”包括了拦截恶意下载、木马网页、跨站脚本攻击、网络隐身和 ARP 欺骗防御等，如图 6-78 上侧窗口所示。同时，也可以设置“联网程序规则”“IP 规则”等，如图 6-78

(a) 上侧窗口

(b) 下侧窗口

图 6-78 网络安全设置窗口

下侧窗口所示。

图 6-79 显示了“日志管理”的查看规则，可以很方便地备份、刷新和清空等。

图 6-80 所示为“网络安全”下“IP 规则”设置界面，上侧窗口显示联网设置规则，下侧窗口显示 IP 包过滤端口设置。图 6-81 显示应用程序访问规则设置。

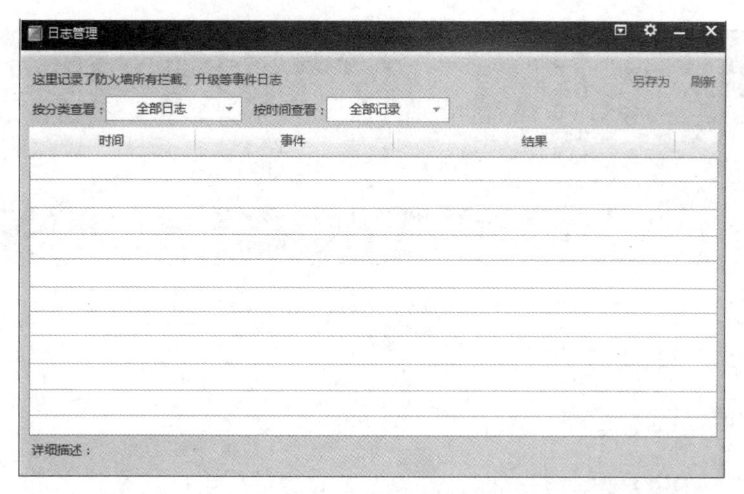

图 6-79　日志管理

(a) 联网设置

(b) IP包过滤端口设置

图 6-80　IP 规则设置界面

图 6-81 应用程序访问规则设置

6.6 入侵检测系统

入侵检测系统(Intrusion Detection System,IDS)作为一种积极主动的安全防护手段,在保护计算机网络和信息安全方面发挥着重要的作用。入侵检测是监测计算机网络和系统以发现违反安全策略事件的过程。入侵检测系统工作在计算机网络系统的关键节点上,通过实施收集和分析计算机网络或系统中的信息,来检查是否出现违反安全策略的行为和遭到袭击的迹象,进而达到防治攻击、预防攻击的目的。

6.6.1 入侵检测概述

入侵检测系统通过对网络中的数据包或主机的日志等信息进行提取、分析,发现入侵和攻击行为,并对入侵或攻击做出响应。入侵检测系统在识别入侵和攻击时具有一定的智能,这主要体现在入侵特征的提取和汇总、响应的合并与融合、在检测到入侵后能够主动采取响应措施等方面,所以入侵检测系统是一种主动防御技术。

1. IDS 的产生

20 世纪 70 年代对计算机网络遭受的攻击和防范方法的研究就已经开始了,审计跟踪是当时的主要方法。1980 年 4 月,James P. Anderson 为美国空军做了一份题为 *Computer Security Threat Monitoring and Surveillance*(《计算机安全威胁监控与监视》)的技术报告。这份报告被公认为入侵检测的开山之作,报告里第一次详细阐述了入侵检测的概念。他提出了一种对计算机系统风险和威胁进行分类的方法,并将威胁分为外部渗透、内部渗透和不法行为三种,还提出了利用审计跟踪数据,监视入侵活动的思想。

1984—1986 年,Dorothy E. Denning 和 Peter Neumann 研究并发展了一个实时入侵检

测系统模型，命名为IDES(入侵检测专家系统)，为构造入侵检测系统提供了一个通用的框架。1987年，Denning提出了一个经典的异常检测抽象模型，首次将入侵检测作为一种计算机系统安全的防御措施提出。1988年Morris Internet蠕虫事件导致了许多IDS系统的开发研制。1990年是入侵检测系统发展史上的一个分水岭。这一年，加州大学戴维斯分校的L. T. Heberlein等人开发出了NSM(Network Security Monitor)。NSM是入侵检测研究史上一个非常重要的里程碑，从此之后，入侵检测系统发展史翻开了新的一页，正式形成两大阵营——基于网络的IDS和基于主机的IDS。

1991年，美国空军等多部门进行联合，开展对分布式入侵检测系统(DIDS)的研究，将基于主机和基于网络的检测方法集成到一起。DIDS是分布式入侵检测系统历史上的一个里程碑式的产品，它的检测模型采用了分层结构。1994年，Mark Crosbie和Gene Spafford建议使用自治代理(autonomous agents)以便提高IDS的可伸缩性、可维护性、效率和容错性。该理念非常符合正在进行的计算机科学其他领域(如软件代理)的研究。1995年开发了IDES完善后的版本——NIDES(Next-Generation Intrusion Detection System)，可以检测多个主机上的入侵。

2. IDS的功能与模型

入侵检测就是监测计算机网络和系统以发现违反安全策略事件的过程。它通过在计算机网络或计算机系统中的若干关键点收集信息并对收集到的信息进行分析，从而判断网络或系统中是否有违反安全策略的行为和被攻击的迹象。完成入侵检测功能的软件、硬件组合便是入侵检测系统。简单来说，IDS包括三部分：提供事件记录流的信息源，即对信息的收集和预处理；入侵分析引擎；基于分析引擎的结果产生反应的响应部件。

一般来说，IDS能够完成下列活动：监控、分析用户和系统的活动；发现入侵企图或异常现象；审计系统的配置和弱点；评估关键系统和数据文件的完整性；对异常活动的统计分析；识别攻击的活动模式；实时报警和主动响应。

IDS在结构上可划分为数据收集和数据分析两部分。目前，入侵检测工作组(Intrusion Detection Working Group，IDWG)和通用入侵检测框架(Common Intrusion Detection Framework，CIDF)负责IDS标准化研究工作，将入侵检测系统分为四个基本组件：事件产生器(event generators)、事件分析器(event analyzers)、响应单元(response units)和事件数据库(event databases)，提出了一个入侵监测系统的通用模型(如图6-82所示)。CIDF体现了入侵检测系统必须具有的体系结构：数据获取、数据分析、行为响应和数据管理，因此具有通用性。

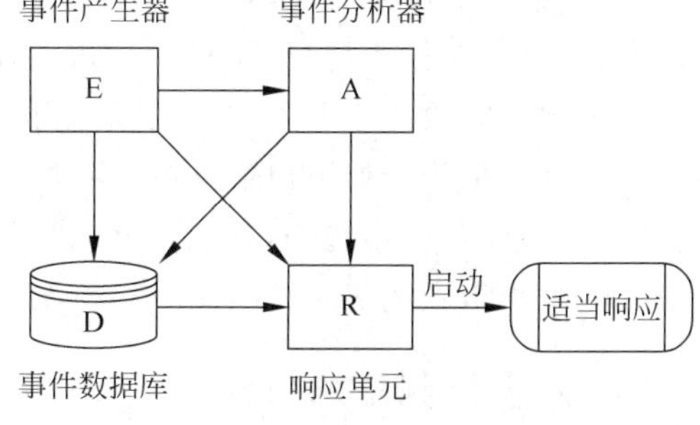

图6-82　CIDF入侵监测模型

6.6.2　入侵检测系统的基本原理

入侵检测系统是静态安全防御技术的合理补充，帮助系统对付网络攻击，扩展了系统管理员的安全管理能力(包括安全审计、监视、进攻识别和响应)，提高了信息安全基础结构的完整性。入侵检测技术作为近20年来出现的一种积极主动的网络安全技术，是P^2DR模型的一个重要组成部分。与传统的加密和访问控制等常用的安全方法相比,入侵检测系统(IDS)是一种全新的计算机安全措施,它不仅可以检测来自网络外部的入侵行为,同时也可以检测来自网络内部用户的未授权活动和误操作,弥补了防火墙的不足,称为防火墙之后的第二道安全闸门(如图6-83所示)。

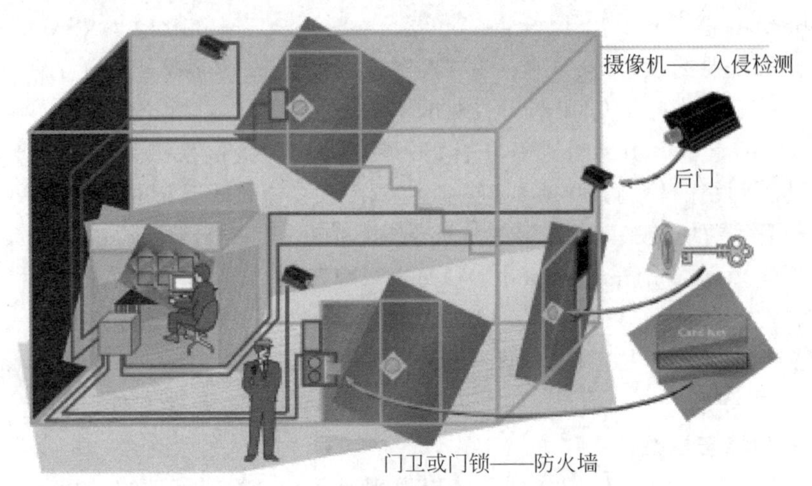

图6-83 入侵监测与防火墙的关系

攻击检测系统的工作流程可分为信息收集、信息分析和动作响应三个阶段。这三个阶段对应的CIDF功能单元分别是事件产生器、事件分析器和响应单元。

信息收集阶段的主要工作是收集被保护网络和系统的特征信息,攻击检测系统的数据源主要来自主机、网络和其他安全产品。基于主机的数据源主要有系统的配置信息、系统运行状态信息、系统记账信息、系统日志、系统安全性审计信息和应用程序的日志;基于网络的数据源主要有SNMP信息和网络通信数据包;其他攻击检测系统的报警信息、其他网络设备和安全产品的信息也是重要的数据源之一。

信息分析阶段的主要工作是利用一种或多种攻击检测技术对收集到的特征信息进行有效的组织、整理、分析和提取,从而发现存在的攻击事件。这种行为的鉴别可以实时进行,也可以事后分析,在很多情况下,事后的进一步分析是为了寻找行为的责任人。

动作响应阶段的主要工作是对信息分析的结果做出相应的响应。被动响应是系统仅仅简单地记录和报告所检测出的问题,主动响应则是系统要为阻塞或影响进程而采取反击行动。理想的情况下,系统的这一部分应该具有丰富的响应功能特性,并且这些响应特性在针对安全管理小组中的每一位成员进行裁剪后,能够为他们提供服务。

6.6.3 入侵检测系统的分类

IDS通过对入侵行为的过程与特征进行研究,使安全系统对入侵事件和入侵过程做出实时响应。从不同角度出发,IDS的分类也不同。

1. 按实现技术划分

如果将所有与正常行为的轨迹不同的系统行为都视为可疑的入侵企图(例如,通过流量统计分析发现异常的网络流量),这时的发现技术称为异常发现技术;如果所有的入侵手段及其行为轨迹都可以用模式或特征加以描述,那么,与正常行为模式不相匹配的行为均视为可疑的入侵行为，这样的发现技术称为模式发现技术。

异常发现技术的局限是并非所有的入侵都表现为异常，而且系统的轨迹也难以计算和更新。模式发现技术的优点是误报少，但它的局限是只能发现已知的入侵，对未知的入侵无能为力。

2. 按数据来源划分

如果按照IDS的数据来源范围来划分，IDS分为3类：基于主机的IDS（Host IDS，HIDS）、基于网络的IDS（Network IDS，NIDS）和分布式IDS（Distributed IDS，DIDS）。

1）HIDS

HIDS通常安装在被重点检测的主机上，主要是对该主机的网络实时连接以及系统审计日志进行智能分析和判断。如果其中主体活动十分可疑（特征或违反统计规律），IDS就会采取相应措施。

HIDS使用验证记录，并发展了精密的可迅速做出响应的检测技术。通常，HIDS可监探系统、事件和Window NT下的安全记录以及UNIX环境下的系统记录。当有文件发生变化，IDS将新的记录条目与攻击标记相比较，看是否匹配。如果匹配，系统就会向管理员报警并向别的目标报告，以采取措施。

HIDS在发展过程中融入了其他技术。对关键系统文件和可执行文件的入侵检测的一个常用方法，是通过定期检查校验和来进行的，以便发现意外的变化。反应的快慢与轮询间隔的频率有直接关系。最后，许多系统都是监听端口的活动，并在特定端口被访问时向管理员报警。这类检测方法将基于网络的入侵检测的基本方法融入基于主机的检测环境中。

尽管HIDS不如NIDS快捷，但它确实具有NIDS无法比拟的优点。这些优点包括更好的辨识分析、对特殊主机事件的紧密关注及低廉的成本。

HIDS有以下优点：

(1) 确定攻击是否成功。由于基于HIDS使用含有已发生事件信息，它们可以比NIDS更加准确地判断攻击是否成功。在这方面，HIDS是NIDS的完美补充，网络部分可以尽早提供警告，主机部分可以确定攻击成功与否。

(2) 监视特定的系统活动。HIDS监视用户和访问文件的活动，包括文件访问、改变文件权限、试图建立新的可执行文件并且/或试图访问特殊的设备。

例如，HIDS可以监督所有用户的登录及上网情况，以及每位用户在连接到网络以后的行为，对于NIDS要做到这个程度是非常困难的；HIDS可监视只有管理员才能实施的非正常行为，操作系统记录了任何有关用户账号的增加、删除、更改的情况，只要改动一旦发生，HIDS就能检测到这种不适当的改动；HIDS可以监视主要系统文件和可执行文件的改变，系统能够查出那些欲改写重要系统文件或者安装特洛伊木马或后门的尝试并将它们中断，而NIDS有时会查不到这些行为。

(3) 能够检查到NIDS检查不出的攻击。HIDS可以检测到那些NIDS察觉不到的攻击。例如，来自主要服务器键盘的攻击不经过网络，所以可以躲开NIDS。

(4) 适用被加密的和交换的环境。交换设备将大型网络分成许多小型网络加以管理，从覆盖足够大的网络范围的角度出发，很难确定配置NIDS的最佳位置，业务映射和交换机上的管理端口有助于此，但这些技术并不适用。HIDS可安装在所需的重要主机上，在交换的环境中具有更高的能见度。某些加密方式也向NIDS发出了挑战。由于加密方式位于协议堆栈内,所以 NIDS 可能对某些攻击没有反应,HIDS 没有这方面的限制,当操作系统及 HIDS 看到即将到来的业务时,数据流已经被解密了。

(5) 近于实时的检测和响应。尽管 HIDS 不能提供真正实时的反应,但如果应用正确,反应速度可以非常接近实时。老式系统利用一个进程在预先定义的间隔内检查登记文件的状态和内容。与老式系统不同,当前 HIDS 的中断指令,这种新的记录可被立即处理,显著减少了从攻击验证到做出响应的时间,操作系统做出记录到 HIDS 得到辨识结果之间的这段时间是一段延迟,但大多数情况下,在破坏发生之前,系统就能发现入侵者,并中止他的攻击。

(6) 不要求额外的硬件设备。HIDS 存在于现行网络结构中,包括文件服务器、Web 服务器及其他共享资源,这使得 HIDS 效率很高。因为它们不需要在网络上另外安装硬件设备。

(7) 记录花费更加低廉。NIDS 比 HIDS 要昂贵得多。

HIDS 有以下缺点:

(1) 主机 IDS 安装在我们需要保护的设备上,如当一个数据库服务器需要保护时,就要在服务器上安装 IDS。这会降低应用系统的效率。此外,它也会带来一些额外的安全问题,安装了 HIDS 后,将本不允许安全管理员访问的服务器变成他可以访问的了。

(2) HIDS 依赖于服务器固有的日志与监视能力。如果服务器没有配置日志功能,则必须重新配置,这将会给运行中的业务系统带来不可预见的性能影响。

(3) 全面部署 HIDS 代价较大,企业中很难将所有主机用 HIDS 保护,只能选择部分主机保护。那些未安装 HIDS 的机器将成为保护的盲点,入侵者可利用这些机器达到攻击目标。

(4) HIDS 除了监测自身的主机以外,根本不监测网络上的情况。对入侵行为的分析的工作量将随着主机数目增加而增加。

2) NIDS

NIDS,通过对网络中传输的数据包进行分析,从而发现可能的恶意攻击企图。一个典型的例子是在不同的端口检查大量的 TCP 连接请求,以此发现 TCP 端口扫描的攻击企图。NIDS 既可以运行在仅仅监视自己的端口的主机上,也可以运行在监视整个网络状态的处于混杂模式的 Sniffer 主机上。

目前,大部分入侵检测的产品是基于网络的,有多个开放滤代码软件,如 snort、NFR、shadow 等,其中 snort 最著名,其研发进展和更新速度均超过大部分同类产品。

由于 NIDS 不以路由器、防火墙等关键设备的方式工作,它不会成为网络中的关键路径。NIDS 发生故障不会影响正常业务的运行。NIDS 只检查它直接连接的网段通信状态、不检测其他网段的数据包。在交换式以太网中会出现监视范围的局限。NIDS 通常采用特征检测手段,对一些复杂的计算与分析的攻击较难检测到。

NIDS 使用原始网络包作为数据源。NIDS 通常利用一个运行在随机模式下的网络适配器来实时监视并分析通过网络的所有通信业务。它的攻击辨识模块通常使用四种常用技术来识别攻击标志:模式、表达式或字节匹配;频率或穿越阈值;低级事件的相关性;统计学意义上的非常规现象检测。一旦检测到了攻击行为,IDS 的响应模块就提供多种选项以通知、报警并对攻击采取相应的反应。反应因系统而异,通常都包括通知管理员、中断连接并且/或为法庭分析和证据收集而做的会话记录。

NIDS已经成为安全策略实施的重要组件,它有许多仅靠HIDS无法提供的优点。

(1) 拥有成本较低。NIDS可在几个关键访问点上进行策略配置,以观察发往多个系统的网络通信。所以它不要求在许多主机上装载并管理软件。由于需监测的点较少,因此对于一个公司的环境来说,拥有成本很低。

(2) 检测HIDS漏掉的攻击。NIDS检查所有包的头部从而发现恶意的和可疑的行动迹象。HIDS无法查看包的头部,所以它无法检测到这一类型的攻击。例如,许多来自IP地址的拒绝服务型和碎片型攻击只能在它们经过网络时,检查包的头部才能发现,在NIDS中可以通过实时监测包流而被发现。

NIDS可以检查有效负载的内容,查找用于特定攻击的指令或语法。例如,通过检查数据包有效负载可以查到黑客软件,而使正在寻找系统漏洞的攻击者毫无察觉。由于HIDS不检查有效负载,所以不能辨认有效负载中所包含的攻击信息。

(3) 攻击者不易转移证据。NIDS使用正在发生的网络通信进行实时攻击的检测,所以攻击者无法转移证据。被捕获的数据不仅包括攻击的方法,还包括可识别的入侵者身份及对其进行起诉的信息。许多入侵者都熟知审计记录,他们知道如何操纵这些文件掩盖他们的入侵痕迹,来阻止需要这些信息的HIDS去检测入侵。

(4) 实时检测和响应。NIDS可以在恶意及可疑的攻击发生的同时将其检测出来,并做出更快的通知和响应。例如,一个基于TCP的对网络进行的拒绝服务攻击可以通过将NIDS发出TCP复位信号,在该攻击对目标主机造成破坏前,将其中断。而HIDS只有在可疑的登录信息被记录下来以后才能识别攻击并做出反应。而这时关键系统可能早就遭到了破坏,或是运行HIDS的系统已被摧毁。

(5) 检测未成功的攻击和不良意图。NIDS增加了许多有价值的数据,以判别不良意图。即便防火墙可以正在拒绝这些尝试,位于防火墙之外的NIDS可以查出躲在防火墙后的攻击意图。HIDS无法查到从未攻击到防火墙内主机的未遂攻击,而这些丢失的信息对于评估和优化安全策略是至关重要。

(6) 操作系统无关性。NIDS作为安全监测资源,与主机的操作系统无关。与之相比,HIDS必须在特定的、没有遭到破坏的操作系统中才能正常工作,生成有用的结果。NIDS有向专门的设备发展的趋势,安装这样的NIDS非常方便,只需将定制的设备接上电源,做很少的配置,将其连到网络上即可。

NIDS有以下缺点:

(1) NIDS只检查它直接连接网段的通信,不能检测在不同网段的网络包。在使用交换以太网的环境中就会出现监测范围的局限。而安装多台NIDS的传感器会使部署整个系统的成本大大增加。

(2) NIDS为了性能目标通常采用特征检测的方法,它可以检测出一些普通的攻击,而很难实现一些复杂的需要大量计算与分析时间的攻击检测。

(3) NIDS可能会将大量的数据传回分析系统中。在一些系统中监听特定的数据包会产生大量的分析数据流量。一些系统在实现时采用一定方法来减少回传的数据量,对入侵判断的决策由传感器实现,而中央控制台成为状态显示与通信中心,不再作为入侵行为分析器。这些系统中的传感器协同工作能力较弱。

(4) NIDS处理加密的会话过程较困难,目前通过加密通道的攻击不多,但随着IPv6的普及,这个问题会越来越突出。

3) DIDS

目前这种技术在ISS的RealSecure等产品中已经有了应用。它检测的数据也是来源于网络中的数据包,不同的是,它采用分布式检测、集中管理的方法。即在每个网段安装一个黑匣子,该黑匣子相当于NIDS,只是没有用户操作界面。黑匣子用来监测其所在网段上的数据流,它根据集中安全管理中心制定的安全策略、响应规则等来分析检测网络数据,同时向集中安全管理中心发回安全事件信息。集中安全管理中心是整个DIDS面向用户的界面。它的特点是对数据保护的范围比较大,但对网络流量有一定的影响。

6.6.4 入侵检测系统的部署

攻击检测系统中事件产生器所收集信息的来源可以是主机、网络和其他安全产品。如果信息源仅为单个主机,则这种攻击检测系统往往直接运行于被保护的主机之上;如果信息源来自多个主机或其他地方,则这种攻击检测系统一般由多个传感器和一个控制台组成,其中传感器负责对信息进行收集和初步分析,控制台负责综合分析、攻击响应和传感器控制。图6-84为一个典型的"传感器-控制台"结构的攻击检测系统的部署方案。

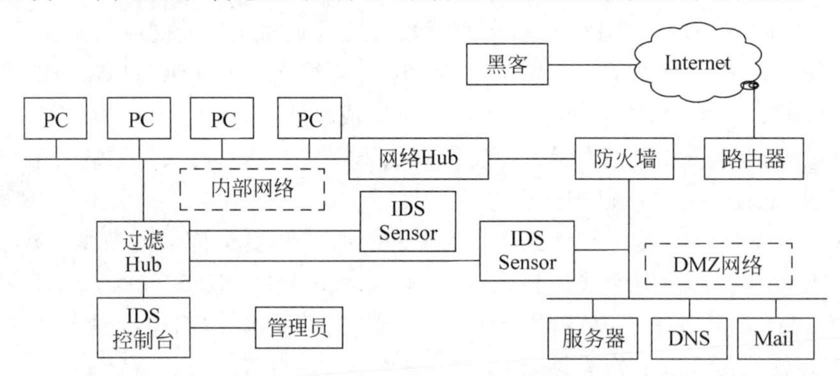

图6-84 一个"传感器-控制台"结构入侵检测系统的部署方案

Snort是一款用C语言开发的开放源代码(http://www.snort.org)的跨平台网络入侵检测系统,能够方便地安装和配置在网络的任何一个节点上。Snort有三种工作模式:嗅探器、数据包记录器、网络入侵检测。嗅探器模式仅仅是从网络上读取数据包并作为连续不断的流显示在终端上。数据包记录器模式把数据包记录到硬盘上。网络入侵检测模式是最复杂的,但也是可配置的。Snort使用基于规则的模式匹配技术来实现入侵检测功能,其规则文件是一个ASCII文本文件,可以用常用的文本编辑器对其进行编辑。为了能够快速、准确地进行检测,Snort将检测规则采用链表的形式进行组织。Snort的发现和分析能力取决于规则库的容量和更新频率。

在共享Hub下的任一台计算机都能接收到本网段的所有数据包,这需要将网卡的工作模式设置为混杂模式,使之可以接收目标地址不是自己的MAC地址的数据包。在UNIX系统中可以用Libpcap包捕获的函数库直接与内核驱动交互操作,实现对网络数据包的捕获。在Win32平台上可以使用Winpcap,通过VxD虚拟设备驱动程序实现网络数据捕获的功能。在交换Hub下的计算机只能接收发往自己的数据包和广播包,交换Hub下数据包的捕获需要在 Hub 处通过镜像方法实现。

6.7 虚拟专用网技术

随着互联网的兴起，企业开始利用互联网来扩展业务。首先，Intranet（企业内部互联网）是一种专供公司内部员工使用的互联网站点，应用密码技术保护。现在，企业搭建自己的虚拟专用网（Virtual Private Network，VPN），满足远程员工和分公司的需求。

从原理上来说，VPN 就是利用公用网络把远程站点或用户连接到一起的专用网络。与实际的专用连接（例如租用线路）不同，VPN 是通过互联网路由的“虚拟”连接，把公司专用网络同远程站点或员工连接到一起。一个典型的企业 VPN 包括公司总部主 LAN、远程分公司或分支机构 LAN 和从外部网络连接进来的个人用户，如图 6-85 所示。

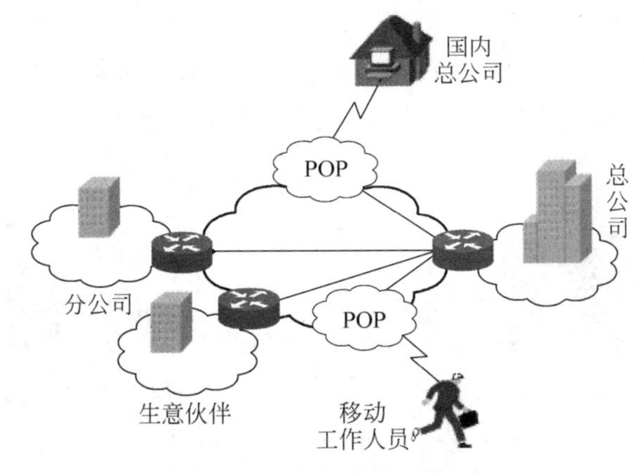

图 6-85　一个典型的企业 VPN

VPN 是一种能够将物理上分布在不同地点的网络通过公用骨干网（Internet）连接而成的逻辑虚拟子网，提供了通过公用网络安全对企业内部网络（Intranet）进行远程访问的连接。一个连接通常由客户机、传输介质和服务器三部分组成，VPN 同样也由这三部分组成；不同的是，VPN 连接使用隧道（tunnel）作为传输通道（就像装信件的信封），这个隧道是建立在公共网络或专用网络基础上的，如 Internet 或 Intranet，如图 6-86 所示。为了保障信息的安全，VPN 技术采用鉴别、访问控制、保密性、完整性等措施，以防止信息被泄露、篡改和复制。

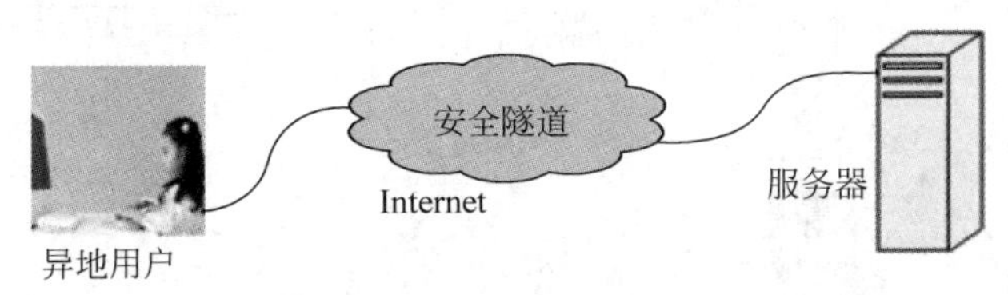

图 6-86　用安全隧道连接客户机和服务器

6.7.1 VPN 的主要类型

针对不同的用户需求，VPN 有三种类型：远程访问虚拟网（Access VPN）、企业内部虚拟网（Intranet VPN）、企业扩展虚拟网（Extranet VPN）。三种类型 VPN 分别与远程访问网络、企业内部 Internet 和企业网与企业网构成的 Extranet 相对应。

1. 远程访问虚拟网

远程访问虚拟网也称为虚拟专用拨号网络(VPDN),是一种用户到LAN的连接,通常用于员工从远程位置连接的专用网络。企业服务提供商(ESP)为公司提供大型远程访问 VPN;ESP 建立一个网络访问服务器(NAS),向远程用户提供桌面客户端软件;远程用户拨打免费号码连接 NAS,使用 VPN 客户端软件访问公司网络。Access VPN 通过第三方服务商在公司专用网络和远程用户之间实现安全加密连接,如图 6-87 所示。

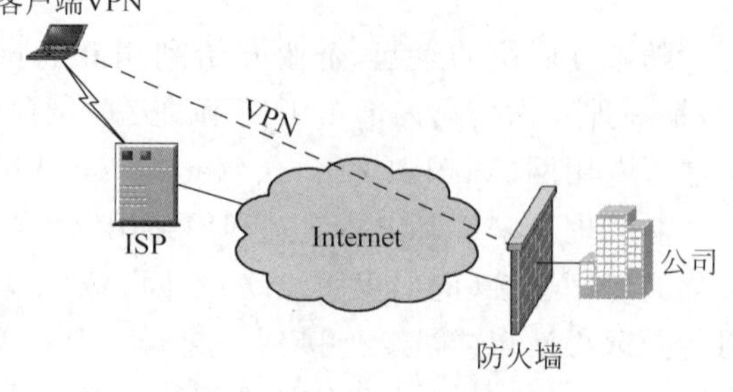

图 6-87　Access VPN 结构

2. 企业内部虚拟网

企业内部虚拟网基于 Intranet,如果公司有一个或多个远程位置需要加入一个专用网络,可以建立一个 Intranet VPN,将 LAN 连接到另一个 LAN,称为企业内部虚拟网(Intranet VPN),如图 6-88 所示。

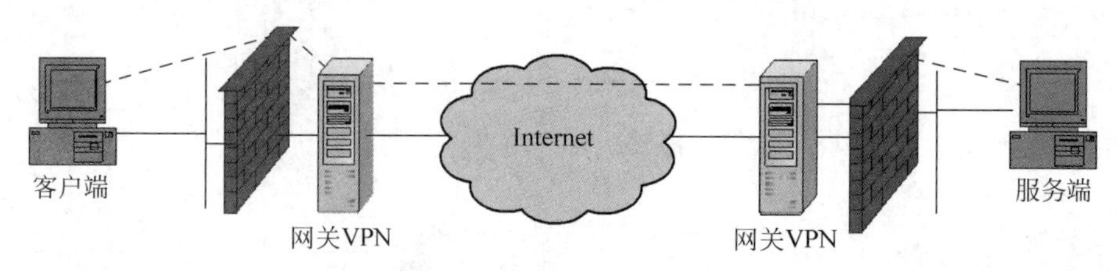

图 6-88　Intranet VPN 结构

3. 企业扩展虚拟网

企业扩展虚拟网基于 Extranet,如果公司同其他公司(如供应商、客户)关系紧密,他们可以建立一个 Extranet VPN,将 LAN 连接到另一个 LAN,所有公司同时在一个共享环境中工作,称为企业扩展虚拟网(Extranet VPN),如图 6-89 所示。

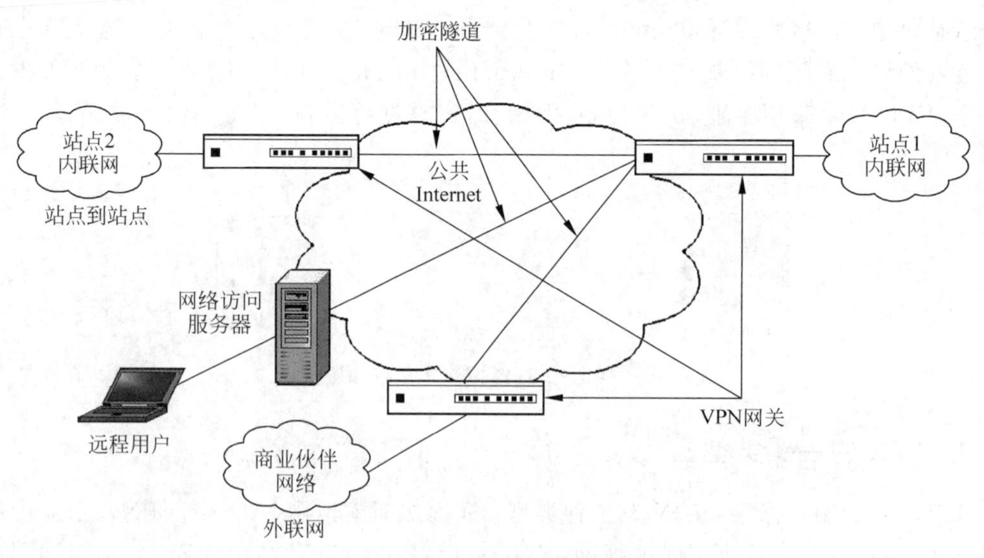

图 6-89　Extranet VPN 结构

VPN 是对 Intranet 的扩展，一家企业可以同时提供 3 种 VPN 服务，如图 6-90 所示。

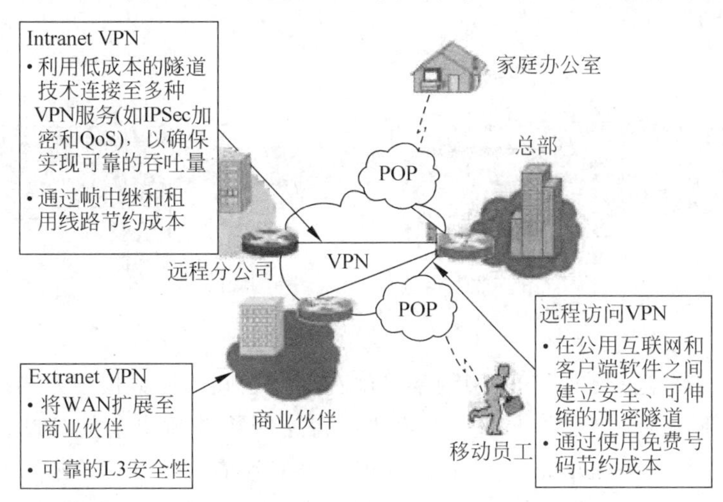

图 6-90　企业提供的 VPN 服务

6.7.2　VPN 的基本原理

VPN 技术非常复杂，实现 VPN 的主要技术及相关协议已经成熟，L2TP、IPSec 和 SSL 协议应用广泛。VPN 使用三方面技术保证通信的安全性：身份验证技术、隧道协议、加密技术。

1. 身份验证技术

VPN 在不安全的 Internet 中通信，通信内容涉及企业的机密数据，因此其安全性非常重要。身份验证技术是实现安全通信的前提。

VPN 的一般验证流程如下。

(1) 客户机(client)向 VPN 服务器发出请求(challenge)，VPN 服务器响应(response)请求并向客户机发出身份(user name、password)质询。

(2) 客户机将加密的响应信息发送到 VPN 服务器，VPN 服务器根据用户数据库(data base)检查是否应该响应。

(3) 如果账户(ID)有效，则 VPN 服务器检查该用户是否具有远程访问权限。

(4) 如果该用户拥有远程访问的权限，则 VPN 服务器接受此连接。

(5) 在身份验证过程中产生的客户机和服务器公有密钥将用来对数据进行加密。

在 VPN 中，用户身份认证技术是在正式隧道连接开始前进行用户身份确认，以便系统进一步实施相应的资源访问控制和用户授权。VPN 中常用的身份认证技术主要有安全口令、PPP 认证协议和密钥管理技术三种。

2. 隧道协议

隧道协议(Tunneling Protocal)是 VPN 的基本技术，类似点对点连接协议(Point-to-Point Protocol，PPP)，它在公网建立一条数据通道(隧道)(如图 6-91 所示)，让数据包通过这条隧道传输。隧道是由隧道协议形成的，主要有第二层隧道协议 PPTP(Point-to-Point Tunneling Protocol)和 L2TP(Level 2 Tunneling Protocol)、第三层隧道协议 IPSec(Internet Protocol Security)和安全套接层 SSL(Secure Socket Layer)协议等。

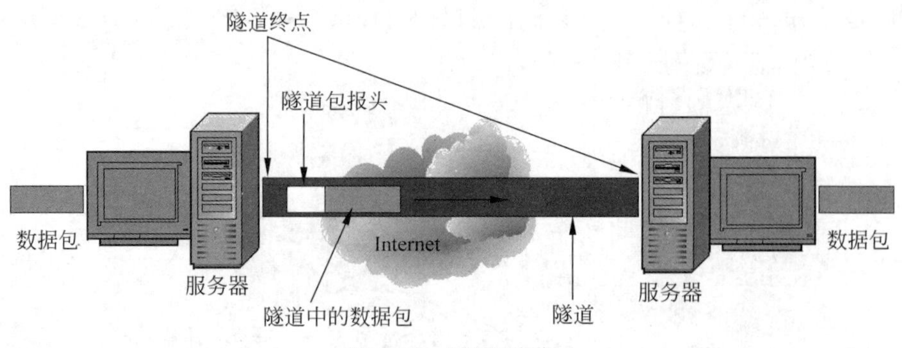

图 6-91 VPN 隧道

隧道协议是一种通过使用互联网基础设施在网络之间传递数据的方式。使用隧道传递的数据可以是不同协议的数据帧或包,隧道协议将这些数据帧或包重新封装在新的包头中发送,新的包头提供了路由信息,从而使封装的数据能够通过互联网传递。被封装的数据包在隧道的两个端点之间通过公共互联网络进行路由,所经过的逻辑路径称为隧道,一旦到达网络终点,数据将被解包并转发到最终目的地。隧道技术包括数据封装、传输和解包在内的全过程。

3. 加密技术

在 VPN 实现中,双方大量通信流量的加密使用对称加密算法,在管理、分发对称加密的密钥上采用非对称加密技术。加密基本思想是在协议栈的任意层对数据或报文头进行加密,从而有效保护传输的信息。VPN 是通过软件实现的技术,因而 VPN 加密载体是多方面的,包括路由器、防火墙、专用 VPN 硬件。VPN 加密技术发展趋势是实现端到端的安全,真正确保完全的加密。

6.7.3 VPN 的功能特性

VPN 系统的功能特性可以概括为以下几方面。

1. 安全保障

VPN 保证通过公用网络平台传输数据的专用性和安全性。在面向非连接的公用 IP 网络上建立一个逻辑的、点对点的连接称为建立一个隧道,可以对经过隧道传输的数据进行加密,保证数据仅被指定的发送者和接收者了解。由于 VPN 直接构建在公用网上,企业必须确保 VPN 上传送的数据不被攻击者窥视和篡改,要防止非法用户对网络资源或私有信息的访问。

2. 服务质量保证

针对不同用户和业务对 QoS 要求差异较大,VPN 提供不同等级的 QoS。对于移动用户,VPN 服务提供广泛的连接和覆盖性;对于拥有众多分支机构的专线 VPN 网络,VPN 服务为交互式内部企业网应用提供良好的网络稳定性;对于视频等应用,VPN 服务提供网络时延及纠错服务。VPN 服务充分利用广域网资源,为重要数据提供可靠带宽。广域网流量不确定性致使带宽利用率低,流量高峰时网络阻塞、流量低谷时带宽空闲。QoS 通过流量预测与流量控制策略,按照优先级分配带宽资源,实现带宽管理,使各类数据被合理地先后发送,预防阻塞发生。

3. 可扩充性和灵活性

VPN支持通过Intranet和Extranet的任何类型数据流，方便增加新的节点，支持多种类型的传输媒介，满足同时传输语音、图像和数据等新应用对高质量传输以及带宽增加的需求。

4. 可管理性

从用户角度和运营角度看，VPN将其网络管理功能从局域网延伸到公用网，甚至是客户和合作伙伴；同时将一些次要的网络管理任务交给服务提供商完成。VPN管理目标：减小网络风险，使其具有高扩展性、经济性、高可靠性等。VPN管理内容：安全管理、设备管理、配置管理、ACL管理、QoS管理等。

5. 降低成本

VPN利用现有的Internet或其他公共网络的基础设施为用户创建安全隧道，不需要租用专门的线路，节省了专线的租金。如果采用远程拨号进入内部网络，访问内部资源，需要长途话费；采用VPN技术，只需拨入当地ISP就可以安全地接入内部网络，节省了线路话费。

6.7.4 VPN的实现技术

VPN服务是依托ISP和网络服务提供商在公网中建立专用隧道，让数据包通过隧道传输。网络隧道技术，是利用一种网络协议传输另一种网络协议，就是将原始网络信息进行再次封装，并在两个端点之间通过互联网路由，从而保证网络信息传输的安全性。VPN服务主要利用隧道协议实现保密通信功能，下面主要介绍L2TP、IPSec和SSL。

1. L2TP

L2TP是一种基于PPP的两层隧道协议。在由L2TP构建的VPN中，有两种类型的服务器：一是LAC（L2TP Access Concentrator，L2TP访问集中器），是附属在网络上的具有PPP端系统和L2TP处理能力的设备，为用户提供认证的网络接入服务器；二是LNS（L2TP Network Server，L2TP网络服务器），是PPP端系统上用于处理L2TP服务器端部分的软件。

LAC和LNS存在两种连接类型，隧道（Tunneling）连接和会话（Session）连接。前者定义一个LNS和LAC对；后者复用在隧道连接之上，表示隧道连接的每个PPP会话过程。L2TP连接维护和PPP数据传送通过L2TP消息交换完成，L2TP消息分为两种：控制消息和数据消息。控制消息用于隧道连接、会话连接建立与维护，数据消息用于承载用户PPP的数据包。消息通过UDP的1701端口承载于TCP/IP之上，图6-92所示为应用L2PT构建的VPN服务。

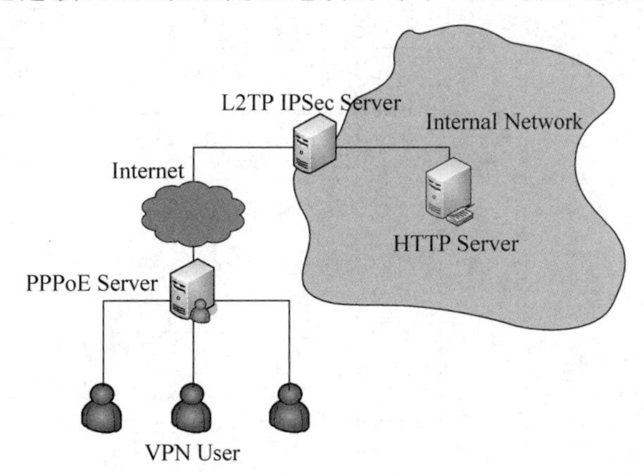

图6-92 应用L2PT构建的VPN服务

在L2TP构建的VPN中，L2TP网络组件包括如下三部分。

（1）远端系统，是接入VPDN网络

的远地用户和分支机构,通常是拨号用户的一台主机或私有网络的路由设备。

(2) LAC,是附属在交换网络上的具有PPP端系统和L2TP处理能力的设备,通常是当地ISP的一个NAS,为PPP类型的用户提供接入服务。LAC位于LNS和远端系统之间,用于LNS和远端系统之间传递信息包。LAC从远端系统收到信息包按照L2TP封装发送LNS,同时从LNS收到信息包解封装发送到远端系统。LAC与远端系统采用本地连接或PPP链路,VPN应用为PPP链路。

(3) LNS,既是PPP端系统又是L2TP服务器端,通常作为企业内部网的一个边缘设备。LNS作为L2TP隧道的另一侧端点是LAC的对端设备,也是LAC进行隧道传输的PPP会话逻辑终止端点。通过在公网中建立L2TP隧道,将远端系统PPP连接的另一端延伸至企业网内部LNS。

L2TP是PPTP和L2F的组合,微软L2TP依托IPSec传输模式提供加密服务。L2TP和IPSec组合称为L2TP/IPSec,VPN客户端和VPN服务器均支持L2TP和IPSec,VPN客户端内置在Windows XP远程访问客户端,VPN服务器内置在Windows Server 2003系列成员中。

2. IPSec

IPSec是一种开放标准的框架结构,使用加密服务确保Internet通信安全而顺畅。L2TP没有解决隧道加密和数据加密问题,IPSec集多种安全技术,可以建立一个安全、可靠的隧道。安全技术包括Diffie Hellman密钥交换技术、数据加密技术(DES、RC4、IDEA),哈希算法(HMAC、MD5、SHA)、数字签名技术。

IPSec是一个应用于IP层上网络数据安全的用于认证、机密性和完整性的标准协议包,包括认证头(Authentication Header,AH)协议、封装安全载荷(Encapsulating Security Payload,ESP)协议、密钥管理(Internet Key Exchange,IKE)协议和用于认证与加密的算法如DES、IDEA等。IPSec是一个第三层VPN协议,定义了如何在对等层之间选择安全协议、安全算法和密钥交换,向上层提供访问控制、数据源验证、数据加密等安全服务。各协议之间的关系如图6-93所示。

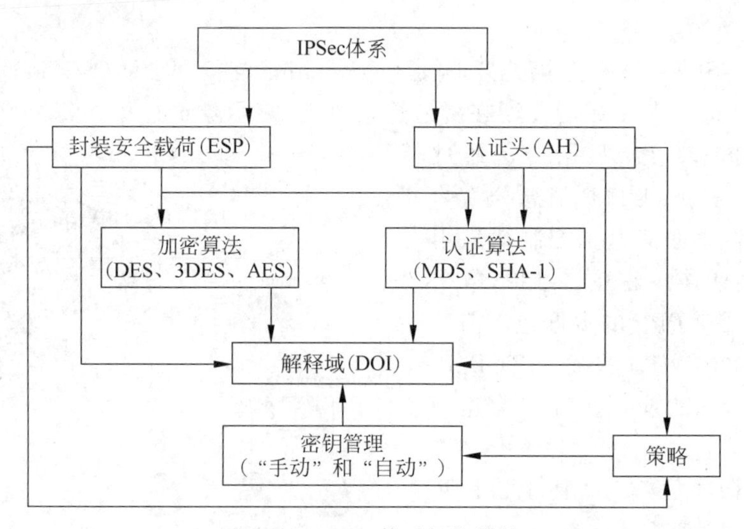

图6-93 IPSec体系协议结构

(1) AH为IP数据包提供无连接的数据完整性和数据源身份认证,具有防重放攻击的能力。数据完整性校验通过消息认证码(如MD5)产生的校验值来保证;数据源身份认证通过在待认证数据中加入一个共享密钥实现;AH报头中可以防止重放攻击。

(2) ESP为IP数据包提供数据保密性、无连接的数据完整性、数据源身份认证以及防重放攻击保护。与AH相比,数据保密性是ESP的新增功能,数据源身份认证、数据完整性检验以及重放保护都是AH可以实现的。

(3) AH和ESP可以单独使用,也可以配合使用。通过这些组合模式,可以在两台主机、两台安全网管(防火墙和路由器)或主机与安全网关之间配置多种灵活的安全机制。

(4) 解释域DOI将所有的IPSec捆绑在一起,是IPSec安全参数的主要数据库。

(5) 密钥管理包括IKE协议和安全联盟(SA)等部分。IKE在通信系统之间建立安全联盟,提供密钥管理和密钥确定机制,是一个产生和交换密钥材料并协调IPSec参数的框架。IKE将密钥协商的结果保留在SA中,供AH和ESP以后通信时使用。

AH和ESP都支持两种模式:传输模式和隧道模式。传输模式IPSec为上层协议提供保护,用于两个主机之间的端到端通信。隧道模式IPSec为所有IP包提供保护,用于安全网关之间,可以在Internet上构建VPN。在防火墙之后使用隧道模式,内部网的一组主机不实现IPSec而参加安全通信。局域网边界的防火墙IPSec软件建立隧道模式SA,主机产生的未保护数据包通过隧道连接外部网络。

IPSec提供两种安全机制:认证和加密。认证机制使IP通信的数据接收方能够确认数据发送方的真实身份以及数据在传输过程中是否遭篡改;加密机制通过对数据进行编码来保证数据的机密性,以防数据在传输过程中被窃听。AH定义了认证的应用方法,提供数据源和完整性认证;ESP定义了加密和可选认证的应用方法,提供可靠性保证。在实际IP通信时,根据安全需求同时应用两种协议或选择一种。AH和ESP都提供认证服务,AH认证服务强于ESP,IKE用于密钥交换。

AH协议为IP通信提供数据源认证、数据完整性和反回放保证,保护通信免受篡改,不能防止窃听,适用于传输非机密数据、不提供机密性保护。AH有传输、隧道两种工作模式。图6-94显示了两种IPSec鉴别服务的模式。一种是在服务器和客户机之间直接提供鉴别服务,工作站和服务器共享保护的密钥,使用传输模式的SA,鉴别处理是安全的;另一种是工作站向公司防火墙鉴别自己身份,使用隧道模式的SA,访问整个内部网络或服务器。

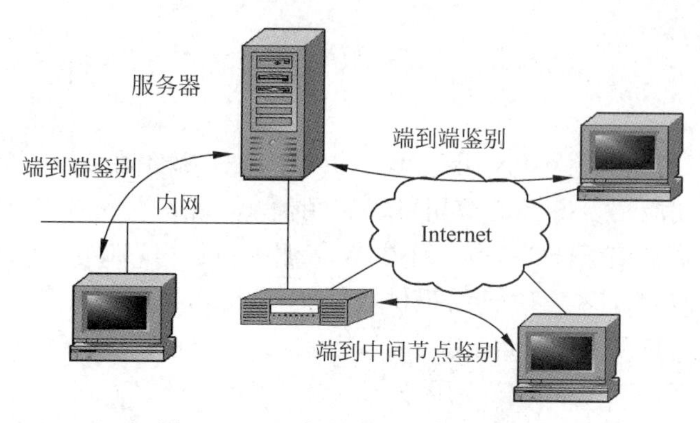

图6-94 两种IPSec鉴别服务模式

ESP协议为IP数据包提供数据保密性、无连接的数据完整性、数据源身份认证和防重放攻击保护,数据保密性是基本功能,数据源身份认证、数据完整性检验以及重放保护是可选功能。ESP可以单独使用,也可以和AH结合使用。一般ESP不加密整个数据包,只加密IP包的有效载荷部分,不包括IP头;在端到端的隧道通信中ESP加密整个数据包。ESP有传输、隧道两种工作模式,图6-95显示了ESP服务的传输模式,图6-96显示了ESP服务的隧道模式,前者在两个主机之间提供加密和鉴别服务,后者使用隧道模式建立VPN。图6-97显示了ESP隧道模式的一个例子,一个组织有4个专用网络通过Internet连接起来。内部网络主机使用Internet传输数据,不与基于Internet的其他主机交互。在每个内部网络的安全网关上终止隧道,允许主机避免交互以保证安全的能力。

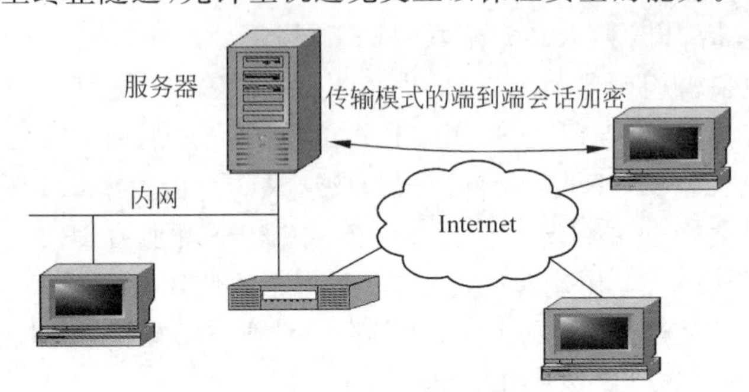

图6-95 ESP服务的传输模式

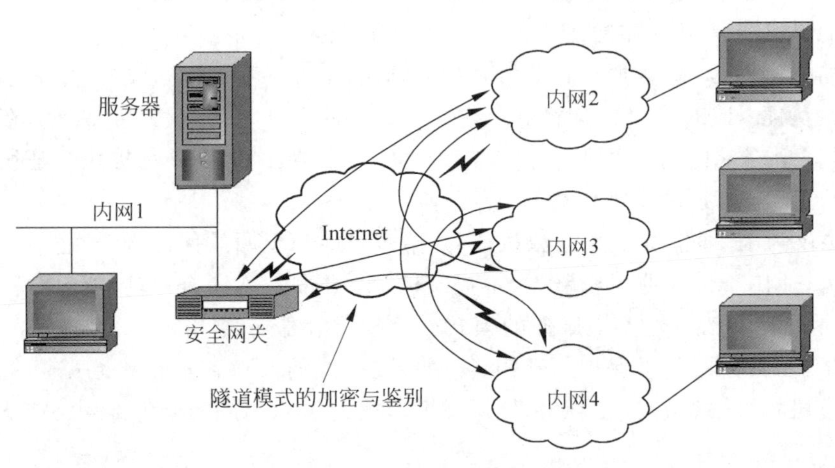

图6-96 ESP服务的隧道模式

3. SSL

研究表明,90%的企业将VPN用于Web访问和电子邮件通信,10%的用户将其用于聊天协议和私有客户端应用。90%的应用可以利用简单、低成本的VPN技术——SSL VPN提供安全服务。安全套接层(SSL)是一种在Web服务协议(HTTP)和TCP/IP之间提供数据连接安全性的协议,为TCP/IP连接提供数据加密、用户与服务器身份验证和消息完整性验证。SSL被视为因特网上Web浏览器和服务器的安全标准。

SSL安全协议提供三方面的安全服务:

(1) 用户和服务器的合法性认证。认证用户和服务器的合法性,使得它们确信数据被发送到正确的客户机和服务器;客户机和服务器都有各自的识别号,由公开密钥编号,SSL

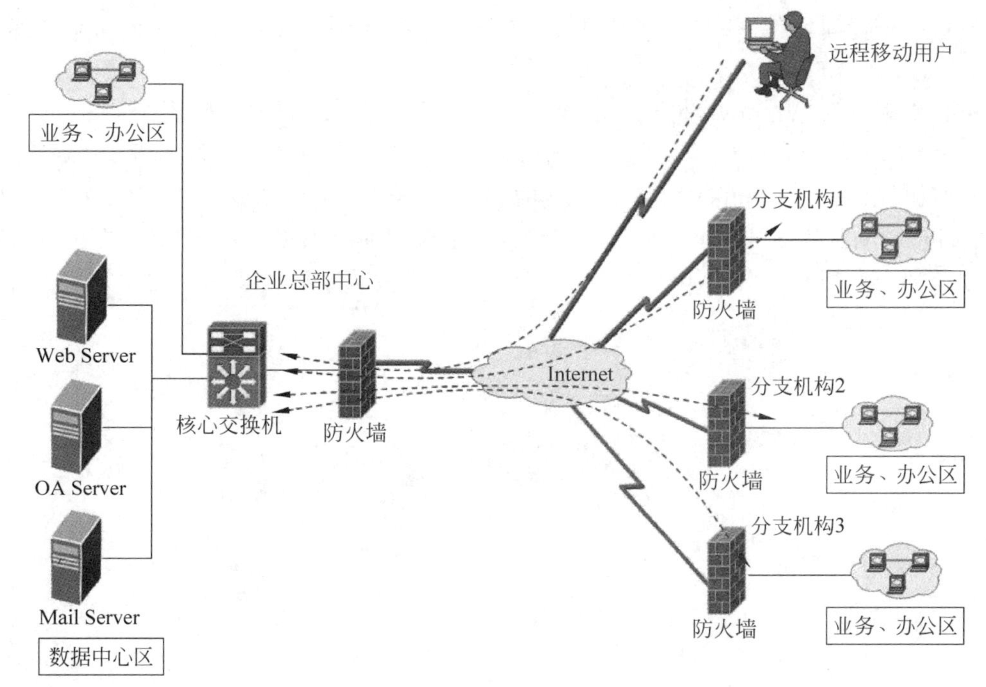

图 6-97　应用 IPSec 构建的 VPN 服务

协议在握手交换数据时进行数字认证，以此确保用户的合法性。

(2) 数据以加密方式被传送。SSL 采用的加密方式既有对称密钥技术，也有公开密钥技术。客户机与服务器交换数据之前，交换 SSL 初始握手信息，SSL 握手信息采用了各种加密技术，保证其机密性和完整性，并且用数字证书鉴别，防止非法用户破译。

(3) 保护数据的完整性。SSL 采用 Hash 函数和机密共享的方法提供信息的完整性服务，建立客户机与服务器之间的安全通道，SSL 处理的业务在传输过程中完整、准确无误地到达目的地。

SSL 安全协议包括两个工作阶段：

(1) 握手阶段，客户端和服务器用公钥加密算法计算出私钥。

(2) 数据传输阶段，客户端和服务器都用私钥加密、解密传输过来的数据。

在 TCP 连接建立之后，SSL 客户端发出一个 Hello 消息握手，消息包括自己可实现的算法列表和其他需要的消息。SSL 服务器回应一个类似 Hello 消息，确定通信需要的算法，并发送自己的证书。SSL 客户端收到消息后生成一个消息，用 SSL 服务器公钥加密后传送过去，SSL 服务器用自己的私钥解密，会话密钥协商成功，双方用私钥算法进行通信。

SSL 安全协议认证工作流程：

(1) 服务器认证阶段。

客户端向服务器发送一个 Hello 信息开始一个新的会话连接；服务器根据客户信息确定是否生成新的主密钥，若需要，服务器在响应客户 Hello 信息时包含生成主密钥所需信息；客户根据收到的服务器响应信息，产生一个主密钥，用服务器公开密钥加密后传送给服务器；服务器恢复主密钥，返回给客户一个用主密钥认证的信息，让客户认证服务器。

(2) 用户认证阶段。

在此之前，服务器已经通过了客户认证，这一阶段主要完成对客户的认证；经认证的服务器发送一个提问给客户,客户则返回数字签名后的提问和其公开密钥,从而向服务器提供认证。

SSL有限支持Windows应用或非Web系统,大多数SSL VPN都基于Web浏览器工作,远程用户不能在Windows、UNIX、Linux、AS400或大型系统上进行非Web应用。SSL为访问资源提供有限安全保障,基于SSL的Web浏览器进行VPN通信,对用户来说外部环境并不安全;因为SSL VPN只对通信双方某个应用通道加密,不对通信双方主机之间的整个通道加密。图6-98显示应用SSL构建的VPN服务,为HTTP服务通道加密。

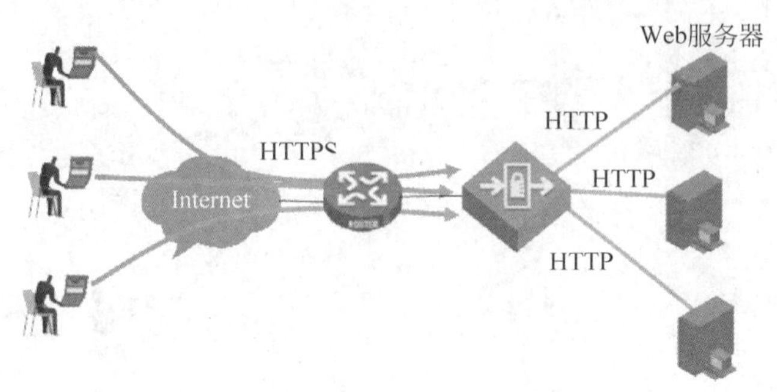

图6-98 应用SSL构建的VPN服务

6.7.5 VPN实训

实训 Windows Server 2003的L2TP VPN配置

实训目的:Windows 2003支持L2TP的VPN数据链路层隧道协议,在Windows 2003服务器端通过"路由和远程访问"创建VPN服务器,接受远程"虚拟专用连接"。Windows 2003计算机为VPN服务器,在客户端和VPN服务器建立安全连接。

实训准备:一台装有Windows Server 2003的计算机作为VPN服务器;一台装有Windows XP的计算机作为客户端。

实训内容:

1. 配置PPTP服务器端

(1) 在"管理工具"中配置"路由和远程访问","路由和远程访问"默认是禁用的,右击服务器图标,选择"配置并启用路由和远程访问"命令,如图6-99所示。在安装向导中单击"下一步"按钮。

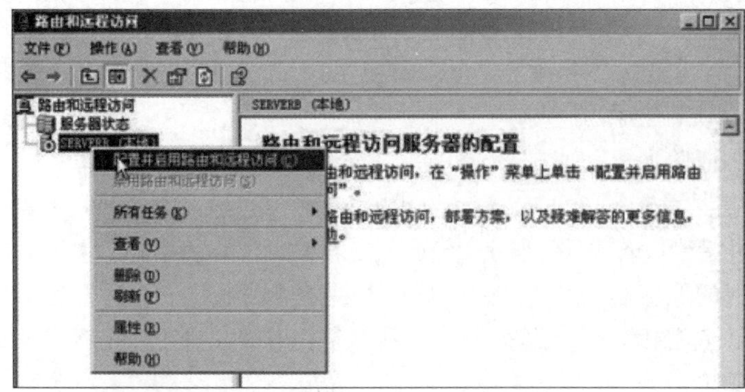

图6-99 启用路由和远程访问

（2）在弹出的对话框中，选中“远程访问(拨号或 VPN)”，选中 VPN，单击“下一步”按钮。

（3）在弹出的对话框中选中默认设置，单击“下一步”按钮，如图 6-100 所示。

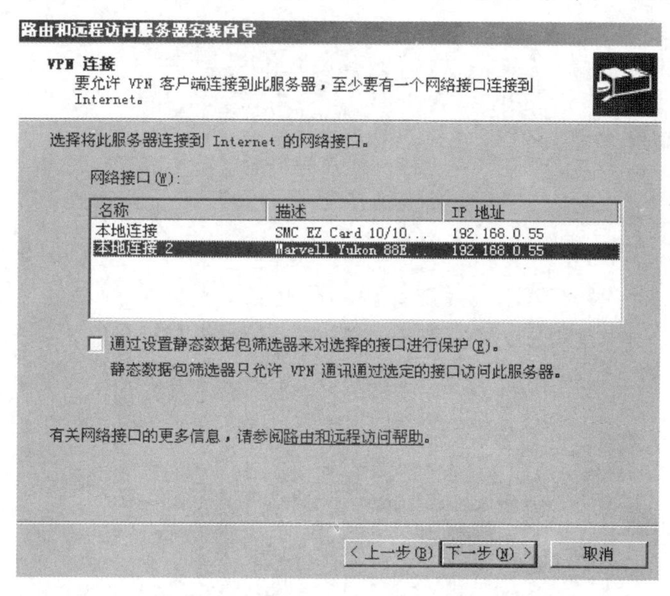

图 6-100　配置 VPN

（4）在“IP 地址指定”对话框中，选中“来自一个指定的地址范围”，单击“下一步”按钮。

（5）在“地址范围指定”选项组中，单击“新建”按钮，出现“新建地址范围”对话框，设置“起始 IP 地址”为 192.168.0.51，“结束 IP 地址”为 192.168.0.58，单击“确定”按钮，返回上一级对话框。此时可看到地址范围已添加成功，单击“下一步”按钮，如图 6-101 所示。

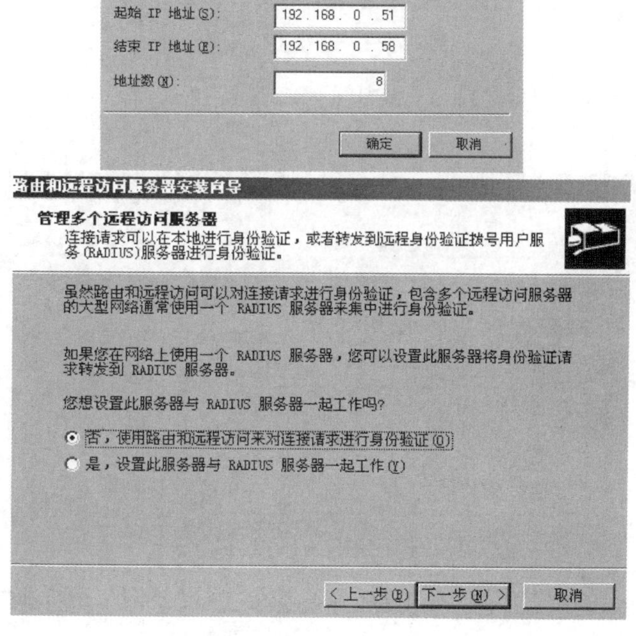

图 6-101　配置 IP 地址

(6) 在“路由和远程访问服务器安装向导”对话框中,保持默认设置,单击“下一步”按钮,单击“完成”按钮,结束服务器配置。然后计算机启动路由服务,如图 6-102 所示。

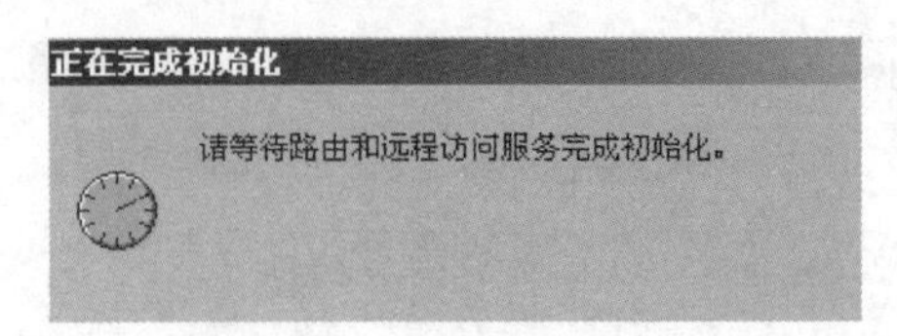

图 6-102 启动路由服务

(7) 打开“计算机管理”窗口,分别创建一个用户 r_user、一个组 r_userg,且使 r_user 隶属于 r_userg。用户 r_user“拨入”属性设置,如图 6-103 所示。

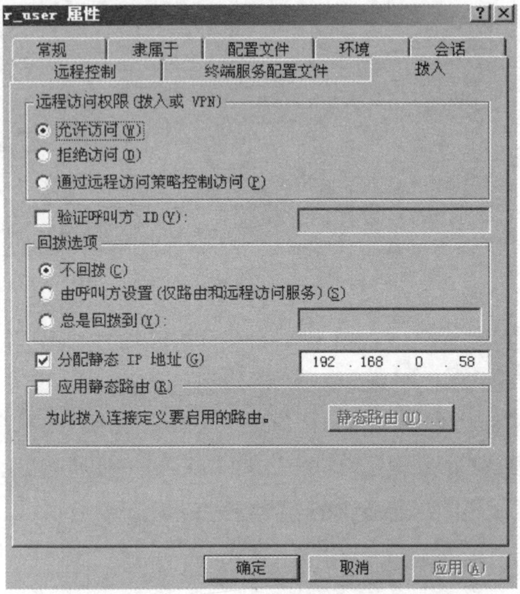

图 6-103 创建组合用户

(8) 回到“路由和远程访问”窗口,选中“远程访问策略”,右侧窗口默认显示“身份验证_连接 VPN”,如图 6-104 所示。

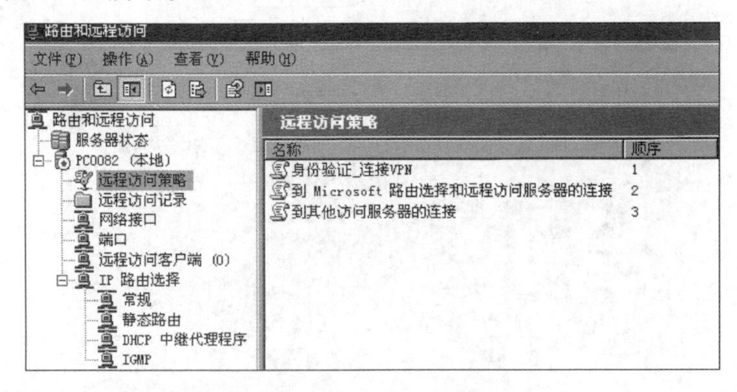

图 6-104 VPN 连接

右击“身份验证_连接 VPN”,选中“属性”命令,出现如图 6-105 所示对话框,单击“删除”按钮,删除默认条件。

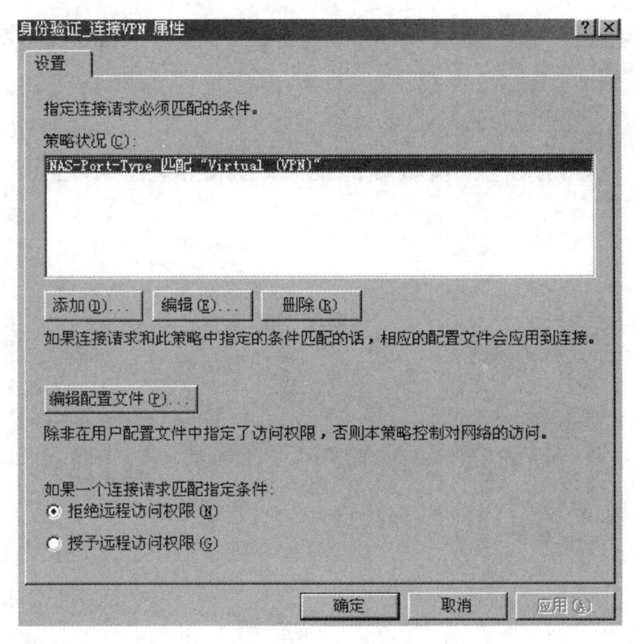

图 6-105　属性

在“身份验证_连接 VPN 属性”对话框中，单击“添加”按钮，打开“选择属性”对话框，选中 Windows-Groups，单击“添加”按钮。

(9) 在“选择组”对话框中选择 r_userg，单击“确定”按钮，回到“身份验证_连接 VPN 属性”，选中“授予远程访问权限”单选按钮，如图 6-106、图 6-107 所示。

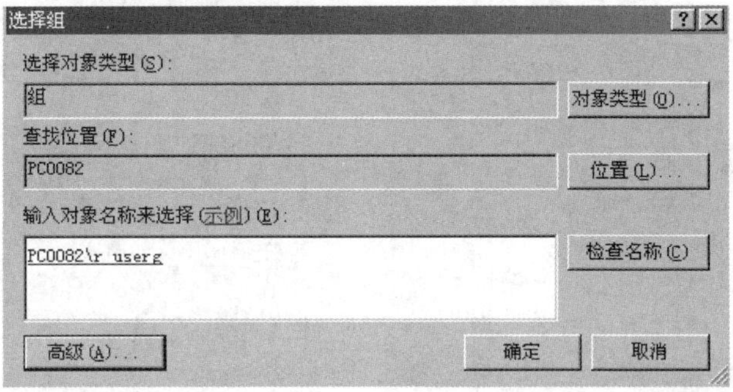

图 6-106　添加组

(10) 在“身份验证_连接 VPN 属性”对话框中，单击“编辑配置文件”，即可进行身份验证和加密配置，单击“确定”按钮，结束配置，如图 6-108、图 6-109 所示。

(11) 在“网络连接”窗口，可看到“传入的连接”图标，表示服务器端等待客户端建立连接。

(12) 如图 6-110 所示，在命令提示符界面，输入命令 ipconfig/all 可以看到其网卡 IP 地址和新建的 WAN <PPP/SLIP>地址，即虚拟专用网地址。

2. 配置 PPTP 客户端

(1) 打开“网络连接”窗口，双击“新建连接”，在打开的“网络连接向导”对话框中，单击“下一步”按钮；在弹出的对话框中，选中“连接到我工作场所的网络”，单击“下一步”按钮；选中“虚拟专用网络连接”单选按钮，如图 6-111 所示。

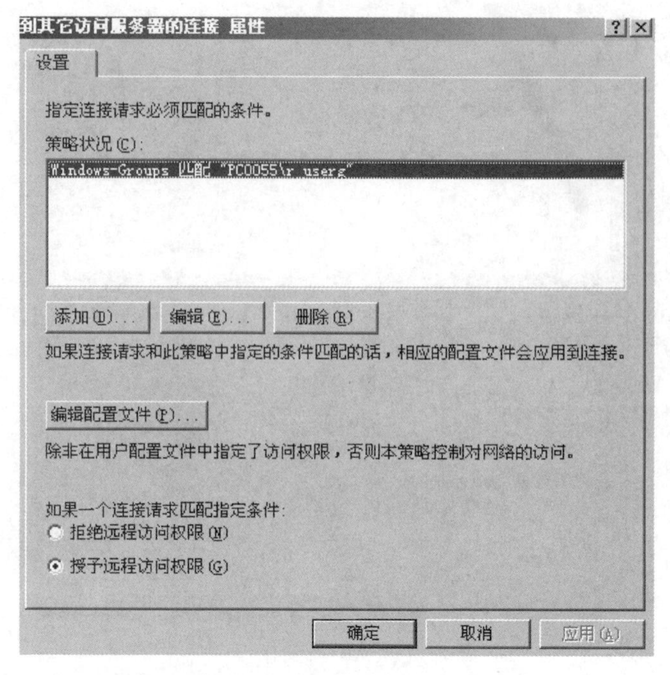

图 6-107 授予远程访问权限

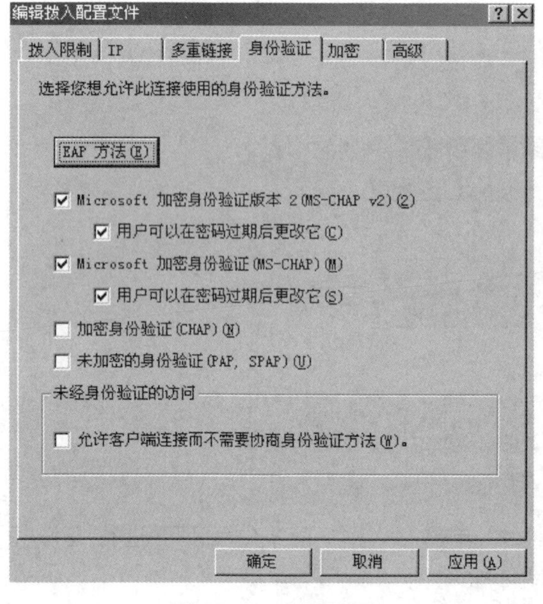

图 6-108 身份验证

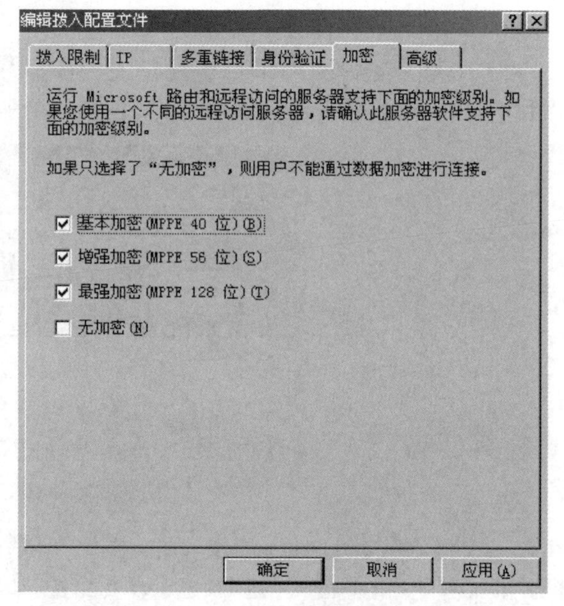

图 6-109 加密配置

(2) 如图 6-112 所示，输入 VPN 服务器的 IP 地址，单击“下一步”按钮。

(3) 在对话框中保持默认设置，单击“下一步”按钮；在“Internet 连接共享”对话框中也保持默认设置，单击“下一步”按钮，可修改连接名称，单击“完成”按钮，结束客户端配置，如图 6-113 所示。

(4) 在“网络虚拟连接”窗口中，双击所建的连接图标；在弹出的对话框中，输入用户名和密码，单击“连接”按钮，与服务器建立连接，如图 6-114 所示。

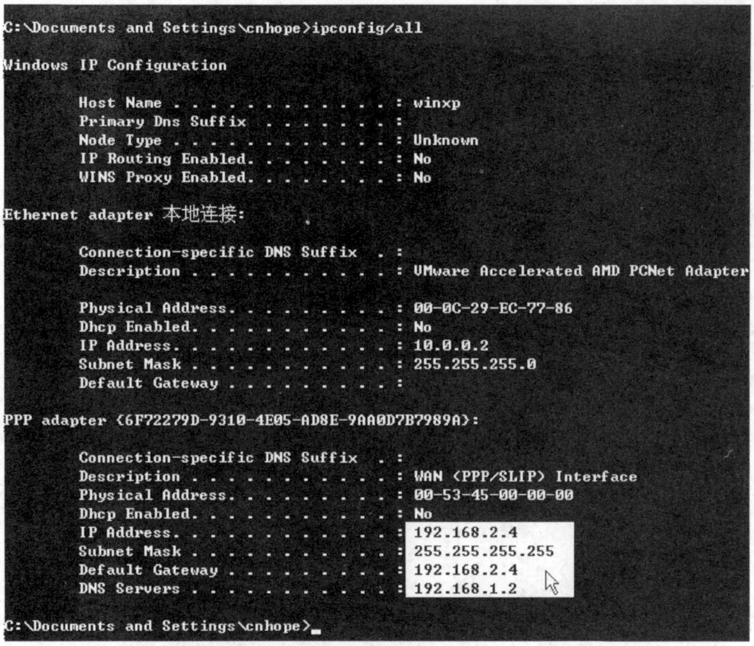

C:\Documents and Settings\cnhope>ipconfig/all
Windows IP Configuration
Host Name . . . . : winxp
Primary Dns Suffix . . . . :
Node Type . . . . : Unknown
IP Routing Enabled. . . . . : No
WINS Proxy Enabled. . . . . : No
Ethernet adapter 本地连接:
Connection-specific DNS Suffix . :
Description . . . . : VMware Accelerated AMD PCNet Adapter
Physical Address. . . . . : 00-0C-29-EC-77-86
Dhcp Enabled. . . . . : No
IP Address. . . . . : 10.0.0.2
Subnet Mask . . . . : 255.255.255.0
Default Gateway . . . . :
PPP adapter {6F72279D-9310-4E05-AD8E-9AA0D7B7989A}:
Connection-specific DNS Suffix . :
Description . . . . : WAN (PPP/SLIP) Interface
Physical Address. . . . . : 00-53-45-00-00-00
Dhcp Enabled. . . . . : No
IP Address. . . . . : 192.168.2.4
Subnet Mask . . . . : 255.255.255.255
Default Gateway . . . . : 192.168.2.4
DNS Servers . . . . : 192.168.1.2
C:\Documents and Settings\cnhope>

图 6-110　虚拟地址

新建连接向导
网络连接
您想要在工作点如何与网络连接?
创建下列连接:
拨号连接(D)
用调制解调器和普通电话线连接，或通过综合业务数字网(ISDN)电话线连接。
虚拟专用网络连接(V)
使用虚拟专用网络(VPN)通过 Internet 连接到网络。
< 上一步(B)
下一步(N) >
取消

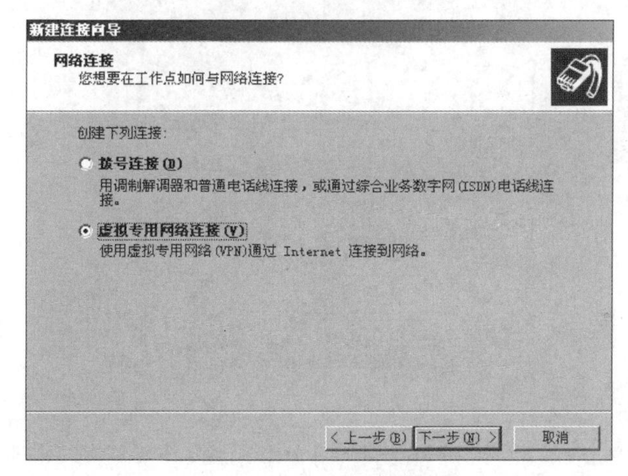

图 6-111　客户端网络连接

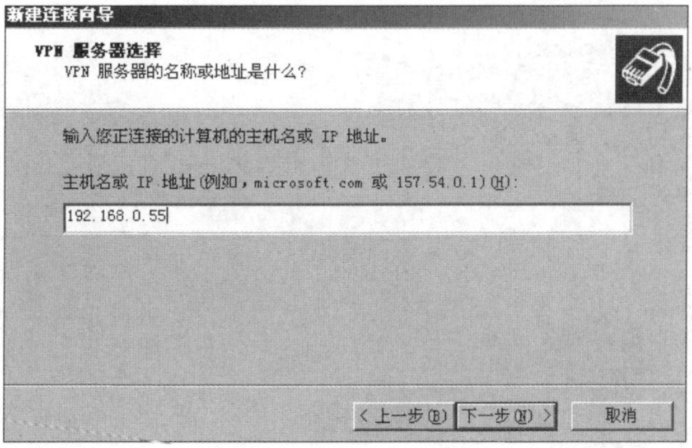

新建连接向导
VPN 服务器选择
VPN 服务器的名称或地址是什么?
输入您正连接的计算机的主机名或 IP 地址。
主机名或 IP 地址(例如，microsoft.com 或 157.54.0.1)(H):
192.168.0.55
< 上一步(B)
下一步(N) >
取消

图 6-112　VPN 服务器地址

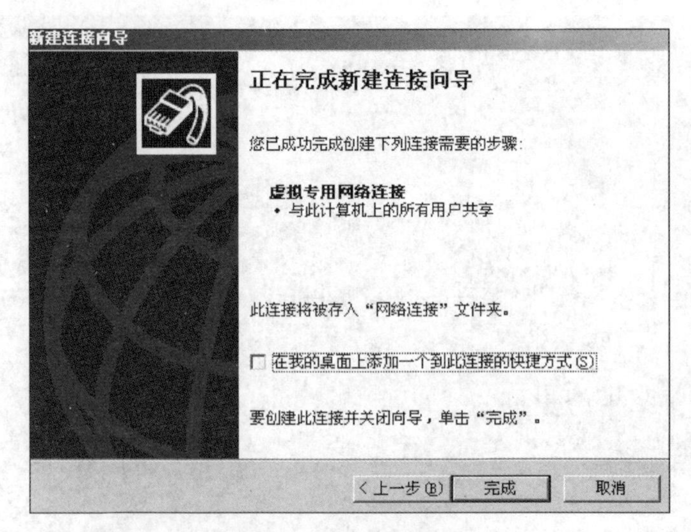

图 6-113　客户端配置完成

图 6-114　客户端连接

(5) 连接完成,单击“确定”按钮,在客户端上 ping 服务器端的 IP 地址成功。

第7章 信息安全管理

信息系统的安全管理目标是管好信息资源安全，信息安全管理是信息系统安全的重要组成部分，管理是保障信息安全的重要环节，是不可或缺的。实际上，大多数安全事件和安全隐患的发生，与其说是技术上的原因，不如说是管理不善造成的。因此，信息系统的安全是三分靠技术、七分靠管理，可见管理的重要性。信息安全管理贯穿于信息系统规划、设计、建设、运行、维护各个阶段。

7.1 概　　述

当今社会已经进入信息化社会，其信息安全是建立在信息社会的基础设施及信息服务系统之间的互联、互通、互操作意义上的安全需求上，安全需求可以分为安全技术需求和安全管理需求两方面。管理在信息安全中的重要性高于安全技术层面，"三分技术，七分管理"的理念在业界中已经达成共识。信息安全管理体系（Information Security Management System，ISMS）是从管理学惯用的过程模型 PDCA（Plan、Do、Check、Act）发展演化而来，如图 7-1 所示。

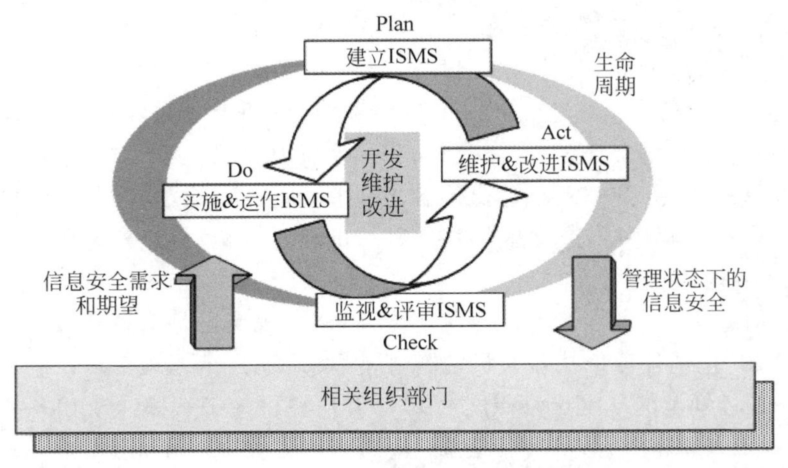

图 7-1　信息安全管理 PDCA 模型

信息安全管理体系（ISMS）是一个系统化、过程化的管理体系，体系的建立不可能一蹴而就，需要全面、系统、科学的风险评估、制度保证和有效监督机制。ISMS 体现预防控制为主的思想，强调遵守国家有关信息安全的法律法规，强调全过程的动态调整，从而确保整个安全体系在有效管理控制下，不断改进完善以适应新的安全需求。在建立信息安全管理体系的各环节中，安全需求的提出是 ISMS 的前提，运作实施、监视评审和维护改进是重要步骤,而可管理的信息安全是最终目标。在各环节中,风险评估管理、标准规范管理以及制度法规管理这三项工作直接影响到整个信息安全管理体系能否有效实行,因此也具有非常重要的地位。

风险评估(risk assessment)是指对信息资产所面临的威胁、存在的弱点、可能导致的安全事件以及三者综合作用所带来的风险进行评估。作为风险管理的基础,风险评估是组织确定信息安全需求的一个重要手段。风险评估管理就是指在信息安全管理体系的各环节中,合理地利用风险评估技术对信息系统及资产进行安全性分析及风险管理,为规划设计完善信息安全解决方案提供基础资料,属于信息安全管理体系的规划环节。

标准规范管理是在规划实施信息安全解决方案时,各项工作遵循国际或国家相关标准规范,有完善的检查机制。国际标准可以分为互操作标准、技术与工程标准、信息安全管理与控制标准三类。互操作标准主要是非标准组织研发的算法和协议经过自发的选择过程,成为了事实上的标准,如AES、RSA、SSL以及通用脆弱性描述标准CVE等。技术与工程标准主要指由标准化组织制定的用于规范信息安全产品、技术和工程的标准,如信息产品通用评测准则(ISO 15408)、安全系统工程能力成熟度模型(SSE-CMM)、美国信息安全白皮书(TCSEC)等。信息安全管理与控制标准是指由标准化组织制定的用于指导和管理信息安全解决方案实施过程的标准规范,如信息安全管理体系标准(BS 7799)、信息安全管理标准(ISO 13335)以及信息和相关技术控制目标(COBIT)等。

制度法规管理是指宣传国家及各部门制定的相关制度法规,并监督有关人员是否遵守这些制度法规。每个组织部门(如企事业单位、公司以及各种团体等)都有信息安全规章制度,有关人员严格遵守这些规章制度对于一个组织部门的信息安全来说十分重要,而完善的规章制度和健全的监管机制更是必不可少。除了有关的组织部门自己制定的相关规章制度之外,国家的有关信息安全法律法规更是有关人员需要遵守的。目前在计算机系统、互联网以及其他信息领域中,国家均制定了相关法律法规进行约束管理,如果触犯,势必受到相应的惩罚。根据英国学者巴雷特的归纳,各国对计算机犯罪的立法,主要采取了两种方案,一种是制定计算机犯罪的专项立法,如美国、英国等;另一种是通过修订法典,增加规定有关计算机犯罪的内容,如法国、俄罗斯等。目前我国现行法律法规中,与信息安全有关的已有近百部,涉及网络与信息系统安全、信息内容安全、信息安全系统与产品、保密及密码管理、计算机病毒与危害性程序防治、金融等特定领域的信息安全、信息安全犯罪制裁等多个领域,初步形成了我国信息安全的法律体系。

除了有关信息安全法规及部门规章制度之外,道德规范也是信息领域从业人员及广大用户应该遵守的,包括计算机从业人员道德规范、网络用户道德规范以及服务商道德规范等。信息安全道德规范的基本出发点是一切个人信息行为必须服从于信息社会的整体利益,即个体利益服从整体利益;对于运营商来说,信息网络的规划和运行应以服务于社会成员整体为目的。

7.2 信息安全风险管理

信息安全风险管理是信息安全管理的重要部分,是规划、建设、实施及完善信息安全管理体系的基础和主要目标,其核心内容包括风险评估和风险控制两部分。风险管理的概念来源于商业领域，主要指对商业行为或目的投资的风险进行分析、评估和管理，力求最小的风险获得最大的收益。风险的观念及管理应自始至终贯穿于整个信息安全管理体系中。

7.2.1　风险评估

风险评估主要包括风险分析和风险评价。风险分析是指全面地识别风险来源及类型；风险评价是指依据风险标准估算风险水平，确定风险的严重性。一般认为，与信息安全风险有关的因素主要包括资产、威胁、脆弱性、安全控制等。

(1) 资产(assets)是指对组织具有价值的信息资源，是安全策略保护的对象。

(2) 威胁(threat)主要指可能导致资产或组织受到损害的安全事件的潜在因素。

(3) 脆弱性(vulnerability)一般指资产中存在的可能被潜在威胁所利用的缺陷或薄弱点，如操作系统漏洞等。

(4) 安全控制(security control)是指用于消除或减低安全风险所采取的某种安全行为，包括措施、程序及机制等。

如图7-2所示，信息安全中存在的风险因素之间相互作用、相互影响。在信息安全管理过程中，安全风险随各因素的变化呈现动态调整演变趋势，威胁、脆弱性、安全事件及资产等风险因素的增加均会扩大安全风险，只有安全控制才能有效地减少风险。

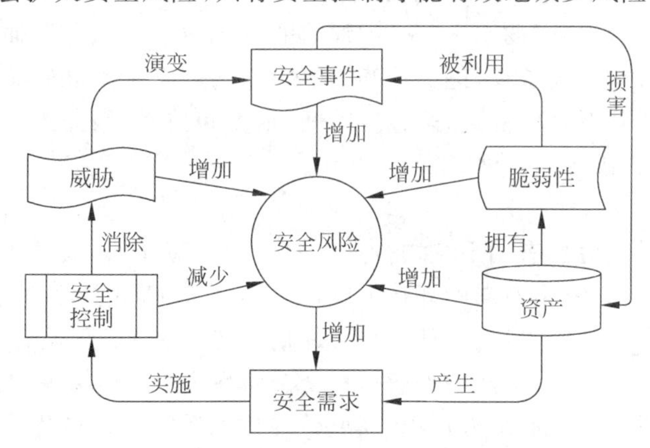

图7-2　信息安全风险因素及相关关系

风险可以描述成关于威胁发生概率和发生时的破坏程度的函数，用数学符号描述如下：

$$R_i(A_i, T_i, V_i) = P(T_i) \times F(T_i)$$

由于某组织部门可能存在很多资产和相应的脆弱性，故该组织的资产总风险可以描述如下：

$$R_{总} = \sum_{i=1}^{n} R_i(A, T, V) = \sum_{i=1}^{n} P(T_i) \times F(T_i)$$

上述关于风险的数学表达式，只是给出了风险评估的概念性描述，并不是具体的评估计算公式。由于对某个特定组织的信息资产进行的安全风险评估直接服务于安全需求，所以风险评估需要完成以下四个任务。识别组织面临的各种风险，了解总体的安全状况；分析计算风险概率，预估可能带来的负面影响；评价组织承受风险的能力，确定各项安全建设的优先等级；推荐风险控制策略，为安全需求提供依据。风险评估的操作范围可以是整个组织，也可以是组织中的某一部门，或者独立的信息系统、特定系统组件和服务等。针对不同的情况,选择适当的风险评估方法对有效地完成评估工作来说十分重要。目前,常见的风险评估方法有基线评估(baseline assessment)、详细评估(detailed assessment)和组合评估。

1. 基线评估

基线评估是有关组织根据其实际情况(所在行业、业务环境与性质等),对信息系统进行安全基线检查(将现有的安全措施与安全基线规定的措施进行比较,计算之间的差距),得出基本的安全需求,给出风险控制方案。基线就是在诸多标准规范中确定的一组安全控制措施或者惯例,这些措施和惯例可以满足特定环境下的信息系统的基本安全需求,使信息系统达到一定的安全防护水平。组织采用国际标准和国家标准(如 BS 7799—1、ISO 13335—4)、行业标准或推荐(例如德国联邦安全局 IT 基线保护手册)以及来自其他具有相似商务目标和规模的组织的惯例作为安全基线。基线评估的优点是需要的资源少、周期短、操作简单,是经济有效的风险评估途径。其缺点是,基线水准的高低难以设定,如果过高,可能导致资源浪费和限制过度;如果过低,可能难以达到所需的安全要求。

2. 详细评估

详细评估是指组织对信息资产进行详细识别和评价,对可能引起风险的威胁和脆弱性进行充分的评估,根据全面系统的风险评估结果来确定安全需求及控制方案。这种评估途径集中体现了风险管理的思想,全面系统地评估资产风险,在充分了解信息安全具体情况下,力争将风险降低到可接受的水平。详细评估的优点在于组织可以通过详细的风险评估对信息安全风险有较全面的认识,能够准确确定目前的安全水平和安全需求。详细的风险评估可能是一个非常耗费资源的过程,包括时间、精力和技术,因此组织应该仔细设定待评估的信息资产范围,以减少工作量。

3. 组合评估

组合评估要求首先对所有的系统进行一次初步的风险评估,依据各信息资产的实际价值和可能面临的风险,划分出不同的评估范围,对于具有较高重要性的资产部分采取详细风险评估,而其他部分采用基线风险评估。组合评估将基线和详细风险评估的优势结合起来,既节省了评估所耗费的资源,又能确保获得一个全面系统的评估结果,而且组织的资源和资金能够应用到最能发挥作用的地方,具有高风险的信息系统能够被优先关注。组合评估的缺点是如果初步的高级风险评估不够准确,可能导致某些本需要详细评估的系统被忽略。

7.2.2 风险控制

风险控制是信息安全风险管理在风险评估完成之后的另一项重要工作。任务是对风险评估结论及建议中的各项安全措施进行分析评估,确定优先级以及具体实施的步骤。风险控制的目标是将安全风险降低到一个可接受的范围内。消除所有风险往往是不切实际的,甚至也是近乎不可能的,安全管理人员有责任运用最小成本来实现最合适的控制,使潜在安全风险对该组织造成的负面影响最小化。

风险控制通常采用三种手段来降低安全风险,它们分别是风险承受、风险规避和风险转移。风险承受是指运行的信息系统具有良好的健壮性,可以接受潜在的风险并稳定运行,或采取简单的安全措施,就可以把风险降低到一个可接受的级别。风险规避是指通过消除风险出现的必要条件(如识别出风险后,放弃系统某项功能或关闭系统)来规避风险。风险转移是指通过使用其他措施来补偿损失,从而转移风险,如购买保险等。

一般来说,风险控制措施是以消除风险产生条件、切断风险形成的路线为基本手段,最终阻止风险的发生或降低风险到可接受的水平。如图7-3所示,判断风险是否存在可以通过系统的分析过程得出。可以看出风险发生的必要条件主要包括存在可被利用的脆弱性、威胁源、攻击成本较小以及风险预期不可接受等。风险控制就是要消除或减低这些条件,具体做法如下。

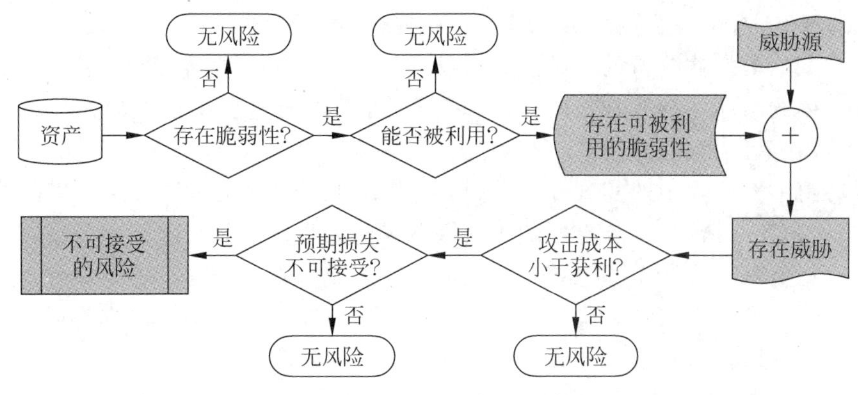

图7-3 安全风险的分析与判断

(1) 当存在系统脆弱性时,减少或修补系统脆弱性,降低脆弱性被攻击利用的可能性。

(2) 当系统脆弱性可利用时,运用层次化保护、结构化设计以及管理控制等手段,防止脆弱性被利用或降低被利用后的危害程度。

(3) 当攻击成本小于攻击可能的获利时,运用保护措施,通过提高攻击者成本来降低攻击者的攻击动机,如加强访问控制,限制系统用户的访问对象和行为,降低攻击获利。

(4) 当风险预期损失较大时,优化系统设计、加强容错容灾以及运用非技术类保护措施来限制攻击的范围,从而将风险降低到可接受范围。

具体的风险控制措施主要分为技术类、运营类、管理类,如表7-1所示。实施风险控制措施是一个系统化工程。美国NIST制定的SP800系列标准给出了详细的具体流程,分为如下七个步骤。

表7-1 风险控制措施分类

类别	措施	属性
技术类	身份认证技术	预防性
	加密技术	预防性
	防火墙技术	预防性
	入侵检测技术	检查性
	系统审计	检查性
	蜜罐、蜜网技术	纠正性
运营类	物理访问控制,如重要设备使用授权等	预防性
	容灾、容侵,如系统备份、数据备份等	预防性
	物理安全检测技术、防盗技术、防火技术等	检查性
管理类	责任分配	预防性
	权限管理	预防性
	安全培训	预防性
	人员控制	预防性
	定期安全审计	检查性

第一步,对实施控制措施的优先级进行排序,分配资源时,对标有不可接受的高等级的风险项应该给予较高的优先级。

第二步,评估所建议的安全选项,风险评估结论中建议的控制措施对于具体的单位及其信息系统可能不是最适合或最可行的,因此要对所建议的控制措施的可行性和有效性进行分析,选择出最适合的控制措施。

第三步,进行成本效益分析,为决策管理层提供风险控制措施的成本效益分析报告。

第四步,在成本效益分析的基础上,确定即将实施的成本有效性最好的安全措施。

第五步,遴选出那些拥有合适的专长和技能,可实现所选控制措施的人员(内部人员或外部合同商),并赋以相应责任。

第六步,制定控制措施的实现计划,计划内容主要包括风险评估报告给出的风险、风险级别及所建议的安全措施、实施控制的优先级队列、预期安全控制列表、实现预期安全控制时所需的资源、负责人员清单、开始日期、完成日期以及维护要求等。

第七步,分析计算出残余风险,风险控制可以降低风险级别,但不会根除风险,因此安全措施实施后仍然存在残余风险。

7.3 信息安全标准

目前有关信息安全的国际标准很多,在前面提到的互操作、技术与工程、信息安全管理与控制三类标准中,技术与工程标准最多也最详细,它们有效地推动了信息安全产品的开发及国际化,如CC、SSE-CMM等标准。互操作标准多数为所谓的"事实标准",这些标准对信息安全领域的发展同样做出了巨大的贡献,如RSA、DES、CVE等标准。信息安全管理与控制标准的意义在于可以更具体有效地指导信息安全具体实践,其中BS 7799就是这类标准的代表,其卓越成绩也已得到业界共识。

1996年,通用标准(Common Criteria,CC)是在TESEC、ITSEC、CTCPEC、FC等信息安全标准的基础上演变形成的。1996年,ISO/IEC TR 13335被提出,其目的是为有效实施IT安全管理提供建议和支持,是一个信息安全管理方面的指导性标准。早期被称作《IT安全管理指南》(Guidelines for the Management of IT Security,GMITS),新版称作《信息和通信技术管理》(Management of Information and Communications Technology Security,MICTS)。SSE-CMM(System Security Engineering Capability Maturity Model)是由美国国家安全局(NSA)开发的专门用于系统安全工程的能力成熟度模型。CVE(Common Vulnerabilities and Exposures)即通用漏洞及暴露,是IDnA(Intrusion Detection and Assessment)的行业标准。1995年,英国标准协会(British Standards Institute,BSI)针对信息安全管理制定了BS 7799标准,2000年BS 7799被采纳为ISO/IEC 17799。1996年,COBIT(Control Objectives for Information and related Technology)被公布,是国际上通用的信息系统审计标准。

7.3.1 信息技术安全性通用评估标准

信息技术安全性通用评估标准(The Common Criteria for Information Technology security Evaluation,CC),是在美国和欧洲等推出的测评准则上发展起来的,其发展演变如

图 7-4 所示。CC 提倡安全工程的思想，通过对信息安全产品的开发、评价、使用全过程的各个环节的综合考虑来确保产品的安全性。CC 文档在结构上分为三部分，这三部分相互依存、缺一不可，可从不同层面描述 CC 的结构模型。第一部分简介和一般模型，介绍 CC 中的有关术语、基本概念和一般模型以及与评估有关的一些框架，附录部分主要介绍保护轮廓和安全目标的基本内容；第二部分安全功能要求，这部分以类、子类、组件的方式提出安全功能要求，对每一个类的具体描述除正文之外，在提示性附录中还有进一步的解释；第三部分安全保证要求，定义了评估保证级别，介绍了保护轮廓和安全目标的评估，并同样以类、子类、组件的方式提出安全保证要求。

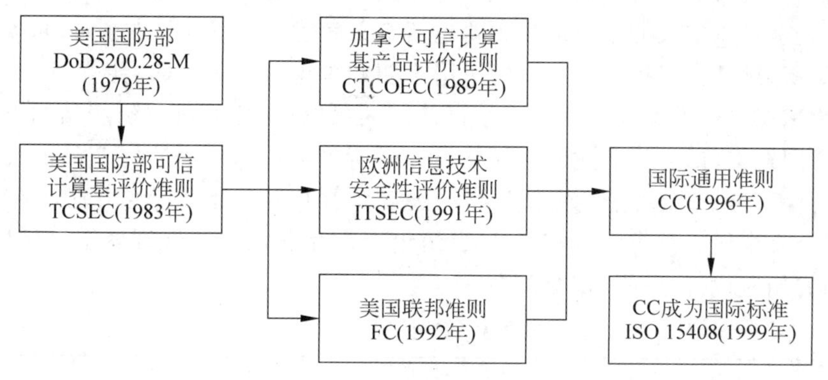

图 7-4　CC 的演进历程

CC 对安全需求的表示形式给出了一套定义方法，并将安全需求分成产品安全功能方面的需求和安全保证措施方面的需求两个独立范畴来定义。产品安全功能方面的需求称为安全功能需求，主要用于描述产品应该提供的安全功能。安全保障措施方面的需求称为安全保证需求，主要用于描述产品的安全可信度以及为获取一定的可信度应该采取的措施。在 CC 中，安全需求以类、族、组件的形式进行定义，给出了对安全需求进行分组归类的方法。首先，对全部安全需求进行分析，根据不同的侧重点，划分成若干大组，每个大组就称为一个类；每个类的安全需求，根据不同的安全目标，又划分为若干族。每个族的安全需求，根据不同的安全强度和能力，进一步划分，用组件来表示更小的组。因此，安全需求由类构成，类由族构成，族由组件构成。组件是 CC 中最小的可选安全需求集，是安全需求的具体表现形式。表 7-2 给出了安全需求定义部分的安全功能需求类和安全保证需求类。

表 7-2　安全需求类定义

安全功能需求类（共 11 项）	安全保证需求类（共 7 项）
安全审计类 通信类 加密支持类 用户数据保护类 身份识别与认证类 安全管理类 隐私类 安全功能件保护类 资源使用类 安全产品访问类 可信路径/通道类	构造管理类 发行与使用类 开发类 指南文档类 生命周期支持类 测试类 脆弱性评估类

安全需求定义中的“类、族、组件”体现的是分类方法,安全需求由组件体现,选择需求组件等同选择安全需求。CC定义了三种类型的组织结构用于描述产品安全需求,分别是安全组件包、保护轮廓定义和安全对象定义。安全组件包是把多个安全需求组件组合在一起所得到的组件集合。保护轮廓定义是一份安全需求说明书,是针对某一类安全环境确立相应的安全目标,进而定义为实现这些安全目标所需要的安全需求、保护轮廓定义的主要内容包括定义简述、产品说明、安全环境、安全目标、安全需求、应用注释和理论依据等。安全对象定义是一份安全需求与概要设计说明书,不同的是安全对象定义的安全需求是为某一特定的安全产品而定义的,具体的安全需求可通过引用一个或多个保护轮廓定义来定义,也可从头定义。安全对象定义的组成部分主要包括定义简述、产品说明、安全环境、安全目标、安全需求、产品概要说明、保护轮廓定义的引用声明和理论依据等。CC定义了一套评价保证级别,可记为EAL,作为描述产品的安全可信度的尺度。CC通过评价产品的设计方法、工程开发、生命周期、测试方案和脆弱性评估等方面所采取的措施来确立产品的安全可信度。如表7-3所示,CC按安全可信度由低到高一次定义了七个安全可信度级别,EAL的各个级别都涉及多个安全保障需求的内容。EAL给出了产品获取不同级别安全可信度的可行性及所付出的的相应代价之间的权衡关系。

表7-3 安全可信度级别

级别	定　义	可信度级别描述
EAL1	职能式测试级	表示信息保护问题得到了适当的处理
EAL2	结构式测试级	表示评价时需要得到开发人员的配合,该级提供低中级的独立安全保证
EAL3	基于方法学的测试与检查级	要求在设计阶段实施积极的安全工程思想,提供中级的独立安全保证
EAL4	基于方法学的设计、测试与审查级	要求按照商业化开发惯例实施安全工程思想,提供中高级的独立安全保证
EAL5	半形式化的设计与测试级	要求按照严格的商业化开发惯例,应用专业安全工程技术及思想,提供高等级的独立安全保证
EAL6	半形式化验证的设计与测试级	通过在严格的开发环境中应用安全工程技术来获取高的安全保证,使产品能在高度危险的环境中使用
EAL7	形式化验证的设计与测试级	目标是使产品能在极端危险的环境中使用。目前只限于可进行形式化分析的安全产品

CC体现了软件工程与安全工程相结合的思想。信息安全产品必须按照软件工程和安全工程的方法进行开发才能较好地获得预期的安全可信度。安全产品从需求分析到产品的最终实现,整个开发过程可依次分为应用环境分析、明确产品安全环境、确立安全目标、形成产品安全需求、安全产品概要设计、安全产品实现等几个阶段。各个阶段顺序进行,前一个阶段的工作结果是后一个阶段的工作基础。前面阶段的工作也需要根据后面阶段工作的反馈内容进行完善拓展,形成循环往复的过程。开发出来的产品经过安全性评价和可用性鉴定后,再投入实际使用。

CC在评价安全产品时,把待评价的安全产品及其相关指南文档资料作为评价对象。定义了三种评价类型,分别为安全功能需求评价、安全保证需求评价和安全产品评价。第一项评价的目的是证明安全功能需求是完全的、一致的和技术良好的,能用作可评价的安全产

品的需求表示；第二项评价的目的是证明安全保证需求是完全的、一致的和技术良好的，可作为相应安全产品评价基础，如果安全保证需求中含有安全功能需求一致性的声明，还要证明安全保证需求能完全满足安全功能需求；第三项安全产品评价的目的是要证明被评价的安全产品能够满足安全保证的安全需求。

7.3.2　信息安全管理体系标准

BS 7799 是英国标准协会(British Standards Institute，BSI)针对信息安全管理而制定的标准，共分为两部分。第一部分 BS 7799—1 是《信息安全管理实施细则》，也就是国际标准化组织的 ISO/IEC 17799 标准的部分，主要提供给负责信息安全系统开发的人员参考使用，其中分 11 个标题，定义了 133 项安全控制(最佳惯例)。第二部分 BS 7799—2 是《信息安全管理体系规范》(即 ISO/IEC 27001)，其中详细说明了建立、实施和维护信息安全管理体系的要求，可用来指导相关人员应用 ISO/IEC 17799，其最终目的是建立适合企业的信息安全管理体系。BS 7799—1 从 11 方面定义了 133 项控制措施，分别是：安全策略；组织信息安全；资产管理；人力资源安全；物理和环境安全；通信和操作管理；访问控制；信息系统获取、开发和维护；信息安全事件管理；业务连续性管理；符合性。

BS 7799—2 详细说明了建立、实施和维护信息安全管理体系的要求，指出实施机构应该使用某一风险评估标准来鉴定最适宜的控制的对象，对自己的需求采取适当的安全控制。建立 ISMS 需要 6 个基本步骤，具体如下。

(1) 定义信息安全策略。信息安全策略是组织信息安全的最高方针，需要根据组织内各个部门的实际情况，分别制定不同的信息安全策略。

(2) 定义 ISMS 的范围。ISMS 的范围描述了需要进行信息安全管理的领域轮廓，组织根据自己的实际情况，在整个范围或个别部门构架 ISMS。

(3) 进行信息安全风险评估。信息安全风险评估的复杂程度将取决于风险的复杂程度和受保护资产的敏感程度，所采用的评估措施应该与组织对信息资产风险的保护需求相一致。

(4) 信息安全风险管理。根据风险评估的结果进行相应的风险管理。

(5) 确定控制目标和选择控制措施。控制目标的确定和控制措施的选择原则是费用不超过风险所造成的损失。

(6) 准备信息安全适用性声明。信息安全适用性声明记录了组织内相关的风险控制目标和针对每种风险所采取的各种控制措施。

1985 年我国发布了第一个标准 GB4943《信息技术设备的安全》，并于 1994 年发布了第一批信息安全技术标准。我国信息安全标准体系包括 6 部分，分别是基础标准、技术与机制、管理标准、测评标准、密码技术和保密技术，如图 7-5 所示。在我国众多的信息安全标准中，公安部主持制定、国家质量技术监督局发布的中华人民共和国国家标准 GB17895—1999《计算机信息系统安全保护等级划分准则》被认为是我国信息安全标准奠基石。准则将信息系统安全分为 5 个等级：自主保护级、系统审计保护级、安

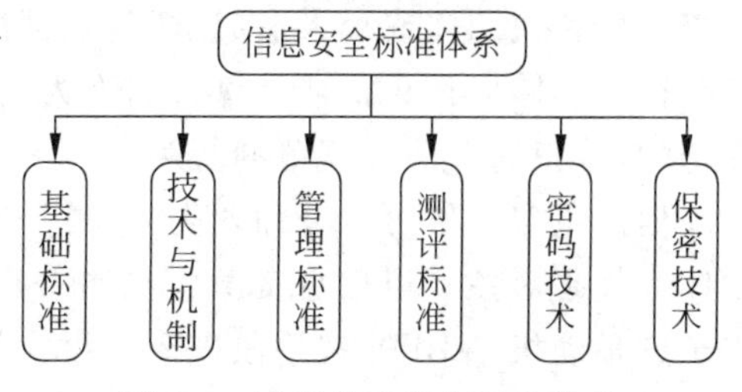

图 7-5　国家信息安全标准体系

全标记保护级、结构化保护级和访问验证保护级。

第一级自主保护级：本级的计算机信息系统可信计算基通过隔离用户与数据，使用户具备自主安全保护的能力。

第二级系统审计保护级：与自主保护级相比，本级计算机信息系统可信计算基实施了粒度更细的自主访问控制，通过登录规程、审计安全性相关事件和隔离资源，使用户对自己的行为负责。

第三级安全标记保护级：本级的计算机信息系统可信计算基具有系统审计保护级所有功能。

第四级结构化保护级：本级的计算机信息系统可信计算基建立在一个明确定义的形式化安全策略模型上，它要求将第三级系统中的自主和强制访问控制扩展到所有主体与客体。

第五级访问验证保护级：本级的计算机信息系统可信计算基满足访问监控器需求，访问监控器仲裁主体对客体的全部访问。

7.4　信息安全法律法规及道德规范

国家层面的信息安全管理机构和组织主要致力于信息安全战略、信息安全政策及法律法规、信息安全标准与认证、信息安全治理、信息安全国际合作等方面的规划与实施。“推进信息安全等级保护等基础性工作，指导监督政府部门、重点行业的重要信息系统与基础信息网络的安全保障工作，加强信息安全的立法，加快形成法律规范、行政监管、行业自律、技术保障、公众监督、社会教育相结合的互联网管理体系”是一段时期内国家信息安全管理工作的主要任务。

我国信息安全法规主要涉及信息系统安全保护、国际联网管理、商用密码管理、计算机病毒防治和安全产品检测与销售5方面。所有这些法律和规章奠定了中国加强信息网络安全保护和打击网络违法犯罪活动的法律基础。1999年9月发布的GB 17859—1999《计算机信息系统安全保护等级划分准则》是我国计算机信息系统安全等级管理的重要标准。

7.4.1　信息犯罪

信息资源是当今社会的重要资产，围绕信息资源的犯罪已成为影响社会安定的重要因素。目前信息犯罪还没有权威定义，总结各界对信息犯罪的理解，可以认为信息犯罪是以信息技术为犯罪手段，故意实施的有社会危害性的，依据法律规定，应当予以刑罚处罚的行为，目前多数的信息犯罪均属于计算机及网络犯罪。公安部给出的定义，“所谓计算机犯罪，就是在信息活动领域中，以计算机信息系统或计算机信息知识作为手段，或者针对计算机信息系统，对国家、团体或个人造成危害，依据法律规定，应当予以刑罚处罚的行为”。网络犯罪就是行为主体以计算机或计算机网络为犯罪工具或攻击对象，故意实施的危害计算机网络安全的，触犯有关法律规范的行为。

信息犯罪一般可以分为两类，一类是以信息资源为侵害对象，另一类是以非信息资源的主体为侵害对象。以信息资源为犯罪对象的犯罪常见的有以下几种：信息破坏，犯罪主体出于某种动机，利用非法手段进入未授权的系统或对他人的信息资源进行非法控制，具体表现为故意利用损坏、删除、修改、增加、干扰等手段，对信息系统内部硬件、软件以及传输的信息进行破坏，从而导致网络信息丢失、篡改、更换等，严重的可引起系统或网络的瘫痪；信息窃取，此类犯罪是指未经信息所有者同意，擅自秘密窃取或非法使用其信息的犯罪行为；信息滥用，这类犯罪是指由使用者违规操作，在信息系统中输入或者传播非法数据信息，毁灭、篡改、取代、涂改数据库中存储的信息，给他人造成损害的犯罪行为。

信息犯罪具有较大的危害性，具体危害如下。

妨害国家安全和社会稳定的信息犯罪：犯罪主体利用网络信息造谣、诽谤或者发表、传播有害信息，煽动颠覆国家政权、推翻社会制度、分裂国家及破坏国家统一等。

妨害社会秩序和市场秩序的信息犯罪：犯罪主体利用信息网络从事虚假宣传、非法经营及其他非法活动，对社会秩序和正规的市场秩序造成恶劣影响。例如一些犯罪分子利用网上购物的无纸化和实物不可见的特点，发布虚假商品出售信息，在骗取购物者钱财之后便销声匿迹，致使许多消费者上当受骗。此种行为严重破坏了市场经济秩序和社会秩序。

妨害他人人身、财产权利的信息犯罪：犯罪主体利用信息网络侮辱诽谤他人或者骗取他人财产（包含信息财产）。例如通过信息网络，以窃取及公布他人隐私、编造各种丑闻以及窃取他人信用卡信息等方法为手段，以达到损害他人的隐私权、名誉权和骗取他人财产的目的。

信息犯罪具有如下一些显著特点。

智能化：以计算机及网络犯罪为例，犯罪者大多是掌握计算机和网络技术的专业人才。

多样性：信息技术手段的多样性，必然造就信息犯罪行为的多样性。

隐蔽性强：犯罪分子可能只需要向计算机输入错误指令或简单篡改软件程序，作案时间短，甚至可以设计犯罪程序在一段时间后才运行发作，使一般人很难察觉到。

侦查取证困难：以计算机犯罪为例，实施犯罪一般为异地作案，而且所有证据均为电子数据，犯罪分子可能在实施犯罪后，直接毁灭电子犯罪现场，使侦查工作和罪证采集变得困难。

犯罪后果严重：信息安全专家普遍认为信息犯罪危害性的大小，取决于信息资源的社会作用，作用越大，信息犯罪的后果越严重。

7.4.2　网络信任体系

网络环境下研究信任管理的动因可以归纳为两方面：①分析在现实世界中传统的、用来建立信任关系所依赖的相关信息，并在互联网中找到充足的相应的替代品，在不同的应用环境中找出产生信任的新的相关信息元素；②充分利用互联网，建立和收集这些相关信息，然后对采集的信息进行加工处理，最后给出被信任者的信任等级或信任度，以便信任决策和改善信任环境。安全和信任是互为基础、互相依赖的。安全是通过建立安全环境、安全网络和安全通信来保障所计算事件的可信性从而提供对信任的支持；反过来，信任的建立也可以在某种程度上帮助避免安全风险。

信任机制可以看成一种软的安全机制。一般来说，安全机制的目的是提供一种对恶意实体的防护措施，但是，在很多情况下我们需要保护自己免受恶意资源信息的侵扰。信息提供者可能提供错误的或具有误导性的信息，传统的安全机制往往无法防御这种威胁，而信任系统可以进行防御。信任是一种社会现象，在计算机学者开始研究这个问题之前，它一直是心理学、社会学和管理学领域的研究对象，虽然信任的重要性在信息科学领域获得了广泛的认可,但其含义却是相当复杂的。到目前为止,这一概念在计算机与信息科学领域尚没有一个统一的、一致的定义,研究人员往往根据它在具体的应用场合下的不同表现形式来进行不同的定义。

在信息科学领域中,几个公认较好的信任定义如下。

定义1:如果一个实体A面临①和②两个选择,其中选择①可导致收益(Va+),选择②可导致损失(Va-),并且A知道(Va+)和(Va-)的出现依附于另外一个实体B。如果A在这种情况下做出了选择,我们就认为A做了一个信任决定,如果A两个都不选,我们就说A做了一个不信任决定。

上述定义说明,信任是一个实体对另外一个实体在某一方面的主观度量,信任与否依赖于收益,而且随实体对(Va+)和(Va-)估计的不同而不同。

定义2:信任是一个实体A期望另一个实体B完成一个特殊活动的主观概率,实体B所完成的特殊活动对A的收益有影响。

这一定义突出反映了信任实体之所以被信任,是因为被信任实体具有较高的可靠性。但后来有人发现具有较高的可靠性并不足以构成信任关系。

定义3(决策性信任):信任是指在给定环境下,一个实体在感觉相对安全的情况下,对一件事情或另外一个实体愿意依赖的程度,即使这种依赖可能招致负面影响。

上述定义尽管非常模糊,但很多学者认为该定义更具有一般性,它不仅包含了信任本身应该包含的依赖、可靠、正面效应和负面效应,而且也包含了信任者对待信任风险的态度。

综合上述不同的定义形式,信任具有下列基本特征。

(1) 主观性:信任实体对被信任实体的信任程度受信任实体的个性影响,即同一个被信任实体的行为表现在不同的信任实体处所获得的信任程度是有差异的。

(2) 非对称性:实体间的信任关系一般不是对等的,如在某件事情上Alice非常信任Bob,但Bob未必同样程度地相信Alice。

(3) 上下文依赖性:一种环境下的信任关系在另外一种环境下未必成立,如Alice信任Bob会代自己买机票,但Alice不见得相信Bob会代自己买机票。

(4) 可度量性:一个实体对另外实体的信任程度有大小之分,信任程度的大小称为信任度,目前尚没有统一的量化标准。

(5) 动态性:实体的可信性会随着时间的推移和实体后来的行为表现而改变。

(6) 递减传递性:如果Alice信任Bob,而Bob信任Eric,则一般认为Alice能在一定程度上信任Eric。这一特征也称为推荐信任性。Alice对Eric的信任度,应小于或等于Alice对Bob和Bob对Eric的信任度的最小值。

网络信任是信任在特定环境下的表现形式,可以把网络信任分为供应方信任、接入方信任、代理信任、身份信任和上下文信任。

供应方信任描述的是服务方或资源提供者对请求方而言的可信性。这种信任的目的在于保护用户免受恶意的或不可靠的服务提供者的攻击。

接入方信任描述的是请求服务的主体对服务提供方而言的可信性。这种信任涉及访问控制技术,典型实例是服务器的接入要求客户方提供身份证明并根据用户身份开放相应的服务类型。

代理信任描述的是对代表相应实体参与网上活动的普通代理或移动代理(mobileagent)的信任。分布式计算是计算机网络时代的关键技术。移动代理是一个代替人或其他程序执行某种任务的程序,它在复杂的网络系统中能自主地从一台主机移动到另一台主机,最后返回结果和消息。

身份信任描述的是对一个网络实体的身份是否真实地信任。实现身份信任的信任系统往往称为认证系统,典型代表有基于 X.509 证书的身份验证系统和 PGP 系统。身份信任系统往往是信息安全领域讨论的重点问题。

上下文信任也称环境信任,它描述的是相关实体对必要的系统或机构所构建的网络的可信性程度,这种类型的信任包括基础设施、保险、法律系统、法律的强制性和社会的稳定性。

从概念上可以看出,网络信任是分层次的,供方信任和接入方必须建立在身份信任的基础之上。而上下文信任处于信任的最底层。一个完善的网络信任建立机制,应该能详细描述信任形成所依赖相关信息的数据类型,包括这些数据的产生、分布情况与收集办法,以及如何利用收集到的数据进行信任度的合理计算和推理。根据这种信任建立机制所开发的完善的信任管理系统应当包括如下的基本构件:信任信息收集模块、信任度评估模块、信任传播模块和信任协商模块。网络空间中的信任既没有因稳固的社会关系而带来义务的关联,也没有因对方的背景特征带来信任的保证。网上信任关系的建立机制一方面借鉴了现实社会中的信任关系建立机制,另一方面由于网络的虚拟性与匿名性等特征,使网上信任的建立机制又有别于现实社会。

综合国内外现有的商业系统和有关科研人员的研究成果,我们把网络中信任关系的建立方法归纳为如下三种:①基于身份证明;②基于另外实体的推荐或声望;③基于自己过去的交往经验。

(1) 基于身份证明。在这种机制下,每一个实体通过表明自己的身份获得对方的信任,以这种方式设计的系统往往以二元逻辑来表达信任关系,即通过身份验证就完全信任,没有通过身份验证则完全不信任。

身份的表明方式根据环境的需要可强可弱,很多简单系统通过口令机制来实现,风险性较大的应用环境经常采用复杂的认证技术来实现,如携带证书、令牌等。要求保护用户隐私和保密性强的环境,往往通过属性证书、公平交换等密码方式建立信任。上述系统的主要目标一般是对资源实施访问控制,所以往往和访问控制系统相结合实施,根据预先定义的策略对不同身份的用户开放不同的权限。该信任机制的缺陷是信任方必须提前知道被信任方的身份或所属的组织。这种机制在大型网络中实施,特别是在互联网上具有很大的局限性。该机制实施中证书的签发往往由可信赖第三方完成,我们可以把这种信任建立机制看成通过法制手段或公证机构建立的。目前我国网上银行、证券等系统就是这种系统的代表。

(2) 基于另外实体的推荐或声望。现实生活中,当双方以前没有直接接触时,信任者可以征询已经信任朋友的意见来确定与陌生人的信任关系,这种思想在网络中也得到了实现,我们把基于这种思想设计的系统称为推荐系统。

推荐系统的实现依据是:有效的评价机制是信任建立和管理的必要前提,这种评价必须是在不同信息源的帮助下形成和不断更新的。目前这种推荐信任建立机制获得了广泛的商业应用,国内外比较大型的电子商务网站的信任评价系统很多都基于此。这种系统的明显不足是,信任度的表述和度量的合理性有待进一步解释,很多系统中信任度计算过于简单化。另外一个严重不足是不能很好地解决恶意推荐对信任度评估的影响,对推荐信任进行的处理过于简单化,往往是简单的算术均值。推荐系统的典型代表有eBay在线拍卖网站的rating方案、淘宝网和PGP电子邮件系统等。

(3) 基于自己过去的交往经验。在网络环境下一般不单独使用这种建立信任的方法构成系统,其仅用来作为增强网络信任的一个重要因素。

我国政府对网络信任体系的建设是高度重视的,2006年2月23日,国务院办公厅转发了国家网络与信息安全协调小组制定的《关于网络信任体系建设的若干意见》(国办发〔2006〕11号文件),这是我国信息化建设和信息安全保障的又一重要文件。网络信任体系是整个社会信任体系中的一部分,它的建设也应该纳入整个社会信任体系的框架,形成一个科学的、严谨的、结构合理的体系。随着整个社会信息化进程的推进,经济领域的个人和企业征信系统的建设、户籍管理领域的身份证体系建设均已在电子化管理方面取得了很大成绩,网络信任体系的构建应该充分吸收上述社会信任体系已有的建设成果。美国政府推行的"社会安全保障号码"和信用的绑定性,以及其使用的多功能性、方便性值得我国在建设网络信任体系中借鉴。

7.4.3 网络文化与舆情控制

2011年10月25日,中共十七届六中全会通过的《中共中央关于深化文化体制改革推动社会主义文化大发展大繁荣若干重大问题的决定》(以下简称《决定》)提出,要加强和改进网络文化建设和管理,加强网上舆论引导。《决定》指出,加强网上思想文化阵地建设,是社会主义文化建设的迫切任务。要认真贯彻"积极利用、科学发展、依法管理、确保安全"的方针,加强和改进网络文化建设和管理,加强网上舆论引导,唱响网上思想文化主旋律。《决定》要求:实施网络内容建设工程,推动优秀传统文化瑰宝和当代文化精品的网络传播,制作适合互联网和手机等新兴媒体传播的精品佳作,鼓励网民创作格调健康的网络文化作品。支持重点新闻网站加快发展,打造一批在国内外有较强影响力的综合性网站和特色网站,发挥主要商业网站建设性作用,培育一批网络内容生产和服务骨干企业;发展网络新技术、新业态,占领网络信息传播制高点。广泛开展文明网站创建,推动文明办网、文明上网,督促网络运营服务企业履行法律义务和社会责任,不为有害信息提供传播渠道。加强对社交网络和即时通信工具等的引导和管理,规范网上信息传播秩序,培育文明理性的网络环境。依法惩处传播有害信息行为,深入推进整治网络淫秽色情和低俗信息专项行动,严厉打击网络违法犯罪。加大网上个人信息保护力度,建立网络安全评估机制,维护公共利益和国家信息安全。

网络监控是一个比较大的概念。信息安全领域的网络监控主要包括通信内容的监控、信息设备使用监控、信息系统漏洞审查和网站监控等内容。本节针对网站监控中的不良信息监控和网络舆情监控两部分内容进行简单介绍。当然,这种监控必须是国家授权机构依法进行的。对于广大普通用户而言,其计算机或手机被恶意程序攻击的主要原因是打开了非法站点或带有恶意代码的网页或短信。另外,不良网络游戏、欺诈信息、黄色网站等网络内容严重毒害了社会风气。

例如,"百度一下,你就上当"。2011年8月15日CCTV经济信息联播:"百度公司自称是全球最大的中文搜索引擎,目前已覆盖了95%以上的中国网民,每天响应数亿次搜索请求。很多网民都习惯了用百度来获取信息。按照我们上网的习惯，一般都是从上到下、从左到右阅读，而且以我们的常识来考虑，搜索排在最前面的都应该是自然搜索的结果。然而记者在调查中了解到，推广链接已经成为百度的一种经营模式。呈现在网页上的并不是自然搜索的结果，而是被百度人工干预过的，那些给百度付过钱的网站链接会被优先安排在首页最显眼的位置。”

虽然百度这个做法有其经营上的考虑，却让骗子们有了可乘之机，很多山寨网站和钓鱼网站均呈现在搜索结果中。网站不良信息监控系统是一种主动防御方法，其主要任务如下：①及时发现不良信息；②对不良信息源进行有效滤除与阻断；③建立可靠的资料存储系统和权威的举证机制，实现对不良信息的控制并提供电子举证。网站不良信息监控系统的框架如图7-6所示。内容检查是实现网站不良信息监控系统的关键部分，其实现思路是提取、搜索、滤除、审计。内容提取主要是实现不同信息的分类，目前可以分为文字信息、图像信息、视频信息或音频信息，而后根据不同信息采取不同的处理方式。

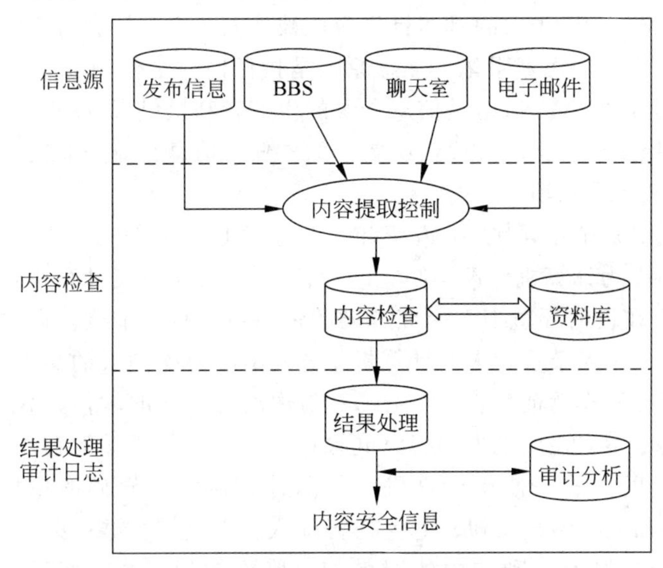

图7-6　网站不良信息监控系统框架

按照目前的技术发展情况和实际需要，现阶段对于网站信息的内容安全监管主要针对文字信息数据。由于智能技术的发展未能达到可以自动对如影音、图像等信息进行识别处理的程度，所以目前尚不可能由计算机替代人工来进行此类信息的处理分析。最常见并已投入使用的文字信息内容检测技术，就是利用关键词和短语的匹配检索来进行安全检查。对于不同语种的信息，匹配查询的情况略有不同。英文词与词是用空格隔开的，因而非常便于计算机的处理，而中文词与词间没有分隔符，需要建立专门的中文分词系统。中文分词系统由于涉及计算语言学等多种学科，因此其开发具有一定难度。另外，网站不良信息监控系统的运行不仅需要大量的数据资料，也会产生大量的数据。这些数据包括内容安全标准、智能检索知识库、不良信息来源记录和摘要、要求采取信息访问限制的信息源地址记录以及系统运行产生的各种日志IP文件等。合理地存储和管理这些信息并及时更新对系统的正常运行非常重要。

网络舆情从一定程度上反映了社会关心的热点问题，及时监控、汇集、研判是引导危机舆论的重要前提。利用信息采集、自然语言智能处理(文本挖掘)和全文检索等技术构建的舆情监控系统,通过对互联网的新闻、论坛和博客上各类信息进行汇集、分类、整合、筛选等处理,能完成舆情要素的识别、抽取和实时统计功能。舆情监控系统一般由网络信息采集系统、舆情分析引擎、舆情服务平台三部分构成。其中网络信息采集系统负责从互联网采集新闻、论坛、博客、评论等舆情信息,并存储到舆情数据库中,通过舆情搜索引擎对海量的舆情数据进行实时索引;舆情分析引擎负责对舆情数据库进行智能分析和加工。用户可以通过舆情服务平台浏览舆情信息,通过简报生成等功能完成对舆情的深度加工。

7.4.4 信息安全道德规范

信息安全道德规范应该基于三个原则,即整体原则、兼容原则和互惠原则。整体原则是指一切信息活动必须服从于社会国家等团体的整体利益,个体利益服从整体利益,不得以损害团体整体利益为代价谋取个人利益。兼容原则是指社会的各主体间的信息活动方式应符合某种公认的规范和标准,个人的具体行为应该被他人及整个社会所接受,最终实现信息活动的规范化和信息交流的无障碍化。互惠原则是指任何一个使用者必须认识到,每个个体均是信息资源使用者和享受者,也是信息资源的生产者和提供者,在拥有享用信息资源的权利的同时,也应承担信息社会对其成员所要求的责任。信息交流是双向的,主体间的关系是交互式的,权利和义务是相辅相成的。

在信息安全道德规范中,计算机道德和网络道德是当今信息社会最重要的道德规范。美国计算机伦理协会为计算机伦理学制定的十条戒律,也可说是计算机行为规范,这些规范是一个计算机用户在任何环境中都应该遵循的最基本的行为准则,具体内容如下:不应用计算机去伤害别人;不应干扰别人的计算机工作;不应窥探别人的文件;不应用计算机进行偷窃;不应用计算机作伪证;不应使用或复制你没有付钱的软件;不应未经许可而使用别人的计算机资源;不应盗用别人的智力成果;应该考虑你所编的程序的社会后果;应该以深思熟虑和慎重的方式来使用计算机。美国计算机协会提倡的伦理道德和职业规范基本内容,为社会和人类做出贡献;避免伤害他人;要诚实可靠;要公正并且不采取歧视性行为;尊重包括版权和专利在内的财产权;尊重知识产权;尊重他人的隐私;保守秘密。

自2002年起,中国互联网协会颁布了一系列行业自律规范:《中国互联网行业自律公约》(2002年),《互联网新闻信息服务自律公约》(2003年),《互联网站禁止传播淫秽、色情等不良信息自律规范》(2004年),《中国互联网协会互联网公共电子邮件服务规范》(2004年),《搜索引擎服务商抵制违法和不良信息自律规范》(2004年),《中国互联网网络版权自律公约》(2005年),《文明上网自律公约》(2006年),《抵制恶意软件自律公约》(2006年),《博客服务自律公约》(2007年),《中国互联网协会反垃圾短信息自律公约》(2008年),《中国互联网协会短信息服务规范》(2008年)。2006年4月我国发布《文明上网自律公约》,自律条文基本内容:自觉遵纪守法,倡导社会公德,促进绿色网络建设;提倡先进文化,摒弃消极颓废,促进网络文明健康;提倡自主创新,摒弃盗版剽窃,促进网络应用繁荣;提倡互相尊重,摒弃造谣诽谤,促进网络和谐共处;提倡诚实守信,摒弃弄虚作假,促进网络安全可信;提倡社会关爱,摒弃低俗沉迷,促进少年健康成长;提倡公平竞争,摒弃尔虞我诈,促进网络百花齐放;提倡人人受益,消除数字鸿沟,促进信息资源共享。

7.4.5　信息安全法律法规

随着社会信息化的不断深入，建立完善信息安全法律体系是当今重要课题。一方面法律法规是震慑和惩罚信息犯罪的重要工具，另一方面法律法规也是合法实施各项信息安全技术的理论依据。

国外信息安全立法活动从20世纪60年代开始，1973年瑞典颁布《瑞典国家数据保护法》。随后，美国先后颁布了《信息自由法》《计算机欺诈和滥用法》《计算机安全法》《国家信息基础设施保护法》《通信净化法》《个人隐私法》《儿童网上保护法》《爱国者法案》《联邦信息安全管理法案》《关键基础设施标识、优先级和保护》《涉密国家安全信息》等法律法规。另外，德国颁布《信息和通信服务规范法》，法国颁布《互联网络宪章》，英国颁布《3R安全网络规则》，俄罗斯颁布《联邦信息、信息化和信息保护法》，日本颁布《电信事业法》，欧洲理事会颁布《网络犯罪公约》。

我国信息安全法律体系建设从20世纪80年代开始，1994年2月颁布《中华人民共和国计算机信息系统安全保护条例》，赋予公安机关行使对计算机信息系统的安全保护工作的监督管理职权。1995年2月颁布《中华人民共和国人民警察法》，明确公安机关具有监督管理计算机信息系统安全的职责。我国有关信息安全的立法原则是重点保护、预防为主、责任明确、严格管理和促进社会发展。

我国的信息安全法律法规从性质和适用范围上可分为四类。

(1) 通用性法律法规。如宪法、国家安全法、国家秘密法等，这些法律没有针对信息安全的规定，但约束的对象包括危害信息安全行为。

《中华人民共和国宪法》第四十条规定："中华人民共和国公民的通信自由和通信秘密受法律的保护。除因国家安全或者追查刑事犯罪的需要，由公安机关或者检察机关依照法律规定的程序对通信进行检查外，任何组织或者个人不得以任何理由侵犯公民的通信自由和通信秘密。"

《中华人民共和国国家安全法》的第十条规定："国家安全机关因侦察危害国家安全行为的需要，根据国家有关规定，经过严格的批准手续，可以采取技术侦察措施。"

第十一条规定："国家安全机关为维护国家安全的需要，可以查验组织和个人的电子通信工具、器材等设备、设施。"

第二十一条规定："任何个人和组织都不得非法持有、使用窃听、窃照等专用间谍器材。"《中华人民共和国保守国家秘密法》的第三条规定："一切国家机关、武装力量、政党、社会团体、企业事业单位和公民都有保守国家秘密的义务。"

(2) 惩戒信息犯罪的法律。这类法律包括《中华人民共和国刑法》《全国人大常委会关于维护互联网安全的决定》等。这类法律中的有关法律条文可以作为规范和惩罚网络犯罪的法律规定。

《中华人民共和国刑法》的第二百一十九条规定："有下列侵犯商业秘密行为之一，给商业秘密的权利人造成重大损失的，处三年以下有期徒刑或者拘役，并处或者单处罚金；造成特别严重后果的，处三年以上七年以下有期徒刑，并处罚金。"

侵犯商业秘密行为包括：以盗窃、利诱、胁迫或者其他不正当手段获取权利人的商业秘密的；披露、使用或者允许他人使用以前项手段获取的权利人的商业秘密的；违反约定或者违反权利人有关保守商业秘密的要求,披露、使用或者允许他人使用其所掌握的商业秘密的。

(3) 针对信息网络安全的特别规定。这类法律规定主要有《中华人民共和国计算机信息系统安全保护条例》《中华人民共和国计算机信息网络国际联网管理暂行规定》《中华人民共和国计算机软件保护条例》等。这些法律规定的立法目的是保护信息系统、网络以及软件等信息资源,从法律上明确哪些行为违反法律法规,并可能被追究相关民事或刑事责任。

(4) 规范信息安全技术及管理方面的规定。这类法律主要有《商用密码管理条例》《计算机信息系统安全专用产品检测和销售许可证管理办法》《计算机病毒防治管理办法》等。《商用密码管理条例》的第三条规定:"商用密码技术属于国家秘密。国家对商用密码产品的科研、生产、销售和使用实行专控管理。"第七条规定:"商用密码产品由国家密码管理机构指定的单位生产。未经指定,任何单位或者个人不得生产商用密码产品。"

参考文献

[1] 谢希仁.计算机网络[M].8版.北京：电子工业出版社，2021.
[2] 吴功宜.计算机网络[M].5版.北京：清华大学出版社，2021.
[3] 胡向东.应用密码学[M].4版.北京：电子工业出版社，2019.
[4] 刘远生.计算机网络安全[M].2版.北京：清华大学出版社，2018.
[5] 刘建伟.网络安全技术与实践[M].3版.北京：清华大学出版社，2018.
[6] 葛秀慧.计算机网络安全管理[M].北京：清华大学出版社，2008.
[7] 甘刚.网络攻击与防御[M].北京：清华大学出版社，2008.
[8] 杜晔.网络攻防技术教程[M].武汉：武汉大学出版社，2008.
[9] 钱宇杰.TCP/IP协议深入分析[M].北京：清华大学出版社，2009.
[10] 凌力.网络协议与网络安全[M].北京：清华大学出版社，2007.
[11] 王常吉.信息与网络安全实验教程[M].北京：清华大学出版社，2007.
[12] 王新昌.信息安全技术实验[M].北京：清华大学出版社，2007.
[13] 高敏芬.信息安全实验教程[M].天津：南开大学出版社，2007.
[14] 周继军.网络与信息安全基础[M].北京：清华大学出版社，2008.
[15] 李建华.信息安全综合实践[M].北京：清华大学出版社，2010.
[16] 王清贤.网络安全协议[M].北京：高等教育出版社，2009.
[17] 胡国胜.信息安全基础[M].北京：电子工业出版社，2011.
[18] 牛少彰.信息安全概论[M].2版.北京：北京邮电大学出版社，2011.
[19] 翟健宏.信息安全导论[M].北京：科学出版社，2011.
[20] 牛少彰.信息安全导论[M].北京：国防工业出版社，2012.
[21] 王继林.信息安全导论[M].西安：西安电子科技大学出版社，2012.
[22] 黄明祥.信息与网络安全概论[M].3版.北京：清华大学出版社，2010.
[23] 任伟.现代密码学[M].北京：北京邮电大学出版社，2011.
[24] William Stallings.网络安全基础应用与标准[M].4版(影印版).北京：清华大学出版社，2010.
[25] Michael J Donahoo，Kenneth L Calvert. TCP/IP Sockets编程(C语言实现)[M].陈宗斌，译.北京：清华大学出版社，2009.
[26] 黄传河.网络安全防御技术实践教程[M].北京：清华大学出版社，2010.
[27] 金汉均.VPN虚拟专用网安全实践教程[M].北京：清华大学出版社，2010.
[28] 王继龙.局域网安全管理实践教程[M].北京：清华大学出版社，2009.
[29] 于工.现代密码学原理与实践[M].西安：西安电子科技大学出版社，2009.
[30] 张健.密码学原理及应用技术[M].北京：清华大学出版社，2011.

图书资源支持

感谢您一直以来对清华版图书的支持和爱护。为了配合本书的使用，本书提供配套的资源，有需求的读者请扫描下方的“书圈”微信公众号二维码，在图书专区下载，也可以拨打电话或发送电子邮件咨询。

如果您在使用本书的过程中遇到了什么问题，或者有相关图书出版计划，也请您发邮件告诉我们，以便我们更好地为您服务。

我们的联系方式：

清华大学出版社计算机与信息分社网站：https://www.shuimushuhui.com/

地　　址：北京市海淀区双清路学研大厦A座714

邮　　编：100084

电　　话：010-83470236　010-83470237

客服邮箱：2301891038@qq.com

QQ：2301891038（请写明您的单位和姓名）

资源下载：关注公众号“书圈”下载配套资源。

资源下载、样书申请

书圈

图书案例

清华计算机学堂

观看课程直播